国家科学技术学术著作出版基金资助出版

软磁金属高频磁性

薛德胜　王　涛　编著

科学出版社

北　京

内 容 简 介

本书从软磁物质交流磁现象出发,总结了兆赫兹到吉赫兹频段磁化强度响应的主要物理机制——磁畴的一致进动,系统介绍了磁畴磁化强度进动的动力学方程和各种磁各向异性等效场,针对软磁金属在信号和功率中的两大应用,重点介绍了磁化强度的高频低功率进动特征、高频大功率进动行为、软磁金属复合理论和高频磁性表征技术。

本书可供高等院校磁学等相关专业的师生阅读,也可供从事磁学与磁性材料研究,以及电源设计和高频性质测试工作的科研人员和工程技术人员参考。

图书在版编目(CIP)数据

软磁金属高频磁性 / 薛德胜,王涛编著. —北京:科学出版社,2024.6
ISBN 978-7-03-077862-8

Ⅰ. ①软… Ⅱ. ①薛… ②王… Ⅲ. ①软磁材料-金属材料-高频-磁性-研究 Ⅳ. ①TM271 ②TG14

中国国家版本馆 CIP 数据核字(2024)第 023543 号

责任编辑:罗 瑶 / 责任校对:高辰雷
责任印制:吴兆东 / 封面设计:陈 敬

科学出版社 出版
北京东黄城根北街 16 号
邮政编码:100717
http://www.sciencep.com
北京中石油彩色印刷有限责任公司印刷
科学出版社发行 各地新华书店经销
*
2024 年 6 月第 一 版 开本:720×1000 1/16
2025 年 1 月第二次印刷 印张:16 3/4
字数:336 000
定价:198.00 元
(如有印装质量问题,我社负责调换)

前　言

在可持续发展的电气化社会中，大力发展可再生清洁电能是实现节能减排目标的必由之路。提高电能变换的工作频率是高效利用电能最有效的手段。在宽禁带半导体器件展现出高频电能变换优势的情况下，开发兆赫兹及以上频段高功率密度感抗元件已成为实现高效电能变换的关键。本书介绍的软磁金属高频磁性就是实现感抗元件高频化功能的核心。本书是在作者承担的国家重点研发计划项目研究成果的基础上，总结国内外高频磁性现状和发展趋势编写而成。

本书系统介绍了兆赫兹到吉赫兹频段软磁金属储能和损耗的实验现象、基础理论、特征规律和表征方法。通过分析软磁物质的交流磁化过程，确定了该频段软磁金属高频磁性的主要来源是磁化强度的一致进动。采用朗道-栗夫席兹-吉尔伯特方程，统一描述了一致进动磁化强度的磁导率随频率的变化，并确定了描述储能和损耗的高频磁性特征量。软磁金属中涡旋电场和强交变磁场效应的引入，加深了对软磁金属复合磁芯高频磁性的理解。本书对软磁金属高频磁性的研究与器件开发均具有参考价值，可以为电能转换和开关电源设计提供参考，还可用作磁学专业研究生的参考书。

本书的第 1 章总结了软磁物质在不同频率和功率下的交流磁现象。第 2 章描述兆赫兹到吉赫兹频段高频磁性的磁化强度动力学方程发展。针对磁各向异性是影响磁化强度进动行为的主要物理量，第 3 章介绍了其来源及磁各向异性等效场形式。在此基础上，第 4 章和第 5 章分别介绍了软磁金属在信号和电源两大类应用领域的高频磁性特征量关系。针对磁芯制备和测量的优化，第 6 章和第 7 章介绍了软磁金属复合理论和磁导率随频率变化的高频磁性表征技术。

在此，首先感谢导师李发伸教授，他带领我在高频磁性领域不断取得新成果。其次，感谢学生范小龙教授、蒋长军教授和柴国志教授等高频磁性研究合作者，团队共同研究成果奠定了本书的基础。最后，特别感谢科技部和国家自然科学基金委员会的持续支持，这是软磁金属高频磁性研究的保障。

书中难免存在不足，请读者批评指正。

薛德胜

2024 年 1 月

目　　录

第1章　软磁物质交流磁现象

软磁物质在电力、电子和通信领域得到了广泛应用，典型代表有工作在赫兹频段的过渡金属及其合金，工作在千赫兹到兆赫兹频段的尖晶石结构铁氧体，以及施加偏置磁场 $\boldsymbol{H}$ 工作在吉赫兹频段的钇铁石榴石(yttrium iron garnet, YIG)铁氧体。这些软磁的应用，本质上反映了磁化强度或磁感应强度对不同频率外加交变磁场 $\boldsymbol{h}(\omega)$ 的响应。响应能力体现在磁化率 χ 或磁导率 μ 随交变磁场方向、频率和大小的变化上。为此，本章从磁化率和磁导率入手，介绍软磁物质随频率增加表现出的主要实验行为；根据功率软磁的高频化发展需求，介绍兆赫兹频段的特征实验现象。

1.1　磁导率的频散与磁谱

在顺磁性和抗磁性等各向同性的均匀介质中，交流磁感应强度 $\boldsymbol{b}$ 、交流磁场强度 $\boldsymbol{h}$ 和交变磁化强度 $\boldsymbol{m}$ 的关系为

$$\boldsymbol{b} = \mu_0\left(\boldsymbol{h}+\boldsymbol{m}\right)=\mu\boldsymbol{h} \tag{1.1}$$

其中，μ_0 为真空磁导率；μ 为介质磁导率。若定义介质的磁化率 χ 满足

$$\boldsymbol{m}=\chi\boldsymbol{h} \tag{1.2}$$

则磁导率与磁化率的关系为

$$\mu=\mu_0\left(1+\chi\right)=\mu_0\mu_{\mathrm{r}} \tag{1.3}$$

其中，μ_{r} 为介质的相对磁导率。

软磁变压器工作原理如图 1.1 所示，在磁导率为 μ 的磁环输入绕组中，输入角频率为 ω 的交变电流 $i_{\mathrm{in}}=I_0\cos\left(\omega t\right)$ ，由于磁力线主要分布在磁环内，该电流在磁环内产生的磁场强度近似为 $h=ni_{\mathrm{in}}$ ，其中 n 为输入绕组单位长度上的匝数。假设磁环被该交变磁场均匀磁化，磁环的磁感应强度 $b=\mu h$ ，输出绕组上的感应电压 V_{out} 为

$$V_{\mathrm{out}}=-\frac{\mathrm{d}\left(NAb\right)}{\mathrm{d}t}=\left(NAn\right)\left(\mu\omega\right)I_0\sin\left(\omega t\right) \tag{1.4}$$

其中，N 和 A 分别为输出绕组的匝数和磁环的横截面积。可见，提高磁芯的工作频率和磁导率，感应电压 V_{out} 越大，输出绕组的电能转换能力越强。同时，磁芯工作效率和磁导率的提高还有利于减小变压器的体积、降低损耗、提高电能转换效率。

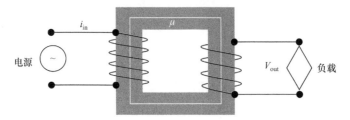

图 1.1 软磁变压器工作示意图

考虑到去除外加磁场后，铁磁物质的磁化强度总是稳定在某些方向上，说明磁化强度的运动一定受到阻尼作用，预示着铁磁物质的交流磁化率和磁导率通常为复数，而不是常数。复数磁化率的概念最早由阿尔卡捷夫(Аркадьев)研究电磁场在黏滞性铁磁物质中的传播时提出，目前已被广泛用于磁化率和磁导率的描述中。

设作用在软磁物质上的交变磁场强度 h 为

$$h = h_0 e^{\pm i\omega t} \tag{1.5}$$

其中，h_0 为 h 的振幅。由于阻尼的存在，h 诱导的磁感应强度 b 通常落后于磁场一个相位角 δ，称之为损耗角，即

$$b = b_0 e^{\pm i(\omega t - \delta)} \tag{1.6}$$

其中，b_0 为 b 的振幅。h 方向上的复数磁导率定义为

$$\tilde{\mu} \equiv \frac{b}{h} = \frac{b_0}{h_0} e^{\mp i\delta} = \mu' \mp i\mu'' \tag{1.7a}$$

其中，实部 μ' 和虚部 μ'' 分别为

$$\mu' = \frac{b_0}{h_0} \cos\delta, \mu'' = \frac{b_0}{h_0} \sin\delta \tag{1.7b}$$

可见，μ' 与外加磁场同相位的磁感应强度相对应，μ'' 与落后外加磁场 $\pi/2$ 的磁感应强度相对应，即

$$\mu' = \frac{\text{与外场同相位的磁感应强度幅值}}{\text{外加磁场幅值}} \tag{1.8a}$$

$$\mu'' = \frac{\text{落后外场} \pi/2 \text{相位的磁感应强度幅值}}{\text{外加磁场幅值}} \tag{1.8b}$$

若 h 方向上的交变磁化强度分量

$$m = \tilde{\chi} h \tag{1.9a}$$

其中，复数磁化率 $\tilde{\chi}$ 为

$$\tilde{\chi} \equiv \chi' \mp i\chi'' \tag{1.9b}$$

利用

$$\boldsymbol{b} = \mu_0\left(1+\tilde{\chi}\right)\boldsymbol{h} = \mu_0\tilde{\mu}_{\mathrm{r}}\boldsymbol{h} = \tilde{\mu}\boldsymbol{h} \tag{1.10}$$

得到复数磁导率和复数磁化率的关系满足：

$$\tilde{\mu} = \mu_0\tilde{\mu}_{\mathrm{r}} = \mu_0\left(1+\tilde{\chi}\right) \tag{1.11a}$$

$$\mu' = \mu_0\mu_{\mathrm{r}}', \mu'' = \mu_0\mu_{\mathrm{r}}'' \tag{1.11b}$$

$$\mu_{\mathrm{r}}' = 1+\chi', \mu_{\mathrm{r}}'' = \chi'' \tag{1.11c}$$

对于各向异性的实际铁磁性物质，$\boldsymbol{m} = \bar{\bar{\chi}}\boldsymbol{h}$，其磁化率为张量：

$$\bar{\bar{\chi}} = \begin{bmatrix} \tilde{\chi}_{11} & \tilde{\chi}_{12} & \tilde{\chi}_{13} \\ \tilde{\chi}_{21} & \tilde{\chi}_{22} & \tilde{\chi}_{23} \\ \tilde{\chi}_{31} & \tilde{\chi}_{32} & \tilde{\chi}_{33} \end{bmatrix} \tag{1.12a}$$

其中，张量元通常为复数。对应 $\boldsymbol{b} = \bar{\bar{\mu}}\boldsymbol{h}$ 的张量磁导率为

$$\bar{\bar{\mu}} = \begin{bmatrix} \tilde{\mu}_{11} & \tilde{\mu}_{12} & \tilde{\mu}_{13} \\ \tilde{\mu}_{21} & \tilde{\mu}_{22} & \tilde{\mu}_{23} \\ \tilde{\mu}_{31} & \tilde{\mu}_{32} & \tilde{\mu}_{33} \end{bmatrix} \tag{1.12b}$$

对于确定的外加交变场方向，相应磁化率和磁导率的实部和虚部与软磁物质储能密度和损耗角正切的关系分别为

$$w = \frac{1}{2}bh = \frac{1}{2}\mu'h^2 \tag{1.13}$$

$$\tan\delta = \frac{\mu''}{\mu'} = \frac{\mu_{\mathrm{r}}''}{\mu_{\mathrm{r}}'} \tag{1.14}$$

可见，磁化率或磁导率的实部和虚部分别反映了软磁物质对磁能的存储和损耗。

传统上，静态磁化过程主要研究磁化强度的稳定状态性质，完全没有考虑磁化强度达到稳定状态的过程。事实上，无论是杂质原子或电子的迁移，还是畴壁位移或磁畴转动，都存在弛豫现象。在动态(交流)磁化过程中，弛豫过程将导致频散，即磁化率或磁导率的实部和虚部随频率变化，称之为磁谱。在此，总结软磁的磁谱特征。

软磁磁谱的研究可以追溯到 1900 年，哈根(Hagen)和鲁本斯(Rubens)[1]最早证明了在可见光范围内，铁磁物质失去了磁特性，即 $\mu = 1$，说明磁谱的变化大致分布在 10THz 以下。虽然铁氧体磁谱的研究较晚，但由于其电阻率高，趋肤效应小，已成为研究高频磁性的良好载体[2]。图 1.2 给出了 Fe_3O_4、T38 和 N30 牌号 Mn-Zn、$Ni_{1-x}Zn_xFe_2O_4$，以及 $Ni_{0.5-x}Cu_xZn_{0.5}Fe_2O_4$ 铁氧体的磁谱。Fe_3O_4 磁谱的明显变化发生在千赫兹频段[3]，难以工作在兆赫兹频段。Mn-Zn 铁氧体磁谱的明显变化

发生在兆赫兹频段[4]，也是目前应用最多的高相对磁导率体系。$Ni_{1-x}Zn_xFe_2O_4$ 磁谱的明显变化发生在兆赫兹到吉赫兹频段[5]。随着 Zn 含量的增加，$Ni_{1-x}Zn_xFe_2O_4$ 的磁谱变化最大位置向低频段移动，且变化的范围变宽。预示着在 Ni-Zn 铁氧体中，$NiFe_2O_4$ 具有最高的工作频率。低温烧结 $Ni_{0.5-x}Cu_xZn_{0.5}Fe_2O_4$ 铁氧体的磁谱存在两个明显的变化区间[6,7]。在 100MHz 出现了类似 $Ni_{0.5}Zn_{0.5}Fe_2O_4$ 的共振线型；随着 Cu 含量的增加，在低频区出现了类似 Fe_3O_4 的弛豫线型。

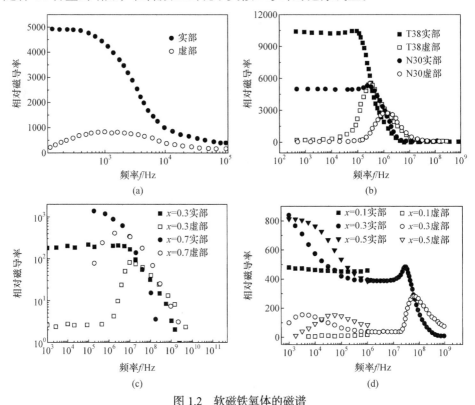

图 1.2　软磁铁氧体的磁谱

(a) Fe_3O_4[3]；(b) T38 和 N30 牌号 Mn-Zn[4]；(c) $Ni_{1-x}Zn_xFe_2O_4$[5]；(d) $Ni_{0.5-x}Cu_xZn_{0.5}Fe_2O_4$[6,7]

(d)中兆赫兹频段以上的数据是原始数据的 20 倍

　　前面展示了尖晶石结构中的元素替代明显改变磁谱的位置和区间。可以预期对于不同的晶体结构，由于磁各向异性的不同，相对磁导率也不同。在研究六角结构铁氧体时发现，如果磁各向异性具有易 c 面对称性，则该铁氧体具有更好的高频磁性。为了比较，图 1.3 同时给出了易 c 轴尖晶石结构 $NiFe_2O_4$ 和易 c 面六角结构 Co_2Z 的磁谱[2]，虽然两者的饱和磁化强度近似相等，低频相对磁导率接近，但易 c 面铁氧体具有更高的工作频率。斯诺克(Snoek)最早研究了铁氧体磁谱的物理机制[8]。他认为在 100MHz 高频附近出现的损耗，不仅来自畴壁位移，而且与磁畴转动有关。后者对应的自然共振更可能是真正的损耗机制。

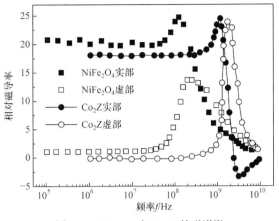

图 1.3   NiFe$_2$O$_4$ 和 Co$_2$Z 的磁谱[2]

为了理解磁谱的色散机制,雷多(Rado)等分别对 Mg$_{0.14}$Mn$_{0.03}$Ca$_{0.02}$Zn$_{0.01}$Fe$_{1.2}$O$_4$ 的烧结磁环和粉末压制磁环进行了研究[9]。如图 1.4(a)所示,烧结磁环中存在两个吸收峰,一个位于 50MHz 附近,另一个在吉赫兹频段。如图 1.4(b)所示,粉末压制磁环的磁谱只有一个吉赫兹共振峰,其峰位与烧结磁环的吉赫兹峰一致。可见,吉赫兹高频共振峰来自自然共振,而 50MHz 的共振峰可能来自畴壁位移。铁氧体中畴壁共振通常是低频高相对磁导率的主要来源。

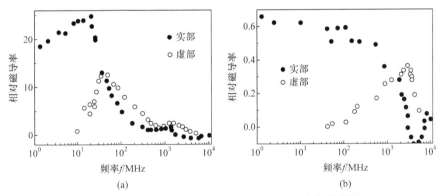

图 1.4   Mg$_{0.14}$Mn$_{0.03}$Ca$_{0.02}$Zn$_{0.01}$Fe$_{1.2}$O$_4$ 铁氧体的磁谱[9]

(a) 烧结磁环; (b) 粉末压制磁环

无论是畴壁共振还是自然共振对低频段的相对磁导率贡献都近似为常量。然而,韦恩(Wijn)等利用麦克斯韦(Maxwell)电桥测量了铁氧体磁环的复数磁导率随温度和频率的变化[10],发现某些铁氧体的低频色散具有不同的规律。图 1.5 给出了不同频率下,Ni 与 Zn 原子个数比为 1:1 铁氧体的损耗角正切随温度的变化。实心星号代表 1250℃烧结体的结果,空心符号代表 1525℃烧结体的结果。1250℃烧结体的电阻率为$10^7\Omega\cdot cm$,100kHz 下损耗角正切随温度的变化不大;1525℃烧结体的电阻率为$10^4\Omega\cdot{\rm cm}$，损耗角正切存在明显的温度和频率相关性，称之为磁后效(magnetic aftereffect)现象。该部分频率色散呈弛豫型，而不是共振型。

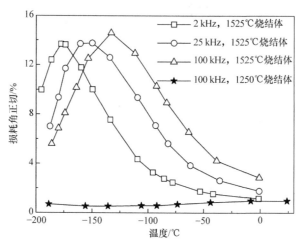

图 1.5　Ni-Zn 铁氧体损耗角正切随温度的变化[10]

总结以上铁氧体磁谱的特点，按频率 f 增加的顺序，可以分为 4 个区域。第 1 区，$f\leqslant 10^4{\rm Hz}$，相对磁导率变化不大，但可能存在后效型弛豫现象；第 2 区，$10^4{\rm Hz}<f\leqslant 10^8{\rm Hz}$，相对磁导率变化大，主要是畴壁位移，可能存在弛豫和共振两种类型的磁谱；第 3 区，$10^8{\rm Hz}<f\leqslant 10^{10}{\rm Hz}$，主要是自然共振型磁谱；第 4 区，$10^{10}{\rm Hz}<f\leqslant 10^{13}{\rm Hz}$，磁谱类型尚不清楚，这也是开展太赫兹频段研究的一个主要原因。这一结论可以从图 1.6 所示的 YIG 磁谱[11]得到印证。

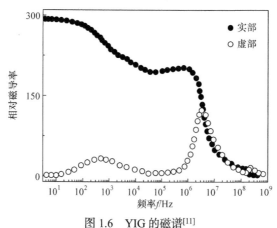

图 1.6　YIG 的磁谱[11]

图 1.7(a)给出了软磁复合材料(soft magnetic composites，SMC)的磁谱实部[12]。整个频段内 SMC 的磁谱为弛豫型磁谱。在$10^4{\rm Hz}$以下，SMC 的磁导率也变化不

大；在 $10^4\text{Hz} < f \leqslant 10^8\text{Hz}$ 时，不同样品的损耗区域变化明显；在 $f > 10^8\text{Hz}$ 时，金属颗粒直径在 $10\mu\text{m}$ 量级的 SMC，其磁导率几乎降为零。考虑磁导率急剧变化的频率区间，通常认为软磁金属的磁导率来自畴壁位移和自然共振的贡献[13]。然而，CoNb 纳米薄膜的磁谱[14]完全来自自然共振，如图 1.7(b)所示，说明 SMC 在兆赫兹频段的磁谱变化还有其他原因。

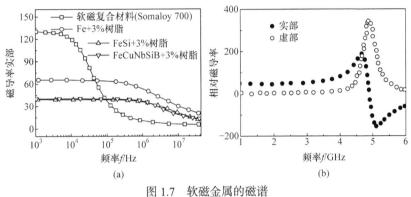

图 1.7　软磁金属的磁谱

(a) 软磁复合材料的磁谱实部[12]；(b) CoNb 纳米薄膜的磁谱[14]

图 1.8(a)显示了未施加直流磁场时不同厚度 CoZr 薄膜的磁谱[15]。在测试范围内，$4\mu\text{m}$ 以上的薄膜磁导率实部很小，且变化较小；100nm 以下的薄膜变化很大，且只有自然共振峰。随着薄膜变薄，磁谱表现出两个明显变化区：一是在 300MHz 以下，二是在 1GHz 附近。为了认清磁谱变化的机制，沿薄膜易磁化方向施加直流外磁场，将样品磁化到饱和，去除畴壁的影响。沿薄膜面内易磁化方向施加饱和场下的磁谱如图 1.8(b)所示。尽管不同厚度样品磁谱变化不同，但位于 3.7GHz 附近的变化与自然共振相对应，如图 1.8(b)所示。整个磁谱可以用交变磁场诱导的涡流调制自然共振的磁导率来理解。也就是说，图 1.8(a)中薄膜样品显现的自然共振峰，在厚膜中因趋肤效应不再展现。

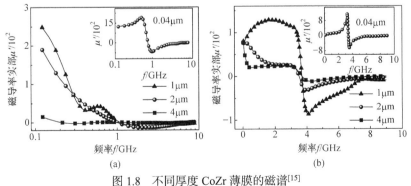

图 1.8　不同厚度 CoZr 薄膜的磁谱[15]

(a) 未施加直流磁场；(b) 沿薄膜面内易磁化方向施加饱和场

借鉴以上思想，可以重新认识 SMC 的磁谱机制。图 1.9 给出了不同大小球形
FeSi 颗粒 SMC 的磁谱[16]。随着颗粒直径的降低，相对磁导率实部的主要变化区
间往高频方向移动。对应的虚部极大值由宽的单峰，变成相对窄的双峰；直径在
6 μm 以下时，又变为单峰，非常接近 FeSi 的自然共振频率 0.9GHz。对于球形 FeSi
颗粒，不同直径颗粒的退磁能相近，颗粒中畴结构对应的畴壁能相近。也就是说，
畴壁位移的能力差不多，共振频率不应该随颗粒大小变化明显。虽然无法完全排
除畴壁位移对磁谱的贡献，但是 SMC 在兆赫兹频段的相对磁导率变化应主要来
自涡流对自然共振的调制。

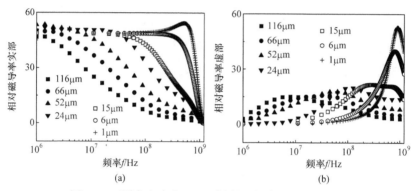

图 1.9　不同大小球形 FeSi 颗粒软磁复合材料的磁谱[16]

(a) 实部；(b) 虚部

总结铁氧体和软磁金属的磁谱，结构不变的软磁磁导率机制可以分为三类，
如图 1.10 所示。一是晶体结构中杂质原子或价电子扩散弛豫的磁后效，该过程在
100kHz 以下的低频区表现明显。二是畴结构中的畴壁位移，该过程通常在兆赫

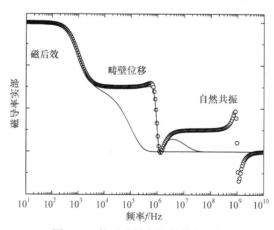

图 1.10　软磁磁导率机制分布区间

空心圆圈是无趋肤效应的结果，实线和点线分别表示高电阻率和低电阻率下的结果

兹频段变化显著。三是磁畴转动的自然共振，该过程在吉赫兹高频以下通常以磁化强度一致进动(coherent precession)的形式贡献磁导率。在不同频率下哪个占主导，不仅取决于这些过程的本质，而且取决于软磁物质中三个过程的相对贡献。实际软磁物质中能否展现出以上特征，还取决于自身的电学性质，即涡流的影响。这一点在 SMC 中表现得尤为明显。电阻率越小，趋肤效应越大，磁导率快速下降的区间频率越低。

1.2 千赫兹频段的磁后效弛豫

磁后效是磁化强度变化的延迟现象，通常有较长的弛豫时间，发生在低频段。研究认为磁后效可以分为里希特(Richter)后效和约尔旦(Jordan)后效两类。前者来源于磁化过程中杂质离子或价电子扩散弛豫导致的磁化强度弛豫过程，与频率和温度密切相关，属于可逆后效。后者来源于热涨落导致的磁化强度弛豫过程，它与频率和温度无关，属不可逆后效。该过程并不包括材料相变导致的磁化强度变化、起始磁导率随时间增加的老化现象，以及涡流损耗引入的磁感应强度弛豫的纯电学现象。本质上磁后效也是由一种磁化平衡状态过渡到另一种平衡状态的磁弛豫过程。由于弛豫机制不同，磁后效、畴壁位移和磁畴转动的弛豫时间依次显著增加。

里希特后效[17]最早是在羰基铁中发现的，如图 1.11(a)所示。里希特在研究不同温度下羰基铁粉的磁感应强度 B 时，发现去掉磁场 H_m 后，最初的磁感应强度 B_m 很快降低到 B_0；然后，以 $B_0\psi(t)$ 的形式逐渐衰弱；经过相当长时间，才降为零。为了说明里希特后效背后的机制，斯诺克(Snoek)[18]将羰基铁粉进行高温退火，去除所含的 C 和 N 等杂质原子，发现这种磁后效消失。斯诺克认为在 α-Fe 晶胞中，存在三个等价的八面体间隙位。晶格无畸变时，杂质原子可以无规分布在这

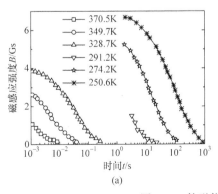
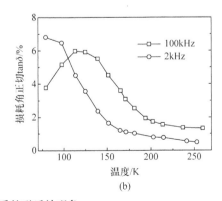

(a)　(b)

图 1.11　软磁物质的磁后效现象

(a) 不同温度下羰基铁的磁感应强度随时间的变化[17]；(b) 不同频率下 Mn-Zn 铁氧体的损耗角正切随温度的变化[10]

三个间隙位。如果晶体沿某个方向受到张应力,应力方向上的原子间距增加,从能量上看这三个间隙位已不等价。为降低系统能量,杂质原子会倾向形成有序分布,而不再是无规分布。这两种分布之间的变化需要经过一定的弛豫时间。这就是所谓的弹性后效。类似地,当晶体沿某一方向磁化时,伴随着磁致伸缩的应变,也会引起杂质原子的重新分布。这种后效称为磁后效。奈耳(Néel)[19]在此基础上,发现了原子定向有序理论,指出扩散弛豫过程和感生各向异性是同一现象的两种表现。

后来,在铁氧体中也发现了磁后效[10],如图 1.11(b)所示。可见,Mn-Zn 铁氧体的损耗在低频区存在类似羰基铁中的里希特后效。该后效不仅与温度有关,而且与频率相关。斯米特(Smit)[2]认为当铁氧体被磁化时,磁化强度的方向将发生变化,同时价电子也将在离子之间扩散,以达到自由能最低的条件。电子扩散的结果,相当于不同价态铁离子互换位置,使离子在晶体中重新排列。铁氧体的磁后效与导电机理同属于电子扩散弛豫过程,弛豫时间为

$$\tau = \tau_\infty e^{E/k_B T} \tag{1.15}$$

其中,τ_∞ 为常量;E 为确定弛豫过程的激活能;k_B 为玻尔兹曼(Boltzmann)常数;T 为热力学温度。比较金属和铁氧体中的磁后效,前者是杂质离子的迁移,后者是电子的迁移,所以后者相对前者发生的频率区间更高。奥塔(Ohta)认为铁氧体中 B 位上的空位选择性分布也是磁导率减弱的原因[20]。铁氧体在 N_2 气氛中高温冷却有效防止了氧化和空位的产生,明显抑制了磁导率的减弱。为了证明这一思想,在磁场中冷却 Mn-Zn 铁氧体,也观察到 $10^2 J \cdot m^3$ 的感生各向异性。

约尔旦后效[21]是一种与温度和频率无关的弛豫。该弛豫既不是涡流效应,也不是杂质弛豫,而是一种不可逆的后效。其真实来源尚不清楚。奈耳 [22]证明了 AlNiCo 中的约尔旦后效是热涨落后效。他认为某些磁畴的磁化矢量处于一种亚稳态。热涨落的能量如果能够使其跨越不可逆的能量势垒,这些磁畴的畴壁就可以发生不可逆的位移,从而使磁化反向。奈耳用一种温度相关的等效场来代表热涨落,得到的结果与实验相近。

下面以单一弛豫过程为例,说明磁后效中磁化强度的具体变化规律。图 1.12 给出了外加直流磁场之后,磁化强度随时间变化的磁后效示意图。$t = 0$ 时,施加稳恒磁场 H,磁化强度 M 立刻无滞后地升到某一值 M_0;然后随着磁场的保持,再逐渐升到磁场确定的平衡位置 M_∞。若定义 $m = M - M_0$ 为磁化强度的磁后效部分,则 $M_n = M_\infty - M_0$ 为磁后效贡献的总磁化强度。显然 m、M_n、M_∞ 和 M_0 均为外加磁场 H 的函数。实验表明,磁后效的磁化强度 m 随时间的变化率正比于磁化强度相对于平衡态磁化强度 M_∞ 的偏离,即

$$\frac{d(M - M_0)}{dt} = \frac{1}{\tau}(M_\infty - M) \tag{1.16a}$$

或

$$\frac{\mathrm{d}m}{\mathrm{d}t} + \frac{m}{\tau} = \frac{M_\mathrm{n}}{\tau} \qquad (1.16\mathrm{b})$$

其中，τ 为弛豫时间。式(1.16)的解为

$$M = M_0 + M_\mathrm{n}\left(1 - \mathrm{e}^{-\frac{t}{\tau}}\right) \qquad (1.17\mathrm{a})$$

$$m = M_\mathrm{n}\left(1 - \mathrm{e}^{-\frac{t}{\tau}}\right) \qquad (1.17\mathrm{b})$$

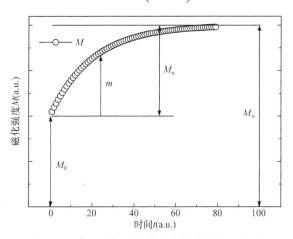

图 1.12　直流磁场下磁化强度的磁后效示意图

若在软磁物质上施加一大小为 $h = h_0\mathrm{e}^{\mathrm{i}\omega t}$ 的交变磁场，设 $M_0 = \chi_0 h$，$M_\infty = \chi_\mathrm{in} h$，$\chi_0$ 为畴壁位移和磁畴转动的磁化率之和，χ_in 为样品的总磁化率，动力学方程(1.16b)变为

$$\frac{\mathrm{d}m}{\mathrm{d}t} + \frac{m}{\tau} = \frac{(\chi_\mathrm{in} - \chi_0)}{\tau} h_0\mathrm{e}^{\mathrm{i}\omega t} \qquad (1.18)$$

令 $m = m_0\mathrm{e}^{\mathrm{i}\omega t}$，代入方程(1.18)，得到

$$m_0 = \frac{(\chi_\mathrm{in} - \chi_0)}{1 + \mathrm{i}\omega\tau} h_0 \qquad (1.19)$$

可见，m 满足

$$m = \frac{(\chi_\mathrm{in} - \chi_0) h_0}{\sqrt{1 + (\omega\tau)^2}} \mathrm{e}^{\mathrm{i}(\omega t - \delta)} \qquad (1.20)$$

$$\tan\delta = \omega\tau = \frac{\omega}{\omega_\mathrm{c}} \qquad (1.21)$$

其中，$\omega_c = 1/\tau$ 称为磁后效的弛豫频率。按照磁化率的定义，可得

$$\tilde{\chi} = \frac{m_0}{h_0} = \frac{(\chi_{\mathrm{in}} - \chi_0)}{1 + \mathrm{i}(\omega/\omega_c)} = \chi' - \mathrm{i}\chi'' \tag{1.22a}$$

其中，实部 χ' 和虚部 χ'' 分别为

$$\chi' = \frac{(\chi_{\mathrm{in}} - \chi_0)}{1 + (\omega/\omega_c)^2}, \quad \chi'' = \frac{(\chi_{\mathrm{in}} - \chi_0)(\omega/\omega_c)}{1 + (\omega/\omega_c)^2} \tag{1.22b}$$

两者均随频率变化，即所谓的磁谱。在以下各章节中，如无特别说明，磁导率均为相对磁导率。由于不存在共振现象，实部始终满足 $\chi' > 0$，通常称为弛豫型磁谱，如图 1.13 所示。分析式(1.22b)可见，$\omega = 0$ 时，$\chi' = \chi_{\mathrm{in}} - \chi_0$，$\chi'' = 0$；$\omega \to \infty$ 时，$\chi' \to 0^+$，$\chi'' \to 0^+$；当 $\omega = \omega_c$ 时，虚部达到极大值 $\chi''_{\max} = (\chi_{\mathrm{in}} - \chi_0)/2$，对应的实部与此相等。

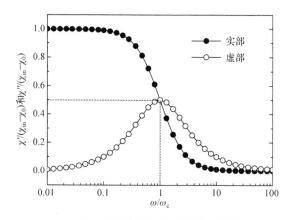

图 1.13　磁后效的弛豫型磁谱示意图

实际情况并不是单一弛豫那样简单。对于多弛豫时间的磁后效，普遍做法是假设 $p(\tau)$ 为弛豫时间在 $0 \sim \infty$ 的分布，满足

$$\int_0^\infty p(\tau)\mathrm{d}\tau = 1 \tag{1.23}$$

定义 $\tau \sim \tau + \mathrm{d}\tau$，弛豫时间取值 τ 的概率为 $p(\tau)\mathrm{d}\tau$。与前文类似，假设弛豫时间为 τ 的磁后效磁化强度大小为 m_τ，则 m_τ 的动力学方程依然满足方程(1.18)，即

$$\frac{\mathrm{d}m_\tau}{\mathrm{d}t} + \frac{m_\tau}{\tau} = \frac{\chi_{\mathrm{in}}(\tau) - \chi_0(\tau)}{\tau} h_0 \mathrm{e}^{\mathrm{i}\omega t} \tag{1.24}$$

其解为

$$m_\tau = \frac{\chi_{\mathrm{in}}(\tau) - \chi_0(\tau)}{1 + \mathrm{i}\omega\tau} h_0 \mathrm{e}^{\mathrm{i}\omega t} \tag{1.25}$$

总的磁后效磁化强度大小满足

$$m = \int_0^\infty m_\tau p(\tau)\mathrm{d}\tau = h_0 e^{i\omega t}\int_0^\infty \frac{\chi_{\mathrm{in}}(\tau)-\chi_0(\tau)}{1+i\omega\tau}p(\tau)\mathrm{d}\tau \tag{1.26}$$

相应的磁化率为

$$\tilde{\chi} = \int_0^\infty \frac{\chi_{\mathrm{in}}(\tau)-\chi_0(\tau)}{1+i\omega\tau}p(\tau)\mathrm{d}\tau \tag{1.27a}$$

实部和虚部分别为

$$\chi' = \int_0^\infty \frac{\chi_{\mathrm{in}}(\tau)-\chi_0(\tau)}{1+(\omega\tau)^2}p(\tau)\mathrm{d}\tau,\ \chi'' = \int_0^\infty \frac{\omega\tau\left[\chi_{\mathrm{in}}(\tau)-\chi_0(\tau)\right]}{1+(\omega\tau)^2}p(\tau)\mathrm{d}\tau \tag{1.27b}$$

需特别注意的是，磁后效弛豫时间的不同，意味着物理本质的不同，即 $\chi_{\mathrm{in}}(\tau)$ 和 $\chi_0(\tau)$ 通常有差异。

事实上，实部和虚部并不是相互对立的。可以证明：

$$\chi'(\omega) = \frac{2}{\pi}\int_0^\infty \frac{\omega\chi''(\omega_1)}{\omega_1^2-\omega^2}\mathrm{d}\omega_1 \tag{1.28a}$$

$$\chi''(\omega) = -\frac{2}{\pi}\int_0^\infty \frac{\omega\chi'(\omega_1)}{\omega_1^2-\omega^2}\mathrm{d}\omega_1 \tag{1.28b}$$

即反映因果关系的克拉默斯-克勒尼希(Kramers-Krönig)关系[23]。

1.3 兆赫兹频段的畴壁位移

对于给定的软磁物质，无论是单晶还是多晶体系，为降低退磁能，通常形成多畴结构。在磁化过程中，自然出现磁畴转动和畴壁位移两种磁化反磁化机制。图 1.14 给出了铁磁物质的直流磁化曲线和磁滞回线。在磁化场 H 由零开始逐渐增大至饱和场 H_s 的过程中，磁化强度 M 在外场方向的投影 M 随磁场的变化称之为磁化曲线 M-H。当磁场在 $H_s \to 0 \to -H_s \to 0 \to H_s$ 的变化过程中，磁化强度 M 在外场正向的投影 M 随磁场变化的 M-H 称为磁滞回线。其中，$H = H_s$ 对应 $M \approx M_s$，即饱和磁化强度；$H = 0$ 对应 $M = M_r$，即剩磁；$M = 0$ 对应 $H = H_c$，即矫顽力。

实验发现，磁化曲线可以分为四个区：O-A 区是线性区，A-B 区是非线性区，B-C 区是趋近饱和区，而 C 点以上是顺磁磁化区。普遍认为，线性区来自可逆的畴壁位移和磁畴转动，非线性区来自不可逆的畴壁位移和磁畴转动，趋近饱和区仅来自磁畴转动，顺磁磁化区来源于磁性原子和离子的顺磁效应。可见，畴壁位

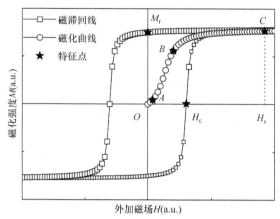

图 1.14　直流磁化曲线和磁滞回线示意图

移是低场区磁化强度变化的主要原因之一。鉴于畴壁位移的矫顽力低于磁畴转动的矫顽力，畴壁位移的共振频率一般低于磁畴转动的共振频率，如图 1.4 所示。

虽然畴壁的类型很多，但典型类型有布洛赫(Bloch)壁和奈耳(Néel)壁两种，如图 1.15 所示。布洛赫壁是不同原子层内的磁矩在平行磁畴磁矩的平面内依次转动，而奈耳壁是不同原子层内的磁矩依次转出平行磁畴磁矩的平面。

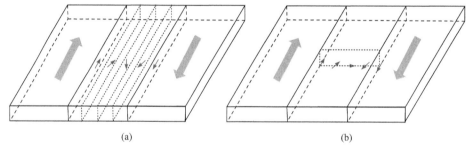

(a)　　　　　　　　　　　　　　　(b)

图 1.15　典型畴壁示意图

(a) 布洛赫壁；(b) 奈耳壁

以 180° 的畴壁为例说明畴壁位移[24]。对铁磁体施加一交变磁场 h，驱动其中 180° 的畴壁位移。若将畴壁和磁畴看成一个整体，则畴壁位移引起系统的 4 种能量发生了变化：磁畴的静磁能、畴壁的弹性能、畴壁的退磁能和畴壁位移引起的涡流损耗。若交变磁场 h 施加在平行磁畴磁矩的 z 方向，畴壁偏离平衡位置的距离为 z，外场方向单位面积上磁化强度增加了 $(2M_s)z$，磁畴的静磁能降低：

$$\Delta E_{\text{静}} = -2\mu_0 M_s h z \tag{1.29}$$

其中，M_s 为铁磁体的饱和磁化强度。形式上，静磁能的降低类似于畴壁在保守力场 $(2\mu_0 M_s H)$ 作用下移动 z 的势能变化。

为了保证系统能量较小，此时的畴壁弹性能增加，有

$$\Delta E_{\text{壁}} = \frac{1}{2}\alpha z^2 \tag{1.30}$$

其中，α 为弹性恢复系数。畴壁弹性能的增加，意味着保守力场拉宽了畴壁，相当于一个弹簧被拉长了。由于外加磁场的存在，被拉宽的畴壁在 z 方向平均磁矩会增加，畴壁单位面积上的退磁能增加，有

$$\Delta E_{\text{退}} = \frac{1}{2}m_{\text{w}}\left(\frac{\mathrm{d}z}{\mathrm{d}t}\right)^2 \tag{1.31}$$

其中，m_{w} 为单位面积畴壁的有效质量。假设在弹簧的一端连接了一个质量为 m_{w} 的物体，则形式上畴壁位移的退磁能相当于物体的动能。在交变磁场变化的过程中，畴壁内会产生感生电场和涡流，从而引起能量损耗。单位时间内的能量损耗为

$$\Delta E_{\text{耗}} = \int \beta\left(\frac{\mathrm{d}z}{\mathrm{d}t}\right)\mathrm{d}z = \int \beta\left(\frac{\mathrm{d}z}{\mathrm{d}t}\right)^2 \mathrm{d}t \tag{1.32}$$

其中，β 为阻尼系数，相当于质量为 m_{w} 的物体受摩擦力 $\beta(\mathrm{d}z/\mathrm{d}t)$ 作用下的损耗功率。

利用随时间变化的总自由能极小，交变磁场 $h = h_0\mathrm{e}^{\mathrm{i}\omega t}$ 条件下，180° 畴壁位移相当于一个受迫阻尼振子的运动，如图 1.16 所示。其动力学方程为

$$m_{\text{w}}\frac{\mathrm{d}^2 z}{\mathrm{d}t^2} + \beta\frac{\mathrm{d}z}{\mathrm{d}t} + \alpha z = 2\mu_0 M_{\text{s}} h \tag{1.33}$$

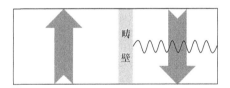

图 1.16　180°畴壁位移示意图

设稳定振动解为

$$z = z_0 \mathrm{e}^{\mathrm{i}\omega t} \tag{1.34}$$

代入动力学方程(1.33)，得到

$$z_0 = \frac{2\mu_0 M_{\text{s}} h_0}{\left(\alpha - m_{\text{w}}\omega^2\right) + \mathrm{i}\beta\omega} \tag{1.35}$$

若将畴壁位移写成如下形式：

$$z = z_{\text{m}} \mathrm{e}^{\mathrm{i}(\omega t - \delta)} \tag{1.36a}$$

则

$$z_{\mathrm{m}} = \frac{2\mu_0 M_s h_0}{\sqrt{\left(\alpha - m_{\mathrm{w}}\omega^2\right)^2 + \left(\beta\omega\right)^2}} \tag{1.36b}$$

$$\cos\delta = \frac{\alpha - m_{\mathrm{w}}\omega^2}{\sqrt{\left(\alpha - m_{\mathrm{w}}\omega^2\right)^2 + \left(\beta\omega\right)^2}}, \sin\delta = \frac{\beta\omega}{\sqrt{\left(\alpha - m_{\mathrm{w}}\omega^2\right)^2 + \left(\beta\omega\right)^2}} \tag{1.36c}$$

设系统为 $l \times l \times l$ 的块体，畴壁位移引起的磁化强度改变量为

$$\Delta M = \frac{2\left[M_s\left(zl^2\right)\right]}{l^3} = \frac{2M_s z}{l} \tag{1.37}$$

对应的磁化率为

$$\tilde{\chi} = \frac{\Delta M}{h} = \frac{\left(4M_s^2 / l\right)}{\left(\alpha - m_{\mathrm{w}}\omega^2\right) + \mathrm{i}\beta\omega} \tag{1.38}$$

设畴壁位移的静态磁化率为

$$\chi_0 = \frac{4M_s^2}{\alpha l} \tag{1.39}$$

本征振动圆频率和弛豫圆频率分别为

$$\omega_{\mathrm{r}} = \sqrt{\alpha / m_{\mathrm{w}}}, \omega_{\tau} = \alpha / \beta \tag{1.40}$$

则复数磁化率为

$$\tilde{\chi} = \frac{\chi_0}{\left[1 - \left(\omega / \omega_{\mathrm{r}}\right)^2\right] + \mathrm{i}\left(\omega / \omega_{\tau}\right)} = \chi' - \mathrm{i}\chi'' \tag{1.41}$$

其实部 χ' 和虚部 χ'' 分别为

$$\chi' = \frac{\chi_0\left[1 - \left(\omega / \omega_{\mathrm{r}}\right)^2\right]}{\left[1 - \left(\omega / \omega_{\mathrm{r}}\right)^2\right]^2 + \left(\omega / \omega_{\tau}\right)^2} \tag{1.42a}$$

$$\chi'' = \frac{\chi_0\left(\omega / \omega_{\tau}\right)}{\left[1 - \left(\omega / \omega_{\mathrm{r}}\right)^2\right]^2 + \left(\omega / \omega_{\tau}\right)^2} \tag{1.42b}$$

图 1.17 给出了 $\chi_0 = 100$ 和 $\omega_{\mathrm{r}} = 10^6 \mathrm{Hz}$ 下，不同 $\omega_{\mathrm{r}} / \omega_{\tau}$ 的磁谱。当 $\omega_{\mathrm{r}} / \omega_{\tau} = 0.1$ 时，为共振线型，如图 1.17(a)所示。此时，阻尼系数 β 很小，共振出现在 $\omega \approx \omega_{\mathrm{r}} < \omega_{\tau}$ 处；共振位置处，实部接近于零，而虚部最大；实部的最大值小于虚部的最大值，

实部存在数值为负的极小值；实部最大值与最小值之间的间距与虚部吸收峰的半高宽对应，正比于阻尼系数。当 $\omega_\mathrm{r}/\omega_\tau=10$ 时，为弛豫线型，如图 1.17(b)所示。此时阻尼系数 β 很大，共振出现在 $\omega\approx\omega_\tau<\omega_\mathrm{r}$ 处；共振位置处，实部接近于虚部最大值，与阻尼系数无关；虚部吸收峰的半高宽与阻尼系数成反比。

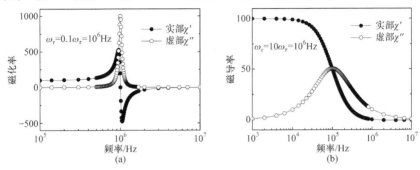

图 1.17　磁谱类型示意图

(a) 共振型；(b) 弛豫型磁谱

利用 $\mathrm{d}\chi''/\mathrm{d}\omega=0$，得到 χ'' 处在极大值时的频率 ω_0 满足

$$3\left(\frac{\omega_0}{\omega_\mathrm{r}}\right)^4-2\left(1-\frac{\omega_\mathrm{r}^2}{2\omega_\tau^2}\right)\left(\frac{\omega_0}{\omega_\mathrm{r}}\right)^2-1=0 \tag{1.43a}$$

其解为

$$\left(\frac{\omega_0}{\omega_\mathrm{r}}\right)^2=\frac{1}{3}\left[\left(1-\frac{\omega_\mathrm{r}^2}{2\omega_\tau^2}\right)+\sqrt{\left(1-\frac{\omega_\mathrm{r}^2}{2\omega_\tau^2}\right)^2+3}\right] \tag{1.43b}$$

$\omega_0/\omega_\mathrm{r}$ 随 $\omega_\mathrm{r}/\omega_\tau$ 的变化如图 1.18 所示。当 $\omega_\mathrm{r}/\omega_\tau\to0$ 时，$\omega_0/\omega_\mathrm{r}\to1$；当 $\omega_\mathrm{r}/\omega_\tau\to\infty$ 时，$\omega_0/\omega_\mathrm{r}\to0$；当 $\omega_\mathrm{r}=2\omega_\tau$ 时，$\omega_0/\omega_\mathrm{r}=1/3$，即 $\omega_\mathrm{r}/\omega_\tau$ 越大，ω_0 越偏离 ω_r，越接近于 ω_τ。

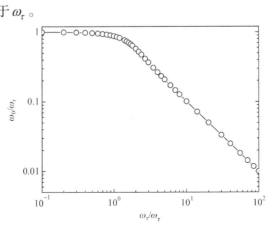

图 1.18　畴壁位移频率比之间的关系

如果磁场足够大，以至于畴壁开始不可逆移动，则畴壁与材料内部的缺陷或不均匀度之间的相互作用不再是简单的简谐恢复力。此时，式(1.33)简化为

$$\beta\frac{\mathrm{d}z}{\mathrm{d}t}=2M_s\left(h-H_s\right) \tag{1.44}$$

其中，H_s 是畴壁不可逆移动的开关磁场。如果 β 是常数，则畴壁位移速度与磁场成正比。当磁场再高时，畴壁位移速度与磁场关系将包含非线性项。

1.4　吉赫兹频段的自然共振

自然共振是指磁化强度在微波磁场驱动下绕稳定方向的进动(precession)。格里菲思(Griffiths)最早报道了铁磁共振(ferromagnetic resonance，FMR)实验[25]，发现 Fe、Co 和 Ni 金属薄膜的共振频率比电子自旋的顺磁共振频率高 2～6 倍。借鉴布洛赫(Bloch)描述核自旋共振的表达式[26]，基特尔(Kittel)提出了描述铁磁共振的理论模型[27]。在此，直接利用磁化强度动力学方程讨论自然共振的特点。有关动力学方程的来历，将在第 2 章详细介绍。

目前，大家公认的磁化强度 M 动力学方程为朗道-栗夫席兹-吉尔伯特(Landau-Lifshitz-Gilbert，LLG)方程：

$$\frac{\mathrm{d}M}{\mathrm{d}t}=-\gamma M\times H_{\mathrm{eff}}+\frac{\alpha}{M}\left(M\times\frac{\mathrm{d}M}{\mathrm{d}t}\right) \tag{1.45}$$

其中，γ 为旋磁比；H_{eff} 为等效场；α 为吉尔伯特阻尼系数。选择磁化强度的稳定方向为外加直流磁场 H 所在的 z 方向，数值求解式(1.45)，直流磁场和圆偏振微波磁场下的弛豫过程和稳定进动过程分别如图 1.19(a)和(b)所示。通常，H_{eff} 既包含材料自身的各向异性等效场，又包含周围环境的等效场，比较复杂。也就

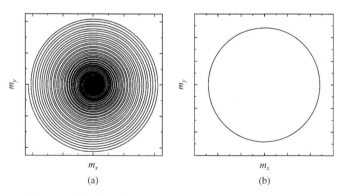

图 1.19　绕 z 轴进动磁化强度在 xy 平面投影变化示意图
(a) 弛豫过程；(b) 稳定进动过程
m_x 和 m_y 分别为 x 和 y 方向磁化强度的直角坐标分量

是说，很难解析求得铁磁物质磁导率随频率的变化关系。幸运的是，微波磁场下 LLG 方程是一个受迫阻尼振动方程，稳定解是特解，而不是通解。在低功率微波下，采用小角近似，可以得到磁化强度进动的近似解析解。

为简单起见，考虑具有单轴各向异性的斯托纳-沃尔法思(Stoner-Wohlfarth, SW)颗粒。磁晶各向异性场为 $H_K\cos\theta$，θ 为磁化强度偏离易轴 z 的极角。若在 z 方向施加直流磁场 H，微波磁场 $\boldsymbol{h}=(h,0,0)$ 作用下的等效场可写成

$$\boldsymbol{H}_{\mathrm{eff}}=h\boldsymbol{e}_x+\left(H+H_K\cos\theta\right)\boldsymbol{e}_z \tag{1.46a}$$

假设磁化强度 $\boldsymbol{M}$ 由 z 方向的常量 M_0 和交变分量 $\boldsymbol{m}=\left(m_x,m_y,m_z\right)$ 构成，即

$$\boldsymbol{M}=m_x\boldsymbol{e}_x+m_y\boldsymbol{e}_y+\left(M_0+m_z\right)\boldsymbol{e}_z \tag{1.46b}$$

将两者代入 LLG 方程，可以得到

$$\frac{\mathrm{d}\boldsymbol{M}}{\mathrm{d}t}=-\gamma\begin{vmatrix}\boldsymbol{e}_x&\boldsymbol{e}_y&\boldsymbol{e}_z\\m_x&m_y&M_0+m_z\\h&0&H+H_K\cos\theta\end{vmatrix}+\frac{\alpha}{M}\begin{vmatrix}\boldsymbol{e}_x&\boldsymbol{e}_y&\boldsymbol{e}_z\\m_x&m_y&M_0+m_z\\\dot{m}_x&\dot{m}_y&\dot{m}_z\end{vmatrix} \tag{1.47a}$$

其分量形式为

$$\begin{bmatrix}\dot{m}_x\\\dot{m}_y\\\dot{m}_z\end{bmatrix}=\begin{bmatrix}-\gamma\left(H+H_K\cos\theta\right)m_y+\frac{\alpha}{M}\left[m_y\dot{m}_z-\left(M_0+m_z\right)\dot{m}_y\right]\\-\gamma\left[h\left(M_0+m_z\right)-\left(H+H_K\cos\theta\right)m_x\right]+\frac{\alpha}{M}\left[\left(M_0+m_z\right)\dot{m}_x-m_x\dot{m}_z\right]\\\gamma hm_y+\frac{\alpha}{M}\left[m_x\dot{m}_y-m_y\dot{m}_x\right]\end{bmatrix} \tag{1.47b}$$

在 $h\ll H+H_K\cos\theta$ 的情况下，$m\ll M_0\approx M$。略去方程中的所有二阶小量，得到

$$\begin{bmatrix}\dot{m}_x\\\dot{m}_y\\\dot{m}_z\end{bmatrix}=\begin{bmatrix}-\gamma\left(H+H_K\right)m_y-\alpha\dot{m}_y\\-\gamma\left[hM-\left(H+H_K\right)m_x\right]+\alpha\dot{m}_x\\0\end{bmatrix} \tag{1.48}$$

由 m_z 的分量方程，得到 m_z 为常量。

假设

$$h=h_0\mathrm{e}^{\mathrm{i}\omega t} \tag{1.49}$$

磁化强度交变分量也应具有如下形式：

$$m_{x,y}=m_{x0,y0}\mathrm{e}^{\mathrm{i}\omega t} \tag{1.50}$$

将式(1.50)代入式(1.48)，整理得到 m_x 和 m_y 分量的振幅满足：

$$i\omega m_{x0} + \left[\gamma\left(H + H_K\right) + i\alpha\omega\right]m_{y0} = 0 \tag{1.51}$$

$$\left[\gamma\left(H + H_K\right) + i\alpha\omega\right]m_{x0} - i\omega m_{y0} = \gamma h_0 M \tag{1.52}$$

直接解得

$$m_{x0} = \frac{\gamma h_0 M\left[\gamma\left(H + H_K\right) + i\alpha\omega\right]}{\left[\gamma\left(H + H_K\right) + i\alpha\omega\right]^2 - \omega^2} \tag{1.53}$$

$$m_{y0} = \frac{-i\omega\gamma h_0 M}{\left[\gamma\left(H + H_K\right) + i\alpha\omega\right]^2 - \omega^2} \tag{1.54}$$

利用复数磁化率的定义，得到

$$\tilde{\chi} = \frac{m_{x0}}{h_0} = \frac{\gamma M\left[\gamma\left(H + H_K\right) + i\alpha\omega\right]}{\left[\gamma\left(H + H_K\right) + i\alpha\omega\right]^2 - \omega^2} \tag{1.55}$$

令 $\tilde{\chi} = \chi' - i\chi''$，则

$$\chi' = \frac{M\gamma^2\left(H + H_K\right)\left[\gamma^2\left(H + H_K\right)^2 - \left(1 - \alpha^2\right)\omega^2\right]}{\left[\gamma^2\left(H + H_K\right)^2 - \left(1 + \alpha^2\right)\omega^2\right]^2 + \left[2\alpha\omega\gamma\left(H + H_K\right)\right]^2} \tag{1.56}$$

$$\chi'' = \frac{\alpha\omega\gamma M\left[\gamma^2\left(H + H_K\right)^2 + \left(1 + \alpha^2\right)\omega^2\right]}{\left[\gamma^2\left(H + H_K\right)^2 - \left(1 + \alpha^2\right)\omega^2\right]^2 + \left[2\alpha\omega\gamma\left(H + H_K\right)\right]^2} \tag{1.57}$$

$\alpha \ll 1$ 的小阻尼下，略去高阶阻尼系数项，磁化率变为

$$\chi' = \frac{M\gamma^2\left(H + H_K\right)\left[\gamma^2\left(H + H_K\right)^2 - \omega^2\right]}{\left[\gamma^2\left(H + H_K\right)^2 - \omega^2\right]^2 + \left[2\alpha\omega\gamma\left(H + H_K\right)\right]^2} \tag{1.58}$$

$$\chi'' = \frac{\alpha\omega\gamma M\left[\gamma^2\left(H + H_K\right)^2 + \omega^2\right]}{\left[\gamma^2\left(H + H_K\right)^2 - \omega^2\right]^2 + \left[2\alpha\omega\gamma\left(H + H_K\right)\right]^2} \tag{1.59}$$

取 $\gamma M = 100\mathrm{GHz} \cdot \mathrm{A}/(\mathrm{T} \cdot \mathrm{m})$，$\alpha = 0.05$，$H_K = 500\mathrm{Oe}^*$，数值计算式(1.58)和式(1.59)。取 $\gamma\left(H + H_K\right) = 1\mathrm{GHz}$，磁谱模式下磁化率随频率的变化如图1.20(a)所示；取 $\omega = 9\mathrm{GHz}$，铁磁共振模式下磁化率随外加直流磁场的变化如图1.20(b)所示。

---

* 1Oe = 1Gb/cm = 79.5775A/m。

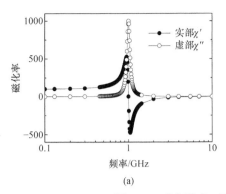
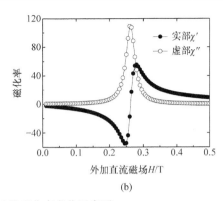

$$(a) \qquad\qquad\qquad (b)$$

图 1.20　磁化强度一致进动的磁化率变化示意图
(a) 磁谱模式；(b) 铁磁共振模式

利用 $\mathrm{d}\chi''/\mathrm{d}\omega = 0$ ，由式(1.59)，得到

$$\left[\gamma^2\left(H+H_K\right)^2 - \omega^2\right]\left\{\gamma^4\left(H+H_K\right)^4 + \left(6-4\alpha^2\right)\gamma^2\left(H+H_K\right)^2\omega^2 + \omega^4\right\} = 0 \quad (1.60)$$

由于 $\{\cdots\} > 0$ ，只能取

$$\gamma^2\left(H+H_K\right)^2 - \omega^2 = 0 \quad (1.61)$$

可见，磁谱模式下的共振频率满足：

$$\omega_r = \gamma\left(H+H_K\right) \quad (1.62)$$

鉴于 $H+H_K$ 通常大于等于材料的矫顽力，自然共振频率高于畴壁位移的频率。共振时，磁化率实部为零，虚部最大，即

$$\chi' = 0, \quad \chi''_{\max} = \frac{\gamma M_0}{2\alpha\omega_r} \quad (1.63)$$

利用 $\mathrm{d}\chi''/\mathrm{d}H = 0$ ，由式(1.59)，得到

$$\left[\gamma^4\left(H+H_K\right)^4 + 2\gamma^2\left(H+H_K\right)^2\omega^2 - \left(3-4\alpha^2\right)\omega^4\right] = 0 \quad (1.64)$$

说明铁磁共振模式下，共振场 H_r 满足

$$\gamma^2\left(H_r+H_K\right)^2 = 2\omega^2\sqrt{1-\alpha^2} - \omega^2 \approx \omega^2 \quad (1.65)$$

除以上讨论的机制外，实际软磁磁性器件还可能存在低频的尺寸共振和磁致伸缩导致的磁力共振。在磁性器件中传播的电磁波频率为 f ，其在器件内部的波长为

$$\lambda = \frac{c}{f\sqrt{\mu\varepsilon}} \quad (1.66)$$

其中，c 为光速；μ 和 ε 分别为磁性器件的磁导率和电容率。当器件尺寸接近于

内部电磁波半波长的整数倍时，就会在器件中形成驻波，此时器件就好像一个谐振腔，产生尺寸共振。例如，锰锌铁氧体有较高的磁导率和电容率，当频率 $f = 1\text{MHz}$ 时，$\mu \approx 103$，$\varepsilon \approx 5 \times 10^4$，铁氧体的介质波长 $\lambda = 4\text{cm}$，当器件尺寸约 2cm，发生强烈的电磁能量吸收，称之为尺寸共振[28]。当器件发生尺寸共振时，其形状随外加磁场发生变化。由于磁弹性能的存在，尺寸的变化会带来各向异性和磁化强度的变化，从而改变了器件的磁导率。

若器件具有磁致伸缩效应，外加交变磁场会引起铁磁器件的振动。当外加交变磁场的频率与器件的机械振动固有频率一致时，会出现共振吸收现象，称之为磁力共振。磁力共振将影响器件的磁导率。实际分析一个软磁器件的共振机制并不是一件容易的事情。

1.5　磁滞回线的频率饱和

磁滞回线作为磁化强度随外加磁场的变化曲线，可分为直流和交流磁滞回线两类。前者和后者分别反映了磁化强度在直流磁场和交流磁场方向的投影。由于铁磁物质分畴结构的存在，定量描述磁化强度随外场的变化，必然涉及相对复杂的磁化及反磁化过程。为了解释磁滞回线的频率饱和现象，先介绍直流磁滞回线，然后再讨论交流磁滞回线。

图 1.21 给出了两类永磁材料[29,30]和软磁材料的磁滞回线。从现象上看，金属磁性材料的饱和磁化强度高于铁氧体的饱和磁化强度；永磁材料的矫顽力远大于软磁材料的矫顽力。因此，前者一般不受外界环境磁场的影响，而后者对外界环境磁场很敏感。永磁材料主要用于提供磁场环境，所以用最大磁能积 BH_{max} 这一特征物理量描述永磁性能的优异程度；软磁材料主要应用于能量转换，可以用磁导率随频率的变化描述软磁材料的优异程度。外场下，无论是金属还是铁氧体的

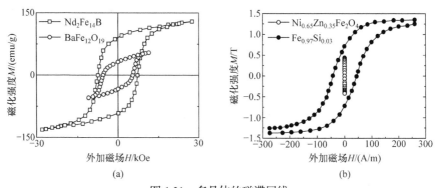

图 1.21　多晶体的磁滞回线

(a) 永磁材料 $\text{Nd}_2\text{Fe}_{14}\text{B}$[29]和软磁材料 $\text{BaFe}_{12}\text{O}_{19}$[30]；(b) 软磁材料 $\text{Ni}_{0.65}\text{Zn}_{0.35}\text{Fe}_2\text{O}_4$ 和永磁材料 $\text{Fe}_{0.97}\text{Si}_{0.03}$

$1\text{emu/g} = 10^{-3}\text{A} \cdot \text{m}^2/\text{g}$

磁化强度均可在 10^{-6} s 内稳定在某一方向上。在秒量级的测试间隔内，总是可以获得稳定磁化强度在外场方向的投影。

为了研究不同直流外场下的磁滞过程，除了前面提到的饱和磁滞回线外，通常还进行两种小磁滞回线(简称"小回线")的测量，如图 1.22 所示。在零场附近的小回线属于低磁场磁滞回线，随着外磁场最大值由小到大变化，小回线最大磁化强度的变化曲线恰好反映了样品的磁化曲线。二是在某一直流磁场附近的低磁场小回线，利用这些小回线可以很好地理解在直流偏置磁场附近的磁化和反磁化行为。两者本质上均反映了在特定稳定态附近磁化状态的变化。鉴于多数交流测量的磁场较小，小回线的研究对于理解交变磁滞回线很有帮助。

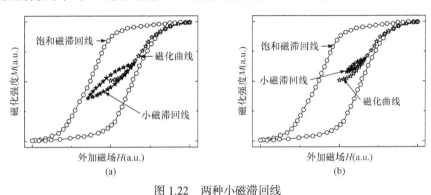

图 1.22 两种小磁滞回线
(a) 以零点为对称点；(b) 以某一磁化状态为对称点

通常，频率在赫兹频段的交变磁场，由于测试时间尺度接近于直流磁滞回线，其结果也与直流磁场的磁滞回线类似。然而，当频率逐渐增加时，磁滞回线的形状会发生逐渐变胖至饱和的现象，如图 1.23 所示[31]。晶粒取向的 $Fe_{0.97}Si_{0.03}$ 在150Hz、$Co_{71}Fe_4B_{15}Si_{10}$ 非晶带在 100kHz、Mn-Zn 铁氧体在兆赫兹频段下的磁滞回线明显变胖。也就是说，随着频率的增加，磁化强度和磁感应强度的滞后现象增大，损耗增加。这一变化主要反映了交变磁场驱动磁化强度绕直流稳定状态的进动过程。由于软磁材料的开关场或矫顽力很小，在低频磁场(<1MHz)下，即使施加低功率交变场，通常也会发生不可逆磁化。

下面以球形 SW 颗粒为例，说明直流和交流磁滞回线与材料饱和磁化强度 M_s 和各向异性等内禀物理量的关系[32]。如图 1.24 所示，设 SW 颗粒的各向异性场为 H_K，在偏离 H_K 角度为 θ 的方向上施加直流磁场 H，若 H 与 M_s 的夹角为 α，则 M_s 与易轴的夹角为 $(\theta-\alpha)$。定义 H 大于零的方向为参考方向 R。假设各向异性磁能 F 分别来自最简单的单轴各向异性和塞曼能量，则磁化和反磁化时 F 可写为

$$F = K_1\sin^2(\theta-\alpha) - \mu_0 M_s H\cos\alpha \tag{1.67}$$

磁化强度的稳定角度满足：

$$\partial F / \partial \alpha = 0 \qquad\qquad (1.68a)$$

$$\partial^2 F / \partial \alpha^2 > 0 \qquad\qquad (1.68b)$$

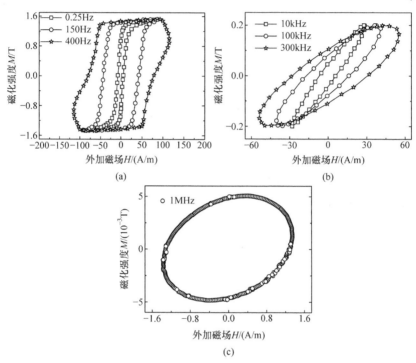

图 1.23 不同频率下的磁滞回线

(a) 晶粒取向 $Fe_{0.97}Si_{0.03}$[31]；(b) $Co_{71}Fe_4B_{15}Si_{10}$ 非晶带[31]；(c) Mn-Zn 铁氧体[31]

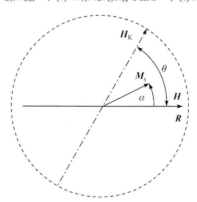

图 1.24 Stoner-Wohlfarth 模型示意图

利用磁晶各向异性等效场为

$$H_K = 2K_1 / \mu_0 M_s \qquad\qquad (1.69a)$$

定义约化磁场为

$$h = H / H_K \tag{1.69b}$$

则由式(1.68)，得到磁化强度的稳定位置满足：

$$\sin 2(\theta - \alpha) - 2h\sin\alpha = 0 \tag{1.70a}$$

$$\cos 2(\theta - \alpha) + h\cos\alpha > 0 \tag{1.70b}$$

由此可得 θ 分别为 $0°$、$45°$ 和 $90°$ 情况下的解析解。

当 $\theta = 45°$ 时，式(1.70a)变为

$$\cos 2\alpha - 2h\sin\alpha = 0 \tag{1.71}$$

解得 $\sin\alpha$ 。利用三角函数关系，得到

$$\cos\alpha = \pm\frac{1}{\sqrt{2}}\sqrt{1 - h^2 + h\sqrt{2 + h^2}} \tag{1.72}$$

由此可得到磁滞回线 M-H 。图 1.25 给出了解析表达式数值计算的约化磁滞回线，$M / M_s = \cos\alpha$ ，约化磁场 $h = H / H_K$ 。可见，在矫顽力处发生了不可逆转动：从一个稳定态跳到了另一个稳定态。

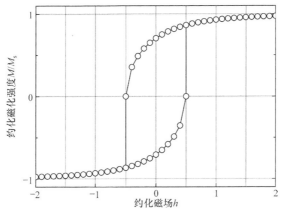

图 1.25　SW 颗粒 45° 方向的约化磁滞回线

多数情况下，很难得到磁性材料磁滞回线的简单函数解析解。然而，纵观磁滞回线，如果知道了饱和场，就知道了磁化强度的最大值；如果知道了不可逆磁化的开关场，就知道了磁化强度的跳变点；如果再知道剩磁和矫顽力，原则上就知道了磁滞回线的大体形状。为此，借助 SW 单畴颗粒，讨论磁化强度一致转动情况下的特征量。

饱和磁化时，磁化强度几乎与外加磁场在同一方向上，α 很小。式(1.70a)可以近似为

$$\alpha \approx \frac{\sin 2\theta}{2(h + \cos 2\theta)} \tag{1.73}$$

可见，同样的外场下，$\theta = 45°$ 对应的 α 最大。

当 $\theta = 45°$ 时，

$$\frac{M_s - M(H)}{M_s} = 1 - \sqrt{\frac{1 - h^2 + h\sqrt{2 + h^2}}{2}} \tag{1.74}$$

h 为 3.5 和 11.5 时，磁化强度偏离饱和磁化强度的相对大小分别为 1% 和 0.1%。可以认为磁场为各向异性场的 3.5 倍时，铁磁性物质被饱和磁化。

剩磁为磁场等于零时磁化强度在外场方向的投影。$h = 0$ 时，式(1.70a)变为

$$\sin 2(\theta - \alpha) = 0 \tag{1.75}$$

由此得到 $\alpha = \theta$，可见剩磁满足：

$$M_r = \cos\alpha = \cos\theta \tag{1.76}$$

开关场(switching field) h_{sf} 是指磁化强度发生跳变对应的场。此时，式(1.70)变为

$$\sin 2(\theta - \alpha) = 2h\sin\alpha \tag{1.77a}$$

$$\cos 2(\theta - \alpha) = -h\cos\alpha \tag{1.77b}$$

将式(1.77a)和式(1.77b)分别平方，相加得到

$$h_{sf} = \frac{1}{\sqrt{4\sin^2\alpha + \cos^2\alpha}} = \sqrt{\frac{1 + \mathrm{tg}^2\alpha}{1 + 4\mathrm{tg}^2\alpha}} \tag{1.78}$$

可见，只要求出 $\mathrm{tg}\alpha$，即可求得开关场。将式(1.77a)和式(1.77b)相除，得到

$$\mathrm{tg}[2(\theta - \alpha)] = -2\mathrm{tg}\alpha \tag{1.79a}$$

令 $x = \mathrm{tg}\alpha$，利用三角函数关系，式(1.79a)变为

$$2x^3 - 3\mathrm{tg}(2\theta)x^2 - \mathrm{tg}(2\theta) = 0 \tag{1.79b}$$

设 $\mathrm{tg}\theta = -t^3$，式(1.79b)变为

$$x^3 - \frac{3t^3}{t^6 - 1}x^2 - \frac{t^3}{t^6 - 1} = 0 \tag{1.79c}$$

利用 $a^3 - b^3 = (a - b)(a^2 + ab + b^2) = 0$，式(1.79c)变为

$$\left(x - \frac{t}{t^2 - 1}\right)\left[x^2 - \left(\frac{3t^3}{t^6 - 1} - \frac{t}{t^2 - 1}\right)x + \frac{t^2}{t^4 + t^2 + 1}\right] = 0 \tag{1.79d}$$

式(1.79d)的实数解为

$$x = \frac{t}{t^2 - 1} \tag{1.80}$$

由式(1.80)，可以得到跳变场为

$$h_{sf} = \sqrt{\frac{\left(t^2-1\right)^2+t^2}{\left(t^2-1\right)^2+4t^2}} = \sqrt{\frac{1}{\left(\sin^{2/3}\theta+\cos^{2/3}\theta\right)^3}} \tag{1.81}$$

如何判断矫顽力 h_c 呢? 先看解析解的规律: $\theta=0°$, $h_c=1$; $\theta=45°$, $h_c=1/2$; $\theta=90°$, $h_c=0$。对于 $0°\leqslant\theta<45°$ 的磁滞回线, 磁化强度在大于零的区间发生跳变, 矫顽力等于开关场; 对于 $45°\leqslant\theta\leqslant90°$ 的磁滞回线, 磁化强度在小于零的区间发生跳变, 矫顽力处是稳定点, 满足磁化强度与外加磁场垂直, 即 $\alpha=90°$。由式(1.70a), 得到 $h_c=\sin\theta\cos\theta$。可见, 矫顽力满足:

$$h_c = \begin{cases} h_{sf}, & 0\leqslant\theta<45° \\ \sin\theta\cos\theta, & 45°\leqslant\theta\leqslant90° \end{cases} \tag{1.82}$$

图 1.26 给出了 SW 约化开关场与约化矫顽力随磁化方向改变的关系。可见, 当外加磁场与易轴的夹角小于45°时, 约化矫顽力等于开关场; 当 $45°\leqslant\theta\leqslant90°$, 约化矫顽力小于开关场。

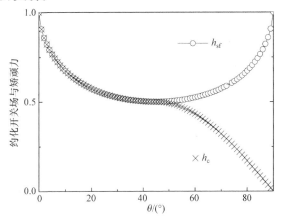

图 1.26　SW 约化开关场和约化矫顽力随磁化方向变化曲线

沿易轴饱和磁化的 SW 颗粒, 若在垂直易轴的 x 方向施加交变磁场, 由式(1.53) 和式(1.54)得到

$$m_x = \frac{\gamma h M_0\left(\gamma H_{DC}+i\alpha\omega\right)}{\left(\gamma H_{DC}+i\alpha\omega\right)^2-\omega^2} \tag{1.83}$$

$$m_y = \frac{-i\omega\gamma h M_0}{\left(\gamma H_{DC}+i\alpha\omega\right)^2-\omega^2} \tag{1.84}$$

其中, $H_{DC}=H+H_K$。小角近似下, $M_0\approx M$, 磁化强度在交变磁场方向的投影为

$$m_h=m_x=\gamma h M\frac{\gamma H_{DC}\left[\left(\gamma H_{DC}\right)^2-\left(1-\alpha^2\right)\omega^2\right]-i\alpha\omega\left[\left(\gamma H_{DC}\right)^2+\left(1+\alpha^2\right)\omega^2\right]}{\left[\left(\gamma H_{DC}\right)^2-\left(1+\alpha^2\right)\omega^2\right]^2+\left(2\alpha\omega\gamma H_{DC}\right)^2} \tag{1.85}$$

式(1.85)可以写为

$$m_{\mathrm{h}} = a\cos(\omega t - \delta)\tag{1.86a}$$

其中,

$$a = \gamma h M \frac{\sqrt{(\gamma H_{\mathrm{DC}})^2\left[(\gamma H_{\mathrm{DC}})^2-(1-\alpha^2)\omega^2\right]^2+(\alpha\omega)^2\left[(\gamma H_{\mathrm{DC}})^2+(1+\alpha^2)\omega^2\right]^2}}{\left[(\gamma H_{\mathrm{DC}})^2-(1+\alpha^2)\omega^2\right]^2+(2\alpha\omega\gamma H_{\mathrm{DC}})^2}\tag{1.86b}$$

$$\cos\delta = \frac{\gamma H_{\mathrm{DC}}\left[(\gamma H_{\mathrm{DC}})^2-(1-\alpha^2)\omega^2\right]}{\sqrt{(\gamma H_{\mathrm{DC}})^2\left[(\gamma H_{\mathrm{DC}})^2-(1-\alpha^2)\omega^2\right]^2+(\alpha\omega)^2\left[(\gamma H_{\mathrm{DC}})^2+(1+\alpha^2)\omega^2\right]^2}}\tag{1.86c}$$

$$\sin\delta = \frac{\alpha\omega\left[(\gamma H_{\mathrm{DC}})^2+(1+\alpha^2)\omega^2\right]}{\sqrt{(\gamma H_{\mathrm{DC}})^2\left[(\gamma H_{\mathrm{DC}})^2-(1-\alpha^2)\omega^2\right]^2+(\alpha\omega)^2\left[(\gamma H_{\mathrm{DC}})^2+(1+\alpha^2)\omega^2\right]^2}}\tag{1.86d}$$

当 $h_0 = 5\mathrm{Oe}$ 时, 交流磁滞回线如图 1.27(a)所示, 随着频率的增加, 磁滞回线由静态下的直线逐渐变胖; 达到共振频率时, 磁滞回线变得最胖, 称之为频率饱和。图 1.27(b)给出了不同强度微波磁场下的频率饱和交流磁滞回线。共振态下, 随着微波磁场振幅的增加, 磁化强度逐渐趋近于在垂直直流磁场的平面内进动。实际上, 描述交流磁滞回线的形状依然是问题。同时, 针对软磁材料还需要描述存在偏置场下的磁滞回线, 而不是类直流磁滞回线。

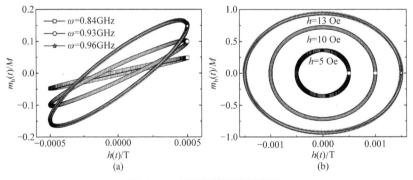

图 1.27 交流磁滞回线示意图

(a) $h_0 = 5\mathrm{Oe}$ 时, 不同频率下的交流磁滞回线; (b) 共振时, 不同微波磁场下的频率饱和交流磁滞回线 $\gamma H_{\mathrm{DC}} = 1.0\mathrm{GHz}$; $\alpha = 0.02$; $M = 1.0\mathrm{T}$

1.6　导体截止频率的降低

回顾图 1.8 所示的金属薄膜，本该在吉赫兹频段存在的自然共振峰，在厚膜中弱到难以辨认；若施加直流磁场，自然共振峰被凸显出来。人们自然会问，为什么仅仅改变了外加直流磁场，却明显改变了磁谱？事实上，增加直流磁场，降低了体系的磁导率，导体中电磁场分布具有更深的趋肤深度，从而在高频下展现出自然共振现象。类似地，图 1.5 所示的 Ni-Zn 铁氧体损耗角正切的变化，反映了电阻率变化的影响。下面以铁磁导电薄板为例，说明电阻率对磁导率影响的本质。

如图 1.28 所示，选择坐标原点在铁磁导电薄板的中央，薄板在 x 方向的厚度为 $2d$，y 和 z 方向分别无限延伸。对于该铁磁导体，其内部的电磁场满足麦克斯韦方程组：

$$\nabla \cdot E = 0 \tag{1.87a}$$

$$\nabla \cdot H = 0 \tag{1.87b}$$

$$\nabla \times E = -\mu_0 \mu_r \frac{\partial H}{\partial t} \tag{1.87c}$$

$$\nabla \times H = \sigma E \tag{1.87d}$$

其中，考虑了低频下导体内部自由电荷密度为零，位移电流远小于涡流，且利用了欧姆定律 $J = \sigma E$，以及电位移矢量 D、磁感应强度 B 与电场强度 E、磁场强度 H 的低场线性关系：

$$D = \varepsilon_0 \varepsilon_r E, \ B = \mu_0 \mu_r H \tag{1.88}$$

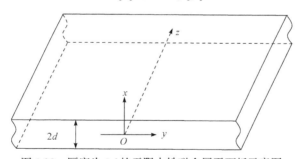

图 1.28　厚度为 $2d$ 的无限大铁磁金属平面板示意图

将式(1.87d)取旋度，利用 $\nabla \times (\nabla \times H) = \nabla(\nabla \cdot H) - \nabla^2 H$，得到

$$\nabla^2 H - \sigma \mu_0 \mu_r \frac{\partial H}{\partial t} = 0 \tag{1.89}$$

假设磁场强度大小 $H \sim e^{i\omega t}$，考虑到金属平面板在 y 和 z 两个方向上无限延伸，则

$$\frac{\partial^2 \boldsymbol{H}}{\partial y^2} = \frac{\partial^2 \boldsymbol{H}}{\partial z^2} = 0, \quad \frac{\partial^2 \boldsymbol{H}}{\partial x^2} - \mathrm{i}\omega\sigma\mu_0\mu_\mathrm{r}\boldsymbol{H} = 0 \tag{1.90}$$

可见，磁场矢量的分量方程满足：

$$\frac{\partial^2 H_x}{\partial x^2} - \mathrm{i}\omega\sigma\mu_0\mu_\mathrm{r}H_x = 0 \tag{1.91a}$$

$$\frac{\partial^2 H_y}{\partial x^2} - \mathrm{i}\omega\sigma\mu_0\mu_\mathrm{r}H_y = 0 \tag{1.91b}$$

$$\frac{\partial^2 H_z}{\partial x^2} - \mathrm{i}\omega\sigma\mu_0\mu_\mathrm{r}H_z = 0 \tag{1.91c}$$

式(1.91c)的通解为

$$H_z = \left(c_1\mathrm{e}^{qx} + c_2\mathrm{e}^{-qx}\right)\mathrm{e}^{\mathrm{i}\omega t} \tag{1.92}$$

其中，$q = \sqrt{\mathrm{i}\omega\sigma\mu_0\mu_\mathrm{r}}$；$c_1$ 和 c_2 为待定常数。根据薄板的对称性，有

$$H_z(x) = H_z(-x) \tag{1.93}$$

则 $c_1 = c_2$。考虑到铁磁导体与空气的分界面上，满足边值关系

$$\boldsymbol{n} \times (\boldsymbol{H} - \boldsymbol{H}_\mathrm{e}) = 0 \tag{1.94}$$

其中，$\boldsymbol{n}$ 为由导体指向空气的界面法线方向单位矢量；$\boldsymbol{H}_\mathrm{e}$ 为空气中的磁场强度。假设 $\boldsymbol{H}_\mathrm{e} = \boldsymbol{e}_z H_\mathrm{m} \mathrm{e}^{\mathrm{i}\omega t}$，则

$$\boldsymbol{H}_{x=\pm d} = \boldsymbol{H}_\mathrm{e} = \boldsymbol{e}_z H_\mathrm{m} \mathrm{e}^{\mathrm{i}\omega t} \tag{1.95}$$

于是

$$c_1 = c_2 = \frac{H_\mathrm{m}}{\mathrm{e}^{qd} + \mathrm{e}^{-qd}} \tag{1.96}$$

代入式(1.91c)，得到

$$H_z = \frac{\mathrm{e}^{qx} + \mathrm{e}^{-qx}}{\mathrm{e}^{qd} + \mathrm{e}^{-qd}} H_\mathrm{m} \mathrm{e}^{\mathrm{i}\omega t} \tag{1.97a}$$

同理，由式(1.91a)和式(1.91b)得到

$$H_x = H_y = 0 \tag{1.97b}$$

可见，在铁磁金属板内，磁场强度分量只有 z 分量，而无 x 和 y 分量。对应薄板内的磁感应强度为

$$B_x = B_y = 0, \quad B_z = \mu_0\mu_\mathrm{r} \frac{\mathrm{e}^{qx} + \mathrm{e}^{-qx}}{\mathrm{e}^{qd} + \mathrm{e}^{-qd}} H_\mathrm{m} \mathrm{e}^{\mathrm{i}\omega t} \tag{1.98}$$

若将薄板看成一个整体，薄板内的平均磁感应强度为

$$\overline{B}_z = \frac{\mu_0 \mu_r}{2d} \int_{-d}^{d} H_z dx = \frac{\mu_0 \mu_r}{qd} \frac{e^{qd} - e^{-qd}}{e^{qd} + e^{-qd}} H_m e^{i\omega t} = \frac{\mu_0 \mu_r}{qd} \mathrm{th}(qd) H_m e^{i\omega t} \qquad (1.99)$$

按照磁导率的定义，平均磁感应强度与外加磁场之比为平均相对复数磁导率：

$$\overline{\mu}_r = \frac{\mathrm{th}(qd)}{qd} \mu_r \qquad (1.100)$$

已知，趋肤深度 δ 满足：

$$\delta = \sqrt{\frac{2}{\omega \mu_0 \mu_r \sigma}} \qquad (1.101)$$

其中，$\mu_0 = 4\pi \times 10^{-7} \mathrm{H/m}$；$\sigma$ 为电导率。对于金属铁，$\rho = 9.78 \times 10^{-8}\Omega \cdot \mathrm{m}$，不同磁导率下 Fe 的趋肤深度与频率的关系如图 1.29 所示。可见兆赫兹频段下，趋肤深度在 $10^{-2} \sim 10^{-1}$mm。波矢 q 写为

$$q = \sqrt{i\omega \sigma \mu_0 \mu_r} = \frac{(1+i)}{\delta} \qquad (1.102)$$

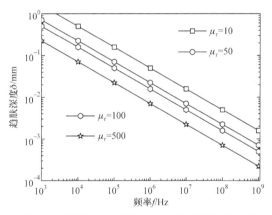

图 1.29 不同磁导率下 Fe 的趋肤深度与频率的关系

此时，薄板中的磁场强度和平均磁导率分别为

$$H_z = \frac{\mathrm{ch}\left[(1+i)x/\delta\right]}{\mathrm{ch}\left[(1+i)d/\delta\right]} H_m e^{i\omega t} \qquad (1.103a)$$

$$\overline{\mu}_r = \frac{\mathrm{th}\left[(1+i)d/\delta\right]}{(1+i)d/\delta} \mu_r \qquad (1.103b)$$

定义

$$n_d = \frac{d}{\delta}, n_x = \frac{x}{\delta} \qquad (1.104)$$

式(1.103)变为

$$H_z = \frac{\text{ch}\left[(1+\text{i})n_x\right]}{\text{ch}\left[(1+\text{i})n_d\right]}H_\text{m}\text{e}^{\text{i}\omega t} \tag{1.105a}$$

$$\bar{\mu}_\text{r} = \frac{\text{th}\left[(1+\text{i})n_d\right]}{(1+\text{i})n_d}\mu_\text{r} \tag{1.105b}$$

利用双曲函数之间的关系，式(1.105)变为

$$H_z = \frac{\text{ch}(n_x)\cos(n_x)+\text{ish}(n_x)\sin(n_x)}{\text{ch}(n_d)\cos(n_d)+\text{ish}(n_d)\sin(n_d)}H_\text{m}\text{e}^{\text{i}\omega t} \tag{1.106a}$$

$$\bar{\mu}_\text{r} = \frac{\mu_\text{r}}{n_d}\frac{\text{sh}(n_d)\cos(n_d)+\text{ich}(n_d)\sin(n_d)}{\left[\text{ch}(n_d)\cos(n_d)-\text{sh}(n_d)\sin(n_d)\right]+\text{i}\left[\text{ch}(n_d)\cos(n_d)+\text{sh}(n_d)\sin(n_d)\right]} \tag{1.106b}$$

利用式(1.106)，薄层中的磁场可写为

$$H_z = A\text{e}^{\text{i}(\omega t-\varphi)} \tag{1.107}$$

其中

$$A = \sqrt{\frac{\text{ch}(2n_x)+\cos(2n_x)}{\text{ch}(2n_d)+\cos(2n_d)}}H_\text{m} \tag{1.108a}$$

$$\cos\varphi = \frac{\text{ch}(n_d-n_x)\cos(n_d+n_x)+\text{ch}(n_d+n_x)\cos(n_d-n_x)}{\sqrt{\left[\text{ch}(2n_d)+\cos(2n_d)\right]\left[\text{ch}(2n_x)+\cos(2n_x)\right]}} \tag{1.108b}$$

$$\sin\varphi = \frac{\text{sh}(n_d+n_x)\sin(n_d+n_x)+\text{sh}(n_d-n_x)\sin(n_d-n_x)}{\sqrt{\left[\text{ch}(2n_d)+\cos(2n_d)\right]\left[\text{ch}(2n_x)+\cos(2n_x)\right]}} \tag{1.108c}$$

平均磁导率为

$$\bar{\mu}_\text{r} = \frac{\mu_\text{r}}{2n_d}\frac{\left[\text{sh}(2n_d)+\sin(2n_d)\right]-\text{i}\left[\text{sh}(2n_d)-\sin(2n_d)\right]}{\text{ch}(2n_d)+\cos(2n_d)} \tag{1.109}$$

其中，实部和虚部分别为

$$\bar{\mu}' = \frac{\mu_\text{r}}{2n_d}\frac{\text{sh}(2n_d)+\sin(2n_d)}{\text{ch}(2n_d)+\cos(2n_d)} \tag{1.110a}$$

$$\bar{\mu}'' = \frac{\mu_\text{r}}{2n_d}\frac{\text{sh}(2n_d)-\sin(2n_d)}{\text{ch}(2n_d)+\cos(2n_d)} \tag{1.110b}$$

设铁板的厚度为 $d=100\mu\text{m}$，$\mu_\text{r}=100$，$\rho=9.78\times10^{-8}\Omega\cdot\text{m}$，频率在 0.1MHz、

1MHz 和10MHz 下，趋肤深度分别为4.97×10^{-5}m、1.57×10^{-5}m 和4.95×10^{-6}m。图 1.30 给出了不同频率下薄板中的交变磁场振幅的变化。可见，当$d=\delta$时，$n_d=1$，$x=0$处的振幅等于$0.773H_m$。d为1.0mm 和0.5mm 时，平均磁导率随频率的变化如图 1.31 所示。若定义磁导率降为起始磁导率的 50%时，对应的频率为器件的截止频率，随着薄板厚度的增加，截止频率明显降低。

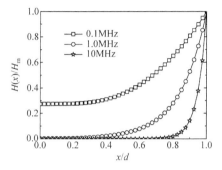

图 1.30　薄板中交变磁场振幅变化示意图

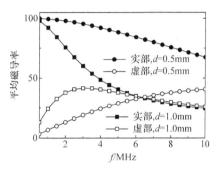

图 1.31　不同厚度薄板中平均磁导率随频率的变化

1.7　高功率下的反常现象

前面主要讨论了弱交变磁场下的行为。在高功率磁场作用下，软磁体将出现某些反常现象。这些反常现象在功率超过某一临界值时发生，又称为高功率反常现象。回顾前面采用的线性解，认为$m_z=0$。显然，在高功率下，以上近似不再成立了。下面考虑m 和h 的二次项，处理布洛赫形式的朗道-栗夫席兹动力学方程：

$$\frac{\mathrm{d}m_x}{\mathrm{d}t}=-\gamma\Big[m_y\big(H+h_z\big)-\big(M_z+m_z\big)h_y\Big]-\frac{m_x}{\tau_2} \tag{1.111a}$$

$$\frac{\mathrm{d}m_y}{\mathrm{d}t}=-\gamma\Big[\big(M_z+m_z\big)h_x-m_x\big(H+h_z\big)\Big]-\frac{m_y}{\tau_2} \tag{1.111b}$$

$$\frac{\mathrm{d}m_z}{\mathrm{d}t}=-\gamma\big(m_xh_y-m_yh_x\big)-\frac{\big(M_z+m_z\big)-M}{\tau_1} \tag{1.111c}$$

其中，磁化强度已分为直流分量M_z 和动力学分量$m_{x,y,z}$两部分；M 为饱和磁化强度；τ_1 和τ_2 对应两个弛豫时间。设微波磁场为一沿x 方向的线偏振场，则

$$h_x=\frac{1}{2}h_0\big(\mathrm{e}^{\mathrm{i}\omega t}+\mathrm{e}^{-\mathrm{i}\omega t}\big)=h_0\cos(\omega t) \tag{1.112a}$$

相应的磁化强度m_x 和m_y 也应是频率ω 的周期函数，分别为

$$m_x = m_x^0 \mathrm{e}^{\mathrm{i}\omega t} + m_x^{0*} \mathrm{e}^{-\mathrm{i}\omega t} \tag{1.112b}$$

$$m_y = m_y^0 \mathrm{e}^{\mathrm{i}\omega t} + m_y^{0*} \mathrm{e}^{-\mathrm{i}\omega t} \tag{1.112c}$$

其中，$m_{x,y}^{0*}$ 为 $m_{x,y}^0$ 的共轭量。将式(1.112)代入式(1.111a)和式(1.111b)，去掉二阶小量 m_z，可得

$$\left[\frac{\mathrm{i}\omega\tau_2+1}{\tau_2}m_x^0 + \gamma H m_y^0 \right]\mathrm{e}^{\mathrm{i}\omega t} - \left[\frac{\mathrm{i}\omega\tau_2-1}{\tau_2}m_x^{0*} - \gamma H m_y^{0*} \right]\mathrm{e}^{-\mathrm{i}\omega t} = 0 \tag{1.113a}$$

$$\left[\frac{\mathrm{i}\omega\tau_2+1}{\tau_2}m_y^0 - \gamma H m_x^0 + \frac{\gamma h_0 M_z}{2} \right]\mathrm{e}^{\mathrm{i}\omega t} - \left[\frac{\mathrm{i}\omega\tau_2-1}{\tau_2}m_y^{0*} + \gamma H m_x^{0*} - \frac{\gamma h_0 M_z}{2} \right]\mathrm{e}^{-\mathrm{i}\omega t} = 0$$

$$\tag{1.113b}$$

由 $\mathrm{e}^{\mathrm{i}\omega t}$ 和 $\mathrm{e}^{-\mathrm{i}\omega t}$ 系数分别为零，得到 $m_{x,y}^0$ 和 $m_{x,y}^{0*}$ 的方程分别为

$$\frac{\mathrm{i}\omega\tau_2+1}{\tau_2}m_x^0 + \gamma H m_y^0 = 0, \quad \gamma H m_x^0 - \frac{\mathrm{i}\omega\tau_2+1}{\tau_2}m_y^0 = \frac{\gamma h_0 M_z}{2} \tag{1.114a}$$

$$\frac{\mathrm{i}\omega\tau_2-1}{\tau_2}m_x^{0*} - \gamma H m_y^{0*} = 0, \quad \gamma H m_x^{0*} + \frac{\mathrm{i}\omega\tau_2-1}{\tau_2}m_y^{0*} = \frac{\gamma h_0 M_z}{2} \tag{1.114b}$$

令 $\omega_0 = \gamma H$，由式(1.114)解得

$$m_x^0 = \frac{h_0}{2}\frac{\omega_0 \gamma M_z}{\left(\dfrac{\mathrm{i}\omega\tau_2+1}{\tau_2}\right)^2 + \omega_0^2}, \quad m_y^0 = -\frac{h_0}{2}\frac{\left(\dfrac{\mathrm{i}\omega\tau_2+1}{\tau_2}\right)\gamma M_z}{\left(\dfrac{\mathrm{i}\omega\tau_2+1}{\tau_2}\right)^2 + \omega_0^2} \tag{1.115a}$$

$$m_x^{0*} = -\frac{h_0}{2}\frac{\omega_0 \gamma M_z}{\left(\dfrac{\mathrm{i}\omega\tau_2-1}{\tau_2}\right)^2 + \omega_0^2}, \quad m_y^{0*} = \frac{h_0}{2}\frac{\left(\dfrac{\mathrm{i}\omega\tau_2-1}{\tau_2}\right)\gamma M_z}{\left(\mathrm{i}\omega\dfrac{\mathrm{i}\omega\tau_2-1}{\tau_2}\right)^2 + \omega_0^2} \tag{1.115b}$$

由此得到磁化率实部和虚部分别为

$$\chi' = \frac{m_x^0 - m_x^{0*}}{h_0} = \frac{\omega_0 \gamma M_z\left(\omega_0^2 - \omega^2 + \dfrac{1}{\tau_2^2}\right)}{\left(\omega_0^2 - \omega^2 + \dfrac{1}{\tau_2^2}\right)^2 + \left(2\omega\dfrac{1}{\tau_2}\right)^2} \tag{1.116a}$$

$$\chi'' = -\frac{m_x^0 + m_x^{0*}}{\mathrm{i}h_0} = \frac{\omega_0 \gamma M_z\left(2\omega\dfrac{1}{\tau_2}\right)}{\left(\omega_0^2 - \omega^2 + \dfrac{1}{\tau_2^2}\right)^2 + \left(2\omega\dfrac{1}{\tau_2}\right)^2} \tag{1.116b}$$

式(1.111c)可写为

$$\dot{m}_z = \frac{\gamma h_0}{2}\left(m_y^0 \mathrm{e}^{2\mathrm{i}\omega t} + m_y^{0*}\mathrm{e}^{-2\mathrm{i}\omega t}\right) + \frac{\gamma h_0}{2}\left(m_y^0 + m_y^{0*}\right) - \frac{M_z + m_z - M}{\tau_1} \quad (1.117)$$

在稳定状态下，m_z 一定是周期函数，式(1.117)中的非周期部分必须为零，即

$$\gamma \frac{h_0}{2}\left(m_y^0 + m_y^{0*}\right) - \frac{M_z - M}{\tau_1} = 0 \quad (1.118a)$$

将式(1.115)代入式(1.118a)，得到

$$\frac{M_z}{M} = \frac{\left(\omega_0^2 - \omega^2 + \frac{1}{\tau_2^2}\right)^2 + \left(\frac{2\omega}{\tau_2}\right)^2}{\left[\left(\omega_0^2 - \omega^2 + \frac{1}{\tau_2^2}\right)^2 + \left(\frac{2\omega}{\tau_2}\right)^2\right] + 2\left(\frac{\gamma h_0}{2}\right)^2 \frac{\tau_1}{\tau_2}\left(\omega_0^2 + \omega^2 + \frac{1}{\tau_2^2}\right)} \quad (1.118b)$$

由式(1.116b)可知，非线性解 χ'' 与线性解 χ_L'' 之比为

$$\frac{\chi''}{\chi_L''} = \frac{M_z}{M} \quad (1.119)$$

假设 $\omega_0^2 \gg 1/\tau_2^2$，将式(1.118b)代入式(1.119)，共振峰处 $\omega = \omega_0$，满足

$$\left(\frac{\chi''}{\chi_L''}\right)_{\omega_0} = \left(\frac{M_z}{M}\right)_{\omega_0} = \left[1 + 2\left(\frac{\gamma h_0}{2}\right)^2 \tau_1\tau_2\frac{2\omega_0^2\tau_2^2+1}{4\omega_0^2\tau_2^2+1}\right]^{-1} \approx \left[1 + \left(\frac{\gamma h_0}{2}\right)^2\tau_1\tau_2\right]^{-1} \quad (1.120)$$

图 1.32 给出了 NiFe$_2$O$_4$ 单晶铁磁共振(FMR)的实验结果[33,34]。可见，$\left(\chi''/\chi_L''\right)_{\omega_0}$ 与 $\left(M_z/M\right)_{\omega_0}$ 的结果并不重合，而且随着微波磁场的增加，约化的 FMR 信号变弱。实验还发现，在小于自然共振峰几百奥斯特(Oe)的位置出现了附加共振峰[35]，如图 1.33

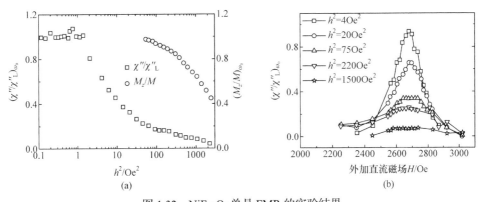

图 1.32　NiFe$_2$O$_4$ 单晶 FMR 的实验结果

(a) [110]方向共振时，约化磁导率虚部和 z 方向约化直流分量随微波磁场强度的变化[33]；(b) [111]方向约化 FMR 信号随微波磁场强度的变化[34]

所示。这一现象在低温下更加明显，超过居里温度则消失。针对这一问题安德森
(Anderson)从样品退磁场的角度，利用朗道-栗夫席兹动力学方程，讨论了高功率
下共振峰的变低和变宽可能来自磁化强度运动的不稳定性，并给出了不稳定性条
件为[36] $h^2 \geqslant 2(\Delta H)^3 M$。可见，准确测定磁化强度的进动极角是认识高功率行为
的关键。

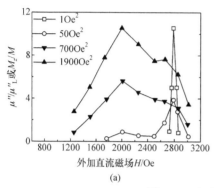
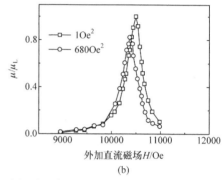

(a)　　　　　　　　　　　(b)

图 1.33　高功率下的附加共振峰[35]
(a) 300K 下的 NiFe$_2$O$_4$ 的结果；(b)300K 下垂直超坡莫合金片的结果

胡灿明教授等考虑到电测量的高灵敏度和高准确度，提出了利用自旋整流测
量磁化强度分量的方案[37]。基本思想是磁性材料的各向异性磁电阻与磁化强度方
向密切相关，微波在材料内不仅产生涡流，而且驱动磁化强度方向的变化，在电
流端测量的光电压 PV 必然包含了磁化强度方向改变的信号。他们将 Ni$_{80}$Fe$_{20}$ 合
金放置在共面波导上，在垂直样品面磁化到饱和，观测到了高功率下电压信号的非
线性行为，2.3GHz 下磁化强度进动的折叠效应(foldover effect)[38]如图 1.34 所示。
图 1.34(a)给出了不同微波功率下 FMR 引起的光电压随直流磁场的变化。上跳和下
跳临界场随 $h^{2/3}$ 的变化如图 1.34(b)所示，展现了明显随微波磁场变化的非线性关系。

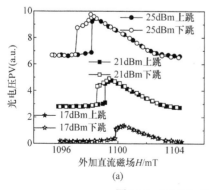
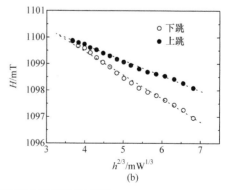

(a)　　　　　　　　　　　(b)

图 1.34　2.3GHz 下磁化强度进动的折叠效应[38]
(a) FMR 引起的光电压随直流磁场的变化；(b) 上跳和下跳临界场随微波磁场的变化

利用临界场，可以确定对应的进动极角满足：

$$\theta_{up} \approx \left(h/M\right)^{2/3}\left(1+5\beta^2+\cdots\right) \tag{1.121a}$$

$$\theta_{down} \approx \left(h/\beta M\right)^{2/3}\left(1-3\beta^2+\cdots\right) \tag{1.121b}$$

其中，M 是饱和磁化强度；β 是反映非线性进动的系数，在 FMR 半高宽中表现为

$$\Delta H = \Delta H_0 + \frac{\alpha\omega}{\gamma} + \beta M\theta^2 + \cdots \tag{1.122}$$

　　总之，对于静态磁化过程，测量的是不同磁场下磁化强度稳定状态的性质，该稳定态不随时间变化。对于动态磁化过程，测量的是不同交流磁场下磁化强度在静态稳定状态附近的运动状态，不仅与时间有关，还与静态稳定状态类型有关。与静态磁化过程相比，动态磁化过程至少表现出以下四大特点：①由于各种阻尼的存在，磁化强度的运动通常存在弛豫现象；②不同频率下的弛豫机制不同，因此磁导率是频率的函数；③考虑到交流磁场大小也会改变磁化状态，磁导率不仅是频率的函数，还是磁场强度的函数；④不仅存在磁滞损耗，还存在涡流损耗，两者通常耦合在一起。

参 考 文 献

[1] HAGEN E, RUBENS H. Das reflexionsvermögen von metallen und belegten glasspiegeln[J]. Annalen der Physik, 1900, 306(2): 352-375.

[2] SMIT J, WIJN H P J. Ferrites[M]. Eindhoven: N. V. Philips' Gloeilampenfabrieken, 1959.

[3] GALT J K. Motion of a ferromagnetic domain wall in Fe_3O_4 [J]. Physical Review, 1952, 85(4): 664-669.

[4] WEBSTER J G. Wiley Encyclopedia of Electrical and Electronics Engineering[M]. Hoboken: John Wiley and Sons, 2016.

[5] MILES P A, WESTPHAL W B, HIPPEL A V. Dielectric spectroscopy of ferromagnetic semiconductors[J]. Reviews of Modern Physics, 1957, 29(3): 279-307.

[6] NAM J H, JUNG H H, SHIN J Y, et al. The effect of Cu substitution on the electrical and magnetic properties of NiZn ferrites[J]. IEEE Transactions on Magnetics, 1995, 31(6): 3985-3987.

[7] LATHIYA P, KREUZER M, WANG J. RF complex permeability spectra of Ni-Cu-Zn ferrites prepared under different applied hydraulic pressures and durations for wireless power transfer (WPT) applications[J]. Journal of Magnetism and Magnetic Materials, 2020, 499: 166273.

[8] SNOEK J L. Gyromagnetic resonance in ferrites[J]. Nature, 1947, 160: 90.

[9] RADO G T, WRIGHT R W, EMERSON W H. Ferromagnetism at very high frequencies. Ⅲ. Two mechanisms of dispersion in a ferrite[J]. Physical Review, 1950, 80(2): 273-280.

[10] WIJN H P J, HEIDE H V D. A Richter type after-effect in ferrites containing ferrous and ferric ions[J]. Reviews of Modern Physics, 1953, 25(1): 98-99.

[11] CAGAN V, GUYOT M. Fast and convenient technique for broadband measurements of the complex initial permeability of ferrimagnets[J]. IEEE Transactions on Magnetics, 1984, 20(5): 1732-1734.

[12] PÉRIGO E A, WEIDENFELLER B, KOLLÁR P, et al. Past, present, and future of soft magnetic composites [J]. Applied Physics Reviews, 2018, 5(3): 031301.

[13] YOON S S, KIM C G. Separation of reversible domain-wall motion and magnetization rotation components in susceptibility spectra of amorphous magnetic materials[J]. Applied Physics Letters, 2001, 78(21): 3280-3282.

[14] FAN X L, XUE D S, LIN M, et al. In situ fabrication of $Co_{90}Nb_{10}$ soft magnetic thin films with adjustable resonance frequency from 1.3 to 4.9GHz[J]. Applied Physics Letters, 2008, 92(22): 222505.

[15] LI T, WANG Y, SHI H, et al. Impact of skin effect on permeability of Permalloy films[J]. Journal of Magnetism and Magnetic Materials, 2022, 545: 168750.

[16] JIN X, LI T, JIA Z, et al. Over 100 MHz cut-off frequency mechanism of Fe-Si soft magnetic composites[J]. Journal of Magnetism and Magnetic Materials, 2022, 556: 169366.

[17] RICHTER G. Über die magnetische nachwirkung am carbonyleisen[J]. Annalen der Physik, 1937, 421(7): 605-635.

[18] SNOEK J L. Magnetic aftereffect and chemical constitution[J]. Physica, 1939, 6(2): 161-170.

[19] NÉEL L. Le traînage magnétique[J]. Journal de Physique et le Radium, 1951, 12(3): 339-351.

[20] OHTA K. Time decrease of magnetic permeability in some mixed ferrites[J]. Journal of the Physical Society of Japan, 1961, 16(2): 250-258.

[21] JORDAN H. Die ferromagnetischen konstanten für schwache wechselfelder[J]. Elektr. Nachr. Techn., 1924, 1:8.

[22] NÉEL L. Théorie du traînage magnétique des substances massives dans le domaine de Rayleigh[J]. Journal de Physique et le Radium, 1950, 11(2): 49-61.

[23] YOSIDA K. Theory of Magnetism[M]. Berlin: Springer-Verlag, 1996.

[24] 廖绍彬. 铁磁学(下册)[M]. 北京: 科学出版社, 2000.

[25] GRIFFITHS J H E. Anomalous high-frequency resistance of ferromagnetic metals[J]. Nature, 1946, 158: 670-671.

[26] BLOCH F. Nuclear induction[J]. Physical Review, 1946, 70(7-8): 460-474.

[27] KITTEL C. Interpretation of anomalous larmor frequencies in ferromagnetic resonance experiment[J]. Physical Review, 1947, 71(4): 270-271.

[28] BROCKMAN F G, DOWLING P H, STENECK W G. Dimensional effects resulting from a high dielectric constant found in a ferromagnetic ferrite[J]. Physical Review, 1950, 77(1): 85-93.

[29] WANG Y L, LUO Y, WANG Z L, et al. Coercivity enhancement in Nd-Fe-B magnetic powders by Nd-Cu-Al grain boundary diffusion[J]. Journal of Magnetism and Magnetic Materials, 2018, 458: 85-89.

[30] BAI D, FENG H X, CHEN N, et al. Synthesis, characterization and microwave characteristics of ATP/$BaFe_{12}O_{19}$/PANI ternary composites[J]. Journal of Magnetism and Magnetic Materials, 2018, 457: 75-82.

[31] FIORILLO F. Measurement and Characterization of Magnetic Materials[M]. Amsterdam: Elsevier Academic Press, 2004.

[32] 薛德胜, 缪宇. Stoner-Wohlfarth 模型的磁滞回线特征量分析[J]. 大学物理, 2019, 38(3): 7-10.

[33] BLOEMBERGEN N, DAMON R W. Relaxation effects in ferromagnetic resonance[J]. Physical Review, 1952, 85(4): 699.

[34] DAMON R W. Relaxation effects in the ferromagnetic resonance[J]. Reviews of Modern Physics, 1953, 25(1): 239-245.

[35] BLOEMBERGEN N, WANG S. Relaxation effects in para- and ferromagnetic resonance[J]. Physical Review, 1954, 93(1): 72-83.

[36] ANDERSON P W, SUHL H. Instability in the motion of ferromagnets at high microwave power levels[J]. Physical Review, 1955, 100(6): 1788-1789.

[37] GUI Y S, MECKING N, ZHOU X, et al. Realization of a room-temperature spin dynamo: The spin rectification effect[J]. Physical Review Letters, 2007, 98(10): 107602.

[38] GUI Y S, WIRTHMANN A, HU C M. Foldover ferromagnetic resonance and damping in permalloy microstrips[J]. Physical Review B, 2009, 80(18): 184422.

第2章 磁化强度动力学方程

磁导率和磁化率分别描述了磁感应强度 $\boldsymbol{B}$ 和磁化强度 $\boldsymbol{M}$ 对外磁场 $\boldsymbol{H}$ 的响应。由 $\boldsymbol{B}=\mu_0(\boldsymbol{H}+\boldsymbol{M})$ 和 $\boldsymbol{M}=\bar{\bar{\chi}}\boldsymbol{H}$ 可见，描述磁化强度的动力学过程是认识磁化率和磁导率随磁场变化的关键。下面从磁化强度动力学方程建立的发展历程出发，介绍不同形式的动力学方程。事实上，磁学中磁化强度动力学方程的地位相当于经典力学中的牛顿第二定律。它不仅可以描述 $\boldsymbol{M}$ 的稳定态位置，而且可以描述 $\boldsymbol{M}$ 绕稳定态位置的进动过程，还可以描述稳定态位置变化时 $\boldsymbol{M}$ 的动态弛豫过程。这一点将在后面逐步介绍。

2.1 孤立磁矩的动力学方程

海森伯(Heisenberg)表象中，任一力学量算符 $\hat{F}(t)$ 随时间 t 的变化遵从方程(2.1)：

$$\frac{\mathrm{d}\hat{F}(t)}{\mathrm{d}t}=\frac{1}{\mathrm{i}\hbar}\left[\hat{F}(t),\hat{\mathcal{H}}\right] \tag{2.1}$$

其中，$\hbar$ 为约化普朗克(Planck)常数；$\hat{\mathcal{H}}$ 是系统的哈密顿量。由方程(2.1)可以直接得到自旋角动量算符 $\hat{\boldsymbol{S}}$ 的动力学方程为

$$\frac{\mathrm{d}\hat{\boldsymbol{S}}}{\mathrm{d}t}=\frac{1}{\mathrm{i}\hbar}\left(\hat{\boldsymbol{S}}\hat{\mathcal{H}}-\hat{\mathcal{H}}\hat{\boldsymbol{S}}\right) \tag{2.2}$$

已知，电子的自旋角动量 $\boldsymbol{S}$ 可以等效为自旋磁矩 $\boldsymbol{\mu}_{\mathrm{S}}$：

$$\boldsymbol{\mu}_{\mathrm{S}}=g_{\mathrm{S}}\frac{-e}{2m_{\mathrm{e}}}\boldsymbol{S}\equiv-\gamma_{\mathrm{S}}\boldsymbol{S} \tag{2.3}$$

其中，g_{S} 为电子自旋朗代(Landé)因子，$g_{\mathrm{S}}=2$；$-e$ 为电子的电量；m_{e} 为电子的质量；γ_{S} 为电子自旋的旋磁比。若将 $\boldsymbol{\mu}_{\mathrm{S}}$ 放置在磁感应强度 $\boldsymbol{B}=\mu_0\boldsymbol{H}$ 的均匀磁场中，其能量为 $E=-\boldsymbol{\mu}_{\mathrm{S}}\cdot\boldsymbol{B}$。由此得到，算符 $\hat{\boldsymbol{S}}$ 在磁场作用下的哈密顿量为

$$\hat{\mathcal{H}}=\gamma_{\mathrm{S}}\hat{\boldsymbol{S}}\cdot\mu_0\hat{\boldsymbol{H}} \tag{2.4}$$

将式(2.4)代入式(2.2)，可以求得

$$\left(\hat{\boldsymbol{S}}\hat{\mathcal{H}}-\hat{\mathcal{H}}\hat{\boldsymbol{S}}\right)=(-\mathrm{i}\hbar)(\gamma_{\mathrm{S}}\mu_0)\hat{\boldsymbol{S}}\times\hat{\boldsymbol{H}} \tag{2.5}$$

其中，利用了对易关系 $\left[\hat{S}_i,\hat{S}_j\right]=\mathrm{i}\hbar\epsilon_{ijk}\hat{S}_k$，即 $\hat{S}\times\hat{S}=\mathrm{i}\hbar\hat{S}$。将式(2.5)代入式(2.2)，自旋角动量算符 $\hat{S}$ 在磁场 H 作用下的动力学方程为

$$\frac{\mathrm{d}\hat{S}}{\mathrm{d}t}=-\left(\gamma_\mathrm{S}\mu_0\right)\hat{S}\times\hat{H}=-\gamma_\mathrm{S}\hat{S}\times\hat{B} \tag{2.6}$$

对应磁矩的动力学方程为

$$\frac{\mathrm{d}\boldsymbol{\mu}_\mathrm{S}}{\mathrm{d}t}=-\left(\gamma_\mathrm{S}\mu_0\right)\boldsymbol{\mu}_\mathrm{S}\times H \tag{2.7}$$

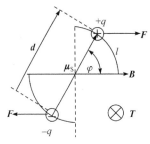

图 2.1　外场中的经典磁矩示意图

下面从经典物理的角度，重新理解以上自旋磁矩的动力学方程。类似于电偶极矩，磁矩 $\boldsymbol{\mu}_\mathrm{S}$ 可以想象为一对间距为 d 的虚构正磁荷 $+q$ 和负磁荷 $-q$，满足 $\boldsymbol{\mu}_\mathrm{S}=q\boldsymbol{d}$，如图 2.1 所示。均匀磁场 B 中，磁矩 $\boldsymbol{\mu}_\mathrm{S}$ 的能量可以写为

$$E=2\int q\boldsymbol{B}\cdot\mathrm{d}\boldsymbol{l}=Bqd\int_\varphi^0\cos\varphi\mathrm{d}\varphi=-\boldsymbol{\mu}_\mathrm{S}\cdot\boldsymbol{B} \tag{2.8}$$

其中，$\mathrm{d}\boldsymbol{l}=(d/2)\mathrm{d}\varphi$，沿 l 的切线方向。正负磁荷 $\pm q$ 在外磁场中的磁场力为

$$\boldsymbol{F}=\pm p\boldsymbol{B} \tag{2.9}$$

由式(2.9)可求出作用在磁矩上的力矩为

$$\boldsymbol{T}=2(\boldsymbol{r}\times\boldsymbol{F})=2\left[(d/2)\times q\boldsymbol{B}\right]=\boldsymbol{\mu}_\mathrm{S}\times\boldsymbol{B} \tag{2.10}$$

利用磁矩 $\boldsymbol{\mu}_\mathrm{S}$ 对应的自旋角动量式(2.3)，两边同时对时间求导，得到

$$\gamma_\mathrm{S}\frac{\mathrm{d}\boldsymbol{S}}{\mathrm{d}t}=-\frac{\mathrm{d}\boldsymbol{\mu}_\mathrm{S}}{\mathrm{d}t} \tag{2.11}$$

利用电子自旋角动量 $\boldsymbol{S}$ (未考虑轨道角动量)随时间的变化等于作用在电子上的力矩 $\boldsymbol{T}$ 可得

$$\frac{\mathrm{d}\boldsymbol{S}}{\mathrm{d}t}=-\frac{1}{\gamma_\mathrm{S}}\frac{\mathrm{d}\boldsymbol{\mu}_\mathrm{S}}{\mathrm{d}t}\equiv\boldsymbol{T}=\boldsymbol{\mu}_\mathrm{S}\times\boldsymbol{B}=-\gamma_\mathrm{S}\boldsymbol{S}\times\boldsymbol{B} \tag{2.12}$$

容易得到孤立经典磁矩的动力学方程完全等同于式(2.6)和式(2.7)。

若孤立原子磁矩 $\boldsymbol{m}$ 来自电子的自旋磁矩和轨道磁矩，对应的总角动量为 $\boldsymbol{L}$，且旋磁比 γ_a 依然满足 $\boldsymbol{m}=-\gamma_\mathrm{a}\boldsymbol{L}$。外磁场 B 中，原子磁矩受到的力矩为 $\boldsymbol{T}=\boldsymbol{m}\times\boldsymbol{B}$。利用以上经典磁矩示意图，角动量满足的方程依然为

$$\frac{\mathrm{d}\boldsymbol{L}}{\mathrm{d}t}=\boldsymbol{T} \tag{2.13a}$$

则原子磁矩 **m** 的动力学方程为

$$\frac{\mathrm{d}\boldsymbol{m}}{\mathrm{d}t} = -\gamma_{\mathrm{a}}\boldsymbol{m}\times\boldsymbol{B} \tag{2.13b}$$

定义 $\gamma = \mu_0\gamma_{\mathrm{a}}$ ，则

$$\frac{\mathrm{d}\boldsymbol{m}}{\mathrm{d}t} = -\gamma\boldsymbol{m}\times\boldsymbol{H} \tag{2.14}$$

此乃外磁场作用下，孤立原子磁矩运动的经典动力学方程。

为了展示孤立原子磁矩在外加磁场中的运动形态，下面分析动力学方程(2.14)解的形式。任意选择直角坐标系 $O\text{-}xyz$，用 $\boldsymbol{e}_i(i=x,y,z)$ 表示坐标轴的单位矢量。假设孤立原子磁矩 $\boldsymbol{m}=m_x\boldsymbol{e}_x+m_y\boldsymbol{e}_y+m_z\boldsymbol{e}_z$，仅受稳恒磁场 $\boldsymbol{H}=H_x\boldsymbol{e}_x+H_y\boldsymbol{e}_y+H_z\boldsymbol{e}_z$ 的作用，则 $\boldsymbol{m}$ 的动力学方程(2.14)变为

$$\frac{\mathrm{d}\boldsymbol{m}}{\mathrm{d}t} = -\gamma\begin{vmatrix} \boldsymbol{e}_x & \boldsymbol{e}_y & \boldsymbol{e}_z \\ m_x & m_y & m_z \\ H_x & H_y & H_z \end{vmatrix} \tag{2.15a}$$

其分量形式为

$$\begin{cases} \dot{m}_x = -\gamma\left(m_y H_z - m_z H_y\right) \\ \dot{m}_y = -\gamma\left(m_z H_x - m_x H_z\right) \\ \dot{m}_z = -\gamma\left(m_x H_y - m_y H_x\right) \end{cases} \tag{2.15b}$$

这是一个有关 m_i 的耦合微分方程组。

为方便求解，选择外加磁场沿 $\boldsymbol{e}_3$ 轴的 $O\text{-}123$ 直角坐标系，如图 2.2 所示。可见，$O\text{-}xyz$ 坐标系可以由 $O\text{-}123$ 坐标系通过如下两步变换得到：绕 $\boldsymbol{e}_3$ 轴顺时针转动角度 φ_H，再绕 $\boldsymbol{e}_x$ 轴顺时针转动角度 θ_H。在 $O\text{-}123$ 坐标系中，磁场为 $\boldsymbol{H}=H\boldsymbol{e}_3$，$\boldsymbol{m}=m_1\boldsymbol{e}_1+m_2\boldsymbol{e}_2+m_3\boldsymbol{e}_3$，式(2.15b)的分量形式变为

$$\begin{cases} \dot{m}_1 = -\gamma H m_2 \\ \dot{m}_2 = \gamma H m_1 \\ \dot{m}_3 = 0 \end{cases} \tag{2.16}$$

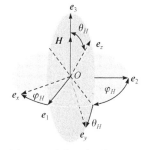

图 2.2 直角坐标系 $O\text{-}123$ 和 $O\text{-}xyz$ 的关系示意图

可见，$\boldsymbol{e}_3$ 分量 m_3 为常量。

若定义

$$m_{12} \equiv m_1 + \mathrm{i}m_2 \tag{2.17a}$$

由式(2.16)可以得到

$$\dot{m}_{12} = \mathrm{i}\gamma H m_{12} \tag{2.17b}$$

对式(2.17b)直接积分得到

$$m_{12} = A\mathrm{e}^{\mathrm{i}(\omega_0 t + \varphi_0)} \tag{2.18}$$

其中，A 为振幅；$\omega_0 = \gamma H$ 为进动角频率；φ_0 为初位相。可见，孤立原子磁矩在外加直流磁场中的运动是一绕磁场的圆锥进动，如图 2.3 所示。假设磁矩偏离磁场的夹角为 θ_0，由式(2.18)得到

$$\begin{cases} m_1 = (m\sin\theta_0)\cos(\omega_0 t + \varphi_0) \\ m_2 = (m\sin\theta_0)\sin(\omega_0 t + \varphi_0) \end{cases} \tag{2.19}$$

也就是说，m 在 12 面内的投影 $(m\sin\theta_0)$ 作匀速圆周运动。此时，$m_3 = m\cos\theta_0$，满足 $m_1^2 + m_2^2 + m_3^2 = m_{12}^2 + m_3^2 = m^2$。

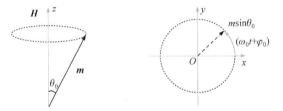

图 2.3 孤立原子磁矩在磁场中的进动示意图

通过以上求解过程可知，选择磁矩在外场中的稳定方向为坐标轴，有利于 m 运动方程的求解。既然磁矩在外加直流磁场中的运动是一绕磁场的圆锥进动，选择 m 的球坐标形式可能更为简洁。在 O-123 直角坐标系中，若 $m = (m\sin\theta_0\cos\varphi, m\sin\theta_0\sin\varphi, m\cos\theta_0)$，则分量方程(2.16)可以简化为

$$\dot{\varphi} = \gamma H = \omega_0, \dot{\theta}_0 = 0 \tag{2.20}$$

若将旋磁比单位表示成 GHz/T，利用式(2.20)，$f_0 = \omega_0 / 2\pi = (\gamma / 2\pi\mu_0)\mu_0 H$，则电子自旋满足 $\gamma / 2\pi\mu_0 = \gamma_{\mathrm{S}} / 2\pi \approx 28.0\mathrm{GHz/T}$。

若同时在 e_3 方向再施加一交变的线偏振场 $h = e_3 h\cos(\omega t)$，则磁矩的动力学方程(2.14)变为

$$\frac{\mathrm{d}\boldsymbol{m}}{\mathrm{d}t} = -\gamma \begin{vmatrix} \boldsymbol{e}_1 & \boldsymbol{e}_2 & \boldsymbol{e}_3 \\ m_1 & m_2 & m_3 \\ 0 & 0 & H + h\cos(\omega t) \end{vmatrix} \tag{2.21}$$

将式(2.21)展开，其分量形式为

$$\dot{m}_1 = -\gamma \left[H + h\cos(\omega t) \right] m_2 \tag{2.22a}$$

$$\dot{m}_2 = \gamma \left[H + h\cos(\omega t) \right] m_1 \tag{2.22b}$$

$$\dot{m}_3 = 0 \tag{2.22c}$$

可见，e_3 依然为常量，即磁矩的运动轨迹依然是圆锥。因此，完全类似于只有直流磁场的处理，得到磁矩在 12 平面内的解

$$m_{12} = Ce^{i\left[\gamma Ht + \frac{\gamma h}{\omega}\sin(\omega t) + \varphi_1 \right]} \tag{2.23}$$

其中，C 为 m 在 12 平面内的投影；φ_1 为磁矩的初位相。设 θ_1 为磁矩偏离磁场的角度，则 $C = m\sin\theta_1$，磁矩的 e_1 和 e_2 分量分别为

$$m_1 = (m\sin\theta_1)\cos\left[\gamma Ht + \frac{\gamma h}{\omega}\sin(\omega t) + \varphi_1 \right] \tag{2.24a}$$

$$m_2 = (m\sin\theta_1)\sin\left[\gamma Ht + \frac{\gamma h}{\omega}\sin(\omega t) + \varphi_1 \right] \tag{2.24b}$$

与只有直流磁场的情况相比，此时的主要差别表现为磁矩运动的角速度不再是常量。利用 $m_1 = (m\sin\theta_1)\cos\varphi$，对比式(2.24a)得到

$$\varphi = \gamma Ht + \frac{\gamma h}{\omega}\sin(\omega t) + \varphi_1 \tag{2.25a}$$

$$\dot{\varphi} = \gamma \left[H + h\cos(\omega t) \right] \tag{2.25b}$$

可见，磁矩的进动角速度在 γH 附近振荡，振幅为 γh。也就是说，当微波磁场相对直流磁场很小时，磁矩的进动依然可以近似看成一绕直流磁场的匀速圆锥运动。

若在垂直于直流磁场 H 方向上，同时施加微波磁场 h。设 H 沿 z 方向，则 m 的动力学方程(2.14)的分量形式变为

$$\begin{aligned} \dot{m}_x &= -\gamma \left(m_y H - m_z h_y \right) \\ \dot{m}_y &= -\gamma \left(m_z h_x - m_x H \right) \\ \dot{m}_z &= -\gamma \left(m_x h_y - m_y h_x \right) \end{aligned} \tag{2.26}$$

其中，交变磁场在 xy 面内。通常施加的交变磁场有两类，一类是方向变化的圆偏振场，另一类是方向固定的线偏振场。前者又分为正圆偏振和负圆偏振两种形式，分别表示为

$$h^+ = \left(h\cos(\omega t), +h\sin(\omega t), 0 \right) \tag{2.27a}$$

$$h^- = \left(h\cos(\omega t), -h\sin(\omega t), 0 \right) \tag{2.27b}$$

或复数形式

$$h^+ = \left(h\mathrm{e}^{\mathrm{i}\omega t}, -\mathrm{i}h\mathrm{e}^{\mathrm{i}\omega t}, 0 \right) \tag{2.28a}$$

$$h^- = \left(h\mathrm{e}^{\mathrm{i}\omega t}, +\mathrm{i}h\mathrm{e}^{\mathrm{i}\omega t}, 0 \right) \tag{2.28b}$$

可见,沿 x 方向的线偏振场可以写成 xy 平面内的正负圆偏振的叠加形式,即

$$h_x = h\cos\left(\omega t\right) = \frac{1}{2}\left(h^+ + h^- \right) \tag{2.29}$$

线偏振场 $\boldsymbol{h} = \boldsymbol{e}_x h\cos\left(\omega t\right)$ 驱动下,磁化强度在 $\boldsymbol{H} = \boldsymbol{e}_z H$ 中的动力学方程(2.26)变为

$$\dot{m}_x = -\gamma H m_y$$
$$\dot{m}_y = -\gamma \left[m_z h\cos\left(\omega t\right) - m_x H \right]$$
$$\dot{m}_z = \gamma h\cos\left(\omega t\right) m_y$$

若取 $H = 150\mathrm{Oe}$,$f = 1.1\mathrm{MHz}$,$\gamma \approx 2.21\mathrm{GHz/T}$,图 2.4 给出了线偏振场垂直直流磁场下的无阻尼磁矩进动分量变化。可见,尽管变化复杂,但可以分成高频 $f_0 = 33\mathrm{MHz}$ 进动的本征部分和微波 $f = 1.1\mathrm{MHz}$ 诱导的缓慢变化部分。微波强度弱时,主要体现本征进动特征,绕 z 轴的近似圆周运动;微波强度强时,微波诱导部分变化明显,磁化强度边进动边沿 x 方向偏转;进动振幅变小,偏转振幅变大。后者对于理解软磁材料的高功率行为很有参考价值。

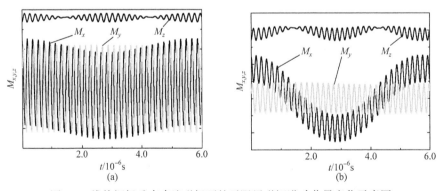

图 2.4　线偏振场垂直直流磁场下的无阻尼磁矩进动分量变化示意图
(a) $h = 15\mathrm{Oe}$; (b) $h = 70\mathrm{Oe}$

2.2　磁化强度的动力学方程

对于铁磁性物质,磁化强度 $\boldsymbol{M}$ 定义为单位体积原子磁矩 $\boldsymbol{m}_i$ 的矢量和:

$$\boldsymbol{M} = \frac{1}{\Delta V} \sum_{i \in \Delta V} \boldsymbol{m}_i \tag{2.30}$$

其中，ΔV 为宏观小微观大的体积。对单畴颗粒，$\boldsymbol{M}$ 的大小不变，可以等效为一个大磁矩。外加磁场下的动力学方程也可以写成式(2.31)的形式：

$$\frac{\mathrm{d}\boldsymbol{M}}{\mathrm{d}t} = -\gamma \boldsymbol{M} \times \boldsymbol{H} \tag{2.31}$$

对于非单畴结构的实际铁磁体，总能选择 ΔV 的大小，使 ΔV 内的 $\boldsymbol{M}$ 近似为常量。值得注意的是式(2.31)中的 γ 满足 $\mu_0 \boldsymbol{M} = -\gamma \boldsymbol{L}$，但不一定等于前面描述的旋磁比。

实际上，当外加磁场使铁磁体中的 $\boldsymbol{M}$ 偏离易磁化方向时，$\boldsymbol{M}$ 除了受到外加磁场的作用外，还受到自身各向异性的影响，以及所在环境对它的作用。若将 $\boldsymbol{M}$ 受到的这些作用看成是一个等效场 $\boldsymbol{H}_{\mathrm{eff}}$，可以进一步推广式(2.31)，将 $\boldsymbol{H}_{\mathrm{eff}}$ 作用下的 $\boldsymbol{M}$ 动力学方程写为

$$\frac{\mathrm{d}\boldsymbol{M}}{\mathrm{d}t} = -\gamma \boldsymbol{M} \times \boldsymbol{H}_{\mathrm{eff}} \tag{2.32}$$

其中，$\boldsymbol{H}_{\mathrm{eff}}$ 的来源和形式将在第 3 章中具体介绍。

由式(2.32)可知，偏离静态等效场方向的磁化强度，会绕该等效场一直作周期性进动。然而，静态磁化强度总是稳定在易磁化方向上。这意味着磁化强度在进动过程中，一定受到阻尼力矩的作用。为了描述阻尼的影响，在动力学方程(2.32)的基础上，唯象地引入一个阻尼力矩 $\boldsymbol{T}_{\mathrm{D}}$。实际磁化强度动力学方程变为

$$\frac{\mathrm{d}\boldsymbol{M}}{\mathrm{d}t} = -\gamma \boldsymbol{M} \times \boldsymbol{H}_{\mathrm{eff}} + \boldsymbol{T}_{\mathrm{D}} \tag{2.33}$$

显然，除等效场 $\boldsymbol{H}_{\mathrm{eff}}$ 外，确定阻尼力矩 $\boldsymbol{T}_{\mathrm{D}}$ 的形式对于描述 $\boldsymbol{M}$ 的运动异常重要。然而，到目前为止，并不清楚阻尼力矩 $\boldsymbol{T}_{\mathrm{D}}$ 的真正来源[1]。

早在 1935 年，朗道、栗夫席兹(Landau-Lifshitz, LL)利用 $\boldsymbol{T}_{\mathrm{D}}$ 一定是恢复力力矩的思想，首先引入了阻尼力矩[2]：

$$\boldsymbol{T}_{\mathrm{D}} = -\frac{\alpha_{\mathrm{L}}\gamma}{M} \boldsymbol{M} \times \left(\boldsymbol{M} \times \boldsymbol{H}_{\mathrm{eff}} \right) \tag{2.34}$$

其中，α_{L} 为 LL 阻尼系数。1946 年，格里菲思在实验上第一次实现了铁磁物质磁化强度阻尼振动的铁磁共振实验[3]，发现其共振频率远高于自由电子自旋的拉莫尔(Larmor)进动频率。为了理解这一实验结果，借鉴布洛赫(Bloch)描述核自旋的弛豫方程[4]，得

$$\frac{\mathrm{d}\boldsymbol{M}_{x,y}}{\mathrm{d}t} = \gamma \left(\boldsymbol{M} \times \boldsymbol{H} \right)_{x,y} - \frac{\boldsymbol{M}_{x,y}}{T_2} \tag{2.35a}$$

$$\frac{\mathrm{d}\boldsymbol{M}_z}{\mathrm{d}t} = \gamma \left(\boldsymbol{M} \times \boldsymbol{H} \right)_z - \frac{\boldsymbol{M}_z - \boldsymbol{M}_0}{T_1} \tag{2.35b}$$

1947 年，基特尔(Kittel)引入了修正的布洛赫(Bloch)阻尼形式[5]：

$$T_D = -\lambda\left(M - \chi_0 H_{\text{eff}}\right) \tag{2.36}$$

其中，λ 为阻尼相关的因子；χ_0 为磁化率。1950 年，范扶累克(van Vleck)从量子力学的角度证明了基特尔提出的等效场正确性[6]。也就是说，LL 方程中的第一项的描述是合理的。为了克服 LL 阻尼项只能描述小阻尼的限制，1955 年吉尔伯特(Gilbert)引入了新的阻尼项[7]：

$$T_D = \frac{\alpha_G}{M}\left(M \times \frac{\mathrm{d}M}{\mathrm{d}t}\right) \tag{2.37}$$

其中，α_G 为吉尔伯特(Gilbert)阻尼系数。如果将式(2.34)、式(2.36)和式(2.37)三式的阻尼力矩分别代入方程(2.33)，即可得到磁化强度动力学方程的三种常用形式：

$$\frac{\mathrm{d}M}{\mathrm{d}t} = -\gamma M \times H_{\text{eff}} - \frac{\gamma\alpha_L}{M} M \times \left(M \times H_{\text{eff}}\right) \tag{2.38}$$

$$\frac{\mathrm{d}M}{\mathrm{d}t} = -\gamma M \times H_{\text{eff}} - \lambda\left(M - \chi_0 H_{\text{eff}}\right) \tag{2.39}$$

$$\frac{\mathrm{d}M}{\mathrm{d}t} = -\gamma M \times H_{\text{eff}} + \frac{\alpha_G}{M}\left(M \times \frac{\mathrm{d}M}{\mathrm{d}t}\right) \tag{2.40}$$

分别称之为 LL、LLK 和 LLG 方程。

以上三个方程有什么关系？哪个正确？将式(2.40)中阻尼项的 $\mathrm{d}M/\mathrm{d}t$ 用方程右端的两项表示，利用 $a \times (b \times c) = b(a \cdot c) - c(a \cdot b)$，整理得到

$$\left(1 + \alpha_G^2\right)\frac{\mathrm{d}M}{\mathrm{d}t} = -\gamma M \times H_{\text{eff}} - \frac{\gamma\alpha_G}{M} M \times \left(M \times H_{\text{eff}}\right) \tag{2.41}$$

此乃 LLG 方程的 LL 形式。若 $\alpha_G \ll 1$，略去 α_G^2 项，令 $\alpha_L = \alpha_G$，则式(2.41)变为式(2.38)，即 LL 方程是 LLG 方程的小阻尼形式。将式(2.38)右端第二项展开，得到

$$\frac{\mathrm{d}M}{\mathrm{d}t} = -\gamma M \times H_{\text{eff}} - \frac{\gamma\alpha_L}{M}\left[M\left(M \cdot H_{\text{eff}}\right) - M^2 H_{\text{eff}}\right] \tag{2.42}$$

若定义 $\lambda \equiv \left(\gamma\alpha_L / M\right)\left(M \cdot H_{\text{eff}}\right)$，且 $\chi_0 = M^2 / \left(M \cdot H_{\text{eff}}\right)$，则方程(2.42)变为 LLK 方程(2.39)。显然，在进动过程中方程(2.42)无法保持 λ 和 χ_0 为常量。若要保证 LLK 方程中 λ 和 χ_0 为常量，$M \cdot H_{\text{eff}}$ 要保持不变。假设等效场沿静态磁化强度稳定的 z 方向，磁化强度在 z 方向的直流分量为 M_0，去掉 $M \cdot H_{\text{eff}}$ 中磁化强度的交变 z 分量，$M \cdot H_{\text{eff}} = M_0 H_{\text{eff}}$，则方程(2.42)可写为

$$\frac{\mathrm{d}M}{\mathrm{d}t} = -\gamma M \times H_{\text{eff}} - \gamma\alpha_L H_{\text{eff}}\left(\frac{M_0}{M}\right)\left[M - \left(\frac{M}{M_0}\right)^2 M_0\right] \tag{2.43}$$

可见，LLK 方程可以描述 $\left(M_0 / M\right)$ 不变的圆锥运动。通常，LLK 方程主要描述磁

化强度变化的超快恢复过程。若在 LL、LLK 和 LLG 方程的两边同时点乘 M，容易得到 LL 和 LLG 方程均满足：

$$M \cdot \frac{\mathrm{d}M}{\mathrm{d}t} = \frac{1}{2}\frac{\mathrm{d}(M \cdot M)}{\mathrm{d}t} = \frac{1}{2}\frac{\mathrm{d}M^2}{\mathrm{d}t} = 0 \tag{2.44}$$

而 LLK 方程不满足这一条件。也就是说，LL 和 LLG 方程为磁化强度大小为常量的动力学方程。就磁化强度大小不变的进动来讲，LLG 方程更为合理。

　　为了深入理解 LLG 方程的普适性，进行如下分析。图 2.5 中用实线画出了 LLG 方程(2.40)中各矢量间的关系。为方便比较，同时用虚线给出了 LL 方程的各矢量。对于任意阻尼系数，吉尔伯特阻尼项和速度项的大小不可能大于进动项的大小；满足阻尼系数越大，进动速度越慢的物理图像。然而，LL 方程完全违背了这一传统认识。速度项的大小大于进动项的大小；阻尼系数越大，进动速度越大。与此同时，吉尔伯特阻尼项还提供了两个方向的阻尼，既有降低切向进动速度的阻尼力矩，也有恢复平衡位置的阻尼力矩；LL 方程只提供了后者。逻辑上，吉尔伯特阻尼对应的 LLG 方程更为合理[8]。

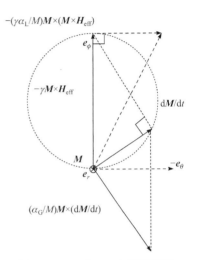

图 2.5　LLG 和 LL 方程示意图

　　假设 LLG 方程是正确的，当 $\mathrm{d}M/\mathrm{d}t = 0$，式(2.40)变为

$$M \times H_{\mathrm{eff}} = 0 \tag{2.45}$$

该式恰好反映了静态下磁化强度受到的力矩等于零。由此，可求出磁化强度的平衡位置。当 $\mathrm{d}M/\mathrm{d}t \neq 0$ 时，LLG 方程既可描述无交变磁场下磁化强度的弛豫过程，又可描述微波磁场下的进动过程。可见，LLG 方程在磁学的地位相当于经典力学中的牛顿第二定律。

　　为了说明阻尼对运动轨迹的影响，讨论直流磁场 H 下磁化强度的弛豫问题。考虑易磁化方向沿 z 轴的单畴球形颗粒，并假设颗粒自身的各向异性等效场为 $H_K\cos\theta$。若同时在 z 方向施加直流磁场 H，作用在磁化强度 M 上的等效场为

$$H_{\mathrm{eff}} = (H + H_K\cos\theta)e_z \tag{2.46}$$

将式(2.46)代入 LLK 形式的 LLG 方程，得到

$$\left(1+\alpha^2\right)\frac{\mathrm{d}M}{\mathrm{d}t} = -\gamma M \times H_{\mathrm{eff}} - \frac{\gamma\alpha}{M}\Big[\left(M \cdot H_{\mathrm{eff}}\right)M - M^2 H_{\mathrm{eff}}\Big] \tag{2.47}$$

其中，$\alpha \equiv \alpha_G$，若无特别说明，后文均采用此定义。将式(2.47)展开，得到 $M = e_x M_x +$

$e_y M_y + e_z M_z$ 的分量形式为

$$\left(1+\alpha^2\right)\dot{M}_x = -\gamma\left(H+H_K\cos\theta\right)M_y - \frac{\gamma\alpha}{M}\left(H+H_K\cos\theta\right)M_x M_z \qquad (2.48a)$$

$$\left(1+\alpha^2\right)\dot{M}_y = \gamma\left(H+H_K\cos\theta\right)M_x - \frac{\gamma\alpha}{M}\left(H+H_K\cos\theta\right)M_y M_z \qquad (2.48b)$$

$$\left(1+\alpha^2\right)\dot{M}_z = \frac{\gamma\alpha}{M}\left(H+H_K\cos\theta\right)\left(M^2-M_z^2\right) \qquad (2.48c)$$

为了求解 z 和 xy 分量。定义 $M_{xy} \equiv M_x + \mathrm{i}M_y$，利用 $\cos\theta = M_z / M$，由式(2.48)得到

$$\left(1+\alpha^2\right)\dot{M}_{xy} = \mathrm{i}\gamma\left(H+H_K\frac{M_z}{M}\right)\left(1+\mathrm{i}\alpha\frac{M_z}{M}\right)M_{xy} \qquad (2.49a)$$

$$\frac{\dot{M}_z}{M} = \frac{\alpha\gamma}{1+\alpha^2}\left(H+H_K\frac{M_z}{M}\right)\left(1-\frac{M_z^2}{M^2}\right) \qquad (2.49b)$$

为了理清常量磁场和角度相关等效场作用下的弛豫不同，只讨论两种情况：只有外磁场 H 或只有各向异性场 $H_K\cos\theta$ 的情况。两者对应的 z 分量方程分别为

$$\frac{\dot{M}_z}{M} = \frac{\alpha\gamma H}{1+\alpha^2}\left(1-\frac{M_z^2}{M^2}\right) \qquad (2.50a)$$

$$\frac{\dot{M}_z}{M} = \frac{\alpha\gamma H_K}{1+\alpha^2}\frac{M_z}{M}\left(1-\frac{M_z^2}{M^2}\right) \qquad (2.50b)$$

定义

$$z = \frac{M_z}{M} \qquad (2.51a)$$

$$\frac{1}{\tau_H} = \frac{2\alpha\gamma H}{1+\alpha^2}, \frac{1}{\tau_K} = \frac{2\alpha\gamma H_K}{1+\alpha^2} \qquad (2.51b)$$

式(2.50)变为

$$\frac{\mathrm{d}z}{1-z^2} = \frac{1}{2\tau_H}\mathrm{d}t \qquad (2.52a)$$

$$\frac{\mathrm{d}z}{z\left(1-z^2\right)} = \frac{1}{2\tau_K}\mathrm{d}t \qquad (2.52b)$$

利用 $\displaystyle\int\frac{\mathrm{d}z}{1-z^2} = \frac{1}{2}\ln\frac{1+z}{1-z}$，$\displaystyle\int\frac{\mathrm{d}z}{z\left(1-z^2\right)} = \frac{1}{2}\ln\frac{z^2}{z^2-1}$，对式(2.52)积分，分别得到

$$\frac{1+z}{1-z} = a_0 \exp\left(\frac{t}{\tau_{\mathrm{H}}}\right) \tag{2.53a}$$

$$\frac{z^2}{z^2-1} = b_0 \exp\left(\frac{t}{\tau_{\mathrm{K}}}\right) \tag{2.53b}$$

利用 $t=0$ 时, $M_z = M\cos\theta_0$, $z = \cos\theta_0$, 由式(2.53a)和式(2.53b)分别得到

$$a_0 = \frac{1+\cos\theta_0}{1-\cos\theta_0} = \cot^2\frac{\theta_0}{2} \tag{2.54a}$$

$$b_0 = \frac{\cos^2\theta_0}{\cos^2\theta_0-1} = -\cot^2\theta_0 \tag{2.54b}$$

将式(2.54)对应代入式(2.53), 利用式(2.51), 整理得到

$$z = \frac{\cot^2\dfrac{\theta_0}{2}\exp\left(\dfrac{t}{\tau_{\mathrm{H}}}\right)-1}{\cot^2\dfrac{\theta_0}{2}\exp\left(\dfrac{t}{\tau_{\mathrm{H}}}\right)+1} \tag{2.55a}$$

$$z^2 = \frac{\cot^2\theta_0\exp\left(\dfrac{t}{\tau_{\mathrm{K}}}\right)}{1+\cot^2\theta_0\exp\left(\dfrac{t}{\tau_{\mathrm{K}}}\right)} \tag{2.55b}$$

将 z、τ_{H} 和 τ_{K} 的定义式(2.51)代入式(2.55), 得到

$$\frac{M_z}{M} = \frac{\cot^2\dfrac{\theta_0}{2}\exp\left(\dfrac{2\alpha\gamma H}{1+\alpha^2}t\right)-1}{\cot^2\dfrac{\theta_0}{2}\exp\left(\dfrac{2\alpha\gamma H}{1+\alpha^2}t\right)+1} = 1 - \frac{2}{\cot^2\dfrac{\theta_0}{2}\exp\left(\dfrac{2\alpha\gamma H}{1+\alpha^2}t\right)+1} \tag{2.56a}$$

$$\frac{M_z}{M} = \sqrt{\frac{\cot^2\theta_0\exp\left(\dfrac{2\alpha\gamma H_{\mathrm{K}}}{1+\alpha^2}t\right)}{1+\cot^2\theta_0\exp\left(\dfrac{2\alpha\gamma H_{\mathrm{K}}}{1+\alpha^2}t\right)}} \tag{2.56b}$$

为了确定磁化强度弛豫的轨迹, 还需要获得其 xy 分量。对式(2.49a)积分, 对于只有 H 或 $H_{\mathrm{K}}\cos\theta$ 的情况, 分别得到

$$M_{xy} = \exp\left\{\frac{\mathrm{i}\gamma H}{1+\alpha^2}\left[t+\mathrm{i}\alpha\int\left(\frac{M_z}{M}\right)\mathrm{d}t\right]+c_1\right\} \tag{2.57a}$$

$$M_{xy} = \exp\left\{\frac{\mathrm{i}\gamma H_{\mathrm{K}}}{1+\alpha^2}\left[\int\left(\frac{M_z}{M}\right)\mathrm{d}t+\mathrm{i}\alpha\int\left(\frac{M_z}{M}\right)^2\mathrm{d}t\right]+c_2\right\} \tag{2.57b}$$

其中，c_1 和 c_2 为积分常数。对于只有 H 的情况，

$$\int\left(\frac{M_z}{M}\right)\mathrm{d}t = -t + \frac{1+\alpha^2}{\alpha\gamma H}\ln\left[\cot^2\frac{\theta_0}{2}\exp\left(\frac{2\alpha\gamma H}{1+\alpha^2}t\right)+1\right] \tag{2.58a}$$

其中，利用了 $\int\frac{\mathrm{d}x}{b+ce^{ax}} = \frac{x}{b} - \frac{1}{ab}\ln\left(b+ce^{ax}\right)$。对于只有 $H_{\mathrm{K}}\cos\theta$ 的情况，

$$\int\left(\frac{M_z}{M}\right)\mathrm{d}t = \frac{1+\alpha^2}{\alpha\gamma H_{\mathrm{K}}}\ln\left[\cot\theta_0\exp\left(\frac{\alpha\gamma H_{\mathrm{K}}}{1+\alpha^2}t\right)+\sqrt{1+\cot^2\theta_0\exp\left(\frac{2\alpha\gamma H_{\mathrm{K}}}{1+\alpha^2}t\right)}\right] \tag{2.58b}$$

$$\int\left(\frac{M_z}{M}\right)^2\mathrm{d}t = \frac{1+\alpha^2}{\alpha\gamma H_{\mathrm{K}}}\ln\left[1+\cot^2\theta_0\exp\left(\frac{2\alpha\gamma H_{\mathrm{K}}}{1+\alpha^2}t\right)\right] \tag{2.58c}$$

其中，利用了 $\int\frac{\mathrm{d}x}{\sqrt{ax^2+c}} = \frac{1}{\sqrt{a}}\ln\left[\sqrt{a}x+\sqrt{ax^2+c}\right]$ 和 $\int\frac{1}{ax+b}\mathrm{d}x = \frac{1}{a}\ln\left(a+bx\right)$。将式(2.58a)～式(2.58c)代入式(2.57a)和式(2.57b)，只有 H 或 $H_{\mathrm{K}}\cos\theta$ 情况下的 M_{xy} 变为

$$M_{xy} = \frac{A\mathrm{e}^{\left(\frac{\alpha\gamma H}{1+\alpha^2}t\right)}}{\cot^2\frac{\theta_0}{2}\mathrm{e}^{\left(\frac{2\gamma H}{1+\alpha^2}t\right)}+1}\mathrm{e}^{\mathrm{i}\left(\frac{\gamma H}{1+\alpha^2}t+\varphi_0\right)} \tag{2.59a}$$

$$M_{xy} = \frac{B}{\sqrt{1+\cot^2\theta_0\mathrm{e}^{\left(\frac{2\alpha\gamma H_{\mathrm{K}}}{1+\alpha^2}t\right)}}}\exp\left(\mathrm{i}\left[\frac{1}{\alpha}\ln\left(\cot\theta_0\mathrm{e}^{\left(\frac{\alpha\gamma H_{\mathrm{K}}}{1+\alpha^2}t\right)}+\sqrt{1+\cot^2\theta_0\mathrm{e}^{\left(\frac{2\alpha\gamma H_{\mathrm{K}}}{1+\alpha^2}t\right)}}\right)+\varphi_0\right]\right) \tag{2.59b}$$

其中，假设 $t=0$，两种情况下 M_{xy} 分量相对 x 轴的夹角均为 φ_0。利用 $M_x^2+M_y^2+M_z^2=M^2$，$t=0$ 时，M_{xy} 的振幅为 $M\sin\theta_0$，求出 $A = 2M\cot\left(\theta_0/2\right)$，$B=M$。将 A 和 B 的结果代入式(2.59)，分别得到

$$M_{xy} = \frac{2M\cot\frac{\theta_0}{2}\mathrm{e}^{\left(\frac{\alpha\gamma H}{1+\alpha^2}t\right)}}{\cot^2\frac{\theta_0}{2}\mathrm{e}^{\left(\frac{2\alpha\gamma H}{1+\alpha^2}t\right)}+1}\mathrm{e}^{\mathrm{i}\left(\frac{\gamma H}{1+\alpha^2}t+\varphi_0\right)} \tag{2.60a}$$

$$M_{xy} = \frac{M}{\sqrt{1+\cot^2\theta_0\mathrm{e}^{\left(\frac{2\alpha\gamma H_{\mathrm{K}}}{1+\alpha^2}t\right)}}}\exp\left(\mathrm{i}\left\{\ln\left[\cot\theta_0\mathrm{e}^{\left(\frac{\alpha\gamma H_{\mathrm{K}}}{1+\alpha^2}t\right)}+\sqrt{1+\cot^2\theta_0\mathrm{e}^{\left(\frac{2\alpha\gamma H_{\mathrm{K}}}{1+\alpha^2}t\right)}}\right]^{1/\alpha}+\varphi_0\right\}\right) \tag{2.60b}$$

设 $\alpha = 0.1$，$\gamma = 28.8\text{GHz}/\text{T}$，$\theta_0 = 60°$，图 2.6 给出了 $H = H_\text{K} = 100\text{Oe}$ 和 $H = H_\text{K} = 0.1\text{T}$ 下，磁化强度 z 分量随时间变化的弛豫结果。可见，弛豫时间 $(1+\alpha^2)/2\alpha\gamma H_\text{K}$ 在纳秒量级，直流磁场越小，弛豫时间越长，如图 2.6(a)所示。比较纯直流磁场和纯单轴各向异性场结果，后者衰变要慢，最大差异发生在 2ns 附近，如图 2.6(b)所示。

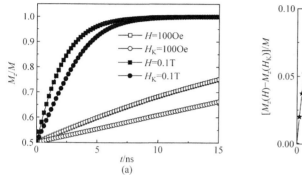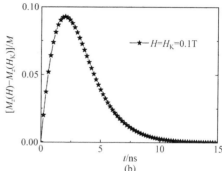

图 2.6　磁化强度 z 分量弛豫示意图

(a) 不同磁场的结果；(b) 直流磁场与各向异性场下的结果之差

2.3　LLG 方程的球坐标形式

已知，$O\text{-}xyz$ 直角坐标系中，LLG 方程的分量形式为

$$\dot{M}_x = \gamma\left(H_\text{eff}^y M_z - H_\text{eff}^z M_y\right) + \frac{\alpha}{M}\left(M_y \dot{M}_z - M_z \dot{M}_y\right) \tag{2.61a}$$

$$\dot{M}_y = \gamma\left(H_\text{eff}^z M_x - H_\text{eff}^x M_z\right) + \frac{\alpha}{M}\left(M_z \dot{M}_x - M_x \dot{M}_z\right) \tag{2.61b}$$

$$\dot{M}_z = \gamma\left(H_\text{eff}^x M_y - H_\text{eff}^y M_x\right) + \frac{\alpha}{M}\left(M_x \dot{M}_y - M_y \dot{M}_x\right) \tag{2.61c}$$

其中，只有两个方程是独立的。将磁化强度 $\boldsymbol{M}$ 的直角坐标分量与球坐标 (M, θ, φ) 的关系表示为

$$
\begin{aligned}
M_x &= M\sin\theta\cos\varphi \\
M_y &= M\sin\theta\sin\varphi \\
M_z &= M\cos\theta
\end{aligned} \tag{2.62}
$$

将式(2.62)代入式(2.61)，分别得

$$\cos\theta\cos\varphi\dot{\theta} - \sin\theta\sin\varphi\dot{\varphi}$$
$$= \gamma\left(H_\text{eff}^y \cos\theta - H_\text{eff}^z \sin\theta\sin\varphi\right) - \alpha\left(\sin\varphi\dot{\theta} + \sin\theta\cos\theta\cos\varphi\dot{\varphi}\right) \tag{2.63a}$$

$$\cos\theta\sin\varphi\dot\theta + \sin\theta\cos\varphi\dot\varphi$$

$$= \gamma\left(H_{\text{eff}}^{z}\sin\theta\cos\varphi - H_{\text{eff}}^{x}\cos\theta\right) + \alpha\left(\cos\varphi\dot\theta - \sin\theta\cos\theta\sin\varphi\dot\varphi\right) \tag{2.63b}$$

$$-\sin\theta\dot\theta = \gamma\left(H_{\text{eff}}^{x}\sin\varphi - H_{\text{eff}}^{y}\cos\varphi\right)\sin\theta + \alpha\sin^{2}\theta\dot\varphi \tag{2.63c}$$

将式(2.63a)乘以 $\sin\varphi$ 减去式(2.63b)乘以 $\cos\varphi$，整理得到

$$\sin\theta\dot\varphi = -\gamma\left[\cos\theta\left(H_{\text{eff}}^{x}\cos\varphi + H_{\text{eff}}^{y}\sin\varphi\right) - H_{\text{eff}}^{z}\sin\theta\right] + \alpha\dot\theta \tag{2.64}$$

将式(2.64)的 $\sin\theta\dot\varphi$ 代入式(2.63c)，整理得到

$$\left(1+\alpha^{2}\right)\dot\theta = -\gamma\left(H_{\text{eff}}^{x}\sin\varphi - H_{\text{eff}}^{y}\cos\varphi\right)$$

$$+ \alpha\gamma\left[\cos\theta\left(H_{\text{eff}}^{x}\cos\varphi + H_{\text{eff}}^{y}\sin\varphi\right) - H_{\text{eff}}^{z}\sin\theta\right] \tag{2.65a}$$

将式(2.63c)的 $\dot\theta$ 代入式(2.64)，整理得到

$$\left(1+\alpha^{2}\right)\sin\theta\dot\varphi = -\alpha\gamma\left(H_{\text{eff}}^{x}\sin\varphi - H_{\text{eff}}^{y}\cos\varphi\right)$$

$$- \gamma\left[\cos\theta\left(H_{\text{eff}}^{x}\cos\varphi + H_{\text{eff}}^{y}\sin\varphi\right) - H_{\text{eff}}^{z}\sin\theta\right] \tag{2.65b}$$

已知，等效场 $\boldsymbol{H}_{\text{eff}}$ 可以写成各向异性自由能密度 F 的梯度形式：

$$\boldsymbol{H}_{\text{eff}} = -\frac{1}{\mu_{0}}\nabla_{\boldsymbol{M}}F \tag{2.66a}$$

在 $O\text{-}xyz$ 直角坐标系中，其分量分别为

$$H_{\text{eff}}^{x} = -\frac{1}{\mu_{0}}\frac{\partial F}{\partial M_{x}}, \quad H_{\text{eff}}^{y} = -\frac{1}{\mu_{0}}\frac{\partial F}{\partial M_{y}}, \quad H_{\text{eff}}^{z} = -\frac{1}{\mu_{0}}\frac{\partial F}{\partial M_{z}} \tag{2.66b}$$

利用式(2.62)，得到

$$\frac{M_{x}}{M_{y}} = \frac{\cos\varphi}{\sin\varphi}, \quad M_{z} = \cos\theta \tag{2.67}$$

其一阶导数满足：

$$\frac{\partial\theta}{\partial M_{x}} = 0, \frac{\partial\theta}{\partial M_{y}} = 0, \frac{\partial\theta}{\partial M_{z}} = \frac{-1}{M\sin\theta} \tag{2.68a}$$

$$\frac{\partial\varphi}{\partial M_{x}} = \frac{-\sin\varphi}{M\sin\theta}, \frac{\partial\varphi}{\partial M_{y}} = \frac{\cos\varphi}{M\sin\theta}, \frac{\partial\varphi}{\partial M_{z}} = 0 \tag{2.68b}$$

将式(2.68)代入式(2.66)，得到等效场分量的 θ 和 φ 形式：

$$H_{\text{eff}}^{x} = -\frac{1}{\mu_{0}}\left[\frac{\partial F}{\partial\theta}\frac{\partial\theta}{\partial M_{x}} + \frac{\partial F}{\partial\varphi}\frac{\partial\varphi}{\partial M_{x}}\right] = \frac{\sin\varphi}{\mu_{0}M\sin\theta}\frac{\partial F}{\partial\varphi} \tag{2.69a}$$

$$H_{\mathrm{eff}}^{y} = -\frac{1}{\mu_0}\left[\frac{\partial F}{\partial \theta}\frac{\partial \theta}{\partial M_y} + \frac{\partial F}{\partial \varphi}\frac{\partial \varphi}{\partial M_y}\right] = \frac{-\cos\varphi}{\mu_0 M \sin\theta}\frac{\partial F}{\partial \varphi} \tag{2.69b}$$

$$H_{\mathrm{eff}}^{z} = -\frac{1}{\mu_0}\left[\frac{\partial F}{\partial \theta}\frac{\partial \theta}{\partial M_z} + \frac{\partial F}{\partial \varphi}\frac{\partial \varphi}{\partial M_z}\right] = \frac{1}{\mu_0 M \sin\theta}\frac{\partial F}{\partial \theta} \tag{2.69c}$$

将式(2.69)代入式(2.65)，整理得到

$$\left(1+\alpha^2\right)\dot{\theta} = \frac{-\gamma}{\mu_0 M \sin\theta}\left(\frac{\partial F}{\partial \varphi} + \alpha\sin\theta\frac{\partial F}{\partial \theta}\right) \tag{2.70a}$$

$$\left(1+\alpha^2\right)\sin\theta\dot{\varphi} = \frac{\gamma}{\mu_0 M \sin\theta}\left(\sin\theta\frac{\partial F}{\partial \theta} - \alpha\frac{\partial F}{\partial \varphi}\right) \tag{2.70b}$$

定义

$$H_\theta = -\frac{1}{\mu_0 M \sin\theta}\frac{\partial F}{\partial \theta}, \quad H_\varphi = -\frac{1}{\mu_0 M \sin\theta}\frac{\partial F}{\partial \varphi} \tag{2.71}$$

LLG 方程的球坐标形式式(2.70)变为

$$\left(1+\alpha^2\right)\dot{\theta} = \gamma H_\varphi + \alpha\gamma H_\theta\sin\theta \tag{2.72a}$$

$$\left(1+\alpha^2\right)\sin\theta\dot{\varphi} = -\gamma H_\theta\sin\theta + \alpha\gamma H_\varphi \tag{2.72b}$$

该式也可以将磁化强度和等效场直角坐标分量的球坐标形式代入式(2.61)直接得到。

各向异性自由能 $F(\theta)$ 是一个与方位角 φ 无关的铁磁系统，由式(2.71)得到 $H_\varphi = 0$，$H_\theta \neq 0$。此时，式(2.72)变为

$$\left(1+\alpha^2\right)\dot{\theta} = \alpha\gamma H_\theta\sin\theta \tag{2.73a}$$

$$\left(1+\alpha^2\right)\dot{\varphi} = -\gamma H_\theta \tag{2.73b}$$

若只有 z 方向的直流磁场或单轴各向异性等效场，其自由能密度分别为 $F(\theta) = -\mu_0 M H\cos\theta$ 或 $F(\theta) = K\sin^2\theta$，由式(2.71)分别可以求得

$$H_\theta = -H \tag{2.74a}$$

$$H_\theta = -\frac{2K\cos\theta}{\mu_0 M} = -H_{\mathrm{K}}\cos\theta \tag{2.74b}$$

将式(2.74)分别代入式(2.73)，得到

$$\dot{\theta} = -\frac{\alpha\gamma H}{\left(1+\alpha^2\right)}\sin\theta, \quad \dot{\varphi} = \frac{\gamma H}{1+\alpha^2} \tag{2.75a}$$

$$\dot{\theta} = -\frac{\alpha\gamma H_{\mathrm{K}}}{2\left(1+\alpha^2\right)}\sin 2\theta, \quad \dot{\varphi} = \frac{\gamma H_{\mathrm{K}}}{1+\alpha^2}\cos\theta \tag{2.75b}$$

对式(2.75)中的极角方程分别积分，可以求得

$$\mathrm{tg}\frac{\theta}{2} = A\exp\left(-\frac{\alpha\gamma H}{1+\alpha^2}t\right) \tag{2.76a}$$

$$\mathrm{tg}\,\theta = B\exp\left(-\frac{\alpha\gamma H_{\mathrm{K}}}{1+\alpha^2}t\right) \tag{2.76b}$$

其中，利用了 $\int\dfrac{\mathrm{d}x}{\sin ax} = \dfrac{1}{a}\ln\left[\mathrm{tg}\left(ax/2\right)\right]$。考虑到 $t=0$ 时，$\theta=\theta_0$ 的初始条件，可以求得 $A=\mathrm{tg}\left(\theta_0/2\right)$，$B=\mathrm{tg}\,\theta_0$。将 A 和 B 分别代入式(2.76)，利用三角函数关系，可以求得两种情况下的结果分别为

$$\cos\theta = \frac{1-\mathrm{tg}^2\dfrac{\theta_0}{2}\exp\left(-\dfrac{2\alpha\gamma H}{1+\alpha^2}t\right)}{1+\mathrm{tg}^2\dfrac{\theta_0}{2}\exp\left(-\dfrac{2\alpha\gamma H}{1+\alpha^2}t\right)} \tag{2.77a}$$

$$\cos\theta = \frac{1}{\sqrt{1+\mathrm{tg}^2\theta_0\exp\left(-\dfrac{2\alpha\gamma H_{\mathrm{K}}}{1+\alpha^2}t\right)}} \tag{2.77b}$$

可见，式(2.77)与直角坐标系中求得的结果式(2.55a)和式(2.56)完全一致。将式(2.77)对应代入式(2.75)，对方位角方程积分，可以求得

$$\varphi = \frac{\gamma H}{1+\alpha^2}t+\varphi_1 \tag{2.78a}$$

$$\varphi = \frac{1}{\alpha}\ln\left[\exp\left(\frac{\alpha\gamma H_{\mathrm{K}}}{1+\alpha^2}t\right)+\sqrt{\exp\left(\frac{2\alpha\gamma H_{\mathrm{K}}}{1+\alpha^2}t\right)+\mathrm{tg}^2\theta_0}\right]-\frac{1}{\alpha}\ln\cot\theta_0+\varphi_2 \tag{2.78b}$$

其中，利用了 $\int\dfrac{\mathrm{d}x}{\sqrt{ax^2+c}} = \dfrac{1}{\sqrt{a}}\ln\left(\sqrt{a}x+\sqrt{ax^2+c}\right)$。这一结果也与直角坐标系下求得的式(2.60)完全对应。

若阻尼为 0，式(2.73)变为

$$\dot{\theta} = \gamma H_{\varphi}, \quad \dot{\varphi} = -\gamma H_{\theta} \tag{2.79}$$

可见，磁化强度绕 z 轴进动时是否存在章动，完全取决于等效场 H_{φ} 是否不为 0；进动频率是否为常量完全取决于等效场 H_{θ} 是否为 0。对于轴对称场，$H_{\varphi}=0$，磁化强度的运动为绕 z 轴的圆锥进动，是否为匀角速度进动完全取决于各向异性能

与角度 θ 的关系。

2.4　LLG 方程的线性解形式

前文讨论了直流磁场下 LLG 方程描述的弛豫过程。由微波下 LLG 方程描述的磁化强度进动过程，可以获得铁磁材料磁导率随频率的变化关系。尽管多数情况下难以严格求解 LLG 方程，但幸运的是微波磁场下的 LLG 方程可以看成是一个受迫阻尼振动方程，其合理的稳定解是特解而不是通解。为此，本节讨论低功率微波下，磁化强度小角进动的线性近似解。由此，可以获得自然共振频率和低频下的转动磁导率这两个重要物理量。

为了确定 LLG 方程是一个受迫阻尼振动方程，以下推导其二阶微分形式。利用 $\boldsymbol{a}\times(\boldsymbol{b}\times\boldsymbol{c})=\boldsymbol{b}(\boldsymbol{a}\cdot\boldsymbol{c})-\boldsymbol{c}(\boldsymbol{a}\cdot\boldsymbol{b})$，式(2.40)所示的 LLG 方程为

$$\frac{\mathrm{d}\boldsymbol{M}}{\mathrm{d}t}=-\boldsymbol{M}\times\gamma\boldsymbol{H}_{\mathrm{eff}}+\frac{\alpha}{M}\boldsymbol{M}\times\frac{\mathrm{d}\boldsymbol{M}}{\mathrm{d}t} \tag{2.80}$$

写成 LLK 方程的形式为

$$\left(1+\alpha^2\right)\frac{\mathrm{d}\boldsymbol{M}}{\mathrm{d}t}=-\boldsymbol{M}\times\gamma\boldsymbol{H}_{\mathrm{eff}}-\frac{\alpha}{M}\Big[\left(\boldsymbol{M}\cdot\gamma\boldsymbol{H}_{\mathrm{eff}}\right)\boldsymbol{M}-M^2\gamma\boldsymbol{H}_{\mathrm{eff}}\Big] \tag{2.81}$$

将式(2.81)对时间求导，得到

$$\begin{aligned}\left(1+\alpha^2\right)\frac{\mathrm{d}^2\boldsymbol{M}}{\mathrm{d}t^2}=&-\frac{\mathrm{d}\boldsymbol{M}}{\mathrm{d}t}\times\left(\gamma\boldsymbol{H}_{\mathrm{eff}}\right)-\boldsymbol{M}\times\frac{\mathrm{d}\left(\gamma\boldsymbol{H}_{\mathrm{eff}}\right)}{\mathrm{d}t}\\&-\frac{\alpha}{M}\left\{\left[\frac{\mathrm{d}\boldsymbol{M}}{\mathrm{d}t}\cdot\left(\gamma\boldsymbol{H}_{\mathrm{eff}}\right)\right]\boldsymbol{M}+\left[\boldsymbol{M}\cdot\frac{\mathrm{d}\left(\gamma\boldsymbol{H}_{\mathrm{eff}}\right)}{\mathrm{d}t}\right]\boldsymbol{M}\right.\\&\left.+\left[\boldsymbol{M}\cdot\left(\gamma\boldsymbol{H}_{\mathrm{eff}}\right)\right]\frac{\mathrm{d}\boldsymbol{M}}{\mathrm{d}t}-M^2\frac{\mathrm{d}\left(\gamma\boldsymbol{H}_{\mathrm{eff}}\right)}{\mathrm{d}t}\right\}\end{aligned} \tag{2.82}$$

将式(2.80)代入式(2.82)右端第一项，整理得到

$$\begin{aligned}&\left(1+\alpha^2\right)\frac{\mathrm{d}^2\boldsymbol{M}}{\mathrm{d}t^2}+2\frac{\alpha}{M}\left(\gamma\boldsymbol{H}_{\mathrm{eff}}\cdot\boldsymbol{M}\right)\frac{\mathrm{d}\boldsymbol{M}}{\mathrm{d}t}+\gamma\boldsymbol{H}_{\mathrm{eff}}\times\left(\boldsymbol{M}\times\gamma\boldsymbol{H}_{\mathrm{eff}}\right)\\&=-\boldsymbol{M}\times\frac{\mathrm{d}\left(\gamma\boldsymbol{H}_{\mathrm{eff}}\right)}{\mathrm{d}t}-\frac{\alpha}{M}\left\{\left[\boldsymbol{M}\cdot\frac{\mathrm{d}\left(\gamma\boldsymbol{H}_{\mathrm{eff}}\right)}{\mathrm{d}t}\right]\boldsymbol{M}-M^2\frac{\mathrm{d}\left(\gamma\boldsymbol{H}_{\mathrm{eff}}\right)}{\mathrm{d}t}\right\}\end{aligned} \tag{2.83a}$$

即

$$\begin{aligned}&\left(1+\alpha^2\right)\frac{\mathrm{d}^2\boldsymbol{M}}{\mathrm{d}t^2}+2\frac{\alpha}{M}\left(\gamma\boldsymbol{H}_{\mathrm{eff}}\cdot\boldsymbol{M}\right)\frac{\mathrm{d}\boldsymbol{M}}{\mathrm{d}t}+\gamma\boldsymbol{H}_{\mathrm{eff}}\times\left(\boldsymbol{M}\times\gamma\boldsymbol{H}_{\mathrm{eff}}\right)\\&=-\boldsymbol{M}\times\left[\frac{\mathrm{d}\left(\gamma\boldsymbol{H}_{\mathrm{eff}}\right)}{\mathrm{d}t}+\frac{\alpha}{M}\boldsymbol{M}\times\frac{\mathrm{d}\left(\gamma\boldsymbol{H}_{\mathrm{eff}}\right)}{\mathrm{d}t}\right]\end{aligned} \tag{2.83b}$$

可见，微波磁场下，这是一个系数随时间变化的受迫阻尼振动方程。

为简单起见，依然考虑单轴各向异性颗粒。选择磁晶各向异性场为 $H_K \cos\theta$ 的易轴方向为 z 方向，若在该方向上再施加直流磁场 H，则直流等效场 $H_D = (H + H_K \cdot \cos\theta) e_z$。假设同时施加微波磁场 $\mathbf{h} = (h_x, h_y, h_z)$，总的等效场可写成

$$\mathbf{H}_{\text{eff}} = h_x \mathbf{e}_x + h_y \mathbf{e}_y + (H + H_K \cos\theta + h_z) \mathbf{e}_z \tag{2.84a}$$

若磁化强度 $\mathbf{M}$ 由 z 方向的常量 M_0 和交变分量 $\mathbf{m} = (m_x, m_y, m_z)$ 构成，即

$$\mathbf{M} = m_x \mathbf{e}_x + m_y \mathbf{e}_y + (M_0 + m_z) \mathbf{e}_z \tag{2.84b}$$

将式(2.84)代入 LLG 方程(2.80)，得到

$$\frac{\mathrm{d}\mathbf{M}}{\mathrm{d}t} = -\gamma \begin{vmatrix} \mathbf{e}_x & \mathbf{e}_y & \mathbf{e}_z \\ m_x & m_y & M_0 + m_z \\ h_x & h_y & H_D + h_z \end{vmatrix} + \frac{\alpha}{M} \begin{vmatrix} \mathbf{e}_x & \mathbf{e}_y & \mathbf{e}_z \\ m_x & m_y & M_0 + m_z \\ \dot{m}_x & \dot{m}_y & \dot{m}_z \end{vmatrix} \tag{2.85a}$$

其分量形式为

$$\begin{bmatrix} \dot{m}_x \\ \dot{m}_y \\ \dot{m}_z \end{bmatrix} = \begin{bmatrix} \gamma\left[h_y(M_0 + m_z) - (H_D + h_z)m_y \right] + (\alpha/M)\left[m_y\dot{m}_z - (M_0 + m_z)\dot{m}_y \right] \\ \gamma\left[(H_D + h_z)m_x - h_x(M_0 + m_z) \right] + (\alpha/M)\left[(M_0 + m_z)\dot{m}_x - m_x\dot{m}_z \right] \\ \gamma\left[h_x m_y - h_y m_x \right] + (\alpha/M)\left[m_x\dot{m}_y - m_y\dot{m}_x \right] \end{bmatrix} \tag{2.85b}$$

在 $h \ll H_D$ 的情况下，$m \ll M_0$。线性近似下，略去方程中的所有二阶小量，得到

$$\begin{bmatrix} \dot{m}_x \\ \dot{m}_y \\ \dot{m}_z \end{bmatrix} = \begin{bmatrix} \gamma(h_y M_0 - H_D m_y) - \alpha^* \dot{m}_y \\ \gamma(H_D m_x - h_x M_0) + \alpha^* \dot{m}_x \\ 0 \end{bmatrix} \tag{2.86}$$

其中，$\alpha^* = \alpha M_0 / M$。可见，$z$ 分量 $M_z = M_0$ 为常量。设 $m_{xy} = m_x + \mathrm{i}m_y$，由式(2.86)得到

$$\dot{m}_{xy} = -\mathrm{i}\gamma(h_x + \mathrm{i}h_y)M_0 + \mathrm{i}\gamma H_D m_{xy} + \mathrm{i}\alpha^* \dot{m}_{xy} \tag{2.87}$$

对式(2.87)进行时间求导，得到

$$\ddot{m}_{xy} = -\mathrm{i}\gamma(\dot{h}_x + \mathrm{i}\dot{h}_y)M_0 + \mathrm{i}\gamma H_D \dot{m}_{xy} + \mathrm{i}\alpha^* \ddot{m}_{xy} \tag{2.88a}$$

将式(2.88a)等号右端代入阻尼项中的 $\dot{m}_{xy}$，整理得到

$$\left(1+\alpha^{*2}\right)\ddot{m}_{xy} = -\mathrm{i}\gamma\left(\dot{h}_x+\mathrm{i}\dot{h}_y\right)M_0 + \mathrm{i}\gamma H_\mathrm{D}\dot{m}_{xy} + \alpha^*\left[\gamma\left(\dot{h}_x+\mathrm{i}\dot{h}_y\right)M_0 - \gamma H_\mathrm{D}\dot{m}_{xy}\right]$$

$$(2.88\mathrm{b})$$

将式(2.87)代入式(2.88b)，整理得到

$$\left(1+\alpha^{*2}\right)\ddot{m}_{xy} + 2\left(\alpha^*\gamma H_\mathrm{D}\right)\dot{m}_{xy} + \left(\gamma H_\mathrm{D}\right)^2 m_{xy}$$

$$=\left[\gamma H_\mathrm{D}\left(h_x+\mathrm{i}h_y\right)-\left(\mathrm{i}-\alpha^*\right)\left(\dot{h}_x+\mathrm{i}\dot{h}_y\right)\right]\gamma M_0 \qquad (2.88\mathrm{c})$$

显然，这是一个标准的受迫阻尼振动方程。

若 $h_{x,y}=h_{x0,y0}\mathrm{e}^{\mathrm{i}\omega t}$，则磁化强度交变分量也应具有 $m_{x,y}=m_{x0,y0}\mathrm{e}^{\mathrm{i}\omega t}$ 的形式，将其代入式(2.86)，x 和 y 分量方程变为

$$\begin{cases} \mathrm{i}\omega m_{x0}+\left(\gamma H_\mathrm{D}+\mathrm{i}\alpha^*\omega\right)m_{y0}=\gamma h_{y0}M_0 \\ \left(\gamma H_\mathrm{D}+\mathrm{i}\alpha^*\omega\right)m_{x0}-\mathrm{i}\omega m_{y0}=\gamma h_{x0}M_0 \end{cases} \qquad (2.89)$$

解此二元一次方程组，可以得到 m_{x0} 和 m_{y0} 分别为

$$m_{x0}=\frac{\gamma h_{x0}M_0\left(\gamma H_\mathrm{D}+\mathrm{i}\alpha^*\omega\right)+\mathrm{i}\omega\gamma h_{y0}M_0}{\left(\gamma H_\mathrm{D}+\mathrm{i}\alpha^*\omega\right)^2-\omega^2} \qquad (2.90\mathrm{a})$$

$$m_{y0}=\frac{\gamma h_{y0}M_0\left(\gamma H_\mathrm{D}+\mathrm{i}\alpha^*\omega\right)-\mathrm{i}\omega\gamma h_{x0}M_0}{\left(\gamma H_\mathrm{D}+\mathrm{i}\alpha^*\omega\right)^2-\omega^2} \qquad (2.90\mathrm{b})$$

可见，式(2.90)可以写成如下形式：

$$\begin{bmatrix} m_{x0} \\ m_{y0} \end{bmatrix}=\begin{bmatrix} \tilde{\chi} & \mathrm{i}\tilde{\chi}_\mathrm{a} \\ -\mathrm{i}\tilde{\chi}_\mathrm{a} & \tilde{\chi} \end{bmatrix}\begin{bmatrix} h_{x0} \\ h_{y0} \end{bmatrix} \qquad (2.91)$$

其中，复数磁化率 $\tilde{\chi}$ 和 $\tilde{\chi}_\mathrm{a}$ 分别为

$$\tilde{\chi}=\frac{\gamma M_0\left(\gamma H_\mathrm{D}+\mathrm{i}\alpha^*\omega\right)}{\left(\gamma H_\mathrm{D}+\mathrm{i}\alpha^*\omega\right)^2-\omega^2} \qquad (2.92\mathrm{a})$$

$$\tilde{\chi}_\mathrm{a}=\frac{\omega\gamma M_0}{\left(\gamma H_\mathrm{D}+\mathrm{i}\alpha^*\omega\right)^2-\omega^2} \qquad (2.92\mathrm{b})$$

若线偏振微波磁场沿 x 方向，由式(2.91)得到 $m_{x0}=\tilde{\chi}h_{x0}$，复数磁化率 $\tilde{\chi}$ 写为

$$\tilde{\chi}=\frac{\gamma M_0\left(\gamma H_\mathrm{D}+\mathrm{i}\alpha^*\omega\right)}{\left[\left(\gamma H_\mathrm{D}\right)^2-\left(1+\alpha^{*2}\right)\omega^2\right]+2\mathrm{i}\alpha^*\omega\gamma H_\mathrm{D}} \qquad (2.93)$$

利用 $\tilde{\chi} = \chi' - \mathrm{i}\chi''$，磁化率的实部和虚部分别为

$$\chi' = \frac{\gamma M_0 (\gamma H_D) \left[(\gamma H_D)^2 - (1 - \alpha^{*2})\omega^2 \right]}{\left[(\gamma H_D)^2 - (1 + \alpha^{*2})\omega^2 \right]^2 + (2\alpha^* \omega \gamma H_D)^2} \tag{2.94a}$$

$$\chi'' = \frac{\mathrm{i}\alpha^* \omega \gamma M_0 \left[(\gamma H_D)^2 + (1 + \alpha^{*2})\omega^2 \right]}{\left[(\gamma H_D)^2 - (1 + \alpha^{*2})\omega^2 \right]^2 + (2\alpha^* \omega \gamma H_D)^2} \tag{2.94b}$$

低阻尼下，$\alpha \ll 1$，略去高阶阻尼系数项，式(2.94)变为

$$\chi' = \frac{\gamma M_0 (\gamma H_D) \left[(\gamma H_D)^2 - \omega^2 \right]}{\left[(\gamma H_D)^2 - \omega^2 \right]^2 + (2\alpha^* \omega \gamma H_D)^2} \tag{2.95a}$$

$$\chi'' = \frac{\alpha^* \omega \gamma M_0 \left[(\gamma H_D)^2 + \omega^2 \right]}{\left[(\gamma H_D)^2 - \omega^2 \right]^2 + (2\alpha^* \omega \gamma H_D)^2} \tag{2.95b}$$

可见，只有确定 M_0-ω 关系，才能获得复数磁化率。假设小角近似下，$M_0 \approx M$，$\alpha^* \approx \alpha$，$H_D = H + H_K$，式(2.95)变为

$$\chi' = \frac{\gamma M (\gamma H_D) \left[(\gamma H_D)^2 - \omega^2 \right]}{\left[(\gamma H_D)^2 - \omega^2 \right]^2 + (2\alpha \omega \gamma H_D)^2} \tag{2.96a}$$

$$\chi'' = \frac{\alpha \omega \gamma M \left[(\gamma H_D)^2 + \omega^2 \right]}{\left[(\gamma H_D)^2 - \omega^2 \right]^2 + (2\alpha \omega \gamma H_D)^2} \tag{2.96b}$$

　　取 $M = 1\mathrm{T}$，$H_D = 0.1\mathrm{T}$，$\alpha = 0.02$，$\gamma = 28.8\mathrm{GHz/T}$，图 2.7 给出了式(2.96)的计算结果。结果发现，①当频率 $\omega \to 0$ 时，

$$\chi' = \frac{M}{H_D} = \chi_i \tag{2.97}$$

对应于起始转动磁化率。此时的磁导率虚部 $\chi'' \to 0^+$。②当频率 $\omega \to \infty$ 时，$\chi' \to 0^-$，$\chi'' \to 0^+$。③共振区间磁导率变化剧烈。

　　对于铁磁共振模式，利用 $\mathrm{d}\chi'' / \mathrm{d}H = 0$，得到共振场 H_r 满足：

$$\omega = \gamma (H_r + H_K) \tag{2.98}$$

此时，$\chi' = 0$，磁化率虚部达到最大值，即

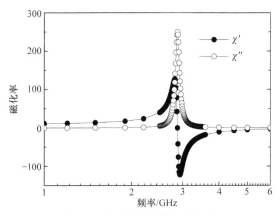

图 2.7　小角近似磁谱计算结果

$$\chi''_{\max} = \frac{\gamma M}{2\alpha\omega} \tag{2.99}$$

半高宽处满足：

$$\frac{\alpha\omega\gamma M\left[\left(\gamma H_D\right)^2 + \omega^2\right]}{\left[\left(\gamma H_D\right)^2 - \omega^2\right]^2 + \left(2\alpha\omega\gamma H_D\right)^2} = \frac{\chi''_{\max}}{2} = \frac{\gamma M}{4\alpha\omega} \tag{2.100a}$$

整理得到

$$\left[\left(\gamma H_D\right)^2 - \omega^2\right]^2 = \left(2\alpha\omega^2\right)^2 \tag{2.100b}$$

由此解得

$$\gamma H_D = \omega\sqrt{1\pm 2\alpha} \approx \omega\left(1\pm\alpha\right) \tag{2.100c}$$

利用 $H_D = H + H_K$，铁磁共振的半高宽为

$$\Delta H = \frac{2\alpha\omega}{\gamma} \tag{2.100d}$$

　　事实上，小角近似只有远离共振点的区间成立。利用式(2.90a)，可以求得 x 方向分量的振幅满足：

$$m_0 = \gamma h_{x0} M_0 \frac{\sqrt{\left(\gamma H_D\right)^2\left[\left(\gamma H_D\right)^2 - \left(1-\alpha^{*2}\right)\omega^2\right]^2 + \left(\alpha^*\omega\right)^2\left[\left(\gamma H_D\right)^2 + \left(1+\alpha^{*2}\right)\omega^2\right]^2}}{\left[\left(\gamma H_D\right)^2 - \left(1+\alpha^{*2}\right)\omega^2\right]^2 + \left(2\alpha^*\omega\gamma H_D\right)^2} \tag{2.101}$$

利用共振时，$\gamma H_D = \omega$，式(2.101)变为

$$m_0^{\max} = \frac{\gamma h_{x0} M_0}{\omega} \frac{\alpha^* \sqrt{\left(2 + \alpha^{*2}\right)^2 + \alpha^{*4}}}{\left(2\alpha^*\right)^2 + \alpha^{*4}} \tag{2.102}$$

由于阻尼系数一般在 0.02 的量级，式(2.102)可近似为

$$m_0^{\max} = \frac{h_{x0}}{2\alpha H_{\mathrm{D}}} M \tag{2.103}$$

对于 2.88GH 的共振频率，$H_{\mathrm{D}} = 1000\mathrm{Oe}$，$h_{x0} = 20\mathrm{Oe}$ 时，$m_0^{\max} = 0.5M$。在第 5 章中，将严格证明自然共振时，实际磁化强度的极角并不小。

2.5 自然共振频率的普适形式

由式(2.94)可见，改变阻尼系数，共振频率基本上满足 $\omega_{\mathrm{r}} \approx \gamma H_{\mathrm{D}}$；改变各向异性场，可以大幅度调整共振峰位。鉴于铁磁物质的等效场既包括自身的各向异性，又包括周围环境提供的等效场，甚至还包括自旋流的等效场，不同方向各向异性等效场的差异将导致共振频率的各向异性。反过来，获得共振频率也是分析系统磁各向异性的有效手段。可见，获得铁磁物质自然共振频率的普适形式相当重要。

斯米特(Smit)和贝尔耶斯(Beljers)最早给出了共振频率与自由能的一般性关系[9]。基本思路是直流磁场下磁化强度将稳定在某一方向上(设为 z 方向)，此时的各向异性总磁能最小；共振时，磁化强度偏离 z 方向的角度很小，稳定方向的各向异性总磁能可以展成磁化强度偏离 x 和 y 的方向余弦形式；自然共振频率主要由驱动磁化强度运动的各向异性场决定，与阻尼关系不大。去掉 LLG 方程球坐标形式式(2.70)中的阻尼项，LLG 方程变为

$$\dot{\theta} = -\frac{\gamma}{\mu_0 M \sin\theta}\left(\frac{\partial F}{\partial \varphi}\right) \tag{2.104a}$$

$$\dot{\varphi} = \frac{\gamma}{\mu_0 M \sin\theta}\left(\frac{\partial F}{\partial \theta}\right) \tag{2.104b}$$

假设磁化强度偏离平衡位置 (θ_0, φ_0) 一个小角 $(\Delta\theta, \Delta\varphi)$，将自由能的一阶导数在平衡位置附近展开，保留到线性项，得到

$$\frac{\mathrm{d}\Delta\theta}{\mathrm{d}t} \approx \frac{-\gamma}{\mu_0 M \sin\theta_0}\left[\Delta\theta\left(\frac{\partial^2 F}{\partial\varphi\partial\theta}\right)_{\mathrm{eq}} + \Delta\varphi\left(\frac{\partial^2 F}{\partial\varphi^2}\right)_{\mathrm{eq}}\right] \tag{2.105a}$$

$$\frac{\mathrm{d}\Delta\varphi}{\mathrm{d}t} \approx \frac{\gamma}{\mu_0 M \sin\theta_0}\left[\Delta\theta\left(\frac{\partial^2 F}{\partial\theta^2}\right)_{\mathrm{eq}} + \Delta\varphi\left(\frac{\partial^2 F}{\partial\theta\partial\varphi}\right)_{\mathrm{eq}}\right] \tag{2.105b}$$

其中,利用了平衡状态下,$(\partial F / \partial \theta)_{eq} = (\partial F / \partial \varphi)_{eq} = 0$。假设 $\Delta\theta = (\Delta\theta)_0 \, \mathrm{e}^{\mathrm{i}\omega t}, \Delta\varphi = (\Delta\varphi)_0 \, \mathrm{e}^{\mathrm{i}\omega t}$,代入式(2.105),得到

$$\left[\mathrm{i}\omega + \frac{\gamma}{\mu_0 M \sin\theta_0} \left(\frac{\partial^2 F}{\partial\varphi\partial\theta} \right)_{eq} \right] (\Delta\theta)_0 + \frac{\gamma}{\mu_0 M \sin\theta_0} \left(\frac{\partial^2 F}{\partial\varphi^2} \right)_{eq} (\Delta\varphi)_0 = 0 \quad (2.106a)$$

$$-\frac{\gamma}{\mu_0 M \sin\theta_0} \left(\frac{\partial^2 F}{\partial\theta^2} \right)_{eq} (\Delta\theta)_0 + \left[\mathrm{i}\omega - \frac{\gamma}{\mu_0 M \sin\theta_0} \left(\frac{\partial^2 F}{\partial\theta\partial\varphi} \right)_{eq} \right] (\Delta\varphi)_0 = 0 \quad (2.106b)$$

$(\Delta\theta)_0$ 和 $(\Delta\varphi)_0$ 不为零的条件是其系数行列式为零,即

$$\left| \begin{array}{cc} \left[\mathrm{i}\omega + \dfrac{\gamma}{\mu_0 M \sin\theta_0} \left(\dfrac{\partial^2 F}{\partial\varphi\partial\theta} \right)_{eq} \right] & \dfrac{\gamma}{\mu_0 M \sin\theta_0} \left(\dfrac{\partial^2 F}{\partial\varphi^2} \right)_{eq} \\[6mm] -\dfrac{\gamma}{\mu_0 M \sin\theta_0} \left(\dfrac{\partial^2 F}{\partial\theta^2} \right)_{eq} & \left[\mathrm{i}\omega - \dfrac{\gamma}{\mu_0 M \sin\theta_0} \left(\dfrac{\partial^2 F}{\partial\theta\partial\varphi} \right)_{eq} \right] \end{array} \right| = 0 \quad (2.107a)$$

由式(2.107a)解得

$$\omega^2 = \left(\frac{\gamma}{\mu_0 M \sin\theta_0} \right)^2 \left[\left(\frac{\partial^2 F}{\partial\theta^2} \right)_{eq} \left(\frac{\partial^2 F}{\partial\varphi^2} \right)_{eq} - \left(\frac{\partial^2 F}{\partial\theta\partial\varphi} \right)_{eq}^2 \right] \quad (2.107b)$$

定义

$$F_{\theta\theta} = \left(\frac{\partial^2 F}{\partial\theta^2} \right)_{eq}, \quad F_{\varphi\varphi} = \left(\frac{\partial^2 F}{\partial\varphi^2} \right)_{eq}, \quad F_{\theta\varphi} = \left(\frac{\partial^2 F}{\partial\theta\partial\varphi} \right)_{eq} \quad (2.108)$$

式(2.107b)变为

$$\left(\frac{\omega}{\gamma} \right)^2 = \frac{1}{M^2 \sin^2\theta_0} \left(F_{\theta\theta} F_{\varphi\varphi} - F_{\theta\varphi}^2 \right) \quad (2.109)$$

此乃大家熟悉的斯米特-贝尔耶斯(Smit-Beljers,SB)公式。事实上,对于易轴沿 z 轴的情况,磁化强度绕 z 轴进动,很难理解 $\Delta\varphi = \varphi - \varphi_0$ 为小量这一条件。这也是 SB 公式多数用来描述 $\theta_0 = 90°$ 的原因。因此,SB 公式并不是一个普适的自然共振频率表达式。

为了寻找自然共振频率的普适形式,巴塞尔吉亚(Baselgia)等[10]回归到直角坐标下的无阻尼 LLG 方程,重新讨论了共振频率的表达式。对于自由能为 F 的铁磁体系,假设磁化强度的平衡位置沿 O-123 坐标系中的 e_3 方向,无阻尼 LLG 方程为

$$\frac{\mathrm{d}\boldsymbol{M}}{\mathrm{d}t} = -\gamma \boldsymbol{M} \times \boldsymbol{H}_{\mathrm{eff}} = -\frac{\gamma}{\mu_0}\boldsymbol{T} \tag{2.110}$$

其中, 利用了 $\boldsymbol{T} = \boldsymbol{M} \times \boldsymbol{B} = \mu_0 \boldsymbol{M} \times \boldsymbol{H}_{\mathrm{eff}}$。假设磁化强度绕 $\boldsymbol{e}_3$ 方向作小角进动, 磁化强度的改变主要反映在 $M_k (k = 1, 2)$ 的变化上, 可将式(2.110)的力矩 $\boldsymbol{T}$ 在磁化强度平衡位置: $M_1 = 0$, $M_2 = 0$, $M_3 = M$ 附近展开, 式(2.110)变为

$$-\frac{\mu_0}{\gamma}\frac{\mathrm{d}M_1}{\mathrm{d}t} = A_{11}M_1 + A_{12}M_2 + O\left(M_1^2, M_2^2\right) \tag{2.111a}$$

$$-\frac{\mu_0}{\gamma}\frac{\mathrm{d}M_2}{\mathrm{d}t} = A_{21}M_1 + A_{22}M_2 + O\left(M_1^2, M_2^2\right) \tag{2.111b}$$

其中,

$$A_{jk} = \left(\partial T_j / \partial M_k\right)_{\mathrm{eq}} \tag{2.111c}$$

线性近似下, 设 $M_j(t) = M_{0j}\mathrm{e}^{\mathrm{i}\omega t}$, 去掉式(2.111)中的高阶项 $O\left(M_1^2, M_2^2\right)$, 方程变为

$$-\left(\mathrm{i}\omega\frac{\mu_0}{\gamma} + A_{11}\right)M_1 - A_{12}M_2 = 0 \tag{2.112a}$$

$$-A_{21}M_1 - \left(\mathrm{i}\omega\frac{\mu_0}{\gamma} + A_{22}\right)M_2 = 0 \tag{2.112b}$$

M_k 不为零的条件是其系数行列式等于零, 因此得到共振频率满足:

$$\left(\mathrm{i}\omega\mu_0 / \gamma + A_{11}\right)\left(\mathrm{i}\omega\mu_0 / \gamma + A_{22}\right) - A_{12}A_{21} = 0 \tag{2.113}$$

下面求解式(2.113)的直角坐标变量形式。利用等效场的定义式(2.66a), $\boldsymbol{H}_{\mathrm{eff}} = -\left(\nabla_{\boldsymbol{M}} F\right) / \mu_0$, 磁化强度偏离 $\boldsymbol{e}_3$ 方向时, 受到的力矩为

$$\boldsymbol{T} = \boldsymbol{M} \times \mu_0 \boldsymbol{H}_{\mathrm{eff}} = -\boldsymbol{M} \times \nabla_{\boldsymbol{M}} F = -\begin{vmatrix} \boldsymbol{e}_1 & \boldsymbol{e}_2 & \boldsymbol{e}_3 \\ M_1 & M_2 & M_3 \\ \dfrac{\partial F}{\partial M_1} & \dfrac{\partial F}{\partial M_2} & \dfrac{\partial F}{\partial M_3} \end{vmatrix} \tag{2.114}$$

其分量形式为

$$T_1 = -\left(M_2\frac{\partial F}{\partial M_3} - M_3\frac{\partial F}{\partial M_2}\right) \tag{2.115a}$$

$$T_2 = -\left(M_3\frac{\partial F}{\partial M_1} - M_1\frac{\partial F}{\partial M_3}\right) \tag{2.115b}$$

$$T_3 = -\left(M_1 \frac{\partial F}{\partial M_2} - M_2 \frac{\partial F}{\partial M_1} \right) \tag{2.115c}$$

对式(2.115a)和式(2.115b)分别对 M_1 和 M_2 求偏导，得到

$$\frac{\partial T_1}{\partial M_1} = -\left(M_2 \frac{\partial^2 F}{\partial M_1 \partial M_3} - M_3 \frac{\partial^2 F}{\partial M_1 \partial M_2} \right) \tag{2.116a}$$

$$\frac{\partial T_1}{\partial M_2} = -\left(\frac{\partial F}{\partial M_3} + M_2 \frac{\partial^2 F}{\partial M_2 \partial M_3} - M_3 \frac{\partial^2 F}{\partial M_2^2} \right) \tag{2.116b}$$

$$\frac{\partial T_2}{\partial M_1} = -\left(M_3 \frac{\partial^2 F}{\partial M_1^2} - \frac{\partial F}{\partial M_3} - M_1 \frac{\partial^2 F}{\partial M_1 \partial M_3} \right) \tag{2.116c}$$

$$\frac{\partial T_2}{\partial M_2} = -\left(M_3 \frac{\partial^2 F}{\partial M_1 \partial M_2} - M_1 \frac{\partial^2 F}{\partial M_2 \partial M_3} \right) \tag{2.116d}$$

考虑到平衡时，$M_1 = 0$，$M_2 = 0$，$M_3 = M$，利用式(2.116)，由式(2.111c)得到

$$A_{11} = \left(\frac{\partial T_1}{\partial M_1} \right)_{\mathrm{eq}} = M \left(\frac{\partial^2 F}{\partial M_1 \partial M_2} \right)_{\mathrm{eq}} \tag{2.117a}$$

$$A_{12} = \left(\frac{\partial T_1}{\partial M_2} \right)_{\mathrm{eq}} = -\left(\frac{\partial F}{\partial M_3} \right)_{\mathrm{eq}} + M \left(\frac{\partial^2 F}{\partial M_2^2} \right)_{\mathrm{eq}} \tag{2.117b}$$

$$A_{21} = \left(\frac{\partial T_2}{\partial M_1} \right)_{\mathrm{eq}} = -M \left(\frac{\partial^2 F}{\partial M_1^2} \right)_{\mathrm{eq}} + \left(\frac{\partial F}{\partial M_3} \right)_{\mathrm{eq}} \tag{2.117c}$$

$$A_{22} = \left(\frac{\partial T_2}{\partial M_2} \right)_{\mathrm{eq}} = -M \left(\frac{\partial^2 F}{\partial M_1 \partial M_2} \right)_{\mathrm{eq}} \tag{2.117d}$$

可见，$A_{11} = -A_{22}$。定义

$$F_{M_j} = \left(\frac{\partial F}{\partial M_j} \right)_{\mathrm{eq}}, \quad F_{M_j M_k} = \left(\frac{\partial F}{\partial M_i M_j} \right)_{\mathrm{eq}} \tag{2.118}$$

式(2.117)的系数 A_{jk} 变为

$$A_{11} = -A_{22} = M F_{M_1 M_2} \tag{2.119a}$$

$$A_{12} = -F_{M_3} + M F_{M_2 M_2} \tag{2.119b}$$

$$A_{21} = -M F_{M_1 M_1} + F_{M_3} \tag{2.119c}$$

将式(2.119)代入式(2.113)，直角坐标分量形式的共振频率为

$$\left(\frac{\mu_0}{\gamma}\omega\right)^2 = -A_{11}^2 - A_{12}A_{21} \tag{2.120a}$$

$$\left(\frac{\mu_0}{\gamma}\omega\right)^2 = \left(F_{M_3} - MF_{M_1M_1}\right)\left(F_{M_3} - MF_{M_2M_2}\right) - \left(MF_{M_1M_2}\right)^2 \tag{2.120b}$$

将式(2.104)变换成球坐标形式，得到共振频率为

$$\omega^2 = \left(\frac{\gamma}{\mu_0 M \sin\theta}\right)^2 \left[\left(F_{\theta\theta} - \frac{\cos\theta}{\sin\theta}F_\theta\right)F_{\varphi\varphi} - F_{\theta\varphi}\left(F_{\theta\varphi} - \frac{\cos\theta}{\sin\theta}F_\varphi\right)\right] \tag{1.121}$$

如果不考虑 F_θ 和 F_φ 项，可以回到大家熟悉的 SB 公式。特别注意的是，以上 O-123 坐标系建立在易轴上。对于实际的铁磁体，通常选择的是实验室坐标系 O-xyz。O-xyz 坐标系中的各向异性共振频率可以通过坐标变换与 O-123 坐标系的结果关联起来。

以单轴为例说明式(2.120)的正确性。选择易轴方向为 O-xyz 坐标系的 z 方向，磁化强度 $M(\theta, \pi/2)$ 偏离易轴的自由能密度为

$$F_K = -K\cos^2\theta = -K\frac{M_z^2}{M^2} \tag{2.122a}$$

若外加磁场 $H(\theta_H, \pi/2)$，磁化强度的塞曼能量为

$$F_H = -\mu_0 HM\cos(\theta_H - \theta) = -\mu_0 H\left(\cos\theta_H M_z + \sin\theta_H M_y\right) \tag{2.122b}$$

磁化强度的总各向异性自由能密度为

$$F = F_K + F_H = -\mu_0 H_K \frac{M_z^2}{2M} - \mu_0 H\left(\cos\theta_H M_z + \sin\theta_H M_y\right) \tag{2.123}$$

其中，$H_K = 2K/\mu_0 M$。利用磁化强度稳定在 $e_3(\theta_0, \pi/2)$ 方向上，如图 2.8 所示，O-xyz 坐标系和 O-123 坐标系的变换关系为

$$M_x = M_1, \ M_y = M_2\cos\theta_0 + M_3\sin\theta_0, \ M_z = -M_2\sin\theta_0 + M_3\cos\theta_0 \tag{2.124}$$

自由能密度式(2.123)在 O-123 坐标系中表示成

$$F = -\frac{\mu_0 H_K}{2M}\left(M_2\sin\theta_0 - M_3\cos\theta_0\right)^2 - \mu_0 H\left[M_2\sin(\theta_H - \theta_0) + M_3\cos(\theta_H - \theta_0)\right] \tag{2.125}$$

利用式(2.125)，由式(2.118)求得

$$F_{M_1M_1} = F_{M_1M_2} = 0 \tag{2.126a}$$

$$F_{M_2M_2} = -\mu_0 H_K \frac{\sin^2\theta_0}{M} \tag{2.126b}$$

$$F_{M_3} = -\mu_0 \left[H_K \cos^2\theta_0 + H\cos\left(\theta_H - \theta_0\right) \right] \tag{2.126c}$$

将式(2.126)代入式(2.120b)，得到共振频率满足：

$$\omega = \gamma \left\{ \left[H_K \cos^2\theta_0 + H\cos\left(\theta_H - \theta_0\right) \right] \left[H_K \cos 2\theta_0 + H\cos\left(\theta_H - \theta_0\right) \right] \right\}^{1/2} \tag{2.127}$$

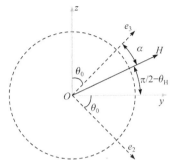

图 2.8　两直角坐标转动示意图

图 2.9 为 SW 模型共振频率变化示意图。

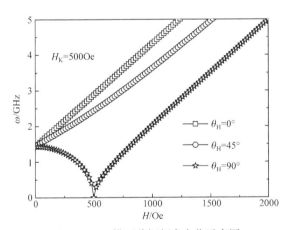

图 2.9　SW 模型共振频率变化示意图

(1) 当 $\theta_H = 0°$ 时，$\theta_0 = 0°$，由式(2.127)得到，易轴方向上的共振频率满足：

$$\omega = \gamma\left(H_K + H\right) \tag{2.128}$$

(2) 当 $\theta_H = 90°$ 时，式(2.127)得到，难轴方向上的共振频率满足：

$$\omega = \gamma\left(H_K \cos^2\theta_0 + H\sin\theta_0\right)^{1/2} \times \left(H_K \cos 2\theta_0 + H\sin\theta_0\right)^{1/2} \tag{2.129a}$$

若 $H \geqslant H_K$，$\theta_0 = 90°$，式(2.129a)变为

$$\omega = \gamma \left[H\left(H - H_K\right) \right]^{1/2} \tag{2.129b}$$

若 $H < H_K$，$\sin\theta_0 = H / H_K$，式(2.129a)变为

$$\omega = \gamma \left(H_K^2 - H^2 \right)^{1/2} \tag{2.129c}$$

(3) 当 $\theta_H = 45°$ 时，由式(1.72)得到

$$\sin\theta_0 = \sin\left(45° - \alpha\right) = \frac{1}{2}\left(\sqrt{1 - h^2 + h\sqrt{2 + h^2}} - \sqrt{1 + h^2 - h\sqrt{2 + h^2}} \right) \tag{2.130a}$$

$$\cos\theta_0 = \cos\left(45° - \alpha\right) = \frac{1}{2}\left(\sqrt{1 - h^2 + h\sqrt{2 + h^2}} + \sqrt{1 + h^2 - h\sqrt{2 + h^2}} \right) \tag{2.130b}$$

其中，$h = H / H_K$。代入式(2.127)，得到

$$\omega = \gamma H_K \frac{1}{2}\left\{ \left[\left(1 + \sqrt{1 - \left(h^2 - h\sqrt{2 + h^2} \right)^2} \right) + \sqrt{2}h\sqrt{1 - \left(h^2 - h\sqrt{2 + h^2} \right)} \right] \right.$$
$$\left. \times \left[2\sqrt{1 - \left(h^2 - h\sqrt{2 + h^2} \right)^2} + \sqrt{2}h\sqrt{1 - \left(h^2 - h\sqrt{2 + h^2} \right)} \right] \right\}^{1/2}$$

$$\tag{2.131}$$

2.6　含自旋力矩的动力学方程

前文讨论了局域电子磁矩或磁化强度的动力学方程。事实上，铁磁物质中的电子除局域电子外，还存在巡游电子，且电子之间存在交换作用。当在铁磁物质中通入自旋极化流或注入纯自旋流时，一方面局域磁矩对巡游电子流自旋极化散射产生了新输运行为，对应发展出了自旋电子学；另一方面，自旋极化流或注入纯自旋流会驱动局域磁矩的磁化与反磁化。本节的主要目的就是讨论自旋流对局域磁矩的作用力矩。

铁磁性物质中存在交换作用。按照 RKKY 理论，固体中第 i 个原子的局域电子自旋 s_i (主要由未满壳层的 d 和 f 电子产生)通过巡游电子(主要是外壳层的 s 电子)与第 j 个原子的局域电子自旋 s_j 发生交换耦合，交换耦合的哈密顿量为

$$\hat{\mathcal{H}}_{ex} = -\sum_{i<j} J_{ij}\left(R_{ij} \right) \hat{s}_i \cdot \hat{s}_j \tag{2.132}$$

其中，J_{ij} 和 R_{ij} 分别为第 i 个与第 j 个原子间的耦合强度和间距。将这一思想推广，一个自旋累积为 s 的巡游电子群与整个铁磁体这个局域大自旋 $\boldsymbol{S}$ 的交换作用能为

$$E_{ex} = -J\boldsymbol{S} \cdot \boldsymbol{s} \tag{2.133}$$

其中，J 是两个自旋间的交换耦合强度。设 V 是铁磁体的体积，$\boldsymbol{M}$ 是磁化强度，

利用 $\mu_0 (V\boldsymbol{M}) = -\gamma\boldsymbol{S}$ ，式(2.133)变为

$$E_{\mathrm{ex}} = \frac{\mu_0 JV}{\gamma} \boldsymbol{M} \cdot \boldsymbol{s} \tag{2.134}$$

利用式(2.66a)，磁化强度 $\boldsymbol{M}$ 受到的交换作用等效场为

$$\boldsymbol{H}_{\mathrm{ex}} = -\frac{1}{\mu_0} \nabla_M E_{\mathrm{ex}} = -\frac{JV}{\gamma\mu_0} \boldsymbol{s} \tag{2.135}$$

1996 年,斯隆切夫斯基(Slonczewski)[11]和贝格尔(Berger)[12]分别从量子力学的角度提出了自旋极化流对磁化强度进动影响的物理解释。反过来，提供输运行为的巡游电子流经有序排列的局域磁矩时会产生自旋有序排列的巡游电子，从而产生自旋极化流。与传统电流相比，自旋极化流是一种存在自旋极化的特殊电流。除了自旋极化流之外，还存在另一种自旋流：纯自旋流。纯自旋流是指固体中无宏观电流时，依然存在的巡游电子自旋传输。稳态下纯自旋流表现为固体表面的自旋积累现象。纯自旋流的产生有多种方案，包括流体的相对论效应、偏振光极化、偏振机械波、磁化强度和磁矩进动和块体拓扑自旋流等。

磁化强度进动关注的是自旋流对磁化强度的作用。自旋流对磁化强度的作用包括自旋转移力矩(spin transfer torque，STT)[13]和自旋轨道力矩(spin orbit torque，SOT)[14,15]两种。形式上，自旋转移力矩描述了非共线磁性层之间自旋角动量的传输，即 STT 是钉扎层产生的自旋极化流穿过界面，自旋在自由层中的弛豫和阻尼通过交换作用驱动自由层磁化强度偏转和翻转。自旋轨道力矩形式上是指纯自旋流与铁磁物质磁化强度间的角动量传输。典型例子是产生于强旋轨道耦合非铁磁性物质的纯自旋流，流经铁磁物质时，自旋流的扩散驱动相邻铁磁层的磁化强度。可见，无论 STT 还是 SOT，本质上都是自旋流对磁化强度的作用力矩，即自旋力矩 $\boldsymbol{T}_{\mathrm{s}}$ 。值得注意的是，自旋力矩可以同时满足对驱动力矩和阻尼力矩的贡献，这与 LLG 方程已经提到的驱动力矩或阻尼力矩相对独立不同。

利用式(2.135)，自旋积累 $\boldsymbol{s}$ 作用在磁化强度 $\boldsymbol{M}$ 的自旋力矩 $\boldsymbol{T}_{\mathrm{s}}$ 为

$$\boldsymbol{T}_{\mathrm{s}} = \gamma\left(\boldsymbol{M} \times \frac{JV}{\gamma} \boldsymbol{s} \right) \tag{2.136}$$

将其代入 LLG 方程，得到

$$\frac{\mathrm{d}\boldsymbol{M}}{\mathrm{d}t} = -\gamma \boldsymbol{M} \times \left(\boldsymbol{H}_{\mathrm{eff}} - \frac{JV}{\gamma} \boldsymbol{s} \right) + \frac{\alpha}{M}\left(\boldsymbol{M} \times \frac{\mathrm{d}\boldsymbol{M}}{\mathrm{d}t} \right) \tag{2.137a}$$

定义 $\boldsymbol{m} = \boldsymbol{M} / M$ ， $\boldsymbol{h}_{\mathrm{eff}} = \boldsymbol{H}_{\mathrm{eff}}$ ，由式(1.137a)得到

$$\frac{\mathrm{d}\boldsymbol{m}}{\mathrm{d}t} = -\gamma \boldsymbol{m} \times \left(\boldsymbol{h}_{\mathrm{eff}} - \frac{JV}{\gamma} \boldsymbol{s} \right) + \alpha\left(\boldsymbol{m} \times \frac{\mathrm{d}\boldsymbol{m}}{\mathrm{d}t} \right) \tag{2.137b}$$

式(2.137)为含自旋力矩的磁化强度动力学方程。可见，自旋力矩 T_s 的作用效果完全取决于自旋积累 s 的形式。

以导电的非磁性层分开两铁磁层的三明治结构为例，说明自旋积累 s 的形式。当电流垂直穿越层三明治结构时，钉扎层作为自旋极化器使穿越中间层的电流变为自旋极化流。当自旋极化的电子进入自由层时，会对自由层的磁化强度产生力矩。钉扎层产生一个极化方向平行于自身磁化强度的自旋极化 ξ。自然认为自由层中的自旋积累 s 沿垂直自由层的方向。显然，不同的自旋流产生机制，导致进入自由层的自旋积累 s 不同。考虑要描述自旋力矩对自由层磁化强度的影响，总是可以将自旋积累 s 写成如下约化磁化强度 m 和参考极化方向 ξ 的形式：

$$-\frac{JV}{\gamma}s = am \times (\xi \times m) + b(\xi \times m) + cm \tag{2.138}$$

这样的好处在于，无论什么机制，s 总是可以写成以上三个相互垂直的方向。将其代入式(2.137b)，动力学方程变为

$$\frac{\mathrm{d}m}{\mathrm{d}t} = -\gamma m \times (h_{\mathrm{eff}} + a\xi) + \gamma m \times (m \times b\xi) + \alpha\left(m \times \frac{\mathrm{d}m}{\mathrm{d}t}\right) \tag{2.139}$$

其中，利用 $|m| = 1$。通常，称式(2.139)中与 $a\xi$ 相关的力矩为类场力矩 T_{FL}，与 $b\xi$ 相关的力矩为类阻尼力矩 T_{DL}，它们分别为

$$T_{\mathrm{FL}} \equiv -\gamma(m \times a\xi) \tag{2.140a}$$

$$T_{\mathrm{DL}} \equiv \gamma m \times (m \times b\xi) \tag{2.140b}$$

总的自旋力矩为

$$T_S = T_{\mathrm{FL}} + T_{\mathrm{DL}} = -\gamma\left[m \times a\xi - m \times (m \times b\xi)\right] \tag{2.140c}$$

如果将式(2.139)变成 LL 方程的形式，即

$$(1+\alpha^2)\frac{\mathrm{d}m}{\mathrm{d}t} = -\gamma m \times \left[h_{\mathrm{eff}} + (a+\alpha b)\xi\right] - \gamma m \times \left\{m \times \left[\alpha h_{\mathrm{eff}} + (\alpha a - b)\xi\right]\right\}$$

$$\tag{2.141}$$

可见，式(2.140)定义的类场力矩和类阻尼力矩，对实际磁化强度的进动力矩和阻尼力矩均有贡献。若 a 和 b 处在同一能级上，如果 $\alpha \ll 1$，式(2.141)变为

$$\frac{\mathrm{d}m}{\mathrm{d}t} = -\gamma m \times (h_{\mathrm{eff}} + a\xi) - \gamma m \times \left[m \times (\alpha h_{\mathrm{eff}} - b\xi)\right] \tag{2.142}$$

此时，由于 a 和 b 单独存在于进动项和阻尼项中，式(2.140)定义的类场力矩和类阻尼力矩可以从磁化强度的实际进动和阻尼力矩中区分开来。尽管如此，实际磁化强度的阻尼力矩依然是类阻尼力矩与吉尔伯特阻尼的混合。

研究发现，类场力矩与巡游电子和两磁性层的交换作用密切关联[16]。交换作

用越弱，类场力矩越大；交换作用越强，类场力矩越小，甚至会出现负的类场力矩。在 $IrMn_3/Ni_{80}Fe_{20}$ 双层膜中，发现电流大幅度调制了类阻尼力矩，且该类阻尼力矩起源于 $IrMn_3$ 中的磁自旋霍尔效应[17]。意味着手性反铁磁体的磁自旋霍尔效应提供了不同于传统的自旋霍尔效应功能，影响了磁化强度动力学的电流控制对称性。事实上，自旋力矩的来源和本质依然值得探讨。

为了展示自旋力矩的影响，处理含自旋力矩的磁化强度弛豫解。考虑静态下约化磁化强度 m 垂直于膜面（z 方向）的薄膜，ξ 也沿 z 方向。若来自磁晶各向异性和形状各向异性的各向异性等效场 $H_\perp$ 沿 z 方向，且为常量，则方程(2.141)可以写为

$$\left(1+\alpha^2\right)\frac{\mathrm{d}m}{\mathrm{d}t}=-\gamma\begin{vmatrix} e_x & e_y & e_z \\ m_x & m_y & m_z \\ 0 & 0 & H_\perp+a+\alpha b \end{vmatrix}$$

$$-\gamma\begin{vmatrix} e_x & e_y & e_z \\ m_x & m_y & m_z \\ \left(\alpha H_\perp-\alpha a-b\right)m_y & -\left(\alpha H_\perp+\alpha a-b\right)m_x & 0 \end{vmatrix} \tag{2.143a}$$

其分量形式为

$$\left(1+\alpha^2\right)\begin{bmatrix} \dot{m}_x \\ \dot{m}_y \\ \dot{m}_z \end{bmatrix}=\begin{bmatrix} -\gamma\left(H_\perp+a+\alpha b\right)m_y-\gamma\left(\alpha H_\perp+\alpha a-b\right)m_x m_z \\ \gamma\left(H_\perp+a+\alpha b\right)m_x-\gamma\left(\alpha H_\perp+\alpha a-b\right)m_y m_z \\ \gamma\left(\alpha H_\perp+\alpha a-b\right)\left(m_x^2+m_y^2\right) \end{bmatrix} \tag{2.143b}$$

z 分量方程满足：

$$\frac{\mathrm{d}m_z}{\mathrm{d}t}=\frac{\gamma\left(\alpha H_\perp+\alpha a-b\right)}{1+\alpha^2}\left(1-m_z^2\right) \tag{2.144}$$

类似于式(2.50)的处理，对式(2.144)积分，得到

$$\frac{1+m_z}{1-m_z}=A\exp\left\{\frac{2\gamma\left[\alpha\left(H_\perp+a\right)-b\right]}{1+\alpha^2}t\right\} \tag{2.145a}$$

其中，利用了 $\int\frac{\mathrm{d}x}{1-x^2}=\frac{1}{2}\ln\frac{1+x}{1-x}$。设 $t=0$ 时，$m_z=\cos\theta_0$，由式(2.145a)求出 $A=\frac{1+\cos\theta_0}{1-\cos\theta_0}$。可见，约化磁化强度的 z 分量可写为

$$m_z=\frac{\exp\left\{\dfrac{2\gamma\left[\alpha\left(H_\perp+a\right)-b\right]}{1+\alpha^2}t\right\}-\mathrm{tg}^2\dfrac{\theta_0}{2}}{\exp\left\{\dfrac{2\gamma\left[\alpha\left(H_\perp+a\right)-b\right]}{1+\alpha^2}t\right\}+\mathrm{tg}^2\dfrac{\theta_0}{2}} \tag{2.145b}$$

式(2.145b)与 LLG 方程的结果式(2.56a) $\dfrac{M_z}{M} = \left[\cot^2\dfrac{\theta_0}{2}\exp\left(\dfrac{2\alpha\gamma H}{1+\alpha^2}t\right)-1\right]\Big/$

$\left[\cot^2\dfrac{\theta_0}{2}\exp\left(\dfrac{2\alpha\gamma H}{1+\alpha^2}t\right)+1\right]$ 相比，两者完全类似；唯一的不同是式(2.145b)中存在自旋力矩项的贡献。若 $\alpha(H_\perp+a)>b$ 时，随时间增加，m_z 增加，说明磁化强度逐渐恢复到静态稳定位置；若 $\alpha(H_\perp+a)=b$ 时，$m_z=\cos\theta_0$ 保持不动；若 $\alpha(H_\perp+a)<b$ 时，随时间增加，m_z 减小，说明磁化强度逐渐偏离静态稳定位置。后者意味着即使没有外加反磁化场，也可由自旋流实现磁化强度的磁化。至少可以大幅度降低反转磁场的大小。显然，吉尔伯特阻尼越小，自旋流越容易实现磁化强度的磁化或反磁化。

2.7　磁化强度进动的惯性效应

若将式(2.38)和式(2.40)的 LL 和 LLG 方程写成如下形式：

$$\frac{\mathrm{d}\boldsymbol{M}}{\mathrm{d}t} = \gamma_{\mathrm{L}}\left(\boldsymbol{M}\times\boldsymbol{H}\right)+\lambda\boldsymbol{M}\times\left(\boldsymbol{M}\times\boldsymbol{H}\right) \tag{2.146a}$$

$$\frac{\mathrm{d}\boldsymbol{M}}{\mathrm{d}t} = \gamma\boldsymbol{M}\times\left(\boldsymbol{H}-\eta\frac{\mathrm{d}\boldsymbol{M}}{\mathrm{d}t}\right) \tag{2.146b}$$

其中，η 为阻尼系数。若定义 $\gamma_{\mathrm{L}}=\gamma/(1+\alpha^2)$，$\lambda=\gamma/(1+\alpha^2)$，且 $\alpha=\gamma\eta M$ 为维度无关的吉尔伯特阻尼系数，则两方程是等价的。可见，虽然形式上两方程表现为阻尼力矩不同，但本质上 $\gamma_{\mathrm{L}}\neq\gamma$ 才是吉尔伯特带来的决定性改进。

对于大小不变的磁化强度，LLG 方程是否足可以描述磁化强度动力学？这里的关键是吉尔伯特阻尼是否完备。1998 年，祖尔(Suhl)[18]从声子的直接弛豫和磁子的间接弛豫两方面分析了阻尼系数机制，发现阻尼系数可以展成黏滞的指数形式。除吉尔伯特阻尼之外，还应有与 $\dot{\boldsymbol{M}}$ 和 $\ddot{\boldsymbol{M}}$ 等高阶项相关的阻尼项。2011 年，乔尔内伊(Ciornei)等[19]在介观非平衡热力学理论框架内，唯象地研究了一致转动的磁化强度动力学，发现动力学方程应为

$$\frac{\mathrm{d}\boldsymbol{M}}{\mathrm{d}t} = \gamma\boldsymbol{M}\times\boldsymbol{H}-\gamma\eta\boldsymbol{M}\times\left(\frac{\mathrm{d}\boldsymbol{M}}{\mathrm{d}t}+\tau\frac{\mathrm{d}^2\boldsymbol{M}}{\mathrm{d}t^2}\right) \tag{2.147}$$

其中，$\mathrm{d}^2\boldsymbol{M}/\mathrm{d}t^2$ 阻尼项的出现，称为惯性效应。10 年之后，尼拉杰(Neeraj)等[20]利用超快自旋动力学，在铁磁薄膜实验中直接观测到了自旋的惯性效应。如图 2.10 所示，除了一致进动的 FMR 峰(进动共振)外，还出现了一个频率约 0.5THz 的磁化强度章动共振。后者反映了自旋的惯性效应。

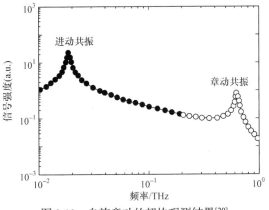

图 2.10　自旋章动的超快观测结果[20]

　　为说明惯性效应的物理依据,2012 年,Wegrowe 等[21]将安培分子电流扩展到三维分布,在拉格朗日(Lagrange)经典理论框架下,保持转动惯量的非零对角元,得到了含惯性项的一般性磁化强度动力学方程(2.147)。方程(2.147)表明,若时间尺度远大于角动量的弛豫时间,方程退化为传统的 LLG 方程,且通常的旋磁比自然成立。反过来说明,旋磁比并不是得到传统 LLG 方程的必要条件。

　　如图 2.11 所示,在实验室坐标系 $\{e_x, e_y, e_z\}$ 中,若将磁化强度 M 等效为经典的刚性对称转子,一端固定在原点,转子的长度为 M,方向由角度 θ 和 φ 表示。为了方便描述转子的自转运动,同时建立了固定在转子自旋轴上的运动坐标系 $\{e_1, e_2, e_3\}$,磁化强度 M 沿自旋轴 e_3 方向。假设转子绕 z 轴以角速度 $\dot{\varphi}$ 进动的同时,绕其自身的对称轴 e_3 以角速度 $\dot{\psi}$ 自转,按照经典力学模型,存在沿 e_2 方向角速度为 $\dot{\theta}$ 的章动。角速度 $\dot{\varphi}$ 和 $\dot{\theta}$ 在球坐标中可表示成 $\dot{\varphi}\cos\theta e_r - \dot{\varphi}\sin\theta e_\theta$ 和 $\dot{\theta} e_\varphi$,含自旋的转子在运动坐标系 $\{e_1, e_2, e_3\}$ 中的角速度 $\boldsymbol{\Omega}$ 分量形式为

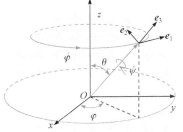

图 2.11　磁化强度经典等效模型

$$\Omega_1 = \dot{\theta} \tag{2.148a}$$

$$\Omega_2 = \dot{\varphi}\sin\theta \tag{2.148b}$$

$$\Omega_3 = \dot{\varphi}\cos\theta + \dot{\psi} \tag{2.148c}$$

其中, ψ 为转子自转时自身任一点的方位角。此时,利用刚体中任意一点的速度等于角速度叉乘质点位矢的经典思想, M 矢量的运动方程可写为

$$\frac{\mathrm{d}M}{\mathrm{d}t} = \boldsymbol{\Omega} \times M \tag{2.149}$$

将方程(2.149)两边叉乘 $\boldsymbol{M}$ ，得到

$$\boldsymbol{\Omega} = \frac{\boldsymbol{M}}{M^2} \times \frac{\mathrm{d}\boldsymbol{M}}{\mathrm{d}t} + \Omega_3 \boldsymbol{e}_3 \tag{2.150}$$

在运动坐标系中，转子的转动惯量矩阵简化为只有主轴分量 $\{I_1, I_2, I_3\}$。考虑转子的旋转对称性，进一步要求 $I_1 = I_2$，则转动惯量矩阵 $\bar{\bar{\boldsymbol{I}}}$ 可写为

$$\bar{\bar{\boldsymbol{I}}} = \begin{pmatrix} I_1 & 0 & 0 \\ 0 & I_1 & 0 \\ 0 & 0 & I_3 \end{pmatrix} \tag{2.151}$$

若该刚性转子的相空间用角度 $\{\theta, \varphi, \psi\}$ 及其对应角动量 $\boldsymbol{L}$ 的三个分量构成，则角动量 $\boldsymbol{L}$ 与角速度 $\boldsymbol{\Omega}$ 满足：

$$\boldsymbol{L} = \bar{\bar{\boldsymbol{I}}}\,\boldsymbol{\Omega} = I_1 \frac{\boldsymbol{M}}{M^2} \times \frac{\mathrm{d}\boldsymbol{M}}{\mathrm{d}t} + I_3 \Omega_3 \boldsymbol{e}_3 \tag{2.152}$$

按照吉尔伯特的处理思想，引入系统的拉格朗日量为

$$\mathcal{L} = \frac{1}{2}\left[I_1 \left(\Omega_1^2 + \Omega_2^2 \right) + I_3 \Omega_3^2 \right] - V(\theta, \varphi) \tag{2.153}$$

其中，V 是 $\boldsymbol{M}$ 受到的各向异性磁势能，由它定义的等效场 $\boldsymbol{H} = -\nabla V$ 包含了外加场、各向异性场、偶极场及磁弹性贡献等。将角速度分量式(2.148)代入式(2.153)，$\mathcal{L}$ 变为

$$\mathcal{L} = \frac{1}{2}\left[I_1 \left(\dot{\theta}^2 + \dot{\varphi}^2 \sin^2\theta \right) + I_3 \left(\dot{\varphi}\cos\theta + \dot{\psi} \right)^2 \right] - V(\theta, \varphi) \tag{2.154}$$

拉格朗日方程为

$$\frac{\mathrm{d}}{\mathrm{d}t} \frac{\partial \mathcal{L}}{\partial \dot{q}_i} - \frac{\partial \mathcal{L}}{\partial q_i} + \frac{\partial \mathcal{F}}{\partial \dot{q}_i} = 0 \tag{2.155}$$

其中，q_i 指三个坐标分量 $\{\theta, \varphi, \psi\}$；机械动量分量用三个偏微分 $\partial \mathcal{L} / \partial \dot{q}_i = L_i$ 定义，阻尼环境中函数 $\mathcal{F}$ 假设为瑞利(Rayleigh)耗散函数：

$$\mathcal{F} = \frac{1}{2}\eta \left(\frac{\mathrm{d}\boldsymbol{M}}{\mathrm{d}t} \right)^2 = \frac{1}{2}\eta M^2 \left(\Omega_1^2 + \Omega_2^2 \right) \tag{2.156}$$

其中，η 为瑞利耗散函数的阻尼系数。对这样的磁化强度经典模型，拉格朗日方程(2.155)的三个分量方程分别写为

$$\frac{\mathrm{d}\left(I_1 \dot{\theta} \right)}{\mathrm{d}t} - I_1 \dot{\varphi}^2 \sin\theta\cos\theta + I_3 \dot{\varphi}\sin\theta \left(\dot{\varphi}\cos\theta + \dot{\psi} \right) + \frac{\partial V}{\partial \theta} + \frac{\partial \mathcal{F}}{\partial \dot{\theta}} = 0 \tag{2.157a}$$

$$\frac{\mathrm{d}}{\mathrm{d}t}\left[I_1 \dot{\varphi}\sin^2\theta + I_3 \cos\theta \left(\dot{\varphi}\cos\theta + \dot{\psi} \right) \right] + \frac{\partial V}{\partial \varphi} + \frac{\partial \mathcal{F}}{\partial \dot{\varphi}} = 0 \tag{2.157b}$$

$$\frac{\mathrm{d}}{\mathrm{d}t}\left[I_3\left(\dot{\varphi}\cos\theta+\dot{\psi}\right)\right]+\frac{\partial\mathcal{F}}{\partial\dot{\psi}}=0 \tag{2.157c}$$

考虑通常的阻尼环境下，自旋无阻尼，所以三分量方程(2.157 c)变为

$$\frac{\mathrm{d}}{\mathrm{d}t}\left[I_3\left(\dot{\varphi}\cos\theta+\dot{\psi}\right)\right]=-\frac{\partial\mathcal{F}}{\partial\dot{\psi}}=0 \tag{2.158}$$

这一结论可以用细线在黏滞流体中的运动来证明。细线绕 x 轴或 z 轴的转动有阻尼，但绕自身对称轴的自旋无阻尼。可见，$L_3=I_3\Omega_3$ 是一个运动常量，可以写为

$$L_3=M/\gamma \tag{2.159}$$

将条件式(2.159)代入式(2.152)，得到

$$\boldsymbol{L}=\frac{I_1}{M^2}\left(\boldsymbol{M}\times\frac{\mathrm{d}\boldsymbol{M}}{\mathrm{d}t}\right)+\frac{M}{\gamma}\boldsymbol{e}_3 \tag{2.160}$$

显然，大家认可的旋磁关系 $\boldsymbol{L}=\boldsymbol{M}/\gamma$ 与式(2.160)存在明显的不同。吉尔伯特为了保证 $\boldsymbol{L}=\boldsymbol{M}/\gamma$ 的成立，假设了 $I_1=0$。显然，这一假设完全排除了惯性项的贡献，但在 $L_3=M/\gamma$ 的条件下保证了旋磁关系的成立。在 $L_3=M/\gamma$ 和 $I_1=0$ 两个假设下，拉格朗日量式(2.154)变为

$$\mathcal{L}=\frac{1}{2}I_3\left(\dot{\varphi}\cos\theta+\dot{\psi}\right)^2-V\left(\theta,\varphi\right) \tag{2.161}$$

对应的拉格朗日方程(2.157)变为

$$\frac{M\sin\theta}{\gamma}\dot{\varphi}+\frac{\partial V}{\partial\theta}+\frac{\partial\mathcal{F}}{\partial\dot{\theta}}=0 \tag{2.162a}$$

$$\frac{\mathrm{d}}{\mathrm{d}t}\left(\frac{M\cos\theta}{\gamma}\right)+\frac{\partial V}{\partial\varphi}+\frac{\partial\mathcal{F}}{\partial\dot{\varphi}}=0 \tag{2.162b}$$

$$\frac{\mathrm{d}}{\mathrm{d}t}\left(\frac{M}{\gamma}\right)+\frac{\partial\mathcal{F}}{\partial\dot{\psi}}=0 \tag{2.162c}$$

其中，$I_3\left(\dot{\varphi}\cos\theta+\dot{\psi}\right)=M/\gamma$。利用运动坐标系中的等效场：

$$H_1=-\frac{1}{M\sin\theta}\frac{\partial V}{\partial\varphi},H_2=\frac{1}{M}\frac{\partial V}{\partial\theta} \tag{2.163a}$$

阻尼场为

$$\frac{\partial\mathcal{F}}{\partial\dot{\theta}}=\eta M^2\dot{\theta},\ \frac{\partial\mathcal{F}}{\partial\dot{\varphi}}=\eta M^2\dot{\varphi}\sin^2\theta \tag{2.163b}$$

代入式(2.162)，得到

$$M\sin\theta\dot{\varphi}+\gamma\left(MH_2+\eta M^2\dot{\theta}\right)=0 \tag{2.164a}$$

$$M\dot{\theta} + \gamma\left(MH_1 - \eta M^2\dot{\varphi}\sin\theta\right) = 0 \qquad (2.164b)$$

将式(2.164)代入式(2.149)，整理得到 LLG 方程：

$$\frac{\mathrm{d}M}{\mathrm{d}t} = \gamma M \times \left(H - \eta\frac{\mathrm{d}M}{\mathrm{d}t}\right) \qquad (2.165)$$

在缺少惯性项的情况下，LLG 方程完全可以从实空间而不必要从相空间得到[22]，即动力学可以由 θ 和 φ 两个变量表述，而不是在相空间中的五个变量——θ、φ 和 L 的三个分量。据此可见，推导 LLG 方程的方程时，旋磁关系 $L = M / \gamma$ 既不是必要条件，也不是充分条件。

为了在动力学方程中引入旋磁关系，必须超越吉尔伯特(Gilbert)提出的特殊假设，即 $I_1 = I_2 \neq 0$。将准一维原子模型的安培模型(质量为 m 的电荷 q 分布在圆形轨道上)普适化，变为一个更为实际的三维原子模型。电荷在三维空间分布，预示着惯性矩的主轴分量 $I_1 = I_2$ 不再消失。若将安培模型简单一般化为旋转椭球，赤道半径为 r，极轴半径为 c。此时转动惯量 $I_1 = 2mr^2 / 5 = I_2$，$I_3 = m\left(r^2 + c^2\right) / 5$。该模型可以直接推广到更加实际的电子轨道，典型描述为球谐函数的组合。至此，需要引入两个参数描述磁化强度矩的大小，通常的饱和磁化强度 $M = \gamma / \left(\Omega_2 I_3\right)$ 和铁磁原子的各向异性(维度无关参数 $1 - I_1 / I_3$)。将会发现后者只在惯性区起作用。

为简单起见，设 $\dot{\psi} = 0$，在 $L_3 = M / \gamma$ 条件下，将式(2.163)代入拉格朗日方程(2.157)，利用式(2.148)得到

$$\dot{\Omega}_1 = -\frac{\Omega_1}{\tau} + \Omega_3\left(1 - \frac{I_3}{I_1}\right)\Omega_2 - \frac{M}{I_1}H_2 \qquad (2.166a)$$

$$\dot{\Omega}_2 = -\frac{\Omega_2}{\tau} - \Omega_3\left(1 - \frac{I_3}{I_1}\right)\Omega_1 + \frac{M}{I_1}H_1 \qquad (2.166b)$$

$$\Omega_3 = \frac{M}{\gamma I_3} \qquad (2.166c)$$

其中，引入特征弛豫时间 $\tau \equiv I_1 / \left(\eta M^2\right)$。后面将会发现，它反映了扩散近似下的特征时间，也就是说以上角动量向平衡态弛豫。

由式(2.149)可知，$\dot{\Omega} \cdot M = 0$，式(2.166)可以写成矢量形式：

$$\dot{\Omega} = \frac{1}{\gamma}\left(\frac{1}{I_3} - \frac{1}{I_1}\right)\Omega \times M + \frac{1}{I_1}M \times H - \frac{1}{\tau}\left(\Omega - \frac{1}{\gamma I_3}M\right) \qquad (2.167)$$

其中，利用了 $\Omega_3 = M / \gamma I_3$。将式(2.149)、式(2.150)和式(2.150)对时间的导数代入式(2.167)，得到

$$\frac{\boldsymbol{M}}{M^2} \times \frac{\mathrm{d}^2 \boldsymbol{M}}{\mathrm{d}t^2} + \frac{1}{\gamma I_3} \frac{\mathrm{d}\boldsymbol{M}}{\mathrm{d}t} = \frac{1}{\gamma} \left(\frac{1}{I_3} - \frac{1}{I_1} \right) \frac{\mathrm{d}\boldsymbol{M}}{\mathrm{d}t} + \frac{1}{I_1} \boldsymbol{M} \times \boldsymbol{H} - \frac{1}{\tau} \left(\frac{\boldsymbol{M}}{M^2} \times \frac{\mathrm{d}\boldsymbol{M}}{\mathrm{d}t} \right) \quad (2.168)$$

可将式(2.168)整理成

$$\frac{\mathrm{d}\boldsymbol{M}}{\mathrm{d}t} = \gamma \boldsymbol{M} \times \left[\boldsymbol{H} - \eta \left(\frac{\mathrm{d}\boldsymbol{M}}{\mathrm{d}t} + \tau \frac{\mathrm{d}^2 \boldsymbol{M}}{\mathrm{d}t^2} \right) \right] \quad (2.169)$$

其中，$\eta = I_1 / \tau M^2$。这就是包含惯性项 $-\gamma \eta \tau \boldsymbol{M} \times \left(\mathrm{d}^2 \boldsymbol{M} / \mathrm{d}t^2 \right)$ 形式的磁化强度动力学方程。

方程(2.169)成立的条件是 $t \gg \tau$，其中 $\tau \equiv I_1 / \left(\eta M^2 \right)$。由于阻尼 η 可以用维度无关的吉尔伯特阻尼系数 $\alpha = \gamma \eta M$ 替代，则 $\tau \equiv \left(I_1 / I_3 \right) \left(1 / \alpha \Omega_3 \right)$。$\tau \to 0$ 极限下，可以清楚地看到，方程直接演化为 LLG 方程。同时，矢量形式的旋磁关系自然成立。LLG 方程成立的充分条件，由 $I_1 \to 0$ 变成了 $\tau \to 0$。

τ 的估算可以确定惯性效应被观测到的特征时间尺度。在此，讨论旋转椭球安培分子电流的旋磁比 γ。对于准一维原子模型，原子的轨道矩由电荷轨道确定，半径为 r，速度为 v。系统产生的磁矩为 $\boldsymbol{M} = \mathcal{I}S\boldsymbol{e}_z$，电流 $\mathcal{I} = qv / 2\pi r$，面积 $S = \pi r^2$，微观磁矩 $M = qvr / 2$。一方面，若取玻尔半径 a_0，由海森堡关系得到速度 $mva_0 \geqslant \hbar / 2$，玻尔磁子由原子磁矩的最小值决定，即 $\mu_{\mathrm{B}} = \gamma \hbar / 2$。另一方面，系统的角动量 $L_3 = rmv$，$M_3 / L_3 \equiv \gamma = q / 2m$，角频率 $\Omega_3 = \mu_{\mathrm{B}} / \left(\gamma I_3 \right)$，$I_3 = ma_0^2$，得到 $\Omega_3 \approx 3 \times 10^{16} \mathrm{rad} / \mathrm{s}$，特征时间 $\tau = I_1 / \left(\alpha I_3 \Omega_3 \right)$。$I_1 / \left(\alpha I_3 \right) \approx 1$ 时，在飞秒量级可以观测到惯性效应。LLG 建立 10 年之后，布朗(Brown)发现无论包含多么复杂的微观弛豫，缓慢变化(10^{-9}s)磁化强度自由度与快速变化(10^{-11}s)的弛豫环境自由度都将衰变为唯象阻尼系数 α。若 $t \gg \tau$，称之为扩散区，LLG 方程成立；若 $t \approx \tau$，称之为惯性区，动力学方程应包含惯性项。总之，在吉尔伯特思想的引领下，将令人费解的吉尔伯特假设 $I_1 = I_2 = 0$ 和 $I_3 \neq 0$，代之以一般的惯性矩阵 $\{I_1, I_1, I_3\}$，得到了更加一般性的磁化强度动力学方程。

参 考 文 献

[1] MALLINSON J. On damped gyromagnetic precession[J]. IEEE Transactions on Magnetics, 1987, 23(4): 2003-2004.

[2] PITAEVSKI L P. Perspectives in Theoretical Physics[M]. Pergamon: Elsevier Ltd., 1992.

[3] GRIFFITHS J H E. Anomalous high-frequency resistance of ferromagnetic metals[J]. Nature, 1946, 158: 670-671.

[4] BLOCH F. Nuclear induction[J]. Physical Review, 1946, 70(7-8): 460-474.

[5] KITTEL C. Interpretation of anomalous larmor frequencies in ferromagnetic resonance experiment[J]. Physical Review, 1947, 71(4): 270-271.

[6] VAN VLECK J H. Concerning the theory of ferromagnetic resonance absorption[J]. Physical Review, 1950, 78(3): 266-274.

[7] GILBERT T L. A phenomenological theory of damping in ferromagnetic materials[J]. IEEE Transactions on Magnetics, 2004, 40(6): 3443-3449.

[8] KIKUCHI R. On the minimum of magnetization reversal time[J]. Journal of Applied Physics, 1956, 27(11): 1352-1357.

[9] SMIT J, BELJERS H G. Ferromagnetic resonance absorption in $BaFe_{12}O_{19}$, a highly anisotropic crystal[J]. Philips Res. Rep., 1955, 10:113-130.

[10] BASELGIA L, WARDEN M, WALDNER F, et al. Derivation of the resonance frequency from the free energy of ferromagnets[J]. Physical Review B, 1988, 38(4): 2237-2242.

[11] SLONCZEWSKI J C. Current-driven excitation of magnetic multilayers[J]. Journal of Magnetism and Magnetic Materials, 1996, 159(1): L1-L7.

[12] BERGER L. Emission of spin waves by a magnetic multilayer traversed by a current[J]. Physical Review B, 1996, 54(13): 9353-9358.

[13] RALPH D C, STILES M D. Spin transfer torques[J]. Journal of Magnetism and Magnetic Materials, 2008, 320(7): 1190-1216.

[14] GAMBARDELLA P, MIRON I M. Current-induced spin-orbit torques[J]. Philosophical Transactions of the Royal Society A: Mathematical, Physical and Engineering Sciences, 2011, 369: 3175-3197.

[15] MANCHON A, ŽELEZNý J, MIRON I M, et al. Current-induced spin-orbit torques in ferromagnetic and antiferromagnetic systems[J]. Reviews of Modern Physics, 2019, 91(3): 035004.

[16] ABERT C, SEPEHRI-AMIN H, BRUCKNER F, et al. Fieldlike and dampinglike spin-transfer torque in magnetic multilayers[J]. Physical Review Applied, 2017, 7(5): 054007.

[17] HOLANDA J, SAGLAM H, KARAKAS V, et al. Magnetic damping modulation in $IrMn_3/Ni_{80}Fe_{20}$ via the magnetic spin hall effect[J]. Physical Review Letters, 2020, 124(8): 087204.

[18] SUHL H. Theory of the magnetic damping constant[J]. IEEE Transactions on Magnetics, 1998, 34(4): 1834-1838.

[19] CIORNEI M C, RUBí J M, WEGROWE J E. Magnetization dynamics in the inertial regime: Nutation predicted at short time scales[J]. Physical Review B, 2011, 83(2): 020410(R).

[20] NEERAJ K, AWARI N, KOVALEV S, et al. Inertial spin dynamics in ferromagnets[J]. Nature Physics, 2021, 17(2): 245-250.

[21] WEGROWE J E, CIORNEI M C. Magnetization dynamics, gyromagnetic relation, and inertial effects[J]. American Journal of Physics, 2012, 80(7): 607-611.

[22] WEGROWE J E. Spin transfer from the point of view of the ferromagnetic degrees of freedom[J]. Solid State Communications, 2010, 150(11): 519-523.

第3章 磁各向异性来源与表示

由第 2 章可知，磁化强度的运动完全由动力学方程确定。LLG 方程的解主要取决于三种力矩：直流磁场的进动力矩、交变场的驱动力矩和阻尼力矩。这完全类似于一维受迫阻尼振动方程中的恢复力、驱动力和阻尼力。显然，进动力矩中的磁各向异性等效场和阻尼系数反映了系统的内禀属性。其中，磁各向异性总等效场的来源和对称性不同，造成的磁化强度运动轨迹不同。考虑到阻尼系数的唯象特征，本章重点讨论磁各向异性及其等效场。

3.1 磁各向异性的来源

铁磁晶体的剩余磁化强度总是稳定在某个方向上，即磁化强度存在易磁化方向。实验表明，沿铁磁单晶不同晶轴方向磁化时，其磁化曲线不同，如图 3.1 所示。Fe、Co 和 Ni 的饱和磁化场表明，Ni 的磁晶各向异性最小，Co 的最大；饱和场下的磁化强度表明，Fe 的饱和磁化强度最大，Ni 的最小。由热力学可知，外磁场 $\boldsymbol{H}$ 对磁化强度 $\boldsymbol{M}$ 所做的功等于磁体自由能的增加量：

$$\int_0^{\boldsymbol{M}} \mu_0 \boldsymbol{H} \cdot \mathrm{d}\boldsymbol{M} = F(\boldsymbol{M}) - F(0) \tag{3.1}$$

与磁化方向有关的 $F(\boldsymbol{M})$ 称为磁晶各向异性能。

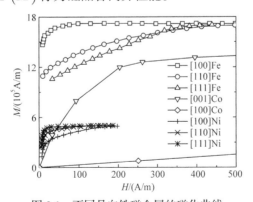

图 3.1 不同晶向铁磁金属的磁化曲线

在研究磁晶各向异性能起源的过程中，逐渐发现自旋轨道耦合才是决定磁晶各向异性存在的本质。对于有限大小的铁磁晶体，表面磁荷导致的磁偶极相互作用会自然引入形状各向异性；同时，为保持铁磁晶体颗粒的总能量最低，弹性形变会引入磁弹性能各向异性，外磁场的磁化会引起磁致伸缩各向异性。如果磁体或磁畴与周围环境存在耦合，还会引入磁场各向异性、交换作用各向异性和自旋流各向异性等。下面主要从相互作用的角度，讨论不同作用来源对磁各向异性的贡献。

1. 自旋轨道耦合：磁晶各向异性

对于无限大的铁磁晶体，阿库洛夫(Акулов)考虑到晶体的对称性，首先将磁晶各向异性能表示成磁化强度方向余弦的形式。其基本思想是选择晶轴坐标系，按照泰勒(Taylor)展开的思路，将自由能展开；利用晶体的对称性，化简各展开项，得到不同晶体的磁晶各向异性能表达式。

立方晶系的磁晶各向异性能可表示为

$$F_K = K_0 + K_1\left(\alpha_1^2\alpha_2^2 + \alpha_2^2\alpha_3^2 + \alpha_3^2\alpha_1^2\right) + K_2\alpha_1^2\alpha_2^2\alpha_3^2 + \cdots \tag{3.2}$$

其中，α_1、α_2 和 α_3 分别为磁化强度 M 相对惯用晶轴的方向余弦；K_1 和 K_2 为磁晶各向异性常数。六角晶系的磁晶各向异性能可表示为

$$F_K = K_0 + K_1\sin^2\theta + K_2\sin^4\theta + K_3\sin^6\theta + K_3'\sin^6\theta\cos6\varphi + \cdots \tag{3.3}$$

其中，θ 为磁化强度 M 偏离[001]晶轴的极角；φ 为 M 在(001)面内的方位角。这些唯象表达式广泛应用于确定易磁化方向和各向异性的大小中。

从四大基本力看，库仑(Coulomb)相互作用是形成晶体的主要作用。如果考虑到电子自旋，交换作用不仅贡献了晶体结合能，更重要的是它提供了铁磁晶体的自发磁化。自发磁化的存在，预示着原子磁矩之间自然存在偶极相互作用。然而，此时的交换作用和偶极相互作用均是各向同性的，即磁化强度沿不同方向能量一样，可见这两者不是磁晶各向异性的本质。

自由粒子在空间是球对称的，离子的能量与量子化轴在空间的取向无关。对

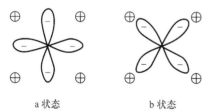

a 状态　　　　b 状态

图 3.2　轨道波函数为 d_{xy} 的电子在配位场中
的两种分布状态

于处在晶体场中的离子，其能量随电子波函数相对于晶体场的取向变化。如图 3.2 所示，处于 xy 型 d 轨道上的电子，不考虑晶体场时，a 状态和 b 状态具有相同的能量，它们的区别仅仅是量子化轴不同。考虑晶体场作用时，显然 a 状态的能量要高于 b 状态的能量。

不仅如此，离子的能级受晶体场的作用也将劈裂，使轨道角动量 L 的空间平均值减小，称为轨道角动量部分冻结。可以证明，如果劈裂后的能级均为轨道单重态，则 L 的空间平均值为零，称之为轨道角动量完全冻结。假设还有未冻结的轨道角动量，按照辏力场中狄拉克(Dirac)

方程的非相对论近似，单电子的自旋轨道哈密顿量为

$$\mathcal{H}_{LS} = \frac{1}{2m^2c^2}\left\langle \frac{1}{r}\frac{\partial U}{\partial r}\right\rangle \boldsymbol{L} \cdot \boldsymbol{S} \tag{3.4a}$$

其中，m 为电子质量；c 为光速；U 为电子的库仑势能，在辏力场中 U 仅为位置 r 的函数。自旋轨道耦合的能量为

$$E_{LS} = \lambda \boldsymbol{L} \cdot \boldsymbol{S} = \lambda \overline{L}\,\overline{S}\cos\theta \tag{3.4b}$$

其中，$\overline{L}$ 和 $\overline{S}$ 分别为轨道角动量和自旋角动量的空间平均值；θ 为两者之间的夹角。即使是轨道单态，考虑到高阶微扰后，$\overline{L} \neq 0$。因此，自旋轨道耦合能对任何状态都有影响。考虑到电子自旋方向受交换作用和温度影响，而轨道角动量在晶场下锁定在某些特定方向上，自旋轨道能完全决定于它们的夹角 θ。一旦选择晶轴为参考轴，相对于该晶轴轨道角动量便有确定的 $\overline{L}$。当磁化强度偏离轨道角动量方向时，自旋轨道耦合能就决定了磁晶各向异性的能量。

2. 偶极相互作用：形状各向异性

为了说明形状各向异性的本质，讨论磁导率为 μ_1 的均匀铁磁球体放在真空中的情况。如图 3.3 所示的铁磁球体，设外加磁场 H_0 沿极轴方向，考虑到球内(1 区)磁标势在 $r \to 0$ 时为零，球外(2 区)磁标势在 $r \to \infty$ 时为均匀外加场的势，则球内外磁标势的勒让德 (Legendre)多项式的形式为

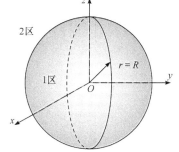

$$\Phi_{M_1} = \sum_{l=0}^{\infty} a_l r^l P_l(\cos\theta) \tag{3.5a}$$

$$\Phi_{M_2} = -H_0 r\cos\theta + \sum_{l=0}^{\infty} b_l r^{-(l+1)} P_l(\cos\theta) \tag{3.5b}$$

利用球面上 $r = R$ 的边界条件：

图 3.3　铁磁球体分区示意图

$$\left(\Phi_{M_1}\right)_{r=R} = \left(\Phi_{M_2}\right)_{r=R} \tag{3.6a}$$

$$\mu_1\left(\frac{\partial \Phi_{M_1}}{\partial r}\right)_{r=R} = \mu_0\left(\frac{\partial \Phi_{M_2}}{\partial r}\right)_{r=R} \tag{3.6b}$$

得到

$$a_1 = -\frac{3\mu_0}{2\mu_0 + \mu_1}H_0, \ b_1 = \frac{\mu_1 - \mu_0}{2\mu_0 + \mu_1}R^3 H_0 \tag{3.7a}$$

$$a_l = b_l = 0, \ (l \neq 1) \tag{3.7b}$$

将式(3.7)代入式(3.5)，得到

$$\Phi_{M_1} = -\frac{3\mu_0}{2\mu_0 + \mu_1}H_0 r\cos\theta = -\frac{3\mu_0}{2\mu_0 + \mu_1}\boldsymbol{H}_0 \cdot \boldsymbol{r} \qquad (3.8a)$$

$$\Phi_{M_2} = -H_0 r\cos\theta + \frac{\mu_1 - \mu_0}{2\mu_0 + \mu_1}\frac{R^3}{r^2}H_0\cos\theta = -\boldsymbol{H}_0 \cdot \boldsymbol{r} + \frac{\mu_1 - \mu_0}{2\mu_0 + \mu_1}R^3\frac{\boldsymbol{H}_0 \cdot \boldsymbol{r}}{r^3} \qquad (3.8b)$$

利用 $\boldsymbol{H}_i = -\nabla\Phi_{M_i}\,(i=1,2)$，可以得到

$$\boldsymbol{H}_1 = -\nabla\Phi_{M_1} = \frac{3\mu_0}{2\mu_0 + \mu_1}\boldsymbol{H}_0 \qquad (3.9a)$$

$$\boldsymbol{H}_2 = -\nabla\Phi_{M_2} = \mu_0\boldsymbol{H}_0 + \frac{\mu_1 - \mu_0}{2\mu_0 + \mu_1}R^3\frac{3(\boldsymbol{H}_0 \cdot \boldsymbol{r})\boldsymbol{r} - r^2\boldsymbol{H}_0}{r^5} \qquad (3.9b)$$

可见，球内均匀磁化，磁化强度为

$$\boldsymbol{M}_1 = \chi\boldsymbol{H}_1 = \chi\frac{3\mu_0}{2\mu_0 + \mu_1}\boldsymbol{H}_0 = \frac{3(\mu_1 - \mu_0)}{2\mu_0 + \mu_1}\boldsymbol{H}_0 \qquad (3.10)$$

其中，磁化率 $\chi = (\mu_1 - \mu_0)/\mu_0$。若设球的外法线方向为 $\hat{\boldsymbol{n}}$，表面磁荷密度为

$$\sigma_{\mathrm{M}} = \hat{\boldsymbol{n}} \cdot (\boldsymbol{M}_1 - \boldsymbol{M}_2) = \hat{\boldsymbol{n}} \cdot \boldsymbol{M}_1 = \frac{3(\mu_1 - \mu_0)}{2\mu_0 + \mu_1}H_0\cos\theta \qquad (3.11)$$

呈现绕极轴对称的非均匀分布。

对于以上各向同性的球体，由于磁化强度 $\boldsymbol{M} = \boldsymbol{M}_1$ 与 $\hat{\boldsymbol{n}}$ 的夹角不同，球面上的磁荷面密度 σ_M 还可以表示成

$$\sigma_{\mathrm{M}} = \boldsymbol{M} \cdot \hat{\boldsymbol{n}} = M\cos\theta \qquad (3.12)$$

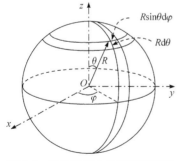

图 3.4　球坐标系中的面元示意图

可见，球体上半球面出现正磁荷，下半球面出现负磁荷。如图 3.4 所示，球面上的面元 $\mathrm{d}s = R\mathrm{d}\theta \cdot R\sin\theta\mathrm{d}\varphi$，该面元上的磁荷 $\mathrm{d}q_{\mathrm{M}}$ 为

$$\mathrm{d}q_{\mathrm{M}} = \sigma_M \mathrm{d}s = M\cos\theta R^2\sin\theta\mathrm{d}\theta\mathrm{d}\varphi \qquad (3.13)$$

若在球心放一单位磁荷 q_0，则它与 $\mathrm{d}q_{\mathrm{M}}$ 的作用力 $\mathrm{d}F$ 服从库仑定律：

$$\mathrm{d}F = \frac{1}{4\pi}\frac{q_0\mathrm{d}q_{\mathrm{M}}}{R^2} \qquad (3.14)$$

$\mathrm{d}q_{\mathrm{M}}$ 磁荷在球心处产生的磁场 $\mathrm{d}H$ 为单位磁荷 q_0 受到的力：

$$\mathrm{d}H = \frac{\mathrm{d}F}{q_0} = \frac{1}{4\pi}\frac{\mathrm{d}q_{\mathrm{M}}}{R^2} \qquad (3.15)$$

其方向与面元的方向相反。由对称性知道，球面上所有磁荷在球心处产生的磁场

强度沿–z 方向，其大小为

$$H_{\mathrm{d}} = \int \cos\theta \mathrm{d}H = \int_0^\pi \int_0^{2\pi} \frac{M}{4\pi} \cos^2\theta \sin\theta \mathrm{d}\theta \mathrm{d}\varphi = -\frac{1}{3}M \tag{3.16a}$$

由于该场与磁化强度的方向相反，称之为退磁场。将该思想一般化，均匀磁化样品的退磁场可定义为

$$\boldsymbol{H}_{\mathrm{d}} = -N\boldsymbol{M} \tag{3.16b}$$

其中，系数 N 为退磁因子，对于球形颗粒 N = 1/3。

退磁场作用在磁化强度上的能量称之为退磁能。相对外场作用在磁化强度上的塞曼能量，由于退磁场 $\boldsymbol{H}_{\mathrm{d}}$ 随磁化强度变化而变化，退磁能是磁化强度 0～M 时磁能的增加量：

$$E_{\mathrm{d}} = -\int_0^M \mu_0 \boldsymbol{H}_{\mathrm{d}} \cdot \mathrm{d}\boldsymbol{M} = -\frac{1}{2}\mu_0 N M^2 \tag{3.17}$$

其中，利用了 $\boldsymbol{H}_{\mathrm{d}} = -N\boldsymbol{M}$。对于形状复杂的铁磁体，不同方向的退磁能通常是不一样的。这种由形状引起的能量各向异性称之为形状各向异性，其本质来源于磁荷产生的磁偶极相互作用。如果磁体形状复杂，无法保证均匀磁化，意味着退磁能的计算是个艰巨的任务。

3. 磁各向异性的其他来源

对于铁磁单晶物质，自身的交换作用使磁矩平行排列，磁晶各向异性使磁矩沿易磁化方向排列。对于有限大小的样品，为了降低一致取向磁矩的退磁能，通常形成分畴结构。再施加外磁场时，样品的形状会发生变化，意味着样品中自然存在磁致伸缩引起的弹性能变化。类似地，如果施加应力使样品形状变化，也将导致体系弹性能的变化。虽然表面上以上两者与磁能无关，但是晶格的畸变会引起交换作用和各向异性能的变化。因此，可以将后两者统一归类于样品形变引起的磁弹性能。

与此同时，有限大小的样品还受到周围环境的影响。例如，薄膜总是在基底上制备，通常存在界面，可能存在 Dzyaloshinskii-Moriya 相互作用(DMI)、界面自旋轨道耦合(Rashba)效应和拓扑表面态诱导的载流子极化变化。在多层膜中，近邻铁磁层还可能引入交换作用和磁偶极相互作用。这些环境因素的影响，也会改变铁磁层自身的总各向异性能，从而改变磁化强度的方向，甚至磁畴的分布。

对于实际铁磁体，分畴结构非常复杂，甚至尚未被掌握。总体来讲，存在磁畴(magnetic domain)、畴壁(domain wall)、磁泡(magnetic bubble)、磁涡旋(magnetic vortex)和史科粒子(skyrmion)这样的基本单元。前两者主要存在于宏观材料体系，后三者通常在微纳尺度下才出现。通常，宏观铁磁物质总是可以看成磁矩有序排列的磁畴和非有序排列的畴壁构成。虽然磁化过程与畴壁密切相关，但对饱和磁

化强度、居里温度和各向异性等内禀磁性的贡献主要来自磁畴。为此，以下将重点讨论单畴颗粒。

3.2　磁各向异性等效场

磁化强度 M 在外磁场 H 中的能量 F_H 可以看成偶极子在磁场中的能量，由式(2.10)可知：

$$F_H = -M \cdot (\mu_0 H) = -\mu_0 MH \cos\theta \qquad (3.18)$$

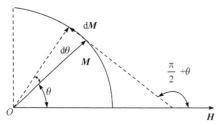

图 3.5　磁化强度偏离磁场方向角度关系图

其中，μ_0 为真空磁导率；θ 为 M 和 H 之间的夹角。该定义下，$\theta = \pi/2$ 处为能量零点；$\theta = 0$ 时，磁化强度的能量 $(-\mu_0 MH)$ 最小；意味着磁化强度的稳定方向在外加磁场方向。如图 3.5 所示，随着磁化强度偏离外加磁场方向，磁能 F_H 逐渐增加，该增加可以描述为

$$F_H(\theta) - F_H\left(\frac{\pi}{2}\right) = \int_{M(\theta)}^{M\left(\frac{\pi}{2}\right)} (\mu_0 H) \cdot \mathrm{d}M = \int_{\theta}^{\frac{\pi}{2}} (\mu_0 H)(M\mathrm{d}\theta)\cos\left(\frac{\pi}{2} + \theta\right) = -\mu_0 MH\cos\theta$$

$$(3.19)$$

反过来，若已知磁化强度在磁场中的自由能 F_H，该自由能对应的磁场可以表示为

$$H = -\frac{1}{\mu_0} \nabla_M F_H \qquad (3.20)$$

铁磁物质的磁化强度通常稳定在某一方向上，称之为易磁化方向。由于易磁化方向上各向异性自由能最低，若磁化强度偏离该方向，自由能 $F(M)$ 将增加。完全类似于式(3.20)，磁各向异性系统的等效场 H_{eff} 定义为

$$H_{eff} \equiv -\frac{1}{\mu_0} \nabla_M F \qquad (3.21)$$

且该定义自然满足各向异性自由能的定义：

$$\int_M^0 \mu_0 H_{eff} \cdot \mathrm{d}M \equiv F(M) - F(0) \qquad (3.22)$$

其中，$F(0)$ 是磁各向异性自由能的能量零点。

在直角坐标系 $O\text{-}xyz$ 中，等效场式(3.21)的分量形式为

$$H_{eff}^x = -\frac{1}{\mu_0} \frac{\partial F}{\partial M_x} \qquad (3.23a)$$

$$H_{\text{eff}}^{y} = -\frac{1}{\mu_0}\frac{\partial F}{\partial M_y} \tag{3.23b}$$

$$H_{\text{eff}}^{z} = -\frac{1}{\mu_0}\frac{\partial F}{\partial M_z} \tag{3.23c}$$

假设 z 轴正向为易磁化方向，对于一致转动的磁化强度 $\boldsymbol{M}$，各向异性自由能可写为

$$F = \int_{M_x}^{0}\mu_0 H_{\text{eff}}^{x}\mathrm{d}M_x + \int_{M_y}^{0}\mu_0 H_{\text{eff}}^{y}\mathrm{d}M_y + \int_{M_z}^{M}\mu_0 H_{\text{eff}}^{z}\mathrm{d}M_z \tag{3.24}$$

对于大小不变的磁化强度 $\boldsymbol{M}$，其直角分量只有两个独立变量。若采用球坐标描述，则

$$M_x = M\sin\theta\cos\varphi \tag{3.25a}$$

$$M_y = M\sin\theta\sin\varphi \tag{3.25b}$$

$$M_z = M\cos\theta \tag{3.25c}$$

可见

$$\frac{\partial\theta}{\partial M_{x,y}} = 0,\ \frac{\partial\varphi}{\partial M_x} = -\frac{\sin\varphi}{M\sin\theta},\ \frac{\partial\varphi}{\partial M_y} = \frac{\cos\varphi}{M\sin\theta} \tag{3.26a}$$

$$\frac{\partial\theta}{\partial M_z} = -\frac{1}{M\sin\theta},\ \frac{\partial\varphi}{\partial M_z} = 0 \tag{3.26b}$$

将式(3.26)代入式(3.23)，可以得到直角等效场分量的球坐标表示形式：

$$H_{\text{eff}}^{x} = -\frac{1}{\mu_0}\left(\frac{\partial F}{\partial\theta}\frac{\partial\theta}{\partial M_x} + \frac{\partial F}{\partial\varphi}\frac{\partial\varphi}{\partial M_x}\right) = \frac{\sin\varphi}{\mu_0 M\sin\theta}\frac{\partial F}{\partial\varphi} \tag{3.27a}$$

$$H_{\text{eff}}^{y} = -\frac{1}{\mu_0}\left(\frac{\partial F}{\partial\theta}\frac{\partial\theta}{\partial M_y} + \frac{\partial F}{\partial\varphi}\frac{\partial\varphi}{\partial M_y}\right) = \frac{-\cos\varphi}{\mu_0 M\sin\theta}\frac{\partial F}{\partial\varphi} \tag{3.27b}$$

$$H_{\text{eff}}^{z} = -\frac{1}{\mu_0}\left(\frac{\partial F}{\partial\theta}\frac{\partial\theta}{\partial M_z} + \frac{\partial F}{\partial\varphi}\frac{\partial\varphi}{\partial M_z}\right) = \frac{1}{\mu_0 M\sin\theta}\frac{\partial F}{\partial\theta} \tag{3.27c}$$

定义 $F_\theta = \partial F/\partial\theta$，$F_\varphi = \partial F/\partial\varphi$，将式(3.25)和式(3.27)代入无阻尼 LLG 方程，得到

$$\frac{\mathrm{d}\left(\boldsymbol{e}_x\sin\theta\cos\varphi + \boldsymbol{e}_y\sin\theta\sin\varphi + \boldsymbol{e}_z\cos\theta\right)}{\mathrm{d}t} = -\frac{\gamma}{\mu_0 M\sin\theta}\begin{vmatrix} \boldsymbol{e}_x & \boldsymbol{e}_y & \boldsymbol{e}_z \\ \sin\theta\cos\varphi & \sin\theta\sin\varphi & \cos\theta \\ \sin\varphi F_\varphi & -\cos\varphi F_\varphi & F_\theta \end{vmatrix}$$

$$\tag{3.28}$$

展开，得到其分量形式分别为

$$\cos\theta\cos\varphi\frac{\partial\theta}{\partial t}-\sin\theta\sin\varphi\frac{\partial\varphi}{\partial t}=-\frac{\gamma}{\mu_0 M\sin\theta}\left(F_\theta\sin\theta\sin\varphi+F_\varphi\cos\theta\cos\varphi\right)\quad(3.29\text{a})$$

$$\cos\theta\sin\varphi\frac{\partial\theta}{\partial t}+\sin\theta\cos\varphi\frac{\partial\varphi}{\partial t}=-\frac{\gamma}{\mu_0 M\sin\theta}\left(F_\varphi\cos\theta\sin\varphi-F_\theta\sin\theta\cos\varphi\right)\quad(3.29\text{b})$$

$$-\sin\theta\frac{\partial\theta}{\partial t}=-\frac{\gamma}{\mu_0 M\sin\theta}\left(-F_\varphi\sin\theta\cos^2\varphi-F_\varphi\sin\theta\sin^2\varphi\right)\quad(3.29\text{c})$$

整理式(3.29c)，直接得到

$$\frac{\partial\theta}{\partial t}=-\frac{\gamma}{\mu_0 M\sin\theta}F_\varphi\quad(3.30\text{a})$$

将式(3.29a)乘以 $\sin\varphi$ 减去式(3.29b)乘以 $\cos\varphi$，整理得到

$$\frac{\partial\varphi}{\partial t}=\frac{\gamma}{\mu_0 M\sin\theta}F_\theta\quad(3.30\text{b})$$

若将动力学方程写为

$$\frac{\partial\theta}{\partial t}=\gamma H_\varphi\quad(3.31\text{a})$$

$$\frac{\partial\varphi}{\partial t}=-\gamma H_\theta\quad(3.31\text{b})$$

则球坐标系中等效场定义为

$$H_\theta=-\frac{1}{\mu_0 M\sin\theta}F_\theta\quad(3.32\text{a})$$

$$H_\varphi=-\frac{1}{\mu_0 M\sin\theta}F_\varphi\quad(3.32\text{b})$$

　　通常，获得等效场的实验方案分为直流和交流两种。直流方案分为磁化曲线法、力矩法和转动磁化法[1]；交流方案有变场的磁共振技术和变频的磁谱技术[2]。事实上，铁磁物质的输运性质，如各向异性磁电阻和反常霍尔电阻本身也是分析各向异性的有效手段[3]。

3.3　磁晶各向异性等效场

　　在直角坐标系 O-xyz 中，设 $\alpha_i\,(i=x,y,z)$ 是磁化强度相对晶轴 e_i 的方向余弦，则

$$\begin{aligned}\alpha_x&=\sin\theta\cos\varphi\\\alpha_y&=\sin\theta\sin\varphi\\\alpha_z&=\cos\theta\end{aligned}\quad(3.33)$$

满足 $\alpha_x^2 + \alpha_y^2 + \alpha_z^2 = 1$。若 e_z 轴是易磁化轴，铁磁物质磁化强度偏离易轴时，各向异性自由能 F 可以展成 α_i 的偶函数形式：

$$F = c_0 + \sum_i c_i \alpha_i^2 + \sum_{i,j} c_{ij} \alpha_i^2 \alpha_j^2 + \sum_{i,j,k} c_{ijk} \alpha_i^2 \alpha_j^2 \alpha_k^2 + \cdots \tag{3.34}$$

其中，c_0、c_i、c_{ij} 和 c_{ijk} 为常系数。利用

$$\alpha_x^2 = \sin^2\theta \frac{1 + \cos 2\varphi}{2}, \alpha_y^2 = \sin^2\theta \frac{1 - \cos 2\varphi}{2}, \alpha_z^2 = 1 - \sin^2\theta \tag{3.35}$$

式(3.33)可以表示成

$$F = K_0 + \sum_{i=1}^{\infty} K_i \sin^{2i}\theta \left[1 + \sum_{j=1}^{i} K'_{ij} \cos(2j\varphi) \right] \tag{3.36}$$

对于 z 轴对称系统，利用式(3.36)可以分别写出相应的 F 形式。二重轴系统，也是最低的轴对称系统，其自由能可写为

$$F_2 = K_0 + \sum_{i=1}^{\infty} K_i \sin^{2i}\theta + \sum_{i=1}^{\infty} \sin^{2i}\theta \sum_{j=1}^{i} K'_{ij} \cos(2j\varphi) \tag{3.37}$$

最简单的二重轴对称各向异性自由能为

$$F_{2s} = K_0 + K_1 \sin^2\theta + K'_1 \sin^2\theta \cos 2\varphi \tag{3.38}$$

四重轴系统的自由能可写为

$$F_4 = K_0 + \sum_{i=1}^{\infty} K_i \sin^{2i}\theta + \sum_{i=1}^{\infty} \sin^{4i}\theta \sum_{j=1}^{i} K'_{ij} \cos(4j\varphi) \tag{3.39}$$

最简单的四重轴自由能为

$$F_{4s} = K_0 + K_1 \sin^2\theta + K_2 \sin^4\theta + K'_2 \sin^4\theta \cos 4\varphi \tag{3.40}$$

六重轴系统，绕 z 轴转动 60° 自由能不变。也就是说，与 φ 相关的项只存在含有 $\cos(6k\varphi)(k = 1, 2, 3, \cdots, n)$ 的项，与 φ 无关的项均有可能存在。此时，自由能为

$$F_6 = K_0 + \sum_{i=1}^{\infty} K_i \sin^{2i}\theta + \sum_{i=1}^{\infty} \sin^{6i}\theta \sum_{j=1}^{i} K'_{ij} \cos(6j\varphi) \tag{3.41}$$

可见，最简单的六重轴自由能为

$$F_{6s} = K_0 + K_1 \sin^2\theta + K_2 \sin^4\theta + K_3 \sin^6\theta + K'_3 \sin^6\theta \cos 6\varphi \tag{3.42}$$

由此推论，最简单的 $2n$ 重轴的自由能为

$$F_{2ns} = K_0 + \sum_{i=1}^{n} K_i \sin^{2i}\theta + K'_n \sin^{2n}\theta \cos(2n\varphi) \tag{3.43}$$

若 $n \to \infty$，体系具有完全柱对称性，则自由能与 φ 无关，可以写为

$$F_{轴} = K_0 + \sum_{i=1}^{\infty} K_i \sin^{2i}\theta = K_0 + K_1 \sin^2\theta + K_2 \sin^4\theta + \cdots \tag{3.44a}$$

这是大家通常理解的单轴各向异性，其中最简单的单轴各向异性自由能为

$$F_{SW} = K_0 + K_1 \sin^2\theta \tag{3.44b}$$

这也是 SW 模型常采用的各向异性形式。

对于立方晶系，磁化强度处在 x、y 和 z 方向时，各向异性能等价。意味着方向余弦之间互换时，自由能的形式不变。按照这一思路，逐项分析式(3.34)中的各项，第二项为常量，可以写成式(3.45a)的形式：

$$\alpha_x^2 + \alpha_y^2 + \alpha_z^2 \tag{3.45a}$$

式(3.34)第三项具有 $a\left(\alpha_x^2\alpha_y^2 + \alpha_y^2\alpha_z^2 + \alpha_z^2\alpha_x^2\right) + b\left(\alpha_x^4 + \alpha_y^4 + \alpha_z^4\right)$ 的形式。利用 $\left(\alpha_x^2 + \alpha_y^2 + \alpha_z^2\right)^2 = \alpha_x^4 + \alpha_y^4 + \alpha_z^4 + 2\left(\alpha_x^2\alpha_y^2 + \alpha_y^2\alpha_z^2 + \alpha_z^2\alpha_x^2\right)$，该项可以写成式(3.45b)的形式：

$$\alpha_x^2\alpha_y^2 + \alpha_y^2\alpha_z^2 + \alpha_z^2\alpha_x^2 \tag{3.45b}$$

式 (3.34) 第四项可写为 $c\alpha_x^2\alpha_y^2\alpha_z^2 + d\left[\left(\alpha_x^4\alpha_y^2 + \alpha_y^4\alpha_x^2\right) + \left(\alpha_y^4\alpha_z^2 + \alpha_z^4\alpha_y^2\right) + \left(\alpha_z^4\alpha_x^2 + \alpha_x^4\alpha_z^2\right)\right] + e\left(\alpha_x^6 + \alpha_y^6 + \alpha_z^6\right)$ 的形式。利用 $\left(\alpha_x^2 + \alpha_y^2 + \alpha_z^2\right)^3 = \left(\alpha_x^6 + \alpha_y^6 + \alpha_z^6\right) + 6\alpha_x^2\alpha_y^2\alpha_z^2 + 3\left[\left(\alpha_x^4\alpha_y^2 + \alpha_y^4\alpha_x^2\right) + \left(\alpha_y^4\alpha_z^2 + \alpha_z^4\alpha_y^2\right) + \left(\alpha_z^4\alpha_x^2 + \alpha_x^4\alpha_z^2\right)\right]$，而 $\left(\alpha_x^4\alpha_y^2 + \alpha_y^4\alpha_x^2\right) \to \alpha_x^2\alpha_y^2 - \alpha_x^2\alpha_y^2\alpha_z^2$、$\left(\alpha_y^4\alpha_z^2 + \alpha_z^4\alpha_y^2\right) \to \alpha_y^2\alpha_z^2 - \alpha_x^2\alpha_y^2\alpha_z^2$ 且 $\left(\alpha_z^4\alpha_x^2 + \alpha_x^4\alpha_z^2\right) \to \alpha_z^2\alpha_x^2 - \alpha_x^2\alpha_y^2\alpha_z^2$，该项可以写为式(3.45c)的形式：

$$f\alpha_x^2\alpha_y^2\alpha_z^2 + g\left(\alpha_x^2\alpha_y^2 + \alpha_y^2\alpha_z^2 + \alpha_z^2\alpha_x^2\right) \tag{3.45c}$$

将式(3.45)代入式(3.34)，立方晶系的磁晶各向异性自由能为

$$F = K_0 + K_1\left(\alpha_x^2\alpha_y^2 + \alpha_y^2\alpha_z^2 + \alpha_z^2\alpha_x^2\right) + K_2\alpha_x^2\alpha_y^2\alpha_z^2 + K_3\left(\alpha_x^2\alpha_y^2 + \alpha_y^2\alpha_z^2 + \alpha_z^2\alpha_x^2\right)^2 + \cdots \tag{3.46}$$

针对以上磁晶各向异性，讨论其各向异性等效场的特点。为了在 LLG 方程中使用方便，只在 $O\text{-}xyz$ 坐标系中讨论等效场的直角坐标分量。对于最简单的六重轴对称各向异性自由能式(3.42)，利用 $\alpha_i = M_i / M$ 将自由能写成磁化强度直角坐标分量的形式，得到

$$F_{易轴} = K_0 + \frac{K_1}{M^2}\left(M_x^2 + M_y^2\right) + \frac{K_2}{M^4}\left(M_x^2 + M_y^2\right)^2 + \frac{K_3 - K_3'}{M^6}\left(M_x^2 + M_y^2\right)^3$$

$$+ \frac{K_3'}{M^6}\left[32M_x^6 - 48\left(M_x^2 + M_y^2\right)M_x^4 + 18\left(M_x^2 + M_y^2\right)^2 M_x^2\right] \qquad (3.47)$$

其中，利用 $\cos 6\varphi = 2\cos^2 3\varphi - 1$，$\cos 3\varphi = 4\cos^3 \varphi - 3\cos\varphi$。利用等效场的定义式(3.23)，可以求得

$$H_{eff}^x = -\frac{M_x}{\mu_0}\left\{\frac{2K_1}{M^2} + \frac{4K_2}{M^4}\left(M_x^2 + M_y^2\right) + \frac{6\left(K_3 - K_3'\right)}{M^6}\left(M_x^2 + M_y^2\right)^2\right.$$

$$\left. + \frac{6K_3'}{M^6}\left[32M_x^4 - 16\left(3M_x^2 + 2M_y^2\right)M_x^2 + 6\left(M_x^2 + M_y^2\right)\left(3M_x^2 + M_y^2\right)\right]\right\} \quad (3.48a)$$

$$H_{eff}^y = -\frac{M_y}{\mu_0}\left\{\frac{2K_1}{M^2} + \frac{4K_2}{M^4}\left(M_x^2 + M_y^2\right) + \frac{6\left(K_3 - K_3'\right)}{M^6}\left(M_x^2 + M_y^2\right)^2\right.$$

$$\left. + \frac{6K_3'}{M^6}\left[32M_y^4 - 16\left(3M_y^2 + 2M_x^2\right)M_y^2 + 6\left(M_x^2 + M_y^2\right)\left(3M_y^2 + M_x^2\right)\right]\right\} \quad (3.48b)$$

$$H_{eff}^z = 0 \qquad (3.48c)$$

对于绕 z 轴的小角进动，$M_{x,y} \to 0$，去掉二次以上高阶项，式(3.48)可以简化为

$$H_{eff}^x = -\frac{2K_1}{\mu_0 M^2}M_x = -H_K\frac{M_x}{M} \qquad (3.49a)$$

$$H_{eff}^y = -\frac{2K_1}{\mu_0 M^2}M_y = -H_K\frac{M_y}{M} \qquad (3.49b)$$

$$H_{eff}^z = 0 \qquad (3.49c)$$

其中，$H_K = 2K_1 / \mu_0 M$。将其代入无阻尼的 LLG 方程，得到

$$\begin{bmatrix} \dot{M}_x \\ \dot{M}_y \\ \dot{M}_z \end{bmatrix} = -\frac{\gamma H_K}{M}\begin{bmatrix} M_z M_y \\ -M_z M_x \\ 0 \end{bmatrix} \qquad (3.50a)$$

其结果完全等同于如下无阻尼 LLG 方程的结果：

$$\frac{d\boldsymbol{M}}{dt} = -\gamma\begin{vmatrix} \boldsymbol{e}_x & \boldsymbol{e}_y & \boldsymbol{e}_z \\ M_x & M_y & M_z \\ 0 & 0 & H_K M_z / M \end{vmatrix} \qquad (3.50b)$$

对应的等效场为

$$H_{eff}^x = H_{eff}^y = 0, H_{eff}^z = \frac{2K_1}{\mu_0 M^2}M_z = H_K\frac{M_z}{M} \qquad (3.51)$$

这一结果的根本原因在于 $M_x^2 + M_y^2 + M_z^2 = M^2$ 使得磁化强度分量可以相互转换。也就是说，各向异性自由能和等效场均可以写成不同的分量形式。正比于 M_i 的 e_i 方向等效场，等效于正比于 $-M_j$ 和 $-M_k$ 的 e_j 和 e_k 方向等效场。意味着，磁晶各向异性等效场不具有传统磁场的矢量投影性质。对于某一稳定方向的等效场，只能用定义来逐个求解。

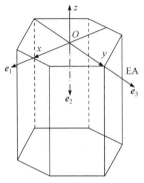

对于易面型六角晶系，易磁化方向处在 xy 面内。若依然采用式(3.47)描述的自由能密度，设 $K_3' > 0$，则面内易轴只可能出现在与 y 方向等价的方向上。为了方便比较，进行如图 3.6 所示的绕 x 轴转动 $90°$ 的坐标变换，将 $O\text{-}xyz$ 坐标系中的易轴(EA)方向变为 $O\text{-}123$ 坐标系中的 e_3 方向，变换关系为

图 3.6　直角坐标转动变换示意图

$$M_x = M_1, M_y = M_3, M_z = -M_2 \tag{3.52}$$

此时，式(3.47)形式的六角晶系轴各向异性变成了易面形式的各向异性表达式：

$$F_{易面} = K_0 + \frac{K_1}{M^2}\left(M_1^2 + M_3^2\right) + \frac{K_2}{M^4}\left(M_1^2 + M_3^2\right)^2 + \frac{K_3 - K_3'}{M^6}\left(M_1^2 + M_3^2\right)^3$$
$$+ \frac{K_3'}{M^6}\left[32M_1^6 - 48\left(M_1^2 + M_3^2\right)M_1^4 + 18\left(M_1^2 + M_3^2\right)^2 M_1^2\right] \tag{3.53}$$

与式(3.48)和式(3.49)的处理完全类似，对于 e_3 方向为易磁化方向的小角进动，$M_{1,2} \to 0$ 且 $M_3 \to M$，此时的易面各向异性等效场为

$$H_1^{eff} = -\frac{2K_1 + 4K_2 + 6K_3 + 30K_3'}{\mu_0 M^2}M_1 \tag{3.54a}$$

$$H_2^{eff} = 0 \tag{3.54b}$$

$$H_3^{eff} = -\frac{2K_1 + 4K_2 + 6K_3 - 6K_3'}{\mu_0 M^2}M_3 \tag{3.54c}$$

其中，式(3.54)作了 $M_3^n \to M^{n-1}M_3$ 近似。利用式(3.49)与式(3.51)等价的结论，式(3.54)还可以写成

$$H_1^{eff} = 0 \tag{3.55a}$$

$$H_2^{eff} = \frac{2K_1 + 4K_2 + 6K_3 + 30K_3'}{\mu_0 M^2}M_2 \tag{3.55b}$$

$$H_3^{eff} = \frac{36K_3'}{\mu_0 M^2}M_3 \tag{3.55c}$$

为了保证 e_3 方向为易磁化方向，要求 $K_3' > 0$，且 $(2K_1 + 4K_2 + 6K_3 + 30K_3') < 0$。

对于立方晶系，若将式(3.46)形式的自由能写成磁化强度分量的形式，可以得到

$$F = K_0 + \frac{K_1}{M^4}\left(M_x^2 M_y^2 + M_y^2 M_z^2 + M_z^2 M_x^2\right) + \frac{K_2}{M^6} M_x^2 M_y^2 M_z^2 + \cdots \tag{3.56}$$

只取到六次方项，利用等效场的定义式(3.23)，可以求得

$$H_{\text{eff}}^x = -\frac{2K_1}{\mu_0 M^4}\left(M_y^2 + M_z^2\right)M_x - \frac{2K_2}{\mu_0 M^6} M_y^2 M_z^2 M_x \tag{3.57a}$$

$$H_{\text{eff}}^y = -\frac{2K_1}{\mu_0 M^4}\left(M_z^2 + M_x^2\right)M_y - \frac{2K_2}{\mu_0 M^6} M_z^2 M_x^2 M_y \tag{3.57b}$$

$$H_{\text{eff}}^z = -\frac{2K_1}{\mu_0 M^4}\left(M_x^2 + M_y^2\right)M_z - \frac{2K_2}{\mu_0 M^6} M_x^2 M_y^2 M_z \tag{3.57c}$$

若磁化强度绕 z 轴作小角进动，则 $M_{x,y} \to 0$，且 $M_z \to M$。此时，式(3.57)可以近似为

$$H_{\text{eff}}^x = -\frac{2K_1}{\mu_0 M^2} M_x \tag{3.58a}$$

$$H_{\text{eff}}^y = -\frac{2K_1}{\mu_0 M^2} M_y \tag{3.58b}$$

$$H_{\text{eff}}^z = 0 \tag{3.58c}$$

利用式(3.49)与式(3.51)等价的结论，式(3.58)等价于沿 z 方向的单轴各向异性。同理，磁化强度绕 x 和 y 方向作小角进动，式(3.58)等价于分别存在 $(2K_1 / \mu_0 M^2)M_x$ 和 $(2K_1 / \mu_0 M^2)M_y$ 的单轴各向异性等效场。

类似易面各向异性的处理，若易磁化方向沿 [110]，需要进行坐标变换。如图 3.7 所示，将 $O\text{-}xyz$ 坐标系绕 z 转动 45°，得到 $O\text{-}123$ 坐标系。此时

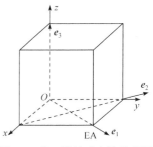

图 3.7　绕 z 轴转动变换示意图

$$\begin{cases} M_x = \dfrac{\sqrt{2}}{2}\left(M_1 - M_2\right) \\[2mm] M_y = \dfrac{\sqrt{2}}{2}\left(M_1 + M_2\right) \\[2mm] M_z = M_3 \end{cases} \tag{3.59}$$

将式(3.59)代入式(3.56)，只取到六次方项，得到

$$F = K_0 + \frac{K_1}{M^4}\left[\frac{1}{4}\left(M_1^2 - M_2^2\right)^2 + \left(M_1^2 + M_2^2\right)M_3^2\right] + \frac{K_2}{4M^6}\left(M_1^2 - M_2^2\right)^2 M_3^2 + \cdots$$

(3.60)

利用等效场的定义式(3.23)，可以求得

$$H_1^{\mathrm{eff}} = -\frac{1}{\mu_0}\left[\frac{K_1}{M^4}\left(M_1^2 - M_2^2 + 2M_3^2\right) + \frac{K_2}{M^6}\left(M_1^2 - M_2^2\right)M_3^2\right]M_1 \quad (3.61a)$$

$$H_2^{\mathrm{eff}} = -\frac{1}{\mu_0}\left[\frac{K_1}{M^4}\left(M_2^2 - M_1^2 + 2M_3^2\right) - \frac{K_2}{M^6}\left(M_1^2 - M_2^2\right)M_3^2\right]M_2 \quad (3.61b)$$

$$H_3^{\mathrm{eff}} = -\frac{1}{\mu_0}\left[\frac{2K_1}{M^4}\left(M_1^2 + M_2^2\right) + \frac{K_2}{2M^6}\left(M_1^2 - M_2^2\right)^2\right]M_3 \quad (3.61c)$$

设磁化强度绕易轴 e_1 作小角进动，若式(3.61)中的 $M_{2,3} \to 0$ 且 $M_1 \to M$，式(3.61)可以近似为

$$H_1^{\mathrm{eff}} = -\frac{K_1}{\mu_0 M^2}M_1 \quad (3.62a)$$

$$H_2^{\mathrm{eff}} = \frac{K_1}{\mu_0 M^2}M_2 \quad (3.62b)$$

$$H_3^{\mathrm{eff}} = -\frac{4K_1 + K_2}{2\mu_0 M^2}M_3 \quad (3.62c)$$

利用前面的结论，式(3.62)可以写成如下形式：

$$H_1^{\mathrm{eff}} = -\frac{2K_1}{\mu_0 M^2}M_1 \quad (3.63a)$$

$$H_2^{\mathrm{eff}} = 0 \quad (3.63b)$$

$$H_3^{\mathrm{eff}} = -\frac{3K_1 + K_2}{2\mu_0 M^2}M_3 \quad (3.63c)$$

为了保证 e_1 轴为易轴，要求 $K_1 < 0$ 且 $(3K_1 + K_2) > 0$。

下面以最简单的单轴各向异性为例，再次说明磁晶各向异性等效场的非矢量性。利用 $M_x^2 + M_y^2 + M_z^2 = M^2$，最简单单轴各向异性自由能可以写成如下三种等价形式：

$$F_{\mathrm{SW}} = K_1\sin^2\theta = \frac{K_1}{M^2}\left(M_x^2 + M_y^2\right) \quad (3.64a)$$

$$F_{\mathrm{SW}} = -K_1\cos^2\theta = -\frac{K_1}{M^2}M_z^2 \quad (3.64b)$$

$$F_{\mathrm{SW}} = -\frac{K_1}{2}\cos 2\theta = -\frac{K_1}{2M^2}\left(M_z^2 - M_x^2 - M_y^2\right) \tag{3.64c}$$

利用等效场的定义式(3.23)，可以求得式(3.64a)~式(3.64c)对应的等效场分别为

$$H_{\mathrm{eff}}^x = -\frac{2K_1}{\mu_0 M^2}M_x, \ H_{\mathrm{eff}}^y = -\frac{2K_1}{\mu_0 M^2}M_y, \ H_{\mathrm{eff}}^z = 0 \tag{3.65a}$$

$$H_{\mathrm{eff}}^x = 0, \ H_{\mathrm{eff}}^y = 0, \ H_{\mathrm{eff}}^z = \frac{2K_1}{\mu_0 M^2}M_z \tag{3.65b}$$

$$H_{\mathrm{eff}}^x = -\frac{K_1}{\mu_0 M^2}M_x, \ H_{\mathrm{eff}}^y = -\frac{K_1}{\mu_0 M^2}M_y, \ H_{\mathrm{eff}}^z = \frac{K_1}{\mu_0 M^2}M_z \tag{3.65c}$$

可见，三种形式自由能的等效场等价，但不能利用矢量投影的思路相互转换。反过来，利用式(3.22)，由等效场式(3.65)分别求得自由能为

$$F = \int_{M_x}^0 \mu_0 H_{\mathrm{eff}}^x \mathrm{d}M_x + \int_{M_y}^0 \mu_0 H_{\mathrm{eff}}^y \mathrm{d}M_y = \frac{K_1\left(M_x^2 + M_y^2\right)}{M^2} = K_1\sin^2\theta \tag{3.66a}$$

$$F = \int_{M_z}^M \mu_0 H_{\mathrm{eff}}^z \mathrm{d}M_z = \frac{K_1\left(M^2 - M_z^2\right)}{M^2} = K_1\sin^2\theta \tag{3.66b}$$

$$F = \int_{M_x}^0 \mu_0 H_{\mathrm{eff}}^x \mathrm{d}M_x + \int_{M_y}^0 \mu_0 H_{\mathrm{eff}}^y \mathrm{d}M_y + \int_{M_z}^{M_s} \mu_0 H_{\mathrm{eff}}^z \mathrm{d}M_z = K_1\sin^2\theta \tag{3.66c}$$

类似式(3.19)，单轴各向异性自由能还可以表示为

$$F(\theta) = -\int_\theta^{\frac{\pi}{2}} \mu_0 H_{\mathrm{eff}}^z M\sin\theta \mathrm{d}\theta = \int_\theta^{\frac{\pi}{2}} \mu_0 M H_\theta \sin\theta \mathrm{d}\theta \tag{3.67}$$

将式(3.65b)形式的各向异性等效场代入式(3.67)，得到

$$F(\theta) = -\int_\theta^{\frac{\pi}{2}} 2K_1\cos\theta\sin\theta \mathrm{d}\theta = -K_1 + K_1\sin^2\theta \tag{3.68}$$

值得注意的是，由球坐标等效场的定义式(3.32)，可以求得

$$H_\theta = -\frac{2K_1}{\mu_0 M}\cos\theta, \ H_\varphi = 0 \tag{3.69}$$

与式(3.65b)比较，得到

$$H_\theta = -H_{\mathrm{eff}}^z \tag{3.70}$$

显然，负号的出现和相同的大小也预示着等效场不具有矢量性。这一结论也可以由直角和球坐标等效场之间的关系式(3.27)和式(3.32)直接给出。

3.4　形变磁各向异性等效场

铁磁晶体是晶体和铁磁的组合体。从晶体角度看,当存在内在或外加应力时,晶体会发生形变。从铁磁角度看,一旦晶体发生形变,对应的内在交换作用和磁晶各向异性及铁磁晶体的形状各向异性也会随之变化。反过来,从铁磁角度看,当有限大小铁磁晶体磁化强度的大小和方向发生变化时,交换作用、磁晶各向异性和退磁能也将发生变化,为保持系统能量极小,铁磁体通常会发生形变,称为磁致伸缩。从晶体角度看,一旦发生磁致伸缩,本身的结合能就要变化。可见,铁磁晶体形变的来源有两个[4]:一是应力,二是磁致伸缩。通常,将应力引起的磁各向异性称为应力磁各向异性,而磁致伸缩引起的磁各向异性称为磁弹各向异性。事实上,磁致伸缩自然会在铁磁晶体内部引入应力。以上分类只是为了概念清楚地简单区分而已。前文在晶体无任何形变的情况下,讨论了磁化强度偏离易磁化方向的磁晶各向异性能。本节的主要目的就是回答铁磁晶体形变时的磁各向异性。

由于大家对应力有一定理解,以下以单畴铁磁晶体为例说明磁致伸缩的物理现象。为此,先观察奈耳总结的交换积分 A 随近邻原子间距 d 的变化曲线[5],如图 3.8 所示。如果 A 位于曲线的左侧,原子受到的交换作用等效力 $-\partial E_x / \partial d \sim \partial A / \partial d > 0$,说明交换作用的存在使近邻原子间距变大;相反,如果 A 位于曲线的右侧,$-\partial E_x / \partial d \sim \partial A / \partial d < 0$,说明交换作用使近邻原子间距变小。可见,交换作用产生的自发磁化诱导了磁致伸缩。如图 3.9(a)所示,对于居里点以上的球形铁磁晶体,当温度低于居里温度时,交换作用产生的自发磁化导致了各向同性的磁致伸缩。同时,交换作用的各向同性,即原子磁矩的整体取向与交换作用无关,自发磁化导致

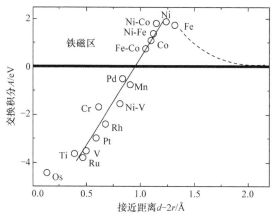

图 3.8　交换积分随电子接近距离的变化[5]

d-近邻原子间距;r-未配对电子半径

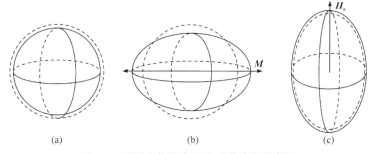

图 3.9 不同磁化状态下的磁滞伸缩示意图

(a) 无限大晶体从顺磁(外球)到铁磁(内球)的变化; (b) 有限大铁磁体磁畴混乱(球体)和取向(椭球体)的变化; (c) 饱和
场 H_s 下(内椭球)到磁场再增加的顺磁(外椭球)变化

的磁致伸缩是各向同性的体磁致伸缩。同样的逻辑,对于饱和态的铁磁晶体,外磁场增加时,主要是顺磁磁化,该过程引起的磁致伸缩也属于各向同性的体磁致伸缩。

实际上,磁有序的铁磁晶体还存在自旋轨道耦合和晶体场共同决定的磁晶各向异性和磁偶极场决定的退磁场。在磁化过程中,两者的存在会导致附加磁致伸缩。尽管附加磁致伸缩小于自发磁化导致的体磁致伸缩,但前者是各向异性的,即不同方向上铁磁体的线度改变量不同,如图 3.9(b)所示的椭球。通常用不同方向的线度相对改变量来描述这一各向异性的磁致伸缩,称为线磁致伸缩。在以上情况下,如果再施加外磁场,自发磁化强度会向外磁场方向偏转,椭球在空间的取向也将发生变化,如图 3.9(c)所示。同时,塞曼能量的引入,椭球的线度也在变化。由于塞曼能量和退磁能可以单独考虑,下面只考虑磁致伸缩存在时,磁晶各向异性的变化。

若磁致伸缩不大,对应的铁磁晶体应变 $e_{ij}\,(i,j=x,y,z)$ 很小,可将形变后的磁晶各向异性 F_K 展成 e_{ij} 的形式

$$F_K = F_K^0 + \sum_{i>j}\left(\frac{\partial F_K}{\partial e_{ij}}\right)_0 e_{ij} + \cdots \tag{3.71}$$

其中, F_K^0 是无形变时的磁晶各向异性能,第二项及其以后的各项即为磁弹各向异性能。对于立方晶体,若取如下形式的 F_K^0:

$$F_K^0 = K_0 + K_1\left(\alpha_x^2\alpha_y^2 + \alpha_y^2\alpha_z^2 + \alpha_z^2\alpha_x^2\right) \tag{3.72}$$

最简单的磁弹各向异性能可以写为

$$F_{MC} = \sum_{i>j}\left(\frac{\partial F_K}{\partial e_{ij}}\right)_0 e_{ij} \tag{3.73}$$

类似 F_K^0 的获得过程,可以将式(3.73)的系数展成磁化强度方向余弦的形式:

$$\left(\frac{\partial F_{\mathrm{K}}}{\partial e_{ij}}\right)_0 = B_1\left(\alpha_x^2 + \alpha_y^2 + \alpha_z^2\right) + B_2\left(\alpha_x\alpha_y + \alpha_y\alpha_z + \alpha_z\alpha_x\right) \tag{3.74}$$

其中，B_1 和 B_2 是磁化与形变相互作用的系数，满足：

$$\left(\frac{\partial F_{\mathrm{K}}}{\partial e_{xx}}\right)_0 = B_1\alpha_x^2, \left(\frac{\partial F_{\mathrm{K}}}{\partial e_{yy}}\right)_0 = B_1\alpha_y^2, \left(\frac{\partial F_{\mathrm{K}}}{\partial e_{zz}}\right)_0 = B_1\alpha_z^2 \tag{3.75a}$$

$$\left(\frac{\partial F_{\mathrm{K}}}{\partial e_{xy}}\right)_0 = B_2\alpha_x\alpha_y, \left(\frac{\partial F_{\mathrm{K}}}{\partial e_{yz}}\right)_0 = B_2\alpha_y\alpha_z, \left(\frac{\partial F_{\mathrm{K}}}{\partial e_{zx}}\right)_0 = B_2\alpha_z\alpha_x \tag{3.75b}$$

其中，利用了 $e_{xy} = e_{yx}$，$e_{yz} = e_{zy}$，$e_{zx} = e_{xz}$。可见

$$F_{\mathrm{MC}} = B_1\left(\alpha_x^2 e_{xx} + \alpha_y^2 e_{yy} + \alpha_z^2 e_{zz}\right) + B_2\left(\alpha_1\alpha_2 e_{xy} + \alpha_2\alpha_3 e_{yz} + \alpha_3\alpha_1 e_{zx}\right) \tag{3.76}$$

此时，晶体的总自由能包含未形变时的磁晶各向异性能 F_{K}^0，形变时的晶体弹性能 F_{C} 和磁弹各向异性能 F_{MC}，即

$$F = F_{\mathrm{K}}^0 + F_{\mathrm{C}} + F_{\mathrm{MC}} \tag{3.77}$$

$$F_{\mathrm{C}} = \frac{1}{2}c_{11}\left(e_{xx}^2 + e_{yy}^2 + e_{zz}^2\right) + \frac{1}{2}c_{44}\left(e_{xy}^4 + e_{yz}^4 + e_{zx}^4\right) + c_{12}\left(e_{xx}e_{yy} + e_{yy}e_{zz} + e_{zz}e_{xx}\right)$$

$$\tag{3.78}$$

其中，c_{11}、c_{44} 和 c_{12} 为弹性模量。利用平衡时，系统的自由能极小，由 $\partial F / \partial e_{ij} = 0$ 得到

$$\left(\frac{\partial F}{\partial e_{xx}}\right)_0 = B_1\alpha_x^2 + c_{11}e_{xx} + c_{12}\left(e_{yy} + e_{zz}\right) = 0 \tag{3.79a}$$

$$\left(\frac{\partial F}{\partial e_{yy}}\right)_0 = B_1\alpha_y^2 + c_{11}e_{yy} + c_{12}\left(e_{xx} + e_{zz}\right) = 0 \tag{3.79b}$$

$$\left(\frac{\partial F}{\partial e_{zz}}\right)_0 = B_1\alpha_z^2 + c_{11}e_{zz} + c_{12}\left(e_{xx} + e_{yy}\right) = 0 \tag{3.79c}$$

$$\left(\frac{\partial F}{\partial e_{xy}}\right)_0 = B_2\alpha_x\alpha_y + 2c_{44}e_{xy} = 0 \tag{3.79d}$$

$$\left(\frac{\partial F}{\partial e_{yz}}\right)_0 = B_2\alpha_y\alpha_z + 2c_{44}e_{yz} = 0 \tag{3.79e}$$

$$\left(\frac{\partial F}{\partial e_{zx}}\right)_0 = B_2\alpha_z\alpha_x + 2c_{44}e_{zx} = 0 \tag{3.79f}$$

解以上方程组得到

$$e_{ij} = \begin{cases} -\dfrac{B_1\left[c_{12} - \alpha_i^2\left(c_{11} + 2c_{12}\right)\right]}{\left(c_{11} - c_{12}\right)\left(c_{11} + 2c_{12}\right)}, & i = j \\[4mm] -\dfrac{B_2\alpha_i\alpha_j}{c_{44}}, & i \neq j \end{cases} \tag{3.80}$$

代入式(3.77)，得到

$$F = \left(K_1 + \Delta K_1\right)\left(\alpha_x^2\alpha_y^2 + \alpha_y^2\alpha_z^2 + \alpha_z^2\alpha_x^2\right) + \cdots \tag{3.81}$$

可见，ΔK_1 代表的磁致伸缩引起的磁弹各向异性可以计入磁晶各向异性中。通常 ΔK_1 比 K_1 至少小一个量级。对于六角晶系，也可以得出同样的结论。

除了磁弹各向异性能之外,如何理解应力引起的磁各向异性能?当铁磁晶体受到内或外应力作用时，晶体形变产生弹性能。该形变同时产生对磁致伸缩的影响，由此带来的能量变化，称为应力磁各向异性能。然而，通常应力的形式会很复杂，很难说清应力磁各向异性的特点。为此，依然以立方晶体为例，讨论单一方向应力这一简单情况，分析其主要的应力各向异性特征。

设应力沿立方铁磁晶体某一方向。在晶轴坐标系中，设应力的大小为 σ，该应力在弹性应变时可以写成如下应力张量的形式：

$$\sigma_{ij} = \sigma\gamma_i\gamma_j,(i,j = x,y,z) \tag{3.82}$$

其中，$\gamma_{i,j}$ 为晶轴坐标系中的方向余弦。若该应力产生的应变为 e_{ij}^σ，则总的应变张量 e_{ij} 为

$$e_{ij} = e_{ij}^0 + e_{ij}^\sigma \tag{3.83}$$

其中，e_{ij}^0 为磁致伸缩产生的应变张量。此时，铁磁晶体的总自由能 F 为

$$F = F_K^0 + F_C + F_{MC} + F_S \tag{3.84}$$

其中，应力各向异性能 F_S 为

$$F_S = -\sum_{i \geqslant j}\sigma_{ij}e_{ij} \tag{3.85}$$

按照前面 F_{MC} 类似的求法，利用总自由能式(3.84)的一阶导数为 0，得到

$$\left(\frac{\partial F}{\partial e_{xx}}\right)_0 = B_1\alpha_x^2 + c_{11}e_{xx} + c_{12}\left(e_{yy} + e_{zz}\right) - \sigma\gamma_x^2 = 0 \tag{3.86a}$$

$$\left(\frac{\partial F}{\partial e_{yy}}\right)_0 = B_1\alpha_y^2 + c_{11}e_{yy} + c_{12}\left(e_{xx} + e_{zz}\right) - \sigma\gamma_y^2 = 0 \qquad (3.86b)$$

$$\left(\frac{\partial F}{\partial e_{zz}}\right)_0 = B_1\alpha_z^2 + c_{11}e_{zz} + c_{12}\left(e_{xx} + e_{yy}\right) - \sigma\gamma_z^2 = 0 \qquad (3.86c)$$

$$\left(\frac{\partial F}{\partial e_{xy}}\right)_0 = B_2\alpha_x\alpha_y + 2c_{44}e_{xy} - \sigma\gamma_x\gamma_y = 0 \qquad (3.86d)$$

$$\left(\frac{\partial F}{\partial e_{yz}}\right)_0 = B_2\alpha_y\alpha_z + 2c_{44}e_{yz} - \sigma\gamma_y\gamma_z = 0 \qquad (3.86e)$$

$$\left(\frac{\partial F}{\partial e_{zx}}\right)_0 = B_2\alpha_z\alpha_x + 2c_{44}e_{zx} - \sigma\gamma_z\gamma_x = 0 \qquad (3.86f)$$

求解以上方程组，得到

$$e_{ij} = \begin{cases} -\dfrac{B_1\left[c_{12} - \alpha_i^2\left(c_{11} + 2c_{12}\right)\right]}{\left(c_{11} - c_{12}\right)\left(c_{11} + 2c_{12}\right)} - \dfrac{\sigma\left[c_{12} - \gamma_i^2\left(c_{11} + 2c_{12}\right)\right]}{\left(c_{11} - c_{12}\right)\left(c_{11} + 2c_{12}\right)}, & i = j \\[4mm] -\dfrac{B_2\alpha_i\alpha_j}{c_{44}} + \dfrac{\sigma\gamma_i\gamma_j}{c_{44}}, & i \neq j \end{cases} \qquad (3.87)$$

将式(3.87)代入应力各向异性能式(3.85)中，可以求出

$$F_S = \frac{B_1\sigma}{c_{11} - c_{12}}\left(\alpha_x^2\gamma_x^2 + \alpha_y^2\gamma_y^2 + \alpha_z^2\gamma_z^2\right) + \frac{B_2\sigma}{c_{44}}\left(\alpha_x\alpha_y\gamma_x\gamma_y + \alpha_y\alpha_z\gamma_y\gamma_z + \alpha_z\alpha_x\gamma_z\gamma_x\right)$$

$$(3.88)$$

利用立方晶系在[100]和[111]方向的磁致伸缩系数分别为

$$\lambda_{100} = \left(\frac{\delta l}{l}\right)_{[100]} = -\frac{2B_1}{3\left(c_{11} - c_{12}\right)} \qquad (3.89a)$$

$$\lambda_{111} = \left(\frac{\delta l}{l}\right)_{[111]} = -\frac{B_2}{3c_{44}} \qquad (3.89b)$$

式(3.88)变为

$$F_S = \frac{3}{2}\lambda_{100}\sigma\left(\alpha_x^2\gamma_x^2 + \alpha_y^2\gamma_y^2 + \alpha_z^2\gamma_z^2\right) + 3\lambda_{111}\sigma\left(\alpha_x\alpha_y\gamma_x\gamma_y + \alpha_y\alpha_z\gamma_y\gamma_z + \alpha_z\alpha_x\gamma_z\gamma_x\right)$$

$$(3.90)$$

若 $\lambda_{100} = \lambda_{111} = \lambda_s$，各向同性磁致伸缩对应的应力能简化为

$$F_S = \frac{3}{2}\lambda_s\sigma\cos^2\theta \tag{3.91}$$

其中，θ 为应力与磁化强度方向的夹角。同样的逻辑可以处理六角晶系中的应力各向异性能。

值得注意的是，应力能通常远大于磁弹性能。从磁弹各向异性能和应力各向异性能的表达式可以看到，两者分别对应于立方晶体和单轴晶体的磁晶各向异性能形式。等效场完全可以按照磁晶各向异性等效场的处理获得。

3.5　形状各向异性等效场

当磁性物质在外磁场 H_0 中磁化时，介质表面会出现磁荷。这些磁荷在空间产生的附加磁场称为退磁场 $H_d = -NM$。此时，空间的总磁场等于外磁场和退磁场之和：

$$H = H_0 + H_d \tag{3.92}$$

对于一定形状的磁体，获得退磁场是认识作用在磁化强度上实际等效场的关键。然而，由于磁体形状的复杂性，很难获得任意形状磁体的解析解。考虑到旋转椭球可以演化成球体、扁圆片和长直柱体，获得其退磁场 H_d 的解析解，对于理解不同形状磁体的退磁场具有参考价值。

设椭球的三个半轴长度分别为 a、b 和 c，将坐标系 O-xyz 的原点设置在椭球的中心上。如图 3.10 所示，旋转椭球表面方程为

$$\frac{x^2+y^2}{a^2} + \frac{z^2}{c^2} = 1 \tag{3.93}$$

其中，$a=b>c$ 和 $a=b<c$ 分别对应于扁和长旋转椭球。令

$$x = \rho\cos\varphi, \ y = \rho\sin\varphi \tag{3.94}$$

其中，$\rho^2 = x^2 + y^2$，与表面方程共焦的二元方程组为

$$\frac{\rho^2}{a^2+u_i} + \frac{z^2}{c^2+u_i} = 1, \ i = 1,2 \tag{3.95}$$

其中，$a=b>c(a=b<c)$ 时，$u_1 = \xi \geqslant -c^2$ 和 $-c^2 \geqslant u_2 = \eta \geqslant -a^2(u_1 = \xi \geqslant -a^2$ 和 $-a^2 \geqslant u_2 = \eta \geqslant -c^2)$分别表示扁(长)椭球面和单叶双曲面。

下面以扁椭球为例，求解形状各向异性等效场。求解二元方程组(3.95)，可得

$$\rho = \sqrt{\frac{(a^2+\xi)(a^2+\eta)}{a^2-c^2}}, \ z = \pm\sqrt{\frac{(c^2+\xi)(c^2+\eta)}{c^2-a^2}} \tag{3.96}$$

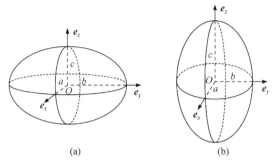

图 3.10　椭球参数示意图

(a) 扁旋转椭球 $a = b > c$；(b) 长旋转椭球 $a = b < c$

且

$$u_i = \frac{-\left(a^2 + c^2 - r^2\right) \pm \sqrt{\left(a^2 + c^2 - r^2\right)^2 + 4\left[c^2\rho^2 + a^2\left(z^2 - c^2\right)\right]}}{2} \tag{3.97a}$$

$$\nabla_r u_i \, (i = 1, 2) = \boldsymbol{r} + \frac{\left[\left(a^2 - c^2\right) - r^2\right]\left(a^2 - c^2\right)\boldsymbol{r} - 2\left(a^2 - c^2\right)z\boldsymbol{e}_z}{\sqrt{\left(a^2 + c^2 - r^2\right)^2 + 4\left[c^2\rho^2 + a^2\left(z^2 - c^2\right)\right]}} \tag{3.97b}$$

其中，$\boldsymbol{r} = x\boldsymbol{e}_x + y\boldsymbol{e}_y + z\boldsymbol{e}_z$。利用式(3.97b)，得到

$$\nabla_r \xi = \boldsymbol{r} + \frac{\boldsymbol{r}\left[2c^2 - \left(a^2 + c^2 - r^2\right)\right] + 2\left(a^2 - c^2\right)z}{\sqrt{\left(a^2 + c^2 - r^2\right)^2 + 4\left[\left(r^2 - a^2\right)c^2 - z^2\left(c^2 - a^2\right)\right]}} \tag{3.98a}$$

$$\nabla_r \eta = \boldsymbol{r} - \frac{\boldsymbol{r}\left[2c^2 - \left(a^2 + c^2 - r^2\right)\right] + 2\left(a^2 - c^2\right)z}{\sqrt{\left(a^2 + c^2 - r^2\right)^2 + 4\left[\left(r^2 - a^2\right)c^2 - z^2\left(c^2 - a^2\right)\right]}} \tag{3.98b}$$

可以证明

$$\nabla_r \xi \cdot \nabla_r \eta = 0, \nabla_r \eta \cdot \nabla_r \varphi = 0, \nabla_r \varphi \cdot \nabla_r \xi = 0 \tag{3.99}$$

其中，利用了

$$\nabla_r \varphi = -\frac{\sin\varphi}{r\sin\theta}\boldsymbol{e}_x + \frac{\cos\varphi}{r\sin\theta}\boldsymbol{e}_y \tag{3.100}$$

可见，$(\xi, \eta, \varphi = u_3)$ 是一正交曲线坐标系，称之为 x、y 和 z 的扁旋转椭球坐标。在此坐标系中，依据度规系数 h_i 的定义：

$$h_i = \sqrt{\left(\frac{\partial x}{\partial u_i}\right)^2 + \left(\frac{\partial y}{\partial u_i}\right)^2 + \left(\frac{\partial z}{\partial u_i}\right)^2}, \ i = 1, 2, 3 \tag{3.101}$$

可以求得

$$h_1 = h_\xi = \frac{\sqrt{\xi - \eta}}{2R_{1\xi}}, \ h_2 = h_\eta = \frac{\sqrt{\xi - \eta}}{2R_{1\eta}}, \ h_3 = h_\varphi = \rho \quad (3.102)$$

其中，

$$R_{1\xi} = \sqrt{\left(\xi + a^2\right)\left(\xi + c^2\right)}, R_{1\eta} = \sqrt{-\left(\eta + a^2\right)\left(\eta + c^2\right)} \quad (3.103)$$

按照正交曲线坐标系下，梯度算符和拉普拉斯算符的定义：

$$\nabla = \frac{1}{h_1}\frac{\partial}{\partial u_1}\boldsymbol{e}_1 + \frac{1}{h_2}\frac{\partial}{\partial u_2}\boldsymbol{e}_2 + \frac{1}{h_3}\frac{\partial}{\partial u_3}\boldsymbol{e}_3 \quad (3.104a)$$

$$\Delta = \frac{1}{h_1 h_2 h_3}\left[\frac{\partial}{\partial u_1}\left(\frac{h_2 h_3}{h_1}\frac{\partial}{\partial u_1}\right) + \frac{\partial}{\partial u_2}\left(\frac{h_3 h_1}{h_2}\frac{\partial}{\partial u_2}\right) + \frac{\partial}{\partial u_3}\left(\frac{h_1 h_2}{h_3}\frac{\partial}{\partial u_3}\right)\right] \quad (3.104b)$$

可得扁旋转椭球坐标系中的梯度算符和拉普拉斯算符形式为

$$\nabla = \frac{2R_{1\xi}}{\sqrt{\xi - \eta}}\frac{\partial}{\partial \xi}\boldsymbol{e}_1 + \frac{2R_{1\eta}}{\sqrt{\xi - \eta}}\frac{\partial}{\partial \eta}\boldsymbol{e}_2 + \frac{1}{\rho}\frac{\partial}{\partial \varphi}\boldsymbol{e}_3 \quad (3.105a)$$

$$\Delta = \frac{4}{(\xi - \eta)}\left[\frac{R_\xi}{(\xi + a^2)}\frac{\partial}{\partial \xi}\left(R_\xi\frac{\partial}{\partial \xi}\right) + \frac{R_\eta}{(\eta + a^2)}\frac{\partial}{\partial \eta}\left(R_\eta\frac{\partial}{\partial \eta}\right)\right] + \frac{1}{\rho^2}\frac{\partial^2}{\partial \varphi^2} \quad (3.105b)$$

其中，

$$R_\xi = \sqrt{\left(\xi + a^2\right)}R_{1\xi} = \left(\xi + a^2\right)\sqrt{\left(\xi + c^2\right)} \quad (3.106a)$$

$$R_\eta = \sqrt{\left(\eta + a^2\right)}R_{1\eta} = \left(\eta + a^2\right)\sqrt{-\left(\eta + c^2\right)} \quad (3.106b)$$

在扁旋转椭球坐标系中，磁标势 Φ_M 只与 ξ 有关，相应的拉普拉斯方程为

$$\frac{\partial}{\partial \xi}\left(R_\xi\frac{\partial \Phi_M}{\partial \xi}\right) = 0 \quad (3.107)$$

值得注意的是，磁标势使用的条件是没有传导电流和单连通区域。

设在以上旋转椭球上施加均匀外磁场 $\boldsymbol{H}_0$ ：

$$\boldsymbol{H}_0 = H_0^x \boldsymbol{e}_x + H_0^y \boldsymbol{e}_y + H_0^z \boldsymbol{e}_z \quad (3.108a)$$

则外磁场的磁标势 Φ_0 为

$$\Phi_0 = -\boldsymbol{H}_0 \cdot \boldsymbol{r} = -\left(H_0^x x + H_0^y y + H_0^z z\right) \quad (3.108b)$$

若退磁场 $\boldsymbol{H}_d$ 的磁标势为

$$\Phi_{\mathrm{d}} = \Phi_{\mathrm{d}}^x + \Phi_{\mathrm{d}}^y + \Phi_{\mathrm{d}}^z \tag{3.109}$$

则扁旋转椭球内外的磁标势可以表示成

$$\Phi_{\mathrm{M}}^{j=1,2} = \sum_i \left(\Phi_0^{ji} + \Phi_{\mathrm{d}}^{ji} \right) = \sum_i \left(-H_0^i r_i + \Phi_{\mathrm{d}}^{ji} \right), \ i = x, y, z \tag{3.110}$$

其中，$\Phi_0^{ji} = -H_0^i r_i$，$j = 1,2$ 分别表示椭球内和椭球外的区域。根据静磁场问题的唯一性原理：

$$\Delta \Phi_{\mathrm{M}}^{ji} = \Delta \left(\Phi_0^{ji} + \Phi_{\mathrm{d}}^{ji} \right) = 0 \tag{3.111}$$

只有均匀磁场时，相当于椭球无穷大的情况，$\xi \to \infty$。此时有

$$\frac{\partial}{\partial \xi} \left(R_\xi \frac{\partial \Phi_0^{ji}}{\partial \xi} \right) = -\frac{1}{4} H_0^i \sqrt{\frac{\left(a^2 + \eta\right)}{a^2 - c^2}} \frac{\left(\xi + a^2\right) + \left(\xi + c^2\right)}{\sqrt{\left(\xi + a^2\right)\left(\xi + c^2\right)}} \to 0 \tag{3.112}$$

在扁旋转椭球上施加均匀磁场时，退磁势满足：

$$\Phi_{\mathrm{d}}^{ji} = \Phi_0^{ji} G_j^i \tag{3.113}$$

即将椭球的退磁场对磁标势的影响等效到 G_j^i 中。结合式(3.107)和式(3.112)，退磁势必然满足：

$$\frac{\partial}{\partial \xi} \left(R_\xi \frac{\partial \Phi_{\mathrm{d}}^{ji}}{\partial \xi} \right) = \frac{\partial}{\partial \xi} \left[R_\xi \frac{\partial \left(G_j^i \Phi_0^{ji} \right)}{\partial \xi} \right] = 0 \tag{3.114}$$

下面以 x 相关部分为例，在扁旋转椭球坐标系中求解磁标势[6]。将式(3.114)展开，利用式(3.112)，得到

$$\frac{\partial^2 G_j^x}{\partial \xi^2} + \left\{ \frac{\partial \ln \left[\left(\xi + a^2 \right) R_\xi \right]}{\partial \xi} \right\} \frac{\partial G_j^x}{\partial \xi} = 0, \ j = 1,2 \tag{3.115}$$

将式(3.115)积分一次得到

$$\frac{\partial G_j^i}{\partial \xi} = \frac{c_j}{\left(\xi + a^2 \right) R_\xi} = \frac{c_j}{\left(\xi + a^2 \right)^2 \sqrt{\left(\xi + c^2 \right)}} \tag{3.116a}$$

再积分得到

$$G_j^i = c_j \int \frac{\mathrm{d}\xi}{\left(\xi + a^2 \right)^2 \sqrt{\left(\xi + c^2 \right)}} + \mathrm{d}_j \tag{3.116b}$$

已知，$\xi = -a^2$ 对应于坐标原点 $(0,0,0)$，$\xi = 0$ 对应于椭球面，而 $\xi = \infty$ 对应于无穷

远处。在椭球内 $-a^2 \leqslant \xi \leqslant 0$，式(3.116b)被积函数为虚数，为了保证 G_1^x 物理上合理，只能取 $c_1 = 0$。此时，

$$G_1^x = d_1 \tag{3.117}$$

在椭球外 $0 \leqslant \xi \leqslant \infty$，式(3.116b)可以写为

$$G_2^x = c_2 \int_\xi^\infty \frac{\mathrm{d}\xi}{\left(\xi + a^2\right)^2 \sqrt{\left(\xi + c^2\right)}} \tag{3.118}$$

其中，利用了无穷远处的退磁场势为零。利用式(3.117)和式(3.118)，式(3.110)中椭球内外 x 相关部分的磁标势分别为

$$\Phi_\mathrm{M}^{1x} = \left(1 + d_1\right)\Phi_0^{1x} = d_2 \Phi_0^{1x} \tag{3.119a}$$

$$\Phi_\mathrm{M}^{2x} = \left[1 + c_2 \int_\xi^\infty \frac{\mathrm{d}\xi}{\left(\xi + a^2\right)^2 \sqrt{\left(\xi + c^2\right)}}\right]\Phi_0^{2x} \tag{3.119b}$$

利用旋转扁椭球面边界条件一：

$\left(\Phi_\mathrm{M}^{1x}\right)_{\xi=0} = \left(\Phi_\mathrm{M}^{2x}\right)_{\xi=0}$，由式(3.119)可得

$$d_2 = 1 + c_2 \int_0^\infty \frac{\mathrm{d}\xi}{\left(\xi + a^2\right)^2 \sqrt{\left(\xi + c^2\right)}} \tag{3.120}$$

再利用边界条件二：

$\left(\mu_1 \dfrac{\partial \Phi_\mathrm{M}^{1x}}{\partial \boldsymbol{n}}\right)_{\xi=0} = \left(\mu_0 \dfrac{\partial \Phi_\mathrm{M}^{2x}}{\partial \boldsymbol{n}}\right)_{\xi=0}$，即

$$\mu\left(\frac{1}{h_1}\frac{\partial \Phi_\mathrm{M}^{1x}}{\partial \xi}\right)_{\xi=0} = \mu_0\left(\frac{1}{h_1}\frac{\partial \Phi_\mathrm{M}^{2x}}{\partial \xi}\right)_{\xi=0} \tag{3.121}$$

由式(3.119)可得

$$\mu d_2 = \mu_0\left[1 + c_2\left(\int_0^\infty \frac{\mathrm{d}\xi}{\left(\xi + a^2\right)^2 \sqrt{\left(\xi + c^2\right)}} - \frac{2}{a^2 c}\right)\right] \tag{3.122}$$

其中，利用了 $\Phi_0^{jx} = -H_0^x x = -H_0^x \cos\varphi \sqrt{\dfrac{\left(a^2 + \xi\right)\left(a^2 + \eta\right)}{a^2 - c^2}}$，$h_1 = \dfrac{\sqrt{\xi - \eta}}{2\sqrt{\left(\xi + a^2\right)\left(\xi + c^2\right)}}$。

将式(3.120)和式(3.122)组合求得

$$c_2 = -\frac{(\mu - \mu_0)}{\mu_0 + (\mu - \mu_0) N_x} \frac{a^2 c}{2} \tag{3.123a}$$

$$d_2 = \frac{\mu_0}{\mu_0 + (\mu - \mu_0) N_x} \tag{3.123b}$$

$$N_x = \frac{a^2 c}{2} \int_0^\infty \frac{\mathrm{d}\xi}{\left(\xi + a^2\right)^2 \sqrt{\left(\xi + c^2\right)}} \tag{3.123c}$$

因此，椭球内外 x 关联部分的磁标势式(3.119)变为

$$\Phi_{\mathrm{M}}^{1x} = -\frac{\mu_0 H_0^x x}{\mu_0 + (\mu - \mu_0) N_x} \tag{3.124a}$$

$$\Phi_{\mathrm{M}}^{2x} = -\left[1 - \frac{(\mu - \mu_0)}{\mu_0 + (\mu - \mu_0) N_x} \frac{a^2 c}{2} \int_\xi^\infty \frac{\mathrm{d}\xi}{\left(\xi + a^2\right)^2 \sqrt{\left(\xi + c^2\right)}}\right] H_0^x x \tag{3.124b}$$

采用类似的方案，可以求出 y 和 z 关联部分的椭球内外磁标势，进而得到椭球内外总的磁标势为

$$\Phi_{\mathrm{M}}^{内} = -\sum_{i=x,y,z} \frac{\mu_0 H_0^i r_i}{\mu_0 + (\mu - \mu_0) N_i} = -\sum_{i=x,y,z}\left[1 - \frac{(\mu - \mu_0) N_i}{\mu_0 + (\mu - \mu_0) N_i}\right] H_0^i r_i \tag{3.125a}$$

$$\Phi_{\mathrm{M}}^{外} = -\sum_{i=x,y,z}\left[1 - \frac{(\mu - \mu_0)}{\mu_0 + (\mu - \mu_0) N_i} \frac{a^2 c}{2} \int_\xi^\infty \frac{\mathrm{d}\xi}{\left(\xi + a^2\right)^2 \sqrt{\left(\xi + c^2\right)}}\right] H_0^i r_i \tag{3.125b}$$

其中，

$$N_x = N_y = \frac{a^2 c}{2} \int_0^\infty \frac{\mathrm{d}\xi}{\left(\xi + a^2\right)^2 \sqrt{\left(\xi + c^2\right)}} \tag{3.126a}$$

$$N_z = \frac{a^2 c}{2} \int_0^\infty \frac{\mathrm{d}\xi}{\left(\xi + a^2\right)\left(\xi + c^2\right)^{3/2}} \tag{3.126b}$$

在直角坐标系 $O\text{-}xyz$ 中，对椭球内的磁标势式(3.125a)求梯度，得到椭球内的磁场强度为

$$\boldsymbol{H} = -\nabla_r \Phi_{\mathrm{M}}^{内} = \sum_{i=x,y,z} \frac{\mu_0 H_0^i \boldsymbol{e}_i}{\mu_0 + (\mu - \mu_0) N_i} \tag{3.127}$$

可见，旋转椭球被均匀磁化。利用 $\boldsymbol{H} = \boldsymbol{H}_0 + \boldsymbol{H}_{\mathrm{d}}$，得到椭球内的退磁场为

$$\boldsymbol{H}_{\mathrm{d}} = -\sum_{i=x,y,z} \frac{(\mu - \mu_0) N_i}{\mu_0 + (\mu - \mu_0) N_i} H_0^i \boldsymbol{e}_i = -\sum_{i=x,y,z} A_i N_i H_0^i \boldsymbol{e}_i \tag{3.128}$$

其中，$A_i = \dfrac{\chi}{1 + \chi N_i}$，利用了磁化率 χ 满足：

$$\chi = \frac{\mu - \mu_0}{\mu_0} = \mu_{\mathrm{r}} - 1 \tag{3.129}$$

其中，μ_{r} 为椭球的相对磁导率。可见，退磁场也为均匀场，但与外加磁场不一定在一个方向。若定义：

$$\boldsymbol{M} = \sum_{i=x,y,z} A_i H_0^i \boldsymbol{e}_i \tag{3.130}$$

退磁场和总磁场分别为

$$\boldsymbol{H}_{\mathrm{d}} = -\sum_{i=x,y,z} N_i M_i \boldsymbol{e}_i \tag{3.131a}$$

$$\boldsymbol{H} = \sum_{i=x,y,z} \frac{H_0^i \boldsymbol{e}_i}{1 + \chi N_i} = \sum_{i=x,y,z} \left(H_0^i - N_i M_i \right) \boldsymbol{e}_i \tag{3.131b}$$

其中，N_i 为退磁因子张量元。当在主轴方向上磁化时，退磁场与外磁场方向一致。

若用椭球的主轴长度 a、b 和 c 标记三个方向的退磁因子。对于扁旋转椭球，令 $\xi = a^2 \epsilon$，$n = c/a < 1$，退磁因子张量元变为

$$N_a = N_b = \frac{n}{2} \int_0^\infty \frac{\mathrm{d}\epsilon}{\left(\epsilon + 1\right)^2 \left(\epsilon + n^2\right)^{1/2}} \tag{3.132a}$$

$$N_c = \frac{n}{2} \int_0^\infty \frac{\mathrm{d}\epsilon}{\left(\epsilon + 1\right) \left(\epsilon + n^2\right)^{3/2}} \tag{3.132b}$$

令 $\sqrt{\epsilon + n^2} = \epsilon'$，则

$$N_a = N_b = n \int_n^\infty \frac{\mathrm{d}\epsilon'}{\left[\epsilon'^2 + \left(1 - n^2\right) \right]^2} \tag{3.132c}$$

$$N_c = n \int_n^\infty \frac{\mathrm{d}\epsilon}{\epsilon'^2 \left[\epsilon'^2 + \left(1 - n^2\right) \right]} \tag{3.132d}$$

利用 $\displaystyle\int \frac{\mathrm{d}x}{\left(x^2 + c\right)^2} (c > 0) = \frac{x}{2c\left(x^2 + c\right)} + \frac{1}{2c\sqrt{c}} \arctan \frac{x}{\sqrt{c}}$，$\displaystyle\int \frac{\mathrm{d}x}{x^2 \left(x^2 + c\right)} (c > 0) = -\frac{1}{cx} -$

$\dfrac{1}{c\sqrt{c}} \arctan \dfrac{x}{\sqrt{c}}$，得到

$$N_a = N_b = -\frac{1}{2\left(1 - n^2\right)} \left[\left(n^2 - n\pi\right) + \frac{n}{\sqrt{1 - n^2}} \arctan \frac{n}{\sqrt{1 - n^2}} \right] \tag{3.133a}$$

$$N_c = \frac{1}{\left(1-n^2\right)}\left[\left(1-n\pi\right) + \frac{n}{\sqrt{1-n^2}}\arctan\frac{n}{\sqrt{1-n^2}}\right] \tag{3.133b}$$

可见，$N_a + N_b + N_c = 1$。类似地处理长旋转椭球，得到

$$N_{a,b} = \frac{1}{2\left(1-k^2\right)}\left(1 + \frac{k^2}{2\sqrt{1-k^2}}\ln\frac{1-\sqrt{1-k^2}}{1+\sqrt{1-k^2}}\right) \tag{3.134a}$$

$$N_c = -\frac{1}{\left(1-k^2\right)}\left(k^2 + \frac{k^2}{2\sqrt{1-k^2}}\ln\frac{1-\sqrt{1-k^2}}{1+\sqrt{1-k^2}}\right) \tag{3.134b}$$

其中，$k = a/c < 1$。由此推论，对于很薄的薄膜，ab 面内的退磁场很小，可以认为 $N_c = 1$；对于细长的圆棒，c 轴方向的退磁场很小，可以认为 $N_a = N_b = 1/2$。

3.6　交换各向异性等效场

对于孤立的铁磁体，可以将晶体结构有关的磁晶各向异性、应力各向异性和磁弹各向异性统一描述为磁晶各向异性的形式；同时，可以通过形状各向异性反映磁体形状带来的退磁能变化。除此之外，铁磁体的磁各向异性还与周围环境有关，包括外加磁场的塞曼能量、近邻作用的交换作用和磁电耦合相互作用能，以及注入铁磁体自旋流的各向异性等。下面将介绍它们的等效场形式。

前面介绍了磁化强度在外磁场 $\boldsymbol{H}$ 中的塞曼能量为

$$F = -\mu_0 \boldsymbol{M} \cdot \boldsymbol{H} \tag{3.135}$$

其中，$\boldsymbol{H}$ 为对应的等效场。无论是海森堡直接交换作用，还是安德森间接交换作用，以及长程的 RKKY 交换作用，虽然三者的起源不同，但本质上都是描述原子局域磁矩间的作用。如果将磁化强度 $\boldsymbol{M}$ 看成是一个大磁矩，相邻两铁磁体间的交换作用可写成如下形式：

$$F_{\mathrm{ex}} = -J_{\mathrm{NN}}\boldsymbol{M} \cdot \boldsymbol{M}_{\mathrm{NN}} \tag{3.136}$$

其中，J_{NN} 为近邻磁化强度 $\boldsymbol{M}_{\mathrm{NN}}$ 与 $\boldsymbol{M}$ 间的交换作用有效强度。显然，式(3.136)与磁化强度在外场中的塞曼能量具有类似的形式。设交换作用等效场为

$$\boldsymbol{H}_{\mathrm{ex}} = \frac{J_{\mathrm{NN}}}{\mu_0}\boldsymbol{M}_{\mathrm{NN}} \tag{3.137}$$

则式(3.136)变为

$$F_{\mathrm{ex}} = -\mu_0 M H_{\mathrm{ex}}\cos\theta \tag{3.138}$$

其中，θ 是磁化强度与交换作用等效场的夹角。设交换作用等效场沿 z 方向，

式(3.138)变为

$$F_{ex} = -\mu_0 M_z H_{ex} \qquad (3.139)$$

利用式(3.23)，可以看到交换作用等效场：

$$H_{eff}^x = 0, \ H_{eff}^y = 0, \ H_{eff}^z = H_{ex} \qquad (3.140)$$

$$H_{eff}^x = -H_{ex}, \ H_{eff}^y = -H_{ex}, \ H_{eff}^z = 0 \qquad (3.141)$$

显然，与式(3.141)所示等效场相比，式(3.140)与式(3.141)决定了不同的磁化强度运动。也就是说，交换作用等效场具有磁场矢量的投影特征，但不具有磁晶各向异性等效场的等效特征。

自旋极化流和纯自旋流对磁化强度动力学的影响，分别看成是自旋转移力矩(STT)和自旋轨道力矩(SOT)的作用。如果在 LL 形式的磁化强度动力学方程中引入自旋流的力矩，参照式(2.140)，两者均可写成

$$\boldsymbol{T} = \tau_{FL}(\boldsymbol{M} \times \boldsymbol{\xi}) + \tau_{DL}\boldsymbol{M} \times (\boldsymbol{M} \times \boldsymbol{\xi}) \qquad (3.142)$$

其中，$\boldsymbol{\xi}$ 为起始自旋流的极化矢量。从力矩倒推，自旋流的等效场为

$$\boldsymbol{H}_{sc} = \tau_{FL}\boldsymbol{\xi} + \tau_{DL}\boldsymbol{M} \times \boldsymbol{\xi} \qquad (3.143)$$

对于自旋流诱导的界面磁电耦合[7]，其等效场存在类似式(3.143)的形式。引入自旋流等效场，如何改变作用在磁化强度上实际交变磁场的相位是一个值得研究的问题。

3.7 单晶薄膜的各向异性等效场

对于外延生长的单晶薄膜，可以形成大块材料不具备的晶体结构或人工超晶格。例如，Fe 薄膜可以是稳定的体心立方(bcc)结构，也可以是亚稳的面心立方(fcc)结构；Ni 薄膜可以是稳定的面心立方(fcc)结构，也可以是亚稳的体心立方(bcc)结构；Co 薄膜可以是稳定的六角(hex)结构，也可以是亚稳的面心立方(fcc)结构。这些单晶的磁各向异性能既包括自身的磁晶各向异性能 F_K、形状各向异性退磁能 F_D、界面引入的应力各向异性能 F_S，还包含测试施加外磁场的塞曼能量 F_H

$$F = F_K + F_D + F_S + F_H \qquad (3.144)$$

对于确定的单晶，依据晶体的对称性，利用式(3.34)，可以得到 F_K 在惯用晶轴坐标 $O\text{-}abc$ 中磁化强度 $\boldsymbol{M}$ 方向余弦 $\alpha_i (i = a, b, c)$ 的形式。对于立方晶体有

$$F_K = K_1\left(\alpha_a^2\alpha_b^2 + \alpha_b^2\alpha_c^2 + \alpha_c^2\alpha_a^2\right) + K_2\alpha_a^2\alpha_b^2\alpha_c^2 + K_3\left(\alpha_a^2\alpha_b^2 + \alpha_b^2\alpha_c^2 + \alpha_c^2\alpha_a^2\right)^2 + \cdots$$

$$(3.145a)$$

其中，

$$\alpha_a = \sin\theta_c\cos\varphi_c, \ \alpha_b = \sin\theta_c\sin\varphi_c, \ \alpha_c = \cos\theta_c \tag{3.145b}$$

对于六角晶系有

$$F_K = K_0 + K_1\sin^2\theta_c + K_2\sin^4\theta_c + K_3\sin^6\theta_c + K_3'\sin^6\theta_c\cos6\varphi_c \tag{3.146}$$

其中，θ_c 和 φ_c 分别为磁化强度的极角和方位角。

在实验室直角坐标系 $O\text{-}xyz$ 中，若薄膜处在 xy 平面内，z 轴垂直膜面，磁化强度 $\boldsymbol{M} = (M, \theta, \varphi)$，$F_D$ 可以表示成磁化强度翘出薄膜平面极角 θ 的形式：

$$F_D = \frac{1}{2}\mu_0 M_z^2 = \frac{1}{2}\mu_0 M^2\cos^2\theta \tag{3.147}$$

薄膜应力处在面内，F_S 可以表示成

$$F_S = K_\sigma\cos^2\alpha_\sigma = K_\sigma\sin^2\theta\cos^2(\varphi - \varphi_\sigma) \tag{3.148}$$

其中，K_σ 为常数；α_σ 为应力与磁化强度方向的夹角；φ_σ 为应力偏离 x 轴的夹角；F_H 为磁化强度在外加磁场 $\boldsymbol{H} = (H, \theta_H, \varphi_H)$ 中的能量，满足

$$F_H = -\mu_0\boldsymbol{M} \cdot \boldsymbol{H} = -\mu_0 MH\big[\cos\theta\cos\theta_H + \sin\theta\sin\theta_H\cos(\varphi - \varphi_H)\big] \tag{3.149}$$

若不考虑面内应力能，式(3.144)表示为

$$F = F_K + \frac{1}{2}\mu_0 M^2\alpha_z^2 - \mu_0 M\big(\alpha_x H_x + \alpha_y H_y + \alpha_z H_z\big) \tag{3.150}$$

其中，F_K 的 $\alpha_{x,y,z}$ 的形式与单晶薄膜的取向密切相关。为方便利用自由能 F 求解等效场，须先将式(3.144)中的变量统一成 $\alpha_{x,y,z}$ 的形式。

如图 3.11(a)所示，对于薄膜平面为 (001) 的样品，惯用晶轴 a、b 和 c 分别与 x、y 和 z 轴重合，此时，

$$\alpha_a = \alpha_x = \sin\theta\cos\varphi = M_x / M \tag{3.151a}$$

$$\alpha_b = \alpha_y = \sin\theta\sin\varphi = M_y / M \tag{3.151b}$$

$$\alpha_c = \alpha_z = \cos\theta = M_z / M \tag{3.151c}$$

其中，$\alpha_j\,(j = x, y, z)$ 为 $\boldsymbol{M}$ 在实验室直角坐标系 $O\text{-}xyz$ 中的方向余弦。对应的 F_K 可写为

$$F_K = K_1\big(\alpha_x^2\alpha_y^2 + \alpha_y^2\alpha_z^2 + \alpha_z^2\alpha_x^2\big) + K_2\alpha_x^2\alpha_y^2\alpha_z^2 + K_3\big(\alpha_x^2\alpha_y^2 + \alpha_y^2\alpha_z^2 + \alpha_z^2\alpha_x^2\big)^2 \tag{3.152}$$

对于薄膜平面为 (110) 的样品，a、b 和 c 与 x、y 和 z 轴的关系如图 3.11(b)所示，此时

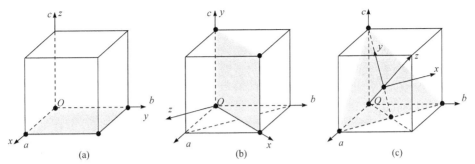

图 3.11　立方晶系单晶薄膜平面与惯用晶轴示意图

(a) (001) 平面；(b) (110) 平面；(c) (111) 平面

$$\alpha_a = \frac{\sqrt{2}}{2}\left(\alpha_x + \alpha_z\right) = \frac{\sqrt{2}}{2}\left(\sin\theta\cos\varphi + \cos\theta\right) \tag{3.153a}$$

$$\alpha_b = \frac{\sqrt{2}}{2}\left(\alpha_x - \alpha_z\right) = \frac{\sqrt{2}}{2}\left(\sin\theta\cos\varphi - \cos\theta\right) \tag{3.153b}$$

$$\alpha_c = \alpha_y = \sin\theta\sin\varphi \tag{3.153c}$$

对应的 F_K 可写为

$$F_K = \frac{K_1}{4}\left[\left(\alpha_x^2 - \alpha_z^2\right)^2 + 4\left(\alpha_x^2 + \alpha_z^2\right)\alpha_y^2\right] + \frac{K_2}{4}\left(\alpha_x^2 - \alpha_z^2\right)^2 \alpha_y^2$$
$$+ \frac{K_3}{16}\left[\left(\alpha_x^2 - \alpha_z^2\right)^2 + 4\left(\alpha_x^2 + \alpha_z^2\right)\alpha_y^2\right]^2 \tag{3.154}$$

对于薄膜为 (111) 平面的样品，a、b 和 c 与 x、y 和 z 轴的关系如图 3.11(c) 所示，此时：

$$\alpha_a = -\frac{\sqrt{2}}{2}\alpha_x - \frac{\sqrt{2}}{2\sqrt{3}}\alpha_y + \frac{1}{\sqrt{3}}\alpha_z = -\frac{\sqrt{2}}{2}\sin\theta\cos\varphi - \frac{\sqrt{2}}{2\sqrt{3}}\sin\theta\sin\varphi + \frac{1}{\sqrt{3}}\cos\theta$$

$$\tag{3.155a}$$

$$\alpha_b = \frac{\sqrt{2}}{2}\alpha_x - \frac{\sqrt{2}}{2\sqrt{3}}\alpha_y + \frac{1}{\sqrt{3}}\alpha_z = \frac{\sqrt{2}}{2}\sin\theta\cos\varphi - \frac{\sqrt{2}}{2\sqrt{3}}\sin\theta\sin\varphi + \frac{1}{\sqrt{3}}\cos\theta$$

$$\tag{3.155b}$$

$$\alpha_c = \frac{\sqrt{2}}{\sqrt{3}}\alpha_y + \frac{1}{\sqrt{3}}\alpha_z = \frac{\sqrt{2}}{\sqrt{3}}\sin\theta\sin\varphi + \frac{1}{\sqrt{3}}\cos\theta \tag{3.155c}$$

对应的 F_K 可写为

$$F_K = \frac{K_1}{36}\left\{\left[3\alpha_x^2 - \left(\alpha_y - \sqrt{2}\alpha_z\right)^2\right]^2 + 4\left[3\alpha_x^2 + \left(\alpha_y - \sqrt{2}\alpha_z\right)^2\right]\left(\sqrt{2}\alpha_y + \alpha_z\right)^2\right\}$$

$$+ \frac{K_2}{108}\left[3\alpha_x^2 - \left(\alpha_y - \sqrt{2}\alpha_z\right)^2\right]^2\left(\sqrt{2}\alpha_y + \alpha_z\right)^2$$

$$+ \frac{K_3}{36^2}\left\{\left[3\alpha_x^2 - \left(\alpha_y - \sqrt{2}\alpha_z\right)^2\right]^2 + 4\left[3\alpha_x^2 + \left(\alpha_y - \sqrt{2}\alpha_z\right)^2\right]\left(\sqrt{2}\alpha_y + \alpha_z\right)^2\right\}^2$$

$$(3.156)$$

无论是静态还是动态磁性的描述，首先需要知道外加磁场下磁化强度的稳定位置。对于高频磁性，更关注磁化强度在平衡位置处的等效场。为方便与共振频率随外场变化的实验比较，首先讨论晶体的易轴方向，其次讨论薄膜退磁场对磁化强度稳定位置的影响，再次讨论外加磁场下磁化强度稳定位置变化的规律，最后讨论以稳定位置为参考轴的 O-123 坐标系中的等效场。

为简单起见，讨论式(3.145a)中仅包含第一项的磁晶各向异性能：

$$F_K = K_1\left(\alpha_a^2\alpha_b^2 + \alpha_b^2\alpha_c^2 + \alpha_c^2\alpha_a^2\right) \tag{3.157a}$$

其磁化强度方位角的形式为

$$F_K = \frac{1}{4}K_1\left(\sin^2 2\theta_c + \sin^4\theta_c\sin^2 2\varphi_c\right) \tag{3.157b}$$

利用

$$\frac{\partial F_K}{\partial \theta} = K_1\sin 2\theta_c\left(\cos 2\theta_c + \frac{1}{2}\sin^2\theta_c\sin^2 2\varphi_c\right) = 0 \tag{3.158a}$$

$$\frac{\partial F_K}{\partial \varphi} = \frac{1}{2}K_1\sin^4\theta_c\sin 4\varphi_c = 0 \tag{3.158b}$$

可见，存在三种解：① $\theta_c = 0°$，$\theta_c = 90°$，$\varphi_c = 0°$ 或 $90°$；② $\theta_c = 90°$，$\varphi_c = 45°$，$\varphi_c = 0°$ 或 $90°$，$\theta_c = 45°$；③ $\varphi_c = 45°$，$\sin\theta_c = \sqrt{2/3}$。将此结论代入式(3.159)：

$$\frac{\partial^2 F}{\partial \theta^2} = 2K_1\cos 4\theta_c + K_1\sin^2\theta_c\left(2 - 3\sin^2\theta_c\right)\sin^2 2\varphi_c \tag{3.159a}$$

$$\frac{\partial^2 F}{\partial \varphi^2} = 2K_1\sin^4\theta_c\cos 4\varphi_c \tag{3.159b}$$

得到 $K_1 > 0$ 时，[100]、[010]、[001] 方向为易轴，也可能是 [110]、[011]、[101] 方向为易轴；$K_1 < 0$ 时，[111] 方向为易轴。

对于垂直薄膜平面为 (001)、(110) 或 (111) 晶面的立方晶系薄膜，自身各向异

性自由能的形式分别为

$$F(001) = K_1\left(\alpha_x^2\alpha_y^2 + \alpha_y^2\alpha_z^2 + \alpha_z^2\alpha_x^2\right) + \frac{1}{2}\mu_0 M^2\alpha_z^2 \tag{3.160a}$$

$$F(110) = \frac{1}{4}K_1\left[\left(\alpha_x^2 - \alpha_z^2\right)^2 + 4\left(\alpha_x^2 + \alpha_z^2\right)\alpha_y^2\right] + \frac{1}{2}\mu_0 M^2\alpha_z^2 \tag{3.160b}$$

$$F(111) = \frac{K_1}{36}\left\{\left[3\alpha_x^2 - \left(\alpha_y - \sqrt{2}\alpha_z\right)^2\right]^2 + 4\left[3\alpha_x^2 + \left(\alpha_y - \sqrt{2}\alpha_z\right)^2\right]\left(\sqrt{2}\alpha_y + \alpha_z\right)^2\right\}$$
$$+ \frac{1}{2}\mu_0 M^2\alpha_z^2 \tag{3.160c}$$

它们的磁化强度方位角形式分别为

$$F(001) = \frac{1}{4}K_1\left(\sin^2 2\theta + \sin^4\theta\sin^2 2\varphi\right) + \frac{1}{2}\mu_0 M^2\cos^2\theta \tag{3.161a}$$

$$F(110) = \frac{1}{4}K_1\left[\cos^4\theta + \sin^4\theta\left(4\cos^2\varphi - 3\cos^4\varphi\right) - \frac{1}{2}\sin^2 2\theta\left(1 - 3\sin^2\varphi\right)\right]$$
$$+ \frac{1}{2}\mu_0 M^2\cos^2\theta \tag{3.161b}$$

$$F(111) = \frac{K_1}{36}\left\{\left[\sin^2\theta\left(4\cos^2\varphi - 1\right) + \sqrt{2}\sin 2\theta\sin\varphi - 2\cos^2\theta\right]^2\right.$$
$$+ 4\left[\sin^2\theta\left(2\cos^2\varphi + 1\right) - \sqrt{2}\sin 2\theta\sin\varphi + 2\cos^2\theta\right]\left(\sqrt{2}\sin\theta\sin\varphi + \cos\theta\right)^2\right\}$$
$$+ \frac{1}{2}\mu_0 M^2\cos^2\theta \tag{3.161c}$$

对于 $K_1 > 0$ 的晶体，考虑到 $2K_1/\mu_0 M^2 < 1$，利用 $\partial F/\partial\theta = 0$，$\partial^2 F/\partial\theta^2 > 0$，可以求得 (001) 和 (110) 晶面的薄膜平面为易磁化面，即退磁场倾向于使磁化强度躺在薄膜面内。例如，(001) 晶面的晶体薄膜如式(3.162)所示。

$$\left(\frac{\partial F}{\partial\theta}\right)_{\theta=90°} = \frac{1}{2}\sin 2\theta\left[K_1\left(2\cos 2\theta + \sin^2\theta\sin^2 2\varphi\right) - \mu_0 M^2\right] = 0 \tag{3.162a}$$

$$\left(\frac{\partial^2 F}{\partial\theta^2}\right)_{\theta=90°} = 2K_1\cos 4\theta + K_1\sin^2\theta\left(3 - 4\sin^2\theta\right)\sin^2 2\varphi - \mu_0 M^2\cos 2\theta$$
$$= K_1\left(1 + \cos^2 2\varphi\right) + \mu_0 M^2 > 0 \tag{3.162b}$$

在薄膜面内，利用 $\partial F/\partial\varphi = 0$，$\partial^2 F/\partial\varphi^2 > 0$，可以求得 (001) 和 (110) 取向薄膜的易磁化方向分别为 [100] 和 [110]。例如，(001) 取向的晶体薄膜有

$$\left(\frac{\partial F}{\partial \varphi}\right)_{\theta=90°,\varphi=0°} = \frac{1}{2}K_1\sin^4\theta\sin4\varphi = 0 \tag{3.163a}$$

$$\left(\frac{\partial^2 F}{\partial \varphi^2}\right)_{\theta=90°,\varphi=0°} = K_1\sin^4\theta\cos4\varphi = K_1 > 0 \tag{3.163b}$$

对于 (001) 和 (110) 晶面的薄膜，利用磁化强度的自然稳定方向均沿 x 方向，若在样品平面内施加磁场 $\boldsymbol{H}$，体系的自由能形式分别为

$$F(001) = \frac{K_1}{M^4}\left(M_x^2M_y^2 + M_y^2M_z^2 + M_z^2M_x^2\right) + \frac{1}{2}\mu_0 M_z^2 - \mu_0\left(M_xH_x + M_yH_y\right) \tag{3.164a}$$

$$F(110) = \frac{K_1}{4M^4}\left[\left(M_x^2 - M_z^2\right)^2 + 4\left(M_x^2 + M_z^2\right)M_y^2\right] + \frac{1}{2}\mu_0 M_z^2 - \mu_0\left(M_xH_x + M_yH_y\right) \tag{3.164b}$$

逻辑上，给定外加磁场，由式(3.164)的自由能极小，即可求出磁场作用下的稳定方向。将式(3.164)表示成磁化强度方位角的形式，得到

$$F(001) = \frac{1}{4}K_1\left(\sin^2 2\theta + \sin^4\theta\sin^2 2\varphi\right) + \frac{1}{2}\mu_0 M^2\cos^2\theta - \mu_0 MH\cos\left(\varphi_H - \varphi\right) \tag{3.165a}$$

$$F(110) = \frac{1}{4}K_1\left[\cos^4\theta + \sin^4\theta\left(4\cos^2\varphi - 3\cos^4\varphi\right) - \frac{1}{2}\sin^2 2\theta\left(1 - 3\sin^2\varphi\right)\right]$$
$$+ \frac{1}{2}\mu_0 M^2\cos^2\theta - \mu_0 MH\cos\left(\varphi_H - \varphi\right) \tag{3.165b}$$

其中，φ_H 为外加磁场在 xy 面内偏离 x 轴的角度。取 $\theta = 90°$，利用 $\partial F/\partial\varphi = 0$，由式(3.165)得到

$$\frac{\partial F(001)}{\partial\varphi} = K_1\sin2\varphi_0\cos2\varphi_0 - \mu_0 MH\sin\left(\varphi_H - \varphi_0\right) = 0 \tag{3.166a}$$

$$\frac{\partial F(110)}{\partial\varphi} = K_1\sin\varphi_0\cos\varphi_0\left(1 - 3\sin^2\varphi_0\right) - \mu_0 MH\sin\left(\varphi_H - \varphi_0\right) = 0 \tag{3.166b}$$

令

$$H_K = \frac{2K_1}{\mu_0 M}, \; h = \frac{H}{H_K} \tag{3.167}$$

设 $\varphi_H = 90°$，式(3.166)变为

$$\left(2\sin^3\varphi_0 - \sin\varphi_0 + h\right)\cos\varphi_0 = 0 \tag{3.168a}$$

$$\left(3\sin^3\varphi_0 - \sin\varphi_0 + 2h\right)\cos\varphi_0 = 0 \tag{3.168b}$$

可见，通常不容易得到简单的解析解。

若样品平面中的外加直流磁场，使磁化强度稳定在 φ_0 方向上。建立 e_3 沿 φ_0 方向的直角坐标系 O-123，O-123 与 O-xyz 间的变换关系为

$$M_x = -M_2\sin\varphi_0 + M_3\cos\varphi_0, M_y = M_2\cos\varphi_0 + M_3\sin\varphi_0, M_z = -M_1 \tag{3.169}$$

代入式(3.164)，得到

$$F(001) = \frac{K_1}{M^4}\left\{\left[\left(M_3^2 - M_2^2\right)\sin\varphi_0\cos\varphi_0 + M_2M_3\cos2\varphi_0\right]^2 + \left(M_2^2 + M_3^2\right)M_1^2\right\}$$
$$+ \frac{1}{2}\mu_0 M_1^2 - \mu_0\left(M_2H_2 + M_3H_3\right) \tag{3.170a}$$

$$F(110) = \frac{K_1}{4M^4}\left\{\left[\left(M_3\cos\varphi_0 - M_2\sin\varphi_0\right)^2 - M_1^2\right]^2\right.$$
$$\left. + 4\left[\left(M_3\cos\varphi_0 - M_2\sin\varphi_0\right)^2 + M_1^2\right]\left(M_3\sin\varphi_0 + M_2\cos\varphi_0\right)^2\right\}$$
$$+ \frac{1}{2}\mu_0 M_1^2 - \mu_0\left(M_2H_2 + M_3H_3\right) \tag{3.170b}$$

利用式(3.23)，可求出 O-123 坐标系中的等效场。例如，(001)晶面薄膜的等效场分量为

$$H_{\text{eff}}^{(1)} = -H_{\text{K}}^{(1)}\left(1 - \frac{M_1^2}{M^2}\right)M_1 - M_1 \tag{3.171a}$$

$$H_{\text{eff}}^{(2)} = -H_{\text{K}}^{(1)}\left\{\left(M_3\cos2\varphi_0 - M_2\sin2\varphi_0\right)\left[\left(\frac{M_3^2 - M_2^2}{2M^2}\right)\sin2\varphi_0 + \frac{M_2M_3}{M^2}\cos2\varphi_0\right] + \frac{M_2M_1^2}{M^2}\right\}$$
$$+ H_2 \tag{3.171b}$$

$$H_{\text{eff}}^{(3)} = -H_{\text{K}}^{(1)}\left\{\left(M_3\sin2\varphi_0 + M_2\cos2\varphi_0\right)\left[\left(\frac{M_3^2 - M_2^2}{2M^2}\right)\sin2\varphi_0 + \frac{M_2M_3}{M^2}\cos2\varphi_0\right] + \frac{M_3M_1^2}{M^2}\right\}$$
$$+ H_3 \tag{3.171c}$$

其中，$H_{\text{K}}^{(1)} = 2K_1 / \mu_0 M$。将式(3.171)代入 LLG 方程，即可求磁化强度的进动轨

迹及共振频率。

事实上，通常通过实验上获得共振频率随外场方向和大小的变化，然后构建模型来理解该变化的本质。由式(2.120b)可知，稳定方向的共振频率满足：

$$\left(\frac{\mu_0\omega}{\gamma}\right)^2 = \left(F_{M_3} - MF_{M_1M_1}\right)\left(F_{M_3} - MF_{M_2M_2}\right) - \left(MF_{M_1M_2}\right)^2 \tag{3.172}$$

利用式(3.170)形式的自由能，可以直接求得

$$F_{M_3} = \left(\frac{\partial F}{\partial M_3}\right)_{M_3=M}, \quad F_{M_1M_1} = \left(\frac{\partial^2 F}{\partial M_1\partial M_1}\right)_{M_3=M} \tag{3.173a}$$

$$F_{M_2M_2} = \left(\frac{\partial^2 F}{\partial M_2\partial M_2}\right)_{M_3=M}, \quad F_{M_1M_2} = \left(\frac{\partial^2 F}{\partial M_1\partial M_2}\right)_{M_3=M} \tag{3.173b}$$

代入式(3.172)，即可得到共振频率。例如，(001)晶面的薄膜，可以求得

$$F_{M_3} = \mu_0\left(\frac{1}{2}H_{\mathrm{K}}^{(1)}\sin^2 2\varphi_0 - H_3\right) \tag{3.174a}$$

$$F_{M_1M_1} = \mu_0\left(1 + \frac{H_{\mathrm{K}}^{(1)}}{M}\right), \quad F_{M_1M_2} = 0 \tag{3.174b}$$

$$F_{M_2M_2} = \mu_0\frac{H_{\mathrm{K}}^{(1)}}{M}\left(\cos^2 2\varphi_0 - \frac{1}{2}\sin^2 2\varphi_0\right) \tag{3.174c}$$

将其代入式(3.172)，直接得到共振频率为

$$\left(\frac{\omega}{\gamma}\right)^2 = \left[M + H_3 + H_{\mathrm{K}}^{(1)}\left(1 - 2\sin^2\varphi_0\cos^2\varphi_0\right)\right]\left[H_3 + H_{\mathrm{K}}^{(1)}\left(\cos^2 2\varphi_0 - \sin^2 2\varphi_0\right)\right]$$

$$\tag{3.175}$$

当外磁场 H 沿 x 方向时，若 $\varphi_0 = 0$，式(3.175)变为

$$\left(\frac{\omega}{\gamma}\right)^2 = \left(M + H + H_{\mathrm{K}}^{(1)}\right)\left(H + H_{\mathrm{K}}^{(1)}\right) \tag{3.176}$$

当外磁场 H 沿 y 方向时，若 $\varphi_0 = 90°$，共振频率表达式为

$$\left(\frac{\omega}{\gamma}\right)^2 = \left(M + H + H_{\mathrm{K}}^{(1)}\right)\left(H - H_{\mathrm{K}}^{(1)}\right) \tag{3.177}$$

当外磁场 H 偏离 x 方向 $\varphi_0 = 45°$，则

$$\left(\frac{\omega}{\gamma}\right)^2 = \left(M + H + \frac{1}{2}H_K^{(1)}\right)H \tag{3.178}$$

实际上，外加磁场除了在易磁化和难磁化方向，磁化强度通常很难磁化到饱和。

参 考 文 献

[1] XUE D S, FAN X L, JIANG C J. Method for analyzing the in-plane uniaxial anisotropy of soft magnetic thin film[J]. Applied Physics Letters, 2006, 89(1): 011910.

[2] JIANG C J, FAN X L, XUE D S. High frequency magnetic properties of ferromagnetic thin films and magnetization dynamics of coherent precession[J]. Chinese Physics B, 2015, 24(5): 057504.

[3] MIAO Y, YANG D Z, JIA L, et al. Magnetocrystalline anisotropy correlated negative anisotropic magnetoresistance in epitaxial $Fe_{30}Co_{70}$ thin films[J]. Applied Physics Letters, 2021, 118(4): 042404.

[4] 姜寿亭, 李卫. 凝聚态磁性物理[M]. 北京: 科学出版社, 2003.

[5] NÉEL L. Propriétés magnétiques de l'état métallique et énergie d'interaction entre atomes magnétiques[J]. Annales de Physique, 1936, 11 (5): 232.

[6] 昝会萍, 张引科, 史毅敏. 均匀磁化介质椭球的退磁因子及退磁场[J]. 大学物理, 2009, 28(12): 10-15.

[7] JIANG C J, JIA C L, WANG F L, et al. Transformable ferroelectric control of dynamic magnetic permeability[J]. Physical Review B, 2018, 97(6): 060408(R).

第4章　高频低功率进动特征

原则上，由第 3 章求出磁化强度受到的不同相互作用等效场，就可以利用第 2 章的 LLG 方程，求出磁化强度进动对外加微波磁场的响应：磁化率及磁导率。事实上，由于等效场来源和分布的复杂性，通常很难解析求解 LLG 方程，只能根据情况作具体的数值计算或近似处理。为此，本章从外加磁场下的磁谱入手，分析不同各向异性体系的磁谱特征量，试图构建软磁材料普适的高频磁性特征：磁化率随频率变化的普遍规律。进而讨论实际材料中电磁场的分布，构建含电场影响的高频磁性特征。

4.1　磁化强度进动磁谱的特点

由图 1.6 所示的 YIG 磁谱可见，铁氧体磁化强度的进动通常发生在吉赫兹频段。由于阻尼的存在，磁导率表现为复数形式。实部反映了磁场能量的存储与传播，虚部反映了磁场能量的损耗与吸收。对于图 1.7(b)所示的 CoNb 纳米金属薄膜的共振型磁谱，磁导率的实部随频率的增加，先由起始磁导率开始逐步增加，达到极大值后逐渐减小到极小值，然后逐渐增加趋近于零。同时，磁导率的虚部在共振位置呈现极大值。

为了理解以上特点，以直流磁场 H 中的磁化强度 M 进动为例，说明基本物理量(M、H 和 α)对动态磁导率的具体影响。在 O-123 直角坐标系中，设外加直流磁场 H 沿 e_3 方向，同时频率为 ω 的微波磁场 $h = h_0 \mathrm{e}^{\mathrm{i}\omega t}$ 作用在磁化强度上，则绕直流磁场进动的磁化强度和等效场分别可以写为

$$M = m_1 e_1 + m_2 e_2 + (m_3 + M_0) e_3 \tag{4.1a}$$

$$H_{\mathrm{eff}} = h_1 e_1 + h_2 e_2 + (h_3 + H) e_3 \tag{4.1b}$$

代入 LLG 方程，得到

$$\frac{\mathrm{d}M}{\mathrm{d}t} = -\gamma \begin{vmatrix} e_1 & e_2 & e_3 \\ m_1 & m_2 & m_3 + M_0 \\ h_1 & h_2 & h_3 + H \end{vmatrix} + \frac{\alpha}{M} \begin{vmatrix} e_1 & e_2 & e_3 \\ m_1 & m_2 & m_3 + M_0 \\ \dot{m}_1 & \dot{m}_2 & \dot{m}_3 \end{vmatrix} \tag{4.2}$$

将式(4.2)展开，得到其分量形式为

$$\dot{m}_1 = -\gamma \left[m_2(h_3 + H) - (m_3 + M_0)h_2 \right] + \frac{\alpha}{M}\left[m_2\dot{m}_3 - (m_3 + M_0)\dot{m}_2 \right] \tag{4.3a}$$

$$\dot{m}_2 = -\gamma \left[(m_3 + M_0)h_1 - m_1(h_3 + H) \right] + \frac{\alpha}{M}\left[(m_3 + M_0)\dot{m}_1 - m_1\dot{m}_3 \right] \tag{4.3b}$$

$$\dot{m}_3 = -\gamma \left(m_1 h_2 - m_2 h_1 \right) + \frac{\alpha}{M}\left(m_1\dot{m}_2 - m_2\dot{m}_1 \right) \tag{4.3c}$$

若 $h_0 \ll H$ ，磁化强度作小角进动， $m_j(j=1,2,3) \ll M_0 \approx M$ 。去掉分量方程中的二阶小量，式(4.3)变为

$$\dot{m}_1 = \gamma \left(M_0 h_2 - H m_2 \right) - \beta \dot{m}_2 \tag{4.4a}$$

$$\dot{m}_2 = -\gamma \left(M_0 h_1 - H m_1 \right) + \beta \dot{m}_1 \tag{4.4b}$$

$$\dot{m}_3 = 0 \tag{4.4c}$$

其中， $\beta = \alpha M_0 / M$ ，磁化强度的 $\boldsymbol{e}_3$ 交变分量 $m_3 = 0$ 。

参照式(2.83)，微波下 LLG 方程的小角解具有受迫阻尼振动的形式。设 $m_{1,2} = m_{01,02}\mathrm{e}^{\mathrm{i}\omega t}$ ，则磁化强度的 $\boldsymbol{e}_1$ 和 $\boldsymbol{e}_2$ 分量方程式(4.4a)和式(4.4b)变为

$$\mathrm{i}\omega m_{01} + (\gamma H + \mathrm{i}\omega\beta)m_{02} = \gamma M_0 h_{02} \tag{4.5a}$$

$$(\gamma H + \mathrm{i}\omega\beta)m_{01} - \mathrm{i}\omega m_{02} = \gamma M_0 h_{01} \tag{4.5b}$$

由式(4.5)直接求得

$$m_{01} = \gamma M_0 \frac{(\gamma H + \mathrm{i}\omega\beta)h_{01} + \mathrm{i}\omega h_{02}}{(\gamma H + \mathrm{i}\omega\beta)^2 - \omega^2} \tag{4.6a}$$

$$m_{02} = \gamma M_0 \frac{(\gamma H + \mathrm{i}\omega\beta)h_{02} - \mathrm{i}\omega h_{01}}{(\gamma H + \mathrm{i}\omega\beta)^2 - \omega^2} \tag{4.6b}$$

设 $\boldsymbol{h}_0 = (h_0\sin\theta_h\cos\varphi_h, h_0\sin\theta_h\sin\varphi_h, h_0\cos\theta_h)$ ，磁化强度的交变分量在微波磁场方向上的投影为

$$m_h = \frac{\boldsymbol{m} \cdot \boldsymbol{h}_0}{h_0} = (m_{01}\sin\theta_h\cos\varphi_h + m_{02}\sin\theta_h\sin\varphi_h)\mathrm{e}^{\mathrm{i}\omega t} \tag{4.7a}$$

将式(4.6)代入式(4.7a)，得到

$$m_h = \left[\gamma M_0 \frac{\gamma H + \mathrm{i}\omega\beta}{(\gamma H + \mathrm{i}\omega\beta)^2 - \omega^2} h_0\sin^2\theta_h \right]\mathrm{e}^{\mathrm{i}\omega t} \tag{4.7b}$$

式(4.7b)可写成如下形式：

$$m_h = m_{h0}\mathrm{e}^{\mathrm{i}(\omega t - \varphi_0)} \tag{4.8a}$$

其中，

$$m_{h0} = \frac{\left(\gamma M_0 h_0 \sin^2\theta_h\right)C_0}{\left[\left(\gamma H\right)^2 - \left(1+\beta^2\right)\omega^2\right]^2 + \left(2\omega\beta\gamma H\right)^2} \tag{4.8b}$$

$$\cos\varphi_0 = \frac{\gamma H\left[\left(\gamma H\right)^2 - \left(1-\beta^2\right)\omega^2\right]}{C_0} \tag{4.8c}$$

$$\sin\varphi_0 = \frac{\beta\omega\left[\left(\gamma H\right)^2 + \left(1+\beta^2\right)\omega^2\right]}{C_0} \tag{4.8d}$$

$$C_0^2 = \left(\gamma H\right)^2\left[\left(\gamma H\right)^2 - \left(1-\beta^2\right)\omega^2\right]^2 + \left(\beta\omega\right)^2\left[\left(\gamma H\right)^2 + \left(1+\beta^2\right)\omega^2\right]^2 \tag{4.8e}$$

φ_0 反映了磁化强度落后微波磁场的相位。

复数磁化率为

$$\tilde{\chi} \equiv \chi' - \mathrm{i}\chi'' \equiv \frac{m_h}{h} = \frac{m_{h0}\mathrm{e}^{-\mathrm{i}\varphi_0}}{h_0} \tag{4.9}$$

其实部和虚部分别为

$$\chi' = \frac{m_{h0}}{h_0}\cos\varphi_0, \quad \chi'' = \frac{m_{h0}}{h_0}\sin\varphi_0 \tag{4.10}$$

将式(4.8)代入式(4.10)，则

$$\chi' = \frac{\left(\gamma M_0\right)\left(\gamma H\right)\left[\left(\gamma H\right)^2 - \left(1-\beta^2\right)\omega^2\right]}{\left[\left(\gamma H\right)^2 - \left(1+\beta^2\right)\omega^2\right]^2 + \left(2\omega\beta\gamma H\right)^2}\sin^2\theta_h \tag{4.11a}$$

$$\chi'' = \frac{\left(\gamma M_0\right)\left(\beta\omega\right)\left[\left(\gamma H\right)^2 + \left(1+\beta^2\right)\omega^2\right]}{\left[\left(\gamma H\right)^2 - \left(1+\beta^2\right)\omega^2\right]^2 + \left(2\omega\beta\gamma H\right)^2}\sin^2\theta_h \tag{4.11b}$$

小阻尼下，磁导率的实部和虚部可简化为

$$\chi' = \frac{\left(\gamma M_0\right)\left(\gamma H\right)\left(\gamma^2 H^2 - \omega^2\right)}{\left(\gamma^2 H^2 - \omega^2\right)^2 + \left(2\omega\beta\gamma H\right)^2}\sin^2\theta_h \tag{4.12a}$$

$$\chi'' = \frac{\left(\gamma M_0\right)\left(\beta\omega\right)\left(\gamma^2 H^2 + \omega^2\right)}{\left(\gamma^2 H^2 - \omega^2\right)^2 + \left(2\omega\beta\gamma H\right)^2}\sin^2\theta_h \tag{4.12b}$$

可见，只有知道了 M_0 的大小，才能求解式(4.12)。

为了反映进动磁谱的变化规律,讨论小角近似下的结果。取 $M_0 \approx M$,$\beta \approx \alpha$,式(4.12)变为

$$\chi' = \frac{(\gamma M)(\gamma H)\left(\gamma^2 H^2 - \omega^2\right)}{\left(\gamma^2 H^2 - \omega^2\right)^2 + \left(2\alpha\omega\gamma H\right)^2}\sin^2\theta_h \tag{4.13a}$$

$$\chi'' = \frac{(\gamma M)(\alpha\omega)\left(\gamma^2 H^2 + \omega^2\right)}{\left(\gamma^2 H^2 - \omega^2\right)^2 + \left(2\alpha\omega\gamma H\right)^2}\sin^2\theta_h \tag{4.13b}$$

图 4.1 给出了不同因素对自然共振磁谱的影响,包括微波磁场角度 θ_h、磁化强度 M、外加直流磁场强度 H 和阻尼系数 α。图 4.1(a)表明,当 $M = 1.0\text{T}$,$\alpha = 0.02$,$H = 0.10\text{T}$ 时,若微波磁场角度 θ_h 为 90° 和 45°,磁谱的线型不变,但磁化率的实部和虚部均逐渐降低。可以预期 $\theta_h = 0°$ 时,微波磁场无法驱动磁化强度运动;$\theta_h = 90°$ 时,驱动磁化强度的能力最大。若微波磁场垂直于直流磁场,$\theta_h = 90°$,固定 $H = 0.10\text{T}$ 和 $\alpha = 0.02$,图 4.1(b)表明随着 M 从 0.5~1.0T 变化时,磁化率增大。说明磁化强度越大,越有利于获得高磁导率。固定 $\theta_h = 90°$,

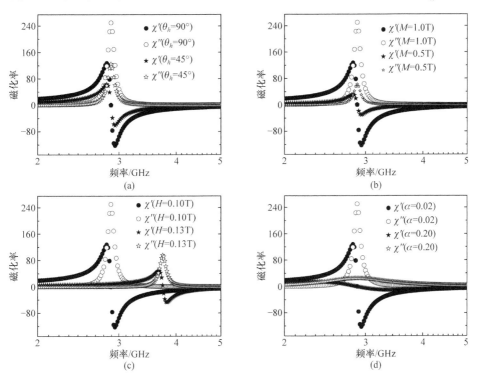

图 4.1 不同因素对自然共振磁谱的影响

(a) 微波磁场角度;(b) 磁化强度;(c) 外加直流磁场强度;(d) 阻尼系数

$M = 1.0\text{T}$ 和 $\alpha = 0.02$，图 4.1(c)表明随着 H 从 0.10～0.13T 变化，共振峰位向高频方向移动，且相应的起始磁导率下降。可见，软磁各向异性越大，工作频率越高，磁导率越小。固定 $H = 0.10\text{T}$，$M = 1.0\text{T}$，图 4.1(d)表明随着 α 从 0.02～0.20 变化，共振峰位置和起始磁导率变化不大，吸收峰变宽，但很难得到严格意义上的弛豫线型。

由式(4.13)可见，①当 $\omega \to 0$ 时，实部和虚部的起始转动磁化率分别为

$$\chi'_{\text{i}} = \frac{M}{H}\sin^2\theta_h \tag{4.14a}$$

$$\chi''_{\text{i}} = 0^+ \tag{4.14b}$$

② 当 $\omega \to \infty$ 时，

$$\chi'_{\infty} = 0^- \tag{4.15a}$$

$$\chi''_{\infty} = 0^+ \tag{4.15b}$$

③ 共振时，利用 $\text{d}\chi''/\text{d}\omega = 0$，得到

$$\left(\gamma^2 H^2 - \omega^2\right)\left[\gamma^4 H^4 + 2\left(3 - 2\alpha^2\right)\gamma^2 H^2\omega^2 + \omega^4\right] = 0 \tag{4.16a}$$

鉴于小阻尼下，$\left[\cdots\right] = 0$ 要求 $\omega^2 < 0$，所以共振频率只能为

$$\omega_{\text{r}} = \gamma H \tag{4.16b}$$

相应的磁化率为

$$\chi'\left(\omega_{\text{r}}\right) = 0 \tag{4.17a}$$

$$\chi''\left(\omega_{\text{r}}\right) = \chi''_{\max} = \frac{\gamma M\sin^2\theta_h}{2\alpha\omega_{\text{r}}} = \frac{M\sin^2\theta_h}{2\alpha H} \tag{4.17b}$$

若将式(4.14a)与式(4.16b)相乘，得到

$$\chi'_{\text{i}}\omega_{\text{r}} = \gamma M\sin^2\theta_h \tag{4.18}$$

说明起始转动磁化率与共振频率的乘积正比于软磁材料的磁化强度。当微波磁场垂直于磁化强度的稳定方向时，$\theta_h = 90°$，两者具有最大的乘积。该乘积越大，表明工作频率越高或磁导率越大，预示着工作带宽越宽或对微波磁场的响应能力越强。

为了获得虚部的特征关系，分析共振峰的特征量：位置、高度和半高宽。处在 $\omega_{\text{r}} = \gamma H$ 的共振峰，其峰高满足式(4.17b)，而半高宽处的磁化率满足 $\chi''\left(\omega_{\text{w}}\right) = \chi''_{\max}/2$。利用式(4.13b)和式(4.17b)，得到

$$\frac{\alpha^2\omega_{\text{w}}\gamma H\left(\gamma^2 H^2 + \omega_{\text{w}}^2\right)}{\left(\gamma^2 H^2 - \omega_{\text{w}}^2\right)^2 + \left(2\alpha\omega_{\text{w}}\gamma H\right)^2} = \frac{1}{4} \tag{4.19a}$$

其中，ω_w 为半高处的频率。为获得该一元四次方程的近似解，设 $\gamma H + \omega_\text{w} \approx 2\omega_\text{r}$，式(4.19a)变为

$$\frac{\alpha^2 \omega_\text{w} \left(4\omega_\text{r} - 2\omega_\text{w}\right)}{\left(\omega_\text{r} - \omega_\text{w}\right)^2 + \left(\alpha\omega_\text{w}\right)^2} = 1 \tag{4.19b}$$

其中，利用 $\omega_\text{r} = \gamma H$，整理得到

$$\left(1 + 3\alpha^2\right)\omega_\text{w}^2 - 2\left(1 + 2\alpha^2\right)\omega_\text{r}\omega_\text{w} + \omega_\text{r}^2 = 0 \tag{4.19c}$$

解此一元二次方程，得到

$$\omega_\text{w} = \frac{\left(1 + 2\alpha^2\right) \pm \alpha\sqrt{1 + 4\alpha^2}}{1 + 3\alpha^2}\omega_\text{r} \tag{4.19d}$$

得到半高宽为

$$\Delta\omega = \frac{2\alpha\sqrt{1 + 4\alpha^2}}{1 + 3\alpha^2}\omega_\text{r} \approx 2\alpha\omega_\text{r} \tag{4.20}$$

若将式(4.17b)与式(4.20)相乘，得到

$$\chi''_\text{max}\Delta\omega = \gamma M\sin^2\theta_h \tag{4.21}$$

可见，虚部极大值与半高宽的乘积也正比于材料的磁化强度，且该乘积与式(4.18)具有相同的结果。

为了解虚部半高位置与实部极值位置的关系，利用 $\text{d}\chi'/\text{d}\omega = 0$，由式(4.13a)得到

$$2\omega\left[\left(\omega_\text{r}^2 - \omega^2\right)^2 - 4\alpha^2\omega_\text{r}^4\right] = 0 \tag{4.22a}$$

除 $\omega = 0$ 的解外，另两个解为

$$\omega_\pm = \sqrt{1 \pm 2\alpha}\,\omega_\text{r} \approx (1 \pm \alpha)\omega_\text{r} \tag{4.22b}$$

这一结果与低阻尼下式(4.19d)具有相似的结果，即实部极值位置近似与虚部半高位置相对应，实部极值之间的间距与虚部半高宽相对应。将式(4.22b)代入式(4.13a)，得到

$$\chi'_\text{max} \approx -\chi'_\text{min} \approx \frac{1}{2}\chi''_\text{max} \tag{4.23}$$

可见，实部极大值对应于虚部极大值的 $1/2$，而实部极小值为虚部极大值的 $-1/2$，如图 4.2 所示。

综合以上，直流磁场决定了共振的位置 $\omega_\text{r} = \gamma H$；它与磁化强度一起决定了

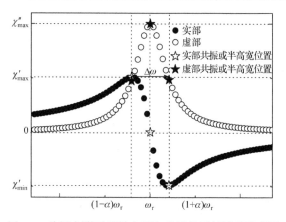

图 4.2　共振点附近磁谱实部和虚部的近似关系示意图

起始转动磁导率 $\chi'_i = M/H < \chi'_{\max}$；它与阻尼系数的组合决定了吸收峰的高度 $\chi''_{\max}$ 和半高宽 $\Delta\omega = 2\alpha\omega_r$。更为重要的是，起始磁导率实部与共振频率的乘积等于虚部共振峰的高度与半高宽的乘积，两者均正比于磁化强度的大小。微波磁场与磁化强度稳定方向越趋近于垂直，这一乘积越大。

4.2　易轴各向异性的 Snoek 极限

图 4.3 给出了轴各向异性六角晶系的球形单畴颗粒示意图。利用式(3.42)，其磁晶各向异性能为

$$F = K_0 + K_1\sin^2\theta + K_2\sin^4\theta + K_3\sin^6\theta + K'_3\sin^6\theta\cos6\varphi + \cdots \tag{4.24}$$

利用式(3.27)，得到

$$H_1^{\mathrm{eff}} = \frac{\sin\varphi}{\mu_0 M\sin\theta}\frac{\partial F}{\partial \varphi} \tag{4.25a}$$

$$H_2^{\mathrm{eff}} = \frac{-\cos\varphi}{\mu_0 M\sin\theta}\frac{\partial F}{\partial \varphi} \tag{4.25b}$$

$$H_3^{\mathrm{eff}} = \frac{1}{\mu_0 M\sin\theta}\frac{\partial F}{\partial \theta} \tag{4.25c}$$

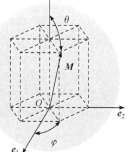

图 4.3　六角晶系球形单畴颗粒示意图　　对应的等效场分量分别为

$$H_1^{\mathrm{eff}} = \frac{\sin\varphi}{\mu_0 M}\left[-6K'_3\sin^5\theta\sin6\varphi + \cdots\right] \tag{4.26a}$$

$$H_2^{\mathrm{eff}} = \frac{-\cos\varphi}{\mu_0 M}\left[-6K'_3\sin^5\theta\sin6\varphi + \cdots\right] \tag{4.26b}$$

$$H_3^{\text{eff}} = \frac{\cos\theta}{\mu_0 M}\left[2K_1 + 4K_2\sin^2\theta + 6K_3\sin^4\theta + 6K_3'\sin^4\theta\cos6\varphi + \cdots\right] \quad (4.26c)$$

小角进动时，$\theta \to 0$。以上等效场变为

$$H_1^{\text{eff}} = H_2^{\text{eff}} = 0, \quad H_3^{\text{eff}} = \frac{2K_1}{\mu_0 M} = H_K \quad (4.26d)$$

施加线偏振磁场 $\boldsymbol{h} = \boldsymbol{h}_0 e^{i\omega t}$，则磁化强度和总等效场分别写为

$$\boldsymbol{M} = m_1\boldsymbol{e}_1 + m_2\boldsymbol{e}_2 + (m_3 + M_0)\boldsymbol{e}_3 \quad (4.27a)$$

$$\boldsymbol{H}_{\text{eff}} = h_1\boldsymbol{e}_1 + h_2\boldsymbol{e}_2 + (h_3 + H_K)\boldsymbol{e}_z \quad (4.27b)$$

该各向异性场驱动的磁化强度运动完全类似于式(4.1)描述的情况。唯一的不同在于 $H \to H_K$。将式(4.27)代入 LLG 动力学方程，利用 $h_0 \ll H_K$ 时，磁化强度作小角进动，求得

$$m_{01} = \gamma M_0 \frac{(\gamma H_K + i\omega\beta)h_{01} + i\omega h_{02}}{(\gamma H_K + i\omega\beta)^2 - \omega^2} \quad (4.28a)$$

$$m_{02} = \gamma M_0 \frac{(\gamma H_K + i\omega\beta)h_{02} - i\omega h_{01}}{(\gamma H_K + i\omega\beta)^2 - \omega^2} \quad (4.28b)$$

其中，$\beta = \alpha M_0 / M$。$\boldsymbol{h}_0 = (h_{01} = h_0\sin\theta_h\cos\varphi_h, h_{02} = h_0\sin\theta_h\sin\varphi_h, h_{03} = h_0\cos\theta_h)$。磁化强度的交变分量在微波磁场方向上的投影为

$$m_h = \frac{\boldsymbol{m} \cdot \boldsymbol{h}_0}{h_0} = \left[\frac{\gamma M_0 h_0 (\gamma H_K + i\omega\beta)}{(\gamma H_K + i\omega\beta)^2 - \omega^2}\sin^2\theta_h\right]e^{i\omega t} \quad (4.29)$$

令 $D_0^2 = (\gamma H_K)^2\left[\gamma^2 H_K^2 - (1-\beta^2)\omega^2\right]^2 + (\beta\omega)^2\left[\gamma^2 H_K^2 + (1+\beta^2)\omega^2\right]^2$，则

$$m_h = m_{h0}e^{i(\omega t - \varphi_0)} \quad (4.30a)$$

$$m_{h0} = \frac{(\gamma M_0 h_0\sin^2\theta_h)D_0}{\left[\gamma^2 H_K^2 - (1+\beta^2)\omega^2\right]^2 + (2\omega\beta\gamma H_K)^2} \quad (4.30b)$$

$$\cos\varphi_0 = \frac{\gamma H\left[\gamma^2 H_K^2 - (1-\beta^2)\omega^2\right]}{D_0} \quad (4.30c)$$

$$\sin\varphi_0 = \frac{\beta\omega\left[\gamma^2 H^2 + (1+\beta^2)\omega^2\right]}{D_0} \quad (4.30d)$$

利用复数磁化率 $\tilde{\chi} \equiv \chi' - i\chi''$，得到磁化率的实部和虚部分别为

$$\chi' = \frac{\left(\gamma M_0 \sin^2\theta_h\right)\gamma H_K \left[\gamma^2 H^2 - \left(1-\beta^2\right)\omega^2\right]}{\left[\gamma^2 H_K^2 - \left(1+\beta^2\right)\omega^2\right]^2 + \left(2\omega\beta\gamma H_K\right)^2} \tag{4.31a}$$

$$\chi'' = \frac{\left(\gamma M_0 \sin^2\theta_h\right)\beta\omega\left[\gamma^2 H_K^2 + \left(1+\beta^2\right)\omega^2\right]}{\left[\gamma^2 H_K^2 - \left(1+\beta^2\right)\omega^2\right]^2 + \left(2\omega\beta\gamma H_K\right)^2} \tag{4.31b}$$

小阻尼下，当 $\theta_h = 90°$ 时由磁化率可以求得，自然共振频率和起始转动磁化率分别为

$$\omega_r = \gamma H_K \tag{4.32a}$$

$$\chi_i' = \frac{M_0}{H_K} \approx \frac{M}{H_K} \tag{4.32b}$$

两者相乘，得到

$$\chi_i \omega_r = \gamma M \tag{4.33}$$

可见，起始转动磁化率与共振频率的乘积正比于饱和磁化强度。对于确定的软磁材料，一方面说明乘积反映了材料的内禀属性 M；另一方面说明提高共振频率的同时，一定会降低起始转动磁化率。

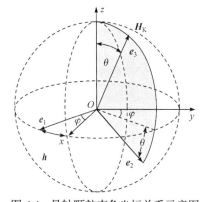

图 4.4　易轴颗粒直角坐标关系示意图

对于多数块状材料，要么是多晶体系，要么是颗粒聚集体。为了获得它们的特征，考虑易轴无规分布的单畴颗粒体系，忽略颗粒之间的相互作用。为描述简单，建立两套坐标系，易轴颗粒直角坐标关系如图 4.4 所示。一套 O-123 坐标系建立在颗粒上，易于描述磁化强度的运动；另一套 O-xyz 坐标系为实验室坐标系，易于描述外加磁场的方向。两坐标系之间满足变换关系：

$$\begin{bmatrix} e_1 \\ e_2 \\ e_3 \end{bmatrix} = \begin{bmatrix} \cos\varphi & -\sin\varphi & 0 \\ \cos\theta\sin\varphi & \cos\theta\cos\varphi & -\sin\theta \\ \sin\theta\sin\varphi & \sin\theta\cos\varphi & \cos\theta \end{bmatrix} \begin{bmatrix} e_x \\ e_y \\ e_z \end{bmatrix} \tag{4.34}$$

假设外加磁场施加在实验室坐标的 x 方向，$h = e_x h_0 e^{i\omega t}$，在 O-123 坐标系中，作用在第 i 个颗粒上的等效场为

$$H_{\text{eff}} = e_1 h\cos\varphi + e_2 h\cos\theta\sin\varphi + e_3\left(h\sin\theta\sin\varphi + H_K\right) \tag{4.35a}$$

其中，假设易磁化方向沿 e_3。类似前面的做法，磁化强度写为

$$\boldsymbol{M} = \boldsymbol{e}_1 m_1 + \boldsymbol{e}_2 m_2 + \boldsymbol{e}_3 \left(M_0 + m_3 \right) \tag{4.35b}$$

若仅讨论共振频率和起始转动磁化率，可以将式(4.35)代入无阻尼 LLG 方程，得到

$$\frac{\mathrm{d}\boldsymbol{M}}{\mathrm{d}t} = -\gamma \begin{vmatrix} \boldsymbol{e}_1 & \boldsymbol{e}_2 & \boldsymbol{e}_3 \\ m_1 & m_2 & m_3 + M_0 \\ h\cos\varphi & h\cos\theta\sin\varphi & H_{\mathrm{K}} + h\sin\theta\sin\varphi \end{vmatrix} \tag{4.36a}$$

假设 $m_{1,2} = m_{10,20}\mathrm{e}^{\mathrm{i}\omega t}$，去掉高阶项，令 $M_0 \approx M$，$\boldsymbol{e}_1$ 和 $\boldsymbol{e}_2$ 方向的分量方程为

$$\begin{aligned} \mathrm{i}\omega m_1 + \gamma H_{\mathrm{K}} m_2 &= \gamma M h\cos\theta\sin\varphi \\ -\gamma H_{\mathrm{K}} m_1 + \mathrm{i}\omega m_2 &= -\gamma M h\cos\varphi \end{aligned} \tag{4.36b}$$

直接求得各分量为

$$m_1 = \gamma M h \frac{\gamma H_{\mathrm{K}}\cos\varphi + \mathrm{i}\omega\cos\theta\sin\varphi}{\gamma^2 H_{\mathrm{K}}^2 - \omega^2} \tag{4.37a}$$

$$m_2 = \gamma M h \frac{\gamma H_{\mathrm{K}}\cos\theta\sin\varphi - \mathrm{i}\omega\cos\varphi}{\gamma^2 H_{\mathrm{K}}^2 - \omega^2} \tag{4.37b}$$

利用逆变换：

$$\begin{bmatrix} \boldsymbol{e}_x \\ \boldsymbol{e}_y \\ \boldsymbol{e}_z \end{bmatrix} = \begin{bmatrix} \cos\varphi & \cos\theta\sin\varphi & \sin\theta\sin\varphi \\ -\sin\varphi & \cos\theta\cos\varphi & \sin\theta\cos\varphi \\ 0 & -\sin\theta & \cos\theta \end{bmatrix} \begin{bmatrix} \boldsymbol{e}_1 \\ \boldsymbol{e}_2 \\ \boldsymbol{e}_3 \end{bmatrix} \tag{4.38}$$

m_1 和 m_2 在 x 方向的投影为

$$m_x = m_1\cos\varphi + m_2\cos\theta\sin\varphi \tag{4.39a}$$

将式(4.37)代入式(4.39a)，得到

$$m_x = \gamma M h \frac{\gamma H_{\mathrm{K}}\left(\cos^2\varphi + \cos^2\theta\sin^2\varphi\right)}{\gamma^2 H_{\mathrm{K}}^2 - \omega^2} \tag{4.39b}$$

从实验室坐标看，该颗粒提供的磁化率为

$$\tilde{\chi} = \frac{m_x}{h} = \gamma M \frac{\gamma H_{\mathrm{K}}\left(\cos^2\varphi + \cos^2\theta\sin^2\varphi\right)}{\gamma^2 H_{\mathrm{K}}^2 - \omega^2} \tag{4.40}$$

对所有的颗粒求平均，可以得到磁化率的实部平均值为

$$\begin{aligned} \bar{\chi}' &= \frac{1}{2\pi} \int_0^{2\pi} \int_0^{\pi/2} \gamma M \frac{\gamma H_{\mathrm{K}}\left(\cos^2\varphi + \cos^2\theta\sin^2\varphi\right)}{\gamma^2 H_{\mathrm{K}}^2 - \omega^2} \sin\theta\,\mathrm{d}\theta\,\mathrm{d}\varphi \\ &= \frac{1}{2} \frac{\gamma M \gamma H_{\mathrm{K}}}{\gamma^2 H_{\mathrm{K}}^2 - \omega^2} \int_0^{\pi/2} \left(1 + \cos^2\theta\right)\sin\theta\,\mathrm{d}\theta = \frac{2}{3} \frac{\gamma M \gamma H_{\mathrm{K}}}{\gamma^2 H_{\mathrm{K}}^2 - \omega^2} \end{aligned} \tag{4.41}$$

可见，利用不同颗粒的自然共振频率依然为

$$\omega_r = \gamma H_K \tag{4.42a}$$

平均起始转动磁化率为

$$\bar{\chi}_i = \frac{2}{3}\frac{M}{H_K} \tag{4.42b}$$

轴各向异性单畴球形颗粒无规分布的平均起始转动磁化率与共振频率的乘积满足：

$$\bar{\chi}_i \omega_r = \frac{2}{3}\gamma M \tag{4.43}$$

此乃著名的斯诺克(Snoek)极限[1]。事实上，式(4.43)还可以很好地描述立方晶系的小角进动结果。其根本原因在于小角近似下，立方晶系的等效场式(3.58)具有易轴晶系同样的形式。尽管如此，两个体系的高频性质还是有很大的不同，将在后续章节中逐步讨论。

4.3　Snoek 极限的易面体系扩展

继续考虑如图 4.3 所示的六角晶系球形单畴颗粒。如果易轴处在 12 平面内，而不是 e_3 轴方向，该易面型六角晶系的各向异性能见式(3.53)：

$$F_{易面} = K_0 + \frac{K_1}{M^2}\left(M_1^2 + M_3^2\right) + \frac{K_2}{M^4}\left(M_1^2 + M_3^2\right)^2 + \frac{K_3 - K_3'}{M^6}\left(M_1^2 + M_3^2\right)^3$$
$$+ \frac{K_3'}{M^6}\left[32M_1^6 - 48\left(M_1^2 + M_3^2\right)M_1^4 + 18\left(M_1^2 + M_3^2\right)^2 M_1^2\right] \tag{4.44}$$

其对应的等效场见式(4.45)：

$$H_1^{eff} = 0 \tag{4.45a}$$

$$H_2^{eff} = \frac{2K_1 + 4K_2 + 6K_3 + 30K_3'}{\mu_0 M^2}M_2 \tag{4.45b}$$

$$H_3^{eff} = \frac{36K_3'}{\mu_0 M^2}M_3 \tag{4.45c}$$

为了保证 e_3 方向为易磁化方向，要求 $K_3' > 0$，且 $2K_1 + 4K_2 + 6K_3 + 30K_3' < 0$。

若施加的线偏振磁场 $h = e_1 h e^{i\omega t}$，则磁化强度和总等效场可以写为

$$M = m_1 e_1 + m_2 e_2 + \left(m_3 + M_0\right)e_3$$
$$H_{eff} = h e^{i\omega t} e_1 - H_{轴}\frac{m_2}{M}e_2 + H_{面}\frac{m_3 + M_0}{M}e_z \tag{4.46a}$$

其中，

$$H_{轴} = \frac{\left|2K_1 + 4K_2 + 6K_3 + 30K_3'\right|}{\mu_0 M} \tag{4.46b}$$

$$H_{面} = \frac{36K_3'}{\mu_0 M} \tag{4.46c}$$

将式(4.46)代入无阻尼的 LLG 动力学方程，得到

$$\begin{bmatrix} \dot{m}_1 \\ \dot{m}_2 \\ \dot{m}_3 \end{bmatrix} = -\frac{\gamma}{M} \begin{bmatrix} m_2(m_3 + M_0)H_{面} + (m_3 + M_0)m_2 H_{轴} \\ (m_3 + M_0)Mhe^{i\omega t} - m_1(m_3 + M_0)H_{面} \\ -m_1 m_2 H_{轴} - Mm_2 he^{i\omega t} \end{bmatrix} \tag{4.47a}$$

设磁化强度作小角进动，$m_{1,2} = m_{10,20}e^{i\omega t}$，$m_3 = 0$，去掉高阶小量，得到

$$i\omega m_{10} + \frac{\gamma M_0}{M}\left(H_{轴} + H_{面}\right)m_{20} = 0$$

$$-\frac{\gamma M_0}{M}H_{面}m_{10} + i\omega m_{20} = -\gamma h M_0 \tag{4.47b}$$

由此求得，e_1 方向磁化强度动力学分量的振幅为

$$m_{10} = \frac{\gamma h M_0 \dfrac{\gamma M_0}{M}\left(H_{轴} + H_{面}\right)}{\left(\dfrac{\gamma M_0}{M}\right)^2 H_{面}\left(H_{轴} + H_{面}\right) - \omega^2} \tag{4.48}$$

对应的磁化率实部为

$$\chi' = \frac{m_{10}}{h} = \frac{\gamma M_0 \dfrac{\gamma M_0}{M}\left(H_{轴} + H_{面}\right)}{\left(\dfrac{\gamma M_0}{M}\right)^2 H_{面}\left(H_{轴} + H_{面}\right) - \omega^2} \tag{4.49}$$

可见，小角近似下 $M_0 \approx M$，自然共振频率和起始转动磁化率分别为

$$\omega_r = \gamma \sqrt{H_{面}\left(H_{轴} + H_{面}\right)} \tag{4.50a}$$

$$\chi_i' = \frac{M}{H_{面}} \tag{4.50b}$$

两者相乘，得到

$$\chi_i \omega_r = \gamma M \sqrt{1 + \frac{H_{轴}}{H_{面}}} \approx \gamma M \sqrt{\frac{H_{轴}}{H_{面}}} \tag{4.51}$$

这一结论完全等价于早期平面铁氧体中的结果[2]：

$$\left(\mu_{\mathrm{i}}-1\right)f_{\mathrm{r}}=\frac{\gamma}{2\pi}\sqrt{\frac{H_{\mathrm{K}\theta}}{H_{\mathrm{K}\varphi}}+\frac{H_{\mathrm{K}\varphi}}{H_{\mathrm{K}\theta}}}\approx\frac{\gamma}{2\pi}\sqrt{\frac{H_{\mathrm{K}\theta}}{H_{\mathrm{K}\varphi}}} \tag{4.52a}$$

其中，$\mu_{\mathrm{i}}=1+\chi_{\mathrm{i}}$，$2\pi f_{\mathrm{r}}=\omega_{\mathrm{r}}$，且

$$H_{\mathrm{K}\theta}=\frac{1}{\mu_0 M\sin\theta}\left(\frac{\partial^2 F}{\partial\theta^2}\right)_{\mathrm{eq}},H_{\mathrm{K}\varphi}=\frac{1}{\mu_0 M\sin\theta}\left(\frac{\partial^2 F}{\partial\varphi^2}\right)_{\mathrm{eq}} \tag{4.52b}$$

与斯诺克极限相比，易面各向异性系统的高频软磁特征参数 $\chi_{\mathrm{i}}\omega_{\mathrm{r}}$ 不仅正比于磁化强度，还正比于各向异性关系 $\left(H_{轴}/H_{面}\right)^{1/2}$。饱和磁化强度近似相等的 Co_2Z 和 $NiFe_2O_4$ 铁氧体，分别属于易面各向异性和易轴各向异性，表现为前者具有更高的共振频率，如图 1.3 所示。可见，易面各向异性系统更有利于获得高的高频软磁特征参数 $\chi_{\mathrm{i}}\omega_{\mathrm{r}}$。

除铁氧体外，在稀土金属间化合物中也发现了大量的易面各向异性系统[3]，如图 4.5 所示。在研究稀土永磁的过程中，发现在稀土元素与过渡金属含量之比为 2∶17、1∶14 和 1∶12 三个体系中也存在易面结构。由于永磁研究关注的重点不同，易面稀土化合物发现之初并未引起关注。随着高频磁性需求的发展，易面稀土过渡金属首先在微波吸收材料中得到了重视[4]。可以预期，易面稀土金属间化合物在功率软磁中有望取得突破。这些应用对于我国稀土资源综合利用具有重要的意义。

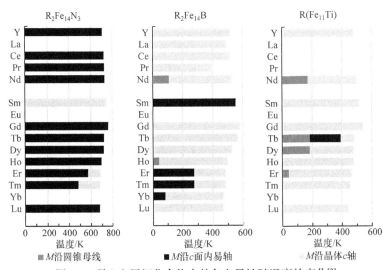

图 4.5　稀土金属间化合物中的各向异性随温度的变化[3]

事实上，实现易面各向异性需要调整组成的元素。图 4.6 给出了 Sm 含量(x)变化时 $Ce_{2-x}Sm_xFe_{17}N_{3-\delta}$各向异性变化的示意图[5]。随着 Sm 含量的增加，易磁化

方向发生由易面、易锥面到易轴的变化。当然，成分的变化通常还可能带来饱和磁化强度和晶体结构的变化。也就是说，寻找新的易面各向异性体系并不是一件简单的事情。尽管如此，大量存在的易面稀土金属间化合物，为优异高频性质的实现提供了新的选择。

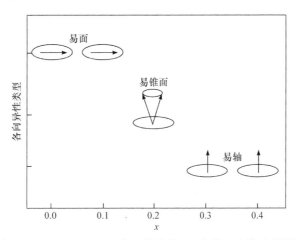

图 4.6　$Ce_{2-x}Sm_xFe_{17}N_{3-\delta}$各向异性随 Sm 含量($x$)变化示意图[5]

4.4　形状各向异性的 Kittel 公式

为简单而又不失普适性，选择各向同性的多晶颗粒椭球。如图 4.7 所示，假设椭球的主轴分别位于 O-123 坐标系的三个坐标轴上，椭球的各向异性仅仅来自形状。若外加交变磁场沿 e_1 方向，在 e_3 方向施加直流磁场 H，则作用在磁化强度上的等效场为

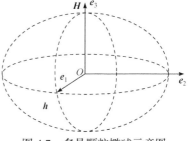

$$\boldsymbol{H}_{\text{eff}} = \boldsymbol{e}_1\left(he^{i\omega t} - N_1M_1\right) - \boldsymbol{e}_2N_2M_2$$
$$+ \boldsymbol{e}_3\left(H - N_3M_3\right) \tag{4.53}$$

其中，N_1、N_2 和 N_3 分别为椭球在 e_1、e_2 和 e_3 方向上的退磁因子。

图 4.7　多晶颗粒椭球示意图

将式(4.53)代入无阻尼的 LLG 方程，得到

$$\frac{\mathrm{d}\boldsymbol{M}}{\mathrm{d}t} = -\gamma \begin{vmatrix} \boldsymbol{e}_1 & \boldsymbol{e}_2 & \boldsymbol{e}_3 \\ M_1 & M_2 & M_3 \\ he^{i\omega t} - N_1M_1 & -N_2M_2 & H - N_3M_3 \end{vmatrix} \tag{4.54}$$

其分量形式为

$$\dot{M}_1 = -\gamma \left[M_2 \left(H - N_3 M_3 \right) + M_3 N_2 M_2 \right]$$
$$\dot{M}_2 = -\gamma \left[M_3 \left(h e^{i\omega t} - N_1 M_1 \right) - M_1 \left(H - N_3 M_3 \right) \right] \qquad (4.55)$$
$$\dot{M}_3 = -\gamma \left[-M_1 N_2 M_2 - M_2 \left(h e^{i\omega t} - N_1 M_1 \right) \right]$$

设直流磁场沿 e_3 方向将椭球饱和磁化，微波磁场驱动下，磁化强度绕 e_3 轴作小角进动，$M_3 \approx M_0 \approx M$。将简谐形式的 e_1 和 e_2 分量 $M_{1,2} = M_{10,20} e^{i\omega t}$ 代入式(4.55)，得到

$$i\omega M_{10} + \gamma \left[H - \left(N_3 - N_2 \right) M \right] M_{20} = 0$$
$$-\gamma \left[H - \left(N_3 - N_1 \right) M_0 \right] M_{10} + i\omega M_{20} = -\gamma M h \qquad (4.56)$$

由此求得 e_1 分量的振幅为

$$M_{10} = \frac{\gamma h M_0 \gamma \left[H - \left(N_3 - N_2 \right) M \right]}{\gamma^2 \left[H - \left(N_3 - N_2 \right) M \right] \left[H - \left(N_3 - N_1 \right) M \right] - \omega^2} \qquad (4.57)$$

对应的磁化率实部为

$$\chi' = \frac{M_{10}}{h} = \frac{\gamma M_0 \gamma \left[H - \left(N_3 - N_2 \right) M \right]}{\gamma^2 \left[H - \left(N_3 - N_2 \right) M \right] \left[H - \left(N_3 - N_1 \right) M \right] - \omega^2} \qquad (4.58)$$

可见，起始转动磁化率和共振频率分别为

$$\chi_i = \frac{M}{H - \left(N_3 - N_1 \right) M} \qquad (4.59a)$$

$$\omega_r = \gamma \sqrt{\left[H - \left(N_3 - N_2 \right) M \right] \left[H - \left(N_3 - N_1 \right) M \right]} \qquad (4.59b)$$

这就是著名的基特尔(Kittel)公式[6]。相应的高频磁性特征数为

$$\chi_i \omega_r = \gamma M \sqrt{\frac{H - \left(N_3 - N_2 \right) M}{H - \left(N_3 - N_1 \right) M}} \qquad (4.60)$$

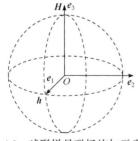

图 4.8　球形样品磁场施加示意图

为认识形状对高频特征参数的调制，下面讨论几种特殊几何情况。

(1) 对于球形样品，如图 4.8 所示，$N_1 = N_2 = N_3 = 1/3$，则

$$\chi_i = \frac{M}{H}, \quad \omega_r = \gamma H \qquad (4.61a)$$

$$\chi_i \omega_r = \gamma M \qquad (4.61b)$$

(2) 对于细圆柱样品，①若 e_3 轴沿圆柱方向，如图 4.9(a)所示，则 $N_1 = N_2 = 1/2$，$N_3 = 0$，

$$\chi_i = \frac{M}{H + M/2}, \quad \omega_r = \gamma(H + M/2) \tag{4.62a}$$

$$\chi_i \omega_r = \gamma M \tag{4.62b}$$

② 若 e_3 轴垂直于圆柱方向，微波磁场平行于圆柱方向，如图 4.9(b)所示，则 $N_2 = N_3 = 1/2$，$N_1 = 0$，

$$\chi_i = \frac{M}{H - M/2}, \quad \omega_r = \gamma\sqrt{H(H - M/2)} \tag{4.63a}$$

$$\chi_i \omega_r = \gamma M \sqrt{\frac{H}{H - M/2}} \tag{4.63b}$$

③ 若 e_3 轴垂直于圆柱方向，微波磁场垂直于圆柱方向，如图 4.9(c)所示，则 $N_1 = N_3 = 1/2$，$N_2 = 0$，

$$\chi_i = \frac{M}{H}, \quad \omega_r = \gamma\sqrt{H(H + M/2)} \tag{4.64a}$$

$$\chi_i \omega_r = \gamma M \sqrt{\frac{H + M/2}{H}} \tag{4.64b}$$

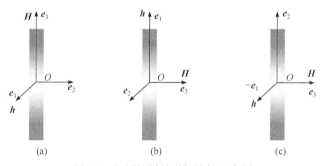

图 4.9　细圆柱样品磁场施加示意图

(a) e_3 轴沿圆柱方向；(b) e_3 轴垂直于圆柱方向，微波磁场平行于圆柱方向；(c) e_3 轴垂直于圆柱方向，微波磁场垂直于圆柱方向

(3) 对于薄圆片样品，①若 e_3 轴垂直圆片平面，如图 4.10(a)所示，则 $N_1 = N_2 = 0$，$N_3 = 1$，

$$\chi_i = \frac{M}{H - M}, \quad \omega_r = \gamma(H - M) \tag{4.65a}$$

$$\chi_i \omega_r = \gamma M \tag{4.65b}$$

② 若 e_3 轴在圆片面内，微波磁场垂直于圆片平面，如图 4.10(b)所示，则 $N_2 = $

$N_3 = 0$, $N_1 = 1$,

$$\chi_i = \frac{M}{H+M}, \ \omega_r = \gamma\sqrt{H(H+M)} \tag{4.66a}$$

$$\chi_i \omega_r = \gamma M \sqrt{\frac{H}{H+M}} \tag{4.66b}$$

③ 若 e_3 轴在圆片面内,微波磁场也在圆片平面,如图 4.10(c)所示,则 $N_1 = N_3 = 0$,$N_2 = 1$,

$$\chi_i = \frac{M}{H}, \ \omega_r = \gamma\sqrt{H(H+M)} \tag{4.67a}$$

$$\chi_i \omega_r = \gamma M \sqrt{\frac{H+M}{H}} \tag{4.67b}$$

可见,不同方向上高频磁性特征参数的差异,完全取决于外场和形状各向异性形成的有效各向异性场的对称性。

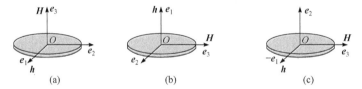

图 4.10　薄圆盘样品磁场施加示意图

(a) e_3 轴垂直圆片平面；(b) e_3 轴在圆片面内,微波磁场垂直于圆片平面；(c) e_3 轴在圆片面内,微波磁场也在圆片平面

4.5　薄膜体系的 Acher 极限

考虑无限大各向异性薄膜,其面内单轴各向异性场为 H_a。H_a 和退磁场决定了薄膜的磁化强度沿膜内 e_3 方向。建立如图 4.10(c)所示的外加磁场关系,设 $H_a \parallel H$,则磁化强度和总等效场可以写为

$$M = m_1 e_1 + m_2 e_2 + (m_3 + M_0) e_3 \tag{4.68a}$$

$$H_{\text{eff}} = h e_1 - m_2 e_2 + (H + H_a) e_3 \tag{4.68b}$$

无阻尼的动力学方程为

$$\frac{dM}{dt} = -\gamma \begin{vmatrix} e_1 & e_2 & e_3 \\ m_1 & m_2 & m_3 + M_0 \\ h & -m_2 & H + H_a \end{vmatrix} \tag{4.69}$$

其分量形式为

$$\begin{cases} \dot{m}_1 = -\gamma \Big[(H + H_a) m_2 + m_2 (m_3 + M_0) \Big] \\ \dot{m}_2 = -\gamma \Big[h(m_3 + M_0) - (H + H_a) m_1 \Big] \\ \dot{m}_3 = -\gamma [-m_1 m_2 - h m_2] \end{cases} \tag{4.70a}$$

略去二阶以上高价小量，分量方程变为

$$\begin{cases} \dot{m}_1 = -\gamma \Big[(H + H_a) m_2 + m_2 M \Big] \\ \dot{m}_2 = -\gamma \Big[hM - (H + H_a) m_1 \Big] \\ \dot{m}_3 = 0 \end{cases} \tag{4.70b}$$

其中，利用了小角近似下 $M_0 \approx M$。可见，e_3 分量为常量，微波磁场 $h = h_0 \mathrm{e}^{\mathrm{i}\omega t}$ 主要影响磁化强度在薄膜面内的分量。设 $m_{1,2} = m_{10,20} \mathrm{e}^{\mathrm{i}\omega t}$，则动力学分量方程 4.70(b) 变为

$$\begin{aligned} \mathrm{i}\omega m_{10} + \gamma (H + H_a + M) m_{20} &= 0 \\ -\gamma (H + H_a) m_{10} + \mathrm{i}\omega m_{20} &= -\gamma h_0 M \end{aligned} \tag{4.71}$$

解得

$$m_{10} = \frac{\gamma^2 h_0 M (H + H_a + M)}{\gamma^2 (H + H_a)(H + H_a + M) - \omega^2} \tag{4.72}$$

由此得到磁化率的实部为

$$\chi' = \frac{m_{10}}{h_0} = \frac{\gamma^2 M (H + H_a + M)}{\gamma^2 (H + H_a)(H + H_a + M) - \omega^2} \tag{4.73}$$

可见，共振频率和起始转动磁化率分别为

$$\omega_r = \gamma \sqrt{(H + H_a)(H + H_a + M)} \tag{4.74a}$$

$$\chi_i = \lim_{\omega \to 0} \chi' = M / (H + H_a) \tag{4.74b}$$

利用式(4.74)，得到高频磁性特征参数满足：

$$\chi_i \omega_r = \gamma M \sqrt{\frac{M}{H + H_a} + 1} \tag{4.75}$$

对于磁性金属薄膜来讲，通常面内各向异性场 $H_a \ll M \approx 1000 \mathrm{Oe}$。无外加磁的情况下，式(4.74)和式(4.75)变为

$$\omega_r \approx \gamma \sqrt{MH_a} \tag{4.76a}$$

$$\chi_i = M / H_a \tag{4.76b}$$

$$\chi_i \omega_r = \gamma M \sqrt{\frac{M}{H_a}} \tag{4.76c}$$

若将式(4.76c)写为

$$\chi_i \omega_r^2 = (\gamma M)^2 \tag{4.77}$$

即起始转动磁化率与共振频率平方的乘积正比于饱和磁化强度的平方,此乃阿谢(Acher)极限[7]。

显然,斯诺克极限与阿谢极限存在明显的差异。2002年,布兹尼科夫(Buznikov)讨论了含垂直各向异性的薄膜,得到了与阿谢极限类似的结论[8]。然而,利用磁控溅射的$(Co_{96}Zr_4/Cu)_n$纳米多层膜,在吉赫兹频段的磁导率高于300,如图4.11所示[9]。显然,多层膜结构具有比阿谢极限更高的工作频率特性,已成为实现吉赫兹频段射频应用的一条有效途径[10]。为此,不得不思考,都是磁化强度的进动,以上不同模型有什么内在的关系。甚至什么是描述高频磁性特征的真正参数? 也就是说,需要考虑什么参数可以统一地描述斯诺克极限及其在平面铁氧体中扩展、基特尔公式及其在薄膜中的阿谢极限,以及对它们的超越。

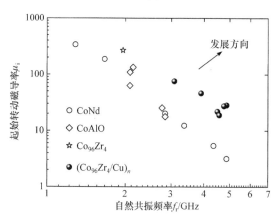

图4.11   不同薄膜起始转动磁导率与自然共振频率关系图[9]

4.6   普适的双各向异性模型

要找到普适的高频磁性模型,首先是磁各向异性应具有普遍性。回顾第3章描述的各种磁各向异性来源,其具体表示形式可以分为两类:一是与磁化强度成正比的部分,包括塞曼能量和交换作用能;二是与磁化强度分量的偶次方成正比的部分,包括磁晶各向异性、磁弹各向异性、应力磁各向异性和退磁能。因此,磁各向异性自由能的一般形式为

$$F = -\mu_0 \sum_{i=1,2,3} M_i H_i + \left(\sum_{i=1,2,3} a_i \frac{M_i^2}{M^2} + \sum_{i,j=1,2,3} b_{ij} \frac{M_i^2 M_j^2}{M^4} + \cdots \right) = F_H + F_K \tag{4.78}$$

其中，指标 $i=1,2,3$ 分别描述了直角坐标系中的 e_1、e_2 和 e_3 分量，且磁化强度的静态稳定方向沿 e_3 方向。第一项为第一类磁各向异性的外磁场等效形式 F_H，其他各项为第二类磁各向异性的磁晶各向异性等效形式 F_K。为了反映铁磁物质内禀的高频磁性特征，暂不考虑外磁场形式的各向异性，只讨论有限大小样品自身的类磁晶各向异性等效形式。

稳定状态下的铁磁物质，其磁化强度总是稳定在某一易轴上。设该易轴方向沿 e_3 方向。利用：

$$\begin{cases} M_1 = M\sin\theta\cos\varphi \\ M_2 = M\sin\theta\sin\varphi \\ M_3 = M\cos\theta \end{cases} \tag{4.79}$$

参照式(3.36)获得的过程，式(4.78)中的 F_K 项可以写为

$$F_K = K_0 + \sum_{i=1}^{\infty} K_i \sin^{2i}\theta + \sum_{i=1}^{\infty} K_i \sin^{2i}\theta \sum_{j=1}^{i} K'_{ij}\cos(2j\varphi) \tag{4.80}$$

其中，除第一项常数外，第二项描述了完全轴对称各项，第三项描述了具有 $2n$ 重对称的各项。考虑到 j 越大，对称性越高，其各向异性展开系数越小，小角近似下，能够同时反映完全轴对称($n \to \infty$)和 $2n$ 重轴对称贡献的最简单形式自由能为

$$F_K = K_1\sin^2\theta + K_2\sin^2\theta\cos^2\varphi \tag{4.81a}$$

对应的直角坐标分量形式为

$$F_K = \frac{K_1}{M^2}M_1^2 + \frac{K_1+K_2}{M^2}M_2^2 \tag{4.81b}$$

显然，若 $K_2 = 0$，易轴只与 θ 有关，具有最高的对称性；若 $K_2 \neq 0$，易轴具有与 φ 有关的最低对称性——二重对称性。可见，式(4.81)虽然形式简单，但它是一个可以描述最低对称性到最高对称性变化的磁各向异性普适模型。反过来，只要 $K_1 > K_2 > 0$，利用：

$$\frac{\partial F_K}{\partial \theta} = \sin 2\theta\left(K_1 + K_2\cos^2\varphi\right) = 0 \tag{4.82a}$$

$$\frac{\partial^2 F_K}{\partial \theta^2} = 2\cos 2\theta\left(K_1 + K_2\cos^2\varphi\right) > 0 \tag{4.82b}$$

可见，$\theta = 0°$ 一定是稳定方向。

为了求解 LLG 方程，构建普适的高频磁性特征参数，先求模型对应的等效场。将式(4.81b)代入 $H_i^{\text{eff}} = -\dfrac{1}{\mu_0}\dfrac{\partial F}{\partial M_i}$($i=1,2,3$)，得到等效场为

$$H_1^{\text{eff}} = -H_\parallel \frac{M_1}{M}$$

$$H_2^{\text{eff}} = -H_\perp \frac{M_2}{M} \tag{4.83a}$$

$$H_3^{\text{eff}} = 0$$

其中,

$$H_\parallel = \frac{2K_1}{\mu_0 M} = H_{K_1}$$

$$H_\perp = \frac{2(K_1 + K_2)}{\mu_0 M} = H_{K_1} + H_{K_2} \tag{4.83b}$$

如图 4.12 所示,对于易轴沿 e_3 方向的双各向异性($H_\parallel$ 和 $H_\perp$)模型,由于 $H_\parallel < H_\perp$,易磁化面位于 e_1 和 e_3 所在的平面,而难磁化面位于 e_2 和 e_3 所在的平面。

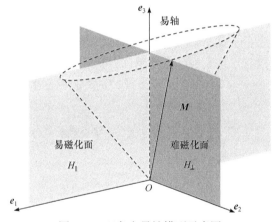

图 4.12 双各向异性模型示意图

若微波磁场 $h = h_0 e^{i\omega t}$ 施加在 e_1 方向上,磁化强度 $M(t) = M_0 e_3 + m(t)$,磁化强度和等效场分别写为

$$M = (m_1, m_2, m_3 + M_0)$$

$$H_{\text{eff}} = \left(h - H_\parallel \frac{m_1}{M}, -H_\perp \frac{m_2}{M}, 0 \right) \tag{4.84}$$

将式(4.84)代入 LLG 方程,得到

$$\dot{M} = -\gamma \begin{vmatrix} e_1 & e_2 & e_3 \\ m_1 & m_2 & m_3 + M_0 \\ h - H_\parallel \dfrac{m_1}{M} & -H_\perp \dfrac{m_2}{M} & 0 \end{vmatrix} + \frac{\alpha}{M} \begin{vmatrix} e_1 & e_2 & e_3 \\ m_1 & m_2 & m_3 + M_0 \\ \dot{m}_1 & \dot{m}_2 & \dot{m}_3 \end{vmatrix} \tag{4.85}$$

与 4.5 节处理类似，小角近似下，去掉高阶项，取 $M_0 \approx M$。设 $m_{1,2} = m_{10,20} \mathrm{e}^{\mathrm{i}\omega t}$，由式(4.85)得到

$$\mathrm{i}\omega m_{10} + \left(\gamma H_\perp + \mathrm{i}\omega\alpha\right) m_{20} = 0 \tag{4.86a}$$

$$-\left(\gamma H_\parallel + \mathrm{i}\omega\alpha\right) m_{10} + \mathrm{i}\omega m_{20} = -\gamma h M \tag{4.86b}$$

$$m_{30} = 0 \tag{4.86c}$$

由此直接解得

$$m_{10} = \frac{\gamma h M \left(\gamma H_\perp + \mathrm{i}\alpha\omega\right)}{\left(\gamma H_\parallel + \mathrm{i}\alpha\omega\right)\left(\gamma H_\perp + \mathrm{i}\alpha\omega\right) - \omega^2} \tag{4.87a}$$

$$m_{20} = \frac{-\gamma h M \left(\mathrm{i}\omega\right)}{\left(\gamma H_\parallel + \mathrm{i}\alpha\omega\right)\left(\gamma H_\perp + \mathrm{i}\alpha\omega\right) - \omega^2} \tag{4.87b}$$

利用磁化率的定义，$\tilde{\chi} = m_{10} / h$，得到 $\tilde{\chi} = \chi' - \mathrm{i}\chi''$ 各项分别为

$$\tilde{\chi} = \gamma M \frac{\left(\gamma H_\perp + \mathrm{i}\alpha\omega\right)}{\left[\gamma^2 H_\parallel H_\perp - \left(1 + \alpha^2\right)\omega^2\right] + \mathrm{i}\alpha\omega\gamma\left(H_\parallel + H_\perp\right)} \tag{4.88a}$$

$$\chi' = \gamma M \frac{\gamma H_\perp \left(\gamma^2 H_\parallel H_\perp - \omega^2\right) + \alpha^2\omega^2\gamma H_\parallel}{\left[\gamma^2 H_\parallel H_\perp - \left(1 + \alpha^2\right)\omega^2\right]^2 + \left[\alpha\omega\gamma\left(H_\parallel + H_\perp\right)\right]^2} \tag{4.88b}$$

$$\chi'' = \gamma M \frac{\alpha\omega\left[\gamma^2 H_\perp^2 + \left(1 + \alpha^2\right)\omega^2\right]}{\left[\gamma^2 H_\parallel H_\perp - \left(1 + \alpha^2\right)\omega^2\right]^2 + \left[\alpha\omega\gamma\left(H_\parallel + H_\perp\right)\right]^2} \tag{4.89}$$

小阻尼下，实部和虚部分别为

$$\chi' = \gamma M \frac{\gamma H_\perp \left(\gamma^2 H_\parallel H_\perp - \omega^2\right)}{\left(\gamma^2 H_\parallel H_\perp - \omega^2\right)^2 + \alpha^2\omega^2\gamma^2\left(H_\parallel + H_\perp\right)^2} \tag{4.90a}$$

$$\chi'' = \gamma M \frac{\alpha\omega\left(\gamma^2 H_\perp^2 + \omega^2\right)}{\left(\gamma^2 H_\parallel H_\perp - \omega^2\right)^2 + \alpha^2\omega^2\gamma^2\left(H_\parallel + H_\perp\right)^2} \tag{4.90b}$$

利用 $\chi' = 0$ 时的频率对应于共振频率 ω_r，得到

$$\omega_\mathrm{r} = \gamma\sqrt{H_\parallel H_\perp} \tag{4.91a}$$

利用 $\omega = 0$ 时，χ' 对应于起始转动磁导率：

$$\chi_\mathrm{i} = \frac{M}{H_\parallel} \tag{4.91b}$$

两者相乘，即可得到磁导率实部展现的高频磁性特征参数满足：

$$\chi_i \omega_r = \gamma M \sqrt{\frac{H_\perp}{H_\parallel}} \tag{4.92}$$

这就是本章提出的双各向异性模型[11]。

若 $H_{K_2} = 0$，$H_\parallel = H_\perp$，式(4.92)回到了斯诺克极限的单畴颗粒形式式(4.33)；若 $H_{K_2} = H_{轴}$，$H_{K_1} = H_{面}$，式(4.92)回到了斯诺克极限的平面各向异性拓宽形式式(4.51)；若 $H_{K_2} = M$，$H_{K_1} = H_a$，式(4.92)回到了基特尔公式的阿谢极限形式式(4.77)。从这个意义上讲，再次说明双各向异性模型是一个普适的磁化强度动力学模型。由该模型得到的高频磁性特征参数也具有普遍性。

下面讨论虚部体现的高频磁性特征参数。由式(4.90b)可得，共振处的虚部极大值为

$$\chi''_{\max} = \frac{M}{\alpha \left(H_\parallel + H_\perp \right)} \sqrt{\frac{H_\perp}{H_\parallel}} \tag{4.93}$$

鉴于 χ' 极值之间的间距与虚部半高宽近似相等，由 $d\chi'/d\omega = 0$，得到

$$\omega \left[\left(\gamma^2 H_\parallel H_\perp - \omega^2 \right)^2 - \alpha^2 \left(\gamma^2 H_\parallel H_\perp \right) \gamma^2 \left(H_\parallel + H_\perp \right)^2 \right] = 0 \tag{4.94}$$

由此求得极值对应的频率满足：

$$\omega_\pm = \gamma \sqrt{H_\parallel H_\perp} \sqrt{1 \pm \alpha \frac{\left(H_\parallel + H_\perp \right)}{\sqrt{H_\parallel H_\perp}}} \tag{4.95}$$

小阻尼下，虚部半高宽为

$$\Delta\omega = \omega_+ - \omega_- \approx \gamma\alpha \left(H_\parallel + H_\perp \right) \tag{4.96}$$

式(4.93)与式(4.96)相乘，得到

$$\chi''_{\max} \Delta\omega = \gamma M \sqrt{\frac{H_\perp}{H_\parallel}} \tag{4.97}$$

此乃虚部体现出的特征参数规律。

比较式(4.92)和式(4.97)，得到

$$\chi_i \omega_r = \gamma M \sqrt{\frac{H_\perp}{H_\parallel}} = \chi''_{\max} \Delta\omega \tag{4.98}$$

可见，式(4.98)是磁化强度小角进动的普适特征，其中 $\gamma M \sqrt{H_\perp / H_\parallel}$ 为高频磁性的本征特征参数，而 $\chi_i \omega_r = \chi''_{\max} \Delta\omega$ 为高频磁性的表观特征参数。对于薄膜样品来讲，

$H_\perp$ 反映了薄膜磁化强度翘出膜面的退磁场，通常由材料的磁化强度决定；$H_\parallel$ 主要来自样品自身的有效各向异性。通过调制薄膜的 $H_\parallel$，可以提高样品的共振频率。调制 $H_\parallel$ 的方案通常有倾斜溅射[12]、铁磁或反铁磁钉扎[9]技术。

以下说明式(4.98)的物理本质。由柯西积分可知，复变函数 $\tilde{\chi}(\omega) = \chi'(\omega) + \mathrm{i}\chi''(\omega)$ 的实部和虚部之间满足：

$$\chi'(\omega) = \frac{1}{\pi}P\int_{-\infty}^{\infty}\frac{\chi''(\omega')}{\omega'-\omega}\mathrm{d}\omega' \tag{4.99a}$$

$$\chi''(\omega) = -\frac{1}{\pi}P\int_{-\infty}^{\infty}\frac{\chi'(\omega')}{\omega'-\omega}\mathrm{d}\omega' \tag{4.99b}$$

令 $\omega_r^2 = \gamma^2 H_\parallel H_\perp$，$\beta^2 = \alpha^2\gamma^2\left(H_\parallel + H_\perp\right)^2$，$\chi_0 = \gamma M\gamma H_\perp$，在共振峰位附近，若 $\gamma^2 H_\perp^2 + \omega^2 \to \gamma H_\perp\gamma\left(H_\perp + H_\parallel\right)$，则(4.90)形式的磁化率为洛伦兹(Lorentz)型的响应函数为

$$\tilde{\chi}(\omega) = \frac{\chi_0}{\left(\omega_r^2-\omega^2\right)-\mathrm{i}\beta\omega} = \frac{\left(\omega_r^2-\omega^2\right)\chi_0}{\left(\omega_r^2-\omega^2\right)^2+\left(\beta\omega\right)^2} + \mathrm{i}\,\frac{\beta\omega\chi_0}{\left(\omega_r^2-\omega^2\right)^2+\left(\beta\omega\right)^2} \tag{4.100}$$

式(4.100)满足 $\tilde{\chi}^*(-\omega) = \tilde{\chi}(\omega)$，$\tilde{\chi}(\omega)$ 的实部为偶函数，虚部为奇函数。这时，式(4.99)的被积函数可以变形为

$$\frac{\chi''(\omega')}{\omega'-\omega} = \frac{(\omega'+\omega)\chi''(\omega')}{\omega'^2-\omega^2} \tag{4.101a}$$

$$\frac{\chi'(\omega')}{\omega'-\omega} = \frac{(\omega'+\omega)\chi'(\omega')}{\omega'^2-\omega^2} \tag{4.101b}$$

利用式(4.102)：

$$P\int_{-\infty}^{\infty}\frac{(\omega'+\omega)\chi''(\omega')}{\omega'^2-\omega^2}\mathrm{d}\omega' = 2P\int_0^{\infty}\frac{\omega'\chi''(\omega')}{\omega'^2-\omega^2}\mathrm{d}\omega' \tag{4.102a}$$

$$P\int_{-\infty}^{\infty}\frac{(\omega'+\omega)\chi'(\omega')}{\omega'^2-\omega^2}\mathrm{d}\omega' = 2P\int_0^{\infty}\frac{\omega\chi'(\omega')}{\omega'^2-\omega^2}\mathrm{d}\omega' \tag{4.102b}$$

式(4.99)变为

$$\chi'(\omega) = \frac{2}{\pi}P\int_0^{\infty}\frac{\omega'\chi''(\omega')}{\omega'^2-\omega^2}\mathrm{d}\omega' \tag{4.103a}$$

$$\chi''(\omega) = -\frac{2}{\pi}P\int_0^{\infty}\frac{\omega\chi'(\omega')}{\omega'^2-\omega^2}\mathrm{d}\omega' \tag{4.103b}$$

此乃响应函数磁化率实部和虚部之间的一般性关系，即通常说的克拉默斯-克勒尼希(Kramers- Krönig，KK)关系[13]。令 $\omega = \omega_r$，式(4.103b)变为

$$\chi''(\omega_r) = \frac{2}{\pi} \omega_r \chi_0 P \int_0^\infty \frac{d\omega'}{\left(\omega_r^2 - \omega'^2\right)^2 + \left(\beta\omega'\right)^2} \tag{4.104}$$

令 $\left(\omega_r^2 - \omega'^2\right)^2 + \left(\beta\omega'\right)^2 = 0$，解得

$$\omega_1' = \frac{i\beta + \sqrt{-\beta^2 + 4\omega_r^2}}{2}, \omega_2' = \frac{i\beta - \sqrt{-\beta^2 + 4\omega_r^2}}{2} \tag{4.105a}$$

$$\omega_3' = \frac{-i\beta + \sqrt{-\beta^2 + 4\omega_r^2}}{2}, \omega_4' = \frac{-i\beta - \sqrt{-\beta^2 + 4\omega_r^2}}{2} \tag{4.105b}$$

$\omega_{1,2,3,4}'$ 是复平面中被积函数的四个奇点，其中只有 $\omega_{1,2}'$ 在上半复平面。被积函数 $f(\omega') = \left[\left(\omega_r^2 - \omega'^2\right)^2 + \left(\beta\omega'\right)^2\right]^{-1}$ 在 $\omega_{1,2}'$ 的留数为

$$\text{Res}f(\omega_1') = \lim_{\omega' \to \omega_1'} \frac{1}{(\omega' - \omega_2')(\omega' - \omega_3')(\omega' - \omega_4')}$$

$$= \frac{1}{i\beta\sqrt{-\beta^2 + 4\omega_r^2}\left(\sqrt{-\beta^2 + 4\omega_r^2} + i\beta\right)} \tag{4.106a}$$

$$\text{Res}f(\omega_2') = \lim_{\omega' \to \omega_2'} \frac{1}{(\omega' - \omega_1')(\omega' - \omega_3')(\omega' - \omega_4')}$$

$$= \frac{1}{i\beta\sqrt{-\beta^2 + 4\omega_r^2}\left(\sqrt{-\beta^2 + 4\omega_r^2} - i\beta\right)} \tag{4.106b}$$

根据留数定理：

$$\int_0^\infty f(\omega')d\omega' = \frac{1}{2}\int_{-\infty}^\infty f(\omega')d\omega' = \pi i\left[\text{Res}f(\omega_1') + \text{Res}f(\omega_2')\right] = \frac{\pi}{2\beta\omega_r^2} \tag{4.107}$$

磁导率虚部最大值式(4.104)变为

$$\chi''_{\max} = \frac{\chi_0}{\beta\omega_r} \tag{4.108}$$

与式(4.93)一致。可得推论，式(4.98)的特征关系取决于 KK 关系。

下面讨论磁化强度小角进动的轨迹特征。参考式(4.87)，磁化强度在 e_1 和 e_2 方向上的动态分量可分别写为

$$m_1 = a\cos(\omega t - \varphi_1), \quad m_2 = b\sin(\omega t - \varphi_2) \tag{4.109}$$

写成复数形式为

$$m_1 = ae^{i(\omega t - \varphi_1)} = m_{10}e^{i\omega t}, m_2 = -ibe^{i(\omega t - \varphi_2)} = m_{20}e^{i\omega t} \tag{4.110a}$$

其中，

$$m_{10} = ae^{-i\varphi_1}, m_{20} = -ibe^{-i\varphi_2} \tag{4.110b}$$

由式(4.87)，得到小阻尼近似下有

$$a = \gamma hM \frac{\sqrt{(\gamma H_\perp)^2 (\gamma^2 H_\parallel H_\perp - \omega^2)^2 + (\alpha\omega)^2 (\gamma^2 H_\perp^2 + \omega^2)^2}}{(\gamma^2 H_\parallel H_\perp - \omega^2)^2 + (\alpha\omega\gamma)^2 (H_\parallel + H_\perp)^2} \tag{4.111a}$$

$$b = \gamma hM \omega \frac{\sqrt{(\gamma^2 H_\parallel H_\perp - \omega^2)^2 + (\alpha\omega\gamma)^2 (H_\parallel + H_\perp)^2}}{(\gamma^2 H_\parallel H_\perp - \omega^2)^2 + (\alpha\omega\gamma)^2 (H_\parallel + H_\perp)^2} \tag{4.111b}$$

$$\cos\varphi_1 = \frac{\gamma H_\perp (\gamma^2 H_\parallel H_\perp - \omega^2)}{\sqrt{(\gamma H_\perp)^2 (\gamma^2 H_\parallel H_\perp - \omega^2)^2 + (\alpha\omega)^2 (\gamma^2 H_\perp^2 + \omega^2)^2}} \tag{4.111c}$$

$$\sin\varphi_1 = \frac{\alpha\omega(\gamma^2 H_\perp^2 + \omega^2)}{\sqrt{(\gamma H_\perp)^2 (\gamma^2 H_\parallel H_\perp - \omega^2)^2 + (\alpha\omega)^2 (\gamma^2 H_\perp^2 + \omega^2)^2}} \tag{4.111d}$$

$$\cos\varphi_2 = \frac{\alpha\omega\gamma (H_\parallel + H_\perp)}{\sqrt{(\gamma^2 H_\parallel H_\perp - \omega^2)^2 + (\alpha\omega\gamma)^2 (H_\parallel + H_\perp)^2}} \tag{4.111e}$$

$$\sin\varphi_2 = \frac{(\gamma^2 H_\parallel H_\perp - \omega^2)}{\sqrt{(\gamma^2 H_\parallel H_\perp - \omega^2)^2 + (\alpha\omega\gamma)^2 (H_\parallel + H_\perp)^2}} \tag{4.111f}$$

由式(4.109)，得到

$$\frac{m_1^2}{a^2} + \frac{m_2^2}{b^2} = 1 + \sin[2\omega t - (\varphi_1 + \varphi_2)]\sin(\varphi_1 - \varphi_2) \tag{4.112a}$$

$$\frac{2m_1 m_2}{ab} = \sin[2\omega t - (\varphi_1 + \varphi_2)] + \sin(\varphi_1 - \varphi_2) \tag{4.112b}$$

其中，利用了 $\cos 2\alpha = 2\cos^2\alpha - 1 = 1 - 2\sin^2\alpha$ ，$\cos\alpha - \cos\beta = -2\sin\frac{\alpha+\beta}{2}\sin\frac{\alpha-\beta}{2}$ ，$\sin\alpha\cos\beta = \frac{1}{2}[\sin(\alpha+\beta) + \sin(\alpha-\beta)]$ 。将式 (4.112a) 减去 $\sin(\varphi_1 - \varphi_2)$ 乘以式(4.112b)，得到

$$\frac{m_1^2}{a^2} - \frac{2m_1 m_2}{ab}\sin(\varphi_1 - \varphi_2) + \frac{m_2^2}{b^2} = \cos^2(\varphi_1 - \varphi_2) \tag{4.113}$$

通常这是一个半轴不在 e_1 和 e_2 方向上的椭圆，类似于电磁学中的李萨如图形。

利用式(4.111)，得到

$$\frac{b}{a} = \omega \sqrt{\frac{\left(\omega_r^2 - \omega^2\right)^2 + (\alpha\omega\gamma H_\perp)^2\left(1 + H_\parallel / H_\perp\right)^2}{(\gamma H_\perp)^2\left(\omega_r^2 - \omega^2\right)^2 + (\alpha\omega)^2\left(\gamma^2 H_\perp^2 + \omega^2\right)^2}} \tag{4.114a}$$

$$\sin(\varphi_2 - \varphi_1) = \gamma H_\perp\left(\omega_r^2 - \omega^2\right)^2 - (\alpha\omega)^2\left(\gamma^2 H_\perp^2 + \omega^2\right)\gamma\left(H_\parallel + H_\perp\right)$$

$$\bigg/ \bigg[\sqrt{(\gamma H_\perp)^2\left(\omega_r^2 - \omega^2\right)^2 + (\alpha\omega)^2\left(\gamma^2 H_\perp^2 + \omega^2\right)^2}$$

$$\times \sqrt{\left(\omega_r^2 - \omega^2\right)^2 + (\alpha\omega\gamma)^2\left(H_\parallel + H_\perp\right)^2}\bigg] \tag{4.114b}$$

其中，$\omega_r = \gamma\sqrt{H_\parallel H_\perp}$。定义 $x = \omega / \omega_r$，$y = \gamma H_\perp / \omega_r$，式(4.114)变为

$$\frac{b}{a} = x\frac{d_1}{d_2} \tag{4.115a}$$

$$\sin(\varphi_2 - \varphi_1) = \frac{y\left[\left(1 - x^2\right)^2 - (\alpha x)^2\left(x^2 + y^2\right)\left(1 + H_\parallel / H_\perp\right)\right]}{d_1 d_2} \tag{4.115b}$$

其中，

$$d_1 = \sqrt{\left(1 - x^2\right)^2 + (\alpha xy)^2\left(1 + H_\parallel / H_\perp\right)^2} \tag{4.115c}$$

$$d_2 = \sqrt{y^2\left(1 - x^2\right)^2 + (\alpha x)^2\left(x^2 + y^2\right)^2} \tag{4.115d}$$

图 4.13 为固定共振频率时，不同各向异性场下的振幅比(b/a)和相位差 $[\sin(\varphi_2 - \varphi_1)]$ 随微波磁场频率的变化。若保持 $\omega_r = 1\text{GHz}$，取 $\gamma H_\parallel$ 为 0.1GHz、0.5GHz 和 1.0GHz，则 $\gamma H_\perp$ 为 10GHz、2.0GHz 和 1.0GHz，对应的 y 分别为 10、2.0 和 1.0，$H_\parallel / H_\perp$ 分别为 0.01、0.25 和 1.0。由图 4.13 可见，随着频率的增加，不同各向异性下的 b/a 均在增加，$\varphi_2 - \varphi_1$ 由相差 90° 逐渐过渡到共振时的 −90°，再到频率更高时的 90°，不仅轨迹的形状在改变，而且轨迹的方位也在改变。

(1) 当 $\omega \to 0$ 时，$\varphi_2 - \varphi_1 \to 90°$，$a \to (h/H_\parallel)M$，$b \to 0$，磁化强度在 e_1 和 e_3 面(易磁化面)内与外加交变场同相位缓慢偏转。

(2) 当 $\omega \to \infty$ 时，$\varphi_2 - \varphi_1 \to 90°$，$a = b(\gamma H_\perp / \omega) \to 0$，磁化强度主要在 e_2 和 e_3 面(难磁化面)内快速进动，振幅趋于零。也可以说，基本稳定在易磁化方向上。

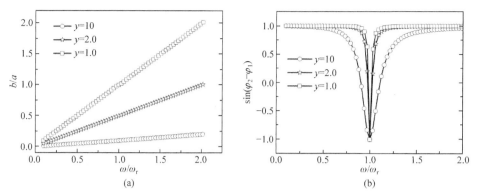

图 4.13　共振峰附近振幅比和相位差随微波磁场频率的变化

(a) b/a ; (b) $\sin(\varphi_2 - \varphi_1)$

(3) 共振时，$\omega \to \gamma\sqrt{H_\parallel H_\perp}$，$\varphi_2 - \varphi_1 \to 90°$，$a/b = \sqrt{H_\perp / H_\parallel}$，磁化强度绕 $\boldsymbol{e}_3$ 轴作椭圆进动，进动的相位落后于微波磁场 $\pi/2$。此时，椭圆的主轴在 $\boldsymbol{e}_1$ 和 $\boldsymbol{e}_2$ 方向上。若 $H_{K_2} = 0$，磁化强度在 $\boldsymbol{e}_1$ 和 $\boldsymbol{e}_2$ 构成的平面内的投影为圆轨道，对应于易轴各向异性。

4.7　电场分布调制的磁导率变化

为了验证式(4.98)，测量了厚度为 200nm 和 400nm 坡莫合金 $Fe_{20}Ni_{80}$ 薄膜的磁谱[14]。在 5mm×5mm 薄膜面内的易磁化方向上施加直流磁场，提高共振频率，获得不同大小直流磁场下的磁谱。从实验上直接提取实部起始磁化率、共振频率、虚部极大值和半高宽，得到表观特征参数 $\chi_i f_r$ 和 $\chi''_{\max}\Delta f$ 随外场的变化关系，如图 4.14 所示。显然，实验起始磁化率与共振频率的乘积及虚部极大值与

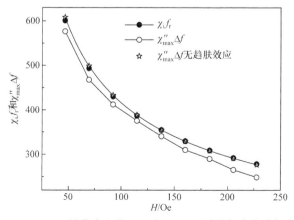

图 4.14　400nm 坡莫合金的 $\chi_i f_r$ 和 $\chi''_{\max}\Delta f$ 随外加直流磁场变化

半高宽的乘积随直流磁场的变化曲线不重合，这与式(4.98)的结论不一致。

为了解释实验结果 $\chi_i f_r \neq \chi''_{\max} \Delta f$ 的原因，首先需要确定内禀参数，得到本征特征参数的变化规律。图 4.15 给出了两个样品的磁滞回线。面内磁滞回线结果表明 200nm 和 400nm 坡莫合金的饱和磁化强度为 $M = 98600\text{kA/m}$，饱和场约为20Oe。面外磁滞回线表明，在零场下样品的磁矩近似完全平行于薄膜表面，在11.36kOe 磁场下饱和磁化，得到面外等效各向异性场 $H_\perp = 11.36\text{kOe}$。说明薄膜是很好的双各向异性系统。

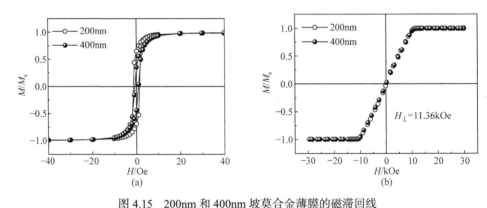

图 4.15　200nm 和 400nm 坡莫合金薄膜的磁滞回线
(a) 面内；(b) 面外

利用共振频率式(4.91a)满足：

$$f_r = \frac{\gamma}{2\pi}\sqrt{H_\parallel H_\perp} = \frac{\gamma}{2\pi}\sqrt{(H_a + H)H_\perp} \tag{4.116}$$

通过拟合如图 4.16 所示的 f_r-H 实验曲线得到 200nm 和 400nm 坡莫合金薄膜的旋磁比分别为 $\gamma = 0.0174\text{GHz/Oe}$ 和 $\gamma = 0.0172\text{Hz/Oe}$，两者大约相等，且样品本身的面内磁各向异性等效场 $H_a \approx 0$。利用以上参数，计算本征特征参数 $\gamma M\sqrt{(H_a + H)/H_\perp}$。该理论特征参数随外场的变化如图 4.14 中星号所示。可见，起始磁化率与共振频率的乘积的实验表观参数 $\chi_i f_r$ 与本征特征参数 $(\gamma M/2\pi)\sqrt{(H_a + H)/H_\perp}$ 完全复合。鉴于 χ_i 和 f_r 与阻尼关联度不大，可以推测 $\chi''_{\max}\Delta f$ 偏离理论预测特征值的原因是 $\chi''_{\max}$ 和 Δf 的理论公式与实际损耗的差异。

特征参数式(4.98)来源于薄膜均匀磁化的磁化率式(4.90)，而且假定了所有内禀参数不随外加磁场变化，包括阻尼系数。磁谱结果表明阻尼系数随外加直流磁场的增加发生了明显的变化，如图 4.17 所示。已知当交变磁场作用在铁磁金属薄膜中，内部的磁通量和磁感应强度会发生变化。由电磁感应定律，在铁磁体内产生垂直于磁通量的环形感应电流，即涡电流。反过来涡电流激发一个磁场阻碍外

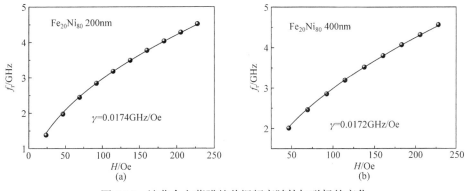

图 4.16　坡莫合金薄膜的共振频率随外加磁场的变化

(a) 200nm; (b) 400nm

加磁场引起的磁通量变化。导体内的实际磁场或磁感应强度总是滞后于外加磁场。这一滞后是由电场与磁场的耦合引起的,必然与电场的分布有关。可见铁磁薄膜中电场分布导致的趋肤效应可能是理解阻尼变化的根源。

为了说明电场作用对磁导率的调制,图 4.18 给出了 200nm 与 400nm 坡莫合金薄膜实部与虚部表观特征参数的差值 $\chi_i' f_r - \chi_{max}'' \Delta f$ 随外加直流磁场的变化。随着外加直流磁场的增加,200nm 坡莫合金薄膜的结果展现了线性增加的趋势,而 400nm 坡莫合金薄膜存在先降低、后增加的现象。若将虚部与实部表观特征参数的差值归于电磁场的趋肤效应影响,趋肤效应在 400nm 的样品中应更为明显,所以该样品中 $\chi_i' f_r - \chi_{max}'' \Delta f$ 也更大。这一推测与实验结果相符。为了获得趋肤效应对磁导率的影响,需要认识导电铁磁物质的本征磁导率与涡流调制之后的表观磁导率之间的关系。

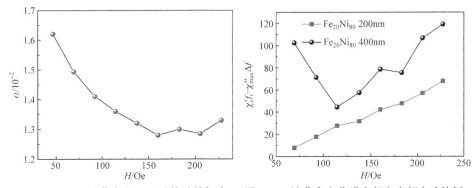

图 4.17　400nm 坡莫合金阻尼系数随外加直流磁场变化

图 4.18　坡莫合金薄膜实部和虚部实验特征值之差随外加直流磁场的变化

对麦克斯韦方程组中的磁场旋度方程再求旋度,利用 $\boldsymbol{J} = \sigma \boldsymbol{E}$ 、$\boldsymbol{D} = \tilde{\varepsilon} \boldsymbol{E}$ 和 $\boldsymbol{B} = \tilde{\mu} \boldsymbol{H}$,对于单色波动的磁场 $e^{-i\omega t}$,得到导体内的磁场满足亥姆霍兹方程:

$$\nabla^2 \boldsymbol{H} + \tilde{k}^2 \boldsymbol{H} = 0 \tag{4.117}$$

其中，

$$\tilde{k}^2 = \tilde{\varepsilon}\tilde{\mu}\omega^2\left(1 + i\frac{\sigma}{\tilde{\varepsilon}\omega}\right) = \frac{\omega^2}{c^2}\left(\tilde{\varepsilon}_r + i\frac{\sigma}{\varepsilon_0\omega}\right)\tilde{\mu}_r \tag{4.118}$$

设波矢 $k_0 = \omega/c$ 的平面波形式磁场为

$$\boldsymbol{H}_0 = \boldsymbol{e}_x h_0 e^{i(k_0 z - \omega t)} \tag{4.119}$$

由真空沿 z 方向垂直入射电导率为 σ，相对电容率和相对磁导率满足如式(4.120)所示的无限大软磁金属薄膜。

$$\varepsilon_r = \varepsilon_r' + i\varepsilon_r'' \tag{4.120a}$$

$$\mu_r = \mu_r' + i\mu_r'' \tag{4.120b}$$

由场量的边值关系，得到软磁金属中的磁场满足：

$$\boldsymbol{H} = \boldsymbol{e}_x h_0 e^{i(\tilde{k}\cdot z - \omega t)} \tag{4.121}$$

在 $z = 0$ 处，薄膜中的磁场与外加磁场相等。可见，求出 $\tilde{k}$ 是获得薄膜内磁场的关键。

若将复波矢写为实部和虚部的形式：

$$\tilde{k} = k + i\kappa \tag{4.122}$$

对于垂直入射的情况，κ 和 k 均平行于 z 方向。对式(4.122)求平方，与式(4.118)比较，利用实部和虚部分别相等，得到

$$k^2 - \kappa^2 = k_0^2\left[\varepsilon_r'\mu_r' - \mu_r''\left(\varepsilon_r'' + \frac{\sigma}{\varepsilon_0\omega}\right)\right] \tag{4.123}$$

$$2k\kappa = k_0^2\left[\varepsilon_r'\mu_r'' + \left(\varepsilon_r'' + \frac{\sigma}{\varepsilon_0\omega}\right)\mu_r'\right] \tag{4.124}$$

由式(4.123)和式(4.124)解得

$$k^2 = \frac{k_0^2}{2}\left\{\sqrt{\left[\varepsilon_r'^2 + \left(\varepsilon_r'' + \frac{\sigma}{\varepsilon_0\omega}\right)^2\right]\left(\mu_r'^2 + \mu_r''^2\right)} + \left[\varepsilon_r'\mu_r' - \left(\varepsilon_r'' + \frac{\sigma}{\varepsilon_0\omega}\right)\mu_r''\right]\right\} \tag{4.125a}$$

$$\kappa^2 = \frac{k_0^2}{2}\left\{\sqrt{\left[\varepsilon_r'^2 + \left(\varepsilon_r'' + \frac{\sigma}{\varepsilon_0\omega}\right)^2\right]\left(\mu_r'^2 + \mu_r''^2\right)} - \left[\varepsilon_r'\mu_r' - \left(\varepsilon_r'' + \frac{\sigma}{\varepsilon_0\omega}\right)\mu_r''\right]\right\} \tag{4.125b}$$

设 $M = H_\perp = 11.36\text{kOe}$，$\gamma = 17.4\text{GHz/T}$，$\alpha = 0.02$，外加磁场强度为 50Oe 时 $H_\parallel = 70\text{Oe}$，利用式(4.90)，得到无涡流时磁导率随频率的变化，本征磁谱如图 4.19

所示。再利用 $\mu_0 = 4\pi \times 10^{-7}\,\mathrm{T \cdot m \cdot A^{-1}}$，$\sigma = 5.6 \times 10^6\,\mathrm{S \cdot m}$，由式(4.125)可以得到本征磁谱对应的波矢实部和虚部随频率的变化，如图 4.20 所示。可见，波矢在共振峰附近的变化很大。

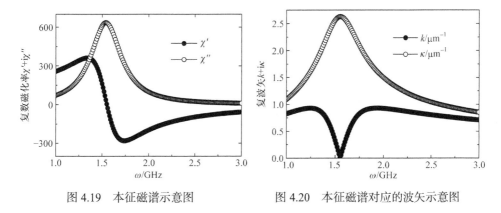

图 4.19　本征磁谱示意图　　　　　　图 4.20　本征磁谱对应的波矢示意图

类似 1.6 节的处理，对于厚度为 $2d$ 的薄膜，若选择薄膜厚度的中心面为 xy 面，外加微波磁场沿 e_x 方向，薄膜中的磁场方程 $\nabla^2 \boldsymbol{H} + \tilde{k}^2 \boldsymbol{H} = 0$ 的解为

$$\boldsymbol{H} = \boldsymbol{e}_x \frac{\mathrm{e}^{\mathrm{i}\tilde{k}z} + \mathrm{e}^{-\mathrm{i}\tilde{k}z}}{\mathrm{e}^{\mathrm{i}\tilde{k}d} + \mathrm{e}^{-\mathrm{i}\tilde{k}d}} h_0 \tag{4.126}$$

即薄膜内磁场沿 e_x 方向，z 方向的传播为衰减形式。考虑到传统铁磁金属的电阻率在 $10^{-7}\,\Omega \cdot \mathrm{m}$ 量级。利用 $\varepsilon_0 = 8.85 \times 10^{-12}\,\mathrm{F/m}$，得到 f 为 10MHz~10GHz 的 $\sigma / \omega \varepsilon_0$ 约为 $10^{11} \sim 10^8$。此时，$\varepsilon_r'' + \sigma / \varepsilon_0 \omega \approx \sigma / \varepsilon_0 \omega \gg \varepsilon_r'$。对于 $\mu_r' < 10^3$ 的软磁金属，式(4.125)可简化为

$$k^2 \approx \kappa^2 \approx \frac{\mu_0 \sigma \omega}{2} \sqrt{\mu_r'^2 + \mu_r''^2} \tag{4.127}$$

将该结论代入式(4.126)，薄膜内的磁场形式变为

$$\boldsymbol{H} = \boldsymbol{e}_x \frac{\mathrm{e}^{k(1-\mathrm{i})z} + \mathrm{e}^{-k(1-\mathrm{i})z}}{\mathrm{e}^{k(1-\mathrm{i})d} + \mathrm{e}^{-k(1-\mathrm{i})d}} h_0 \tag{4.128}$$

利用 $\boldsymbol{B} = \tilde{\mu} \boldsymbol{H}$，可以得到薄膜内的磁感应强度分布为

$$B_y = B_z = 0, B = B_x = \tilde{\mu} \frac{\mathrm{e}^{k(1-\mathrm{i})z} + \mathrm{e}^{-k(1-\mathrm{i})z}}{\mathrm{e}^{k(1-\mathrm{i})d} + \mathrm{e}^{-k(1-\mathrm{i})d}} h_0 \tag{4.129}$$

考虑到在 $z \sim z + \mathrm{d}z$ 的薄层内，薄膜被均匀磁化，该层提供的磁感应强度为

$$\mathrm{d}B = B \frac{\mathrm{d}z}{2d} \tag{4.130}$$

在该几何下，薄膜的总磁感应强度为

$$\bar{B} = \frac{\tilde{\mu}}{2d} \int_{-d}^{d} H \mathrm{d}z = \frac{(1+\mathrm{i})\tilde{\mu}}{2kd} \frac{\mathrm{e}^{k(1-\mathrm{i})d} - \mathrm{e}^{-k(1-\mathrm{i})d}}{\mathrm{e}^{k(1-\mathrm{i})d} + \mathrm{e}^{-k(1-\mathrm{i})d}} h_0 \qquad (4.131)$$

此时，薄膜的平均复数磁导率为

$$\bar{\mu} = \frac{\bar{B}}{h_0} = \frac{(1+\mathrm{i})\tilde{\mu}}{2kd} \frac{\mathrm{e}^{k(1-\mathrm{i})d} - \mathrm{e}^{-k(1-\mathrm{i})d}}{\mathrm{e}^{k(1-\mathrm{i})d} + \mathrm{e}^{-k(1-\mathrm{i})d}} \qquad (4.132\mathrm{a})$$

利用 $\mathrm{e}^{\pm k(1-\mathrm{i})d} = \mathrm{e}^{\pm kd} \left[\cos(kd) \mp \mathrm{i}\sin(kd) \right]$，将式(4.132a)展开得到

$$\bar{\mu} = \frac{(1+\mathrm{i})\tilde{\mu}}{2kd} \frac{\mathrm{sh}(2kd) - \mathrm{i}\sin(2kd)}{\mathrm{ch}(2kd) + \cos(2kd)} \qquad (4.132\mathrm{b})$$

将 $\tilde{\mu} = \mu' + \mathrm{i}\mu''$ 代入式(4.132b)，将其化成 $\bar{\mu} = \bar{\mu}' + \mathrm{i}\bar{\mu}''$ 的形式，可以得到平均磁导率的实部和虚部分别为

$$\bar{\mu}' = \frac{1}{2kd} \frac{\mu' \left[\mathrm{sh}(2kd) + \sin(2kd) \right] - \mu'' \left[\mathrm{sh}(2kd) - \sin(2kd) \right]}{\mathrm{ch}(2kd) + \cos(2kd)} \qquad (4.133\mathrm{a})$$

$$\bar{\mu}'' = \frac{1}{2kd} \frac{\mu' \left[\mathrm{sh}(2kd) - \sin(2kd) \right] + \mu'' \left[\mathrm{sh}(2kd) + \sin(2kd) \right]}{\mathrm{ch}(2kd) + \cos(2kd)} \qquad (4.133\mathrm{b})$$

尽管利用实验结果 $\bar{\mu}'$ 和 $\bar{\mu}''$ 难以反推材料的本征磁导率 μ' 和 μ''，但是利用本征磁导率 μ' 和 μ'' 完全可以推算材料的实验结果 $\bar{\mu}'$ 和 $\bar{\mu}''$。

若将式(4.133)磁导率的实部和虚部写为

$$\bar{\mu}' = \mu' F - \mu'' G \qquad (4.134\mathrm{a})$$

$$\bar{\mu}'' = \mu' G + \mu'' F \qquad (4.134\mathrm{b})$$

其中，定义电场对磁导率的调制函数 F 和 G 分别为

$$F = \frac{1}{2kd} \frac{\mathrm{sh}(2kd) + \sin(2kd)}{\mathrm{ch}(2kd) + \cos(2kd)} \qquad (4.135\mathrm{a})$$

$$G = \frac{1}{2kd} \frac{\mathrm{sh}(2kd) - \sin(2kd)}{\mathrm{ch}(2kd) + \cos(2kd)} \qquad (4.135\mathrm{b})$$

一旦给定本征磁谱，就可以得到复波矢，由式(4.135)可计算不同厚度薄膜的 F 和 G 随频率的变化。将它们代入式(4.134)，即可获得平均磁导率 $\bar{\mu}'$ 和 $\bar{\mu}''$。

假设薄膜的饱和磁化强度 $M = 9663.5\mathrm{Oe}$，阻尼系数 $\alpha = 0.015$，旋磁比 $\gamma = 28.0\mathrm{GHz/T}$，面内各向异性场 $H_{\parallel} = 125.7\mathrm{Oe}$，若垂直各向异性场 $H_{\perp} = M + H_{\parallel} = 9788.5\mathrm{Oe}$，利用式(4.90)可得到薄膜的本征磁谱 $\mu'(\omega)$ 和 $\mu''(\omega)$。其中，式(4.116)确定的自然共振频率 $\omega_{\mathrm{r}} = \gamma\sqrt{H_{\parallel}H_{\perp}} \approx 3.1\mathrm{GHz/T}$。利用该磁导率，考虑

到电导率 $\sigma = 2.00 \times 10^6 \text{S} / \text{m}$ ，由式(4.127)算出波矢随频率的变化，代入式(4.135)，得到调制函数 F 和 G 的色散关系，分别如图 4.21(a)和(b)所示。虽然 100nm 的薄膜，$F(\omega) \approx 1$，$G(\omega) \approx 0$，但随着膜厚的增加，调制函数在整个频率区间变化剧烈。$F(\omega)$ 在 $0 \sim 1$，而 $G(\omega)$ 在 $0 \sim 0.425$ 变化。$F(\omega)$ 在共振频率处为极小值，随薄膜厚度增大逐渐降低，且明显变化的范围变宽。$G(\omega)$ 却在共振频率处先为极大值，后为极小值，且明显变化范围的不对称性逐渐增加。

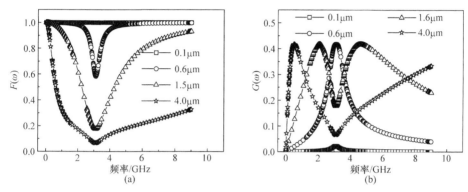

图 4.21　不同厚度薄膜的调制函数随频率变化

(a) $F(\omega)$；(b) $G(\omega)$

利用图 4.21 的结果，由式(4.133)计算得到不同厚度薄膜的平均磁化率谱，如图 4.22 所示。可见，随着薄膜厚度的增加，实部和虚部均在共振频率以下频段变化明显。实部均低于相应的本征磁导率实部，而虚部趋近于零的范围减小。预示着厚膜中，损耗增加的频率范围变宽。薄膜越厚，电场分布越不均匀，涡流影响越大。这一点反映在软磁金属复合材料的实际截止频率中，就是远低于材料本身的自然共振频率。

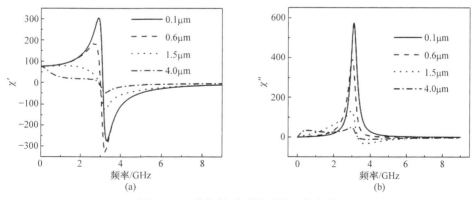

图 4.22　不同厚度薄膜的平均磁化率谱

(a) 实部；(b) 虚部

利用式(4.133)拟合不同直流磁场下 400nm 薄膜的实验磁谱，可以得到起始转动磁化率 χ_i'、共振频率 ω_r、虚部极大值 χ_{max}''、半高宽 $\Delta\omega$ 和样品自身的阻尼系数 α。利用这样一组参数依然可以得到图 4.14 和图 4.17 所示的结果。

将 $\chi_{max}''\Delta\omega$ 和 $\chi_i'\omega_r$ 相除，而不是如图 4.18 中相减，发现 $\chi_{max}''\Delta\omega/\chi_i'\omega_r$ 和阻尼系数随外加直流磁场的变化具有相同的规律。如图 4.23 所示，$\chi_{max}''\Delta\omega/\chi_i'\omega_r$ 随阻尼系数 α 的变化呈线性关系：

$$\chi_{max}''\Delta\omega = (a + b\alpha)\chi_i'\omega_r \tag{4.136}$$

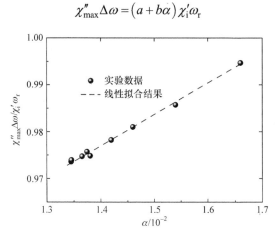

图 4.23　薄膜特征参量之比随阻尼系数的变化[14]

尽管目前还不清楚这一关系背后的本质，但是该关系对于理解特征参数变化的来源具有参考价值。人们已意识到表观特征参数与本征特征参数存在的差异，可能与外场变化引起的场分布不均匀有关。

参 考 文 献

[1] SNOEK J L. Gyromagnetic resonance in ferrites[J]. Nature, 1947, 160: 90.

[2] SMIT J, WIJIN H P J. Ferrites[M]. Eindhoven: N. V. Philips' Gloeilampenfabrieken, 1959.

[3] OTANI Y, HURLEY D P F, SUN H, et al. Magnetic properties of a new family of ternary rare-earth iron nitrides $R_2Fe_{17}N_{3-\delta}$ (invited)[J]. Journal of Applied Physics, 1991, 69(8): 5584-5589.

[4] YANG J B, YANG W Y, LI F S, et al. Research and development of high-performance new microwave absorbers based on rare earth transition metal compounds: A review[J]. Journal of Magnetism and Magnetic Materials, 2020, 497: 165961.

[5] QIAO G Y, YANG W Y, LAI Y F, et al. Crystal structure, magnetic and microwave absorption properties of $Ce_{2-x}Sm_xFe_{17}N_{3-\delta}$/paraffin composites[J]. Materials Research Express, 2019, 6(1): 016103.

[6] KITTEL C. On the theory of ferromagnetic resonance absorption[J]. Physical Review, 1948, 73(2): 155-161.

[7] PERRIN G, ACHER O, PEUZIN J C, et al. Sum rules for gyromagnetic permeability of ferromagnetic thin films:

Theoretical and experimental results[J]. Journal of Magnetism and Magnetic Materials, 1996, 157-158: 289-290.

[8] BUZNIKOV N A, RAKHMANOV A L, ROZANOV K N. Dynamic permeability of ferromagnetic thin films with stripe domain structure[J]. IEEE Transactions on Magnetics, 2002, 38(5): 3123-3125.

[9] CHAI G Z, XUE D S, FAN X L, et al. Extending the Snoek's limit of single layer film in $(Co_{96}Zr_4/Cu)_n$ multilayers[J]. Applied Physics Letters, 2008, 93(15): 152516.

[10] ESTEVEZ J M G. Nanomagnetism[M]. Manchester: One Central Press Ltd., 2014.

[11] XUE D S, LI F S, FAN X L, et al. Bianisotropy picture of higher permeability at higher frequencies[J]. Chinese Physics Letters, 2008, 25(11): 4120-4123.

[12] FAN X L, XUE D S, LIN M, et al. In situ fabrication of $Co_{90}Nb_{10}$ soft magnetic thin films with adjustable resonance frequency from 1.3 to 4.9 GHz[J]. Applied Physics Letters, 2008, 92(22): 222505.

[13] COEY J M D. Magnetism and Magnetic Materials[M]. Cambridge: Cambridge University Press, 2010.

[14] LI T, YANG D Z, JIN X W, et al. New characteristic parameter of energy loss in permalloy[J]. New Journal of Physics, 2024, 26: 013007.

第 5 章　高频大功率进动行为

在信号探测和转换中，由于驱动磁场很弱，磁化强度的小角近似很好地反映和描述了磁性材料的磁动力学行为。然而，在广泛使用的电源系统中，电力电子和信息通信的高频化发展已成为普遍共识。尤其是开关电源的广泛使用，磁性材料通常工作在非线性区。也就是说，磁化强度的进动不再满足小角进动条件。认识 100kHz～100MHz 频段，大功率下磁化强度的动力学行为非常迫切。本章从单摆这一非线性系统入手，先介绍几个可以严格求解的例子，进而为磁化强度的大角度进动描述提供参考和近似处理方案。

5.1　单摆的非线性运动

如图 5.1 所示，悬线长度为 L 的单摆，在铅直平面和水平面内的振动是大家熟悉的两种特殊情况。一般情况下，质量为 m 的质点小球的运动满足牛顿第二定律：

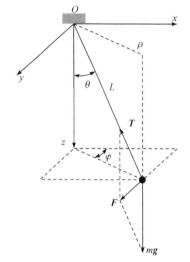

$$m\frac{\mathrm{d}^2 \boldsymbol{r}}{\mathrm{d}t^2} = m\frac{\mathrm{d}\boldsymbol{v}}{\mathrm{d}t} = m\boldsymbol{a} = m\boldsymbol{g} + \boldsymbol{T} + \boldsymbol{F} \qquad (5.1)$$

其中，$\boldsymbol{r}$、$\boldsymbol{v}$ 和 $\boldsymbol{a}$ 为分别为质点小球的位矢、速度和加速度；$\boldsymbol{g}$ 为重力加速度；$\boldsymbol{T}$ 和 $\boldsymbol{F}$ 分别为绳中张力和作用在小球上的外力。由于小球的 $\boldsymbol{v}$ 始终垂直于 $\boldsymbol{r}$，对 $\boldsymbol{v} \cdot \boldsymbol{r} = 0$ 进行时间求导，得到运动学量满足式(5.2)：

$$\boldsymbol{a} \cdot \boldsymbol{r} + v^2 = 0 \qquad (5.2)$$

将式(5.1)点乘位矢，利用式(5.2)，得到

$$\boldsymbol{T} = -\frac{1}{L^2}\Big[\big(m\boldsymbol{g} + \boldsymbol{F}\big) \cdot \boldsymbol{r} + mv^2\Big]\boldsymbol{r} \qquad (5.3)$$

图 5.1　单摆运动受力分析示意图

可见，任意时刻绳中张力是与外力和运动状态有关的量。将式(5.3)代入式(5.1)，张力无关的动力学方程为

$$m\frac{\mathrm{d}^2 \boldsymbol{r}}{\mathrm{d}t^2} = m\boldsymbol{g} + \boldsymbol{F} - \frac{1}{L^2}\Big[\big(m\boldsymbol{g} + \boldsymbol{F}\big) \cdot \boldsymbol{r} + mv^2\Big]\boldsymbol{r} \qquad (5.4)$$

若 $\boldsymbol{F}$ 由外驱动力及与速度成正比的阻尼力构成, 球坐标形式的动力学方程为

$$\frac{\mathrm{d}\left(\dot{\varphi}\sin^2\theta\right)}{\mathrm{d}t} + \beta\left(\dot{\varphi}\sin^2\theta\right) = -\frac{1}{L}\left(f_x\sin\varphi - f_y\cos\varphi\right)\sin\theta \tag{5.5a}$$

$$\ddot{\theta} + \beta\dot{\theta} + \omega_0^2\sin\theta - \dot{\varphi}^2\sin\theta\cos\theta = \frac{1}{L}\left[\left(f_x\cos\varphi + f_y\sin\varphi\right)\cos\theta - f_z\sin\theta\right] \tag{5.5b}$$

其中, θ 和 φ 分别为位矢的极角和方位角; β 和 $f_{x,y,z}$ 分别为 m 约化的阻尼系数和驱动力分量; 单摆的固有角频率 $\omega_0 = \sqrt{g/L}$ 。

若 $\varphi = 0°$, 由式(5.5a)得到 $f_y = 0$, 式(5.5b)变为

$$\ddot{\theta} + \beta\dot{\theta} + \omega_0^2\sin\theta = \frac{1}{L}\left(f_x\cos\theta - f_z\sin\theta\right) \tag{5.6}$$

此乃单摆在铅直平面内运动时的非线性受迫阻尼振动方程。设约化外驱动力沿 x 方向, 令 $f_x = L\tau$, $f_z = 0$, 式(5.6)变为

$$\ddot{\theta} + \beta\dot{\theta} + \omega_0^2\sin\theta = \tau\cos\theta \tag{5.7}$$

在 $\tau = \tau_0\mathrm{e}^{\mathrm{i}\omega t}$ 驱动下, 若小球作小角进动, $\sin\theta \to \theta$, $\cos\theta \to 1$, 式(5.7)变为大家熟悉的标准受迫阻尼振动方程:

$$\ddot{\theta} + \beta\dot{\theta} + \omega_0^2\theta = \tau_0\mathrm{e}^{\mathrm{i}\omega t} \tag{5.8}$$

将稳定特解 $\theta \sim \mathrm{e}^{\mathrm{i}\omega t}$ 代入式(5.8), 容易求得小球振动的简谐形式为

$$\theta = a\mathrm{e}^{\mathrm{i}(\omega t - \delta_0)} \tag{5.9a}$$

其中, 振幅 a 和相位 δ_0 分别满足:

$$a = \frac{\tau_0}{\sqrt{\left(\omega^2 - \omega_0^2\right)^2 + \left(\beta\omega\right)^2}} \tag{5.9b}$$

$$\cos\delta_0 = \frac{\omega_0^2 - \omega^2}{\sqrt{\left(\omega^2 - \omega_0^2\right)^2 + \left(\beta\omega\right)^2}} \tag{5.9c}$$

$$\sin\delta_0 = \frac{\beta\omega}{\sqrt{\left(\omega^2 - \omega_0^2\right)^2 + \left(\beta\omega\right)^2}} \tag{5.9d}$$

显然, 共振时 $\omega = \omega_0$, $\beta a\omega_0 = \tau_0$ 为常量, $\delta_0 = 90°$ 。

然而, 在 $\tau = \tau_0\mathrm{e}^{\mathrm{i}\omega t}$ 驱动下, 若小球作大角进动, 式(5.8)不再成立。利用 $\sin\theta \to \theta - \theta^3/3!$, $\cos\theta \to 1 - \theta^2/2!$, 式(5.7)变为

$$\ddot{\theta} + \beta\dot{\theta} + \omega_0^2\theta = \tau - \left(\frac{\tau}{2}\,\theta^2 - \frac{\omega_0^2}{6}\theta^3\right) \tag{5.10}$$

这是一个不易求解的非线性方程。按照朗道和栗夫席兹对该类方程分析的结果[1]，相对简谐振动而言，非线性振动时的频率为振幅的函数：

$$\omega \rightarrow \omega + \kappa a^2 \tag{5.11}$$

为了理解大角进动的非线性行为，只分析共振峰附近的变化特点。对于简谐振动情况下的振幅式(5.9b)，设共振峰附近的频率 $\omega = \omega_0 + \varepsilon$ ，且 $|\varepsilon| \ll \omega_0$ ，则 $\omega^2 - \omega_0^2 \approx 2\varepsilon\omega_0$ ，式(5.9b)变为

$$a^2 = \frac{\tau_0^2}{\omega_0^2\left(4\varepsilon^2 + \beta^2\right)} \tag{5.12}$$

若将振动的非线性效应体现到频率与振幅的关联中，利用式(5.11)，共振峰附近的频率 $\omega = \omega_0 + \varepsilon \rightarrow \omega + \kappa a^2 = \omega_0 + \varepsilon$ ，即

$$\varepsilon \rightarrow \varepsilon - \kappa a^2 \tag{5.13}$$

代入式(5.12)，变为

$$a^2 = \frac{\tau_0^2}{\omega_0^2\left[4\left(\varepsilon - \kappa a^2\right)^2 + \beta^2\right]} \tag{5.14}$$

该方程是一个有关 a^2 的一元三次方程，实根决定了外力驱动下的实际振幅。下面分析外力确定时，振幅如何随频率变化。

当外力的振幅 τ_0 很小时，振幅 a 也很小，这时 κa^2 可以忽略，式(5.14)回到了式(5.12)的形式，最大值处在 $\varepsilon = 0$ 处，如图 5.2 中空心圆点所示。随着 τ_0 的增加，κa^2 不能忽略，但可以看成小量。将式(5.14)中的 $\left(\varepsilon - \kappa a^2\right)^2$ 简化为 $\varepsilon^2 - 2\varepsilon\kappa a^2$ ，方程变为一元二次方程，其解为

$$a^2 = \frac{\left(4\varepsilon^2 + \beta^2\right)\omega_0^2 - \sqrt{\left[\left(4\varepsilon^2 + \beta^2\right)\omega_0^2\right]^2 - 32\varepsilon\kappa\omega_0^2\tau_0^2}}{16\varepsilon\kappa\omega_0^2} \tag{5.15}$$

其中，考虑到无论 ε 为正或负，必须满足 $a^2 > 0$ 。如图 5.2(a)中 $\kappa = 0.25$ 的曲线所示，随着 κ 由零逐渐增加，首先出现的依然是单一极大值情况，但极大值向 $\varepsilon > 0$ 方向移动。当 κ 继续增加，如图 5.2(b)中的星号所示，曲线的特征发生了根本性变化，即在 $BCDE$ 之间存在三个解。对式(5.14)求导，得到

$$\frac{\mathrm{d}a}{\mathrm{d}\varepsilon} = -\frac{4a\left(\varepsilon - \kappa a^2\right)}{4\left(\varepsilon - \kappa a^2\right)^2 - 8\kappa a^2\left(\varepsilon - \kappa a^2\right) + \beta^2} \tag{5.16}$$

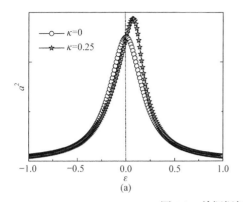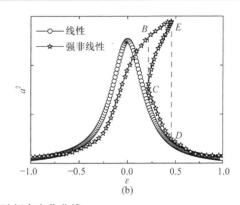

图 5.2　单摆振幅随频率变化曲线

(a) 弱非线性效应；(b) 强非线性效应

取 $\omega_0 = 5\text{GHz}$，$\beta = 0.2$，$\tau_0 = 1$

依据振幅极大值出现在 $\mathrm{d}a/\mathrm{d}\varepsilon = 0$ 处，由式(5.16)的分子为 0，得到

$$\varepsilon = \kappa a^2 \tag{5.17a}$$

代入式(5.14)，得到

$$a = \frac{\tau_0}{\beta\omega_0} \tag{5.17b}$$

可见共振时的振幅与线性振动的结果一致。利用分母等于 0，得到

$$4\varepsilon^2 - 16\left(\kappa a^2\right)\varepsilon + 12\left(\kappa a^2\right)^2 + \beta^2 = 0 \tag{5.18}$$

由此求得满足 $\mathrm{d}a/\mathrm{d}\varepsilon \to \infty$ 的 ε，即振幅发生跳变时的频率位置 C 点和 E 点。可见，两个点均处在 $\varepsilon > 0$ 位置。

　　值得注意的是，以上有关非线性问题的讨论都是近似解。虽然可以大体了解规律，但无法定量描述这些现象。反过来，这些近似解也无法证明所得结论是否正确。可见，寻找非线性方程的严格解，对于真正认识高功率驱动下的大角进动行为十分必要[2]。

5.2　磁化强度的圆偏振解

　　鉴于求解微波下 LLG 方程的解析解，有利于认识磁化强度大功率的进动图像，讨论圆偏振微波磁场 $\boldsymbol{h}_\pm = \left(h\cos(\omega t), \pm h\sin(\omega t), 0\right)$ 下的磁化强度进动，其中"+"和"−"号分别表示正圆和负圆偏振。在 O-123 直角坐标系中，假设圆偏振场施加在 12 平面内，直流磁场 $\boldsymbol{H} = He_3$ 为常量，正负圆偏振对应的磁化强度

$\boldsymbol{M}^{\pm} = \left(M_1^{\pm}, M_2^{\pm}, M_3^{\pm}\right)$，则 LLG 方程的分量形式为

$$\dot{M}_1^{\pm} = -\gamma\left[HM_2^{\pm} \mp h\sin(\omega t)M_3^{\pm}\right] + \frac{\alpha_{\pm}}{M}\left(M_2^{\pm}\dot{M}_3^{\pm} - M_3^{\pm}\dot{M}_2^{\pm}\right) \tag{5.19a}$$

$$\dot{M}_2^{\pm} = -\gamma\left[h\cos(\omega t)M_3^{\pm} - HM_1^{\pm}\right] + \frac{\alpha_{\pm}}{M}\left(M_3^{\pm}\dot{M}_1^{\pm} - M_1^{\pm}\dot{M}_3^{\pm}\right) \tag{5.19b}$$

$$\dot{M}_3^{\pm} = -\gamma\left[\pm h\sin(\omega t)M_1^{\pm} - h\cos(\omega t)M_2^{\pm}\right] + \frac{\alpha_{\pm}}{M}\left(M_1^{\pm}\dot{M}_2^{\pm} - M_2^{\pm}\dot{M}_1^{\pm}\right) \tag{5.19c}$$

其中，$\alpha_{\pm}$ 为正负圆偏振场驱动下对应的阻尼系数。$M^{\pm 2} = M_1^{\pm 2} + M_2^{\pm 2} + M_3^{\pm 2} = M^2$ 为常量。

以下自洽证明磁化强度的进动为圆锥轨道。考虑到直流磁场和正负圆偏振交变磁场为柱对称，可先假设磁化强度进动轨迹是 $\boldsymbol{e}_3$ 分量为常量的圆锥运动，即

$$M_3^{\pm} = M_0^{\pm} \tag{5.20a}$$

若将 12 平面内的分量写成如下形式：

$$M_{12}^{\pm} = \left(M_1^{\pm} + iM_2^{\pm}\right) \tag{5.20b}$$

式(5.19a)加 i 乘以式(5.19b)，得到

$$\dot{M}_{12}^{\pm} = i\gamma HM_{12}^{\pm} - i\gamma he^{\pm i\omega t}M_0^{\pm} + i\alpha_{\pm}^{*}\dot{M}_{12}^{\pm} \tag{5.21a}$$

其中，$\alpha_{\pm}^{*} = \alpha_{\pm}M_0^{\pm}/M$。若将(5.21a)右端整体替代右端第三项中的 $\dot{M}_{12}^{\pm}$，得到

$$\left(1 + \alpha_{+}^{*2}\right)\dot{M}_{12}^{\pm} + \alpha_{\pm}^{*}\gamma HM_{12}^{\pm} = i\gamma HM_{12}^{\pm} - i\gamma hM_0^{\pm}e^{i\omega t} + \alpha_{\pm}^{*}\gamma hM_0^{\pm}e^{i\omega t} \tag{5.21b}$$

将式(5.21b)对时间求导，并将式(5.21a)代入左侧第一项，整理得到

$$\left(1 + \alpha_{\pm}^{*2}\right)\ddot{M}_{12}^{\pm} + \left(2\alpha_{\pm}^{*}\gamma H\right)\dot{M}_{12}^{\pm} + \left(\gamma H\right)^2 M_{12}^{\pm} = \gamma hM_0^{\pm}\left[\left(\gamma H \pm \omega\right) \pm i\alpha_{\pm}^{*}\omega\right]e^{\pm i\omega t}$$

$$\tag{5.22}$$

可见，此乃标准的受迫阻尼振动方程。

设

$$M_{12}^{\pm} = m_0^{\pm}e^{\pm i\omega t} \tag{5.23}$$

代入方程(5.22)，得到

$$m_0^{\pm} = \frac{\gamma hM_0^{\pm}\left[\left(\gamma H \pm \omega\right) \pm i\alpha_{\pm}^{*}\omega\right]}{\left[\left(\gamma H\right)^2 - \left(1 + \alpha_{\pm}^{*2}\right)\omega^2\right] \pm i\left(2\alpha_{\pm}^{*}\omega\gamma H\right)} \tag{5.24a}$$

利用分母可化成 $\left[\left(\gamma H + \omega\right) \pm i\alpha_{\pm}^{*}\omega\right]\left[\left(\gamma H \mp \omega\right) \pm i\alpha_{\pm}^{*}\omega\right]$ 的形式，式(5.24a)可以写为

$$m_0^{\pm} = \frac{\gamma h M_0^{\pm}}{(\gamma H \mp \omega) \pm i\alpha_{\pm}^* \omega} \tag{5.24b}$$

设

$$m_0^{\pm} = a_{\pm} e^{\mp i\varphi_{\pm}} \tag{5.25a}$$

对比式(5.24b)和式(5.25a)，得到

$$a_{\pm} = \frac{\gamma h M_0^{\pm}}{\sqrt{(\gamma H \mp \omega)^2 + (\alpha_{\pm}^* \omega)^2}} \tag{5.25b}$$

$$\cos\varphi_{\pm} = \frac{(\gamma H \mp \omega)}{\sqrt{(\gamma H \mp \omega)^2 + (\alpha_{\pm}^* \omega)^2}} \tag{5.25c}$$

$$\sin\varphi_{\pm} = \frac{\alpha_{\pm}^* \omega}{\sqrt{(\gamma H \mp \omega)^2 + (\alpha_{\pm}^* \omega)^2}} \tag{5.25d}$$

将式(5.25a)代入式(5.23)，得到

$$M_{12}^{\pm} = a_{\pm} e^{\pm i(\omega t - \varphi_{\pm})} \tag{5.26a}$$

利用 $M_{12}^{\pm} = M_1^{\pm} + iM_2^{\pm}$ ，得到

$$M_1^{\pm} = a_{\pm} \cos(\omega t - \varphi_{\pm}), M_2^{\pm} = \pm a_{\pm} \sin(\omega t - \varphi_{\pm}) \tag{5.26b}$$

可见，正(负)圆偏振驱动下，常量直流磁场中的磁化强度进动是绕 e_3 轴的圆锥运动，其运动方向与圆偏振场的运动方向一致。

为了说明式(5.26)的正确性，将式(5.26b)代入 e_3 分量表达式(5.19c)，得到

$$\dot{M}_3^{\pm} = \mp\gamma h a_{\pm} \sin\varphi_{\pm} \pm \frac{\alpha_{\pm}\omega}{M} a_{\pm}^2 \tag{5.27a}$$

其中，利用了 $\sin(\alpha \pm \beta) = \sin\alpha\cos\beta \pm \cos\alpha\sin\beta$ 。若将式(5.25)代入式(5.27a)，得到

$$\dot{M}_3^{\pm} = 0 \tag{5.27b}$$

这与式(5.20a)的假设 $M_3^{\pm} = M_0^{\pm}$ 为常量自洽。也就是说，式(5.26)是一个合理的自洽解。事实上，如果施加的是线偏振场，由式(5.23)不可能得到 $\dot{M}_3 = 0$ 的结论。

回看式(5.25)，磁化强度在 12 平面内投影的大小和相位依然与 e_3 方向的投影关联。定义

$$x_{\pm} = a_{\pm} / M \tag{5.28a}$$

$$z_{\pm} = M_0^{\pm} / M \tag{5.28b}$$

将式(5.25a)代入约束条件：$a_\pm^2 + M_0^{\pm 2} = M^2$，利用 $\alpha_\pm^* \equiv \alpha_\pm M_0^\pm / M$，得到

$$\left(\alpha_\pm \omega\right)^2 x_\pm^4 - \left[\left(\gamma H \mp \omega\right)^2 + \left(\gamma h\right)^2 + \left(\alpha_\pm \omega\right)^2\right] x_\pm^2 + \left(\gamma h\right)^2 = 0 \tag{5.29a}$$

$$\left(\alpha_\pm \omega\right)^2 z_\pm^4 + \left[\left(\gamma H \mp \omega\right)^2 + \left(\gamma h\right)^2 - \left(\alpha_\pm \omega\right)^2\right] z_\pm^2 - \left(\gamma H \mp \omega\right)^2 = 0 \tag{5.29b}$$

求解式(5.29)，容易得到

$$x_\pm^2 = \frac{a_\pm^2}{M^2} = \frac{A_\pm - \sqrt{A_\pm^2 - 4\left(\alpha_\pm \omega \gamma h\right)^2}}{2\left(\alpha_\pm \omega\right)^2} \tag{5.30a}$$

$$z_\pm^2 = \frac{M_0^{\pm 2}}{M^2} = 1 - \frac{A_\pm - \sqrt{A_\pm^2 - 4\left(\alpha_\pm \omega \gamma h\right)^2}}{2\left(\alpha_\pm \omega\right)^2} \tag{5.30b}$$

其中，

$$A_\pm = \left(\gamma H \mp \omega\right)^2 + \left(\gamma h\right)^2 + \left(\alpha_\pm \omega\right)^2 \tag{5.30c}$$

至此，给出了圆偏振驱动下的动力学磁化强度解析解。可以看到，磁化强度的进动除了与 M、H、ω 和 α 有关这一小角近似的结论外，还明显依赖于微波驱动的功率 h^2；更重要的是该解析解可以描述大角进动的情况。实际上，小角近似只能描述偏离共振点较远的磁化强度运动，甚至并不能描述共振点附近的运动。

考虑到铁磁物质高频性质的研究主要有两种模式。一是变场的铁磁共振模式，二是变频的磁谱模式。下面分别讨论正负圆偏振下，这两种模式的磁化强度变化规律。若选择 $M = 1.0\text{T}$，$\alpha_\pm \approx 0.03$，$\gamma = 28.8\text{GHz/T}$，$\omega = 2.88\text{GHz}$，由式(5.30)可以计算 $x_\pm^2$-H 曲线，如图 5.3 所示。明显可见，在铁磁共振模式下，正圆偏振的 x_+^2-H 曲线不仅存在极值，而且存在临界场 $h_c \approx 3\text{mT}$。$h < h_c$ 时，随微波磁场的增

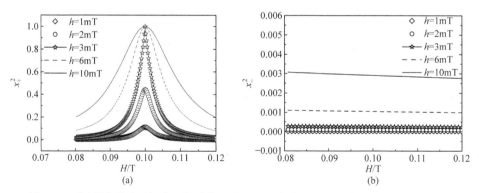

图 5.3　不同强度微波磁场 h 下的约化磁化强度交变分量振幅随直流磁场的变化曲线

(a) 正圆偏振；(b) 负圆偏振

$\omega = 2.88\text{GHz}$；$\alpha_\pm = 0.03$

加，x_+^2-H 共振峰变高；$h \geqslant h_c$ 时，x_+^2-H 共振峰变宽，但高度不变。负圆偏振下，x_-^2-H 曲线随直流磁场增加逐渐衰减，并不存在极值；微波磁场越小，振幅越小。这一结果既说明低功率下小角近似的合理性，也说明了高功率下必须考虑微波磁场的影响。

为了分析这些曲线特征，首先将式(5.30a)对直流磁场求导，利用 $\mathrm{d}x_\pm^2/\mathrm{d}H=0$，得到

$$\left[A_\pm - \sqrt{A_\pm^2 - 4\left(\alpha_\pm \omega \gamma h\right)^2} \right]\frac{\mathrm{d}A_\pm}{\mathrm{d}H} = 0 \tag{5.31a}$$

考虑磁化强度进动时，式(5.31a)中 $[\cdots] \propto x_\pm^2 > 0$，只可能存在：

$$\frac{\mathrm{d}A_\pm}{\mathrm{d}H} = 2\gamma\left(\gamma H \mp \omega\right) = 0 \tag{5.31b}$$

可见，负圆偏振场下，$\gamma H + \omega > 0$，不存在共振现象；正圆偏振场下，$\gamma H - \omega = 0$，共振场满足：

$$\gamma H_r = \omega \tag{5.32}$$

将式(5.32)代入式(5.30a)，得到 x_+ 极大值 x_{+m} 满足：

$$x_{+m} = \left\{ \frac{\left(\gamma h\right)^2 + \left(\alpha_+ \omega\right)^2 - \sqrt{\left[\left(\gamma h\right)^2 - \left(\alpha_+ \omega\right)^2\right]^2}}{2\left(\alpha_+ \omega\right)^2} \right\}^{1/2} = \begin{cases} \dfrac{\gamma h}{\alpha_+ \omega}, & \gamma h < \alpha_+ \omega \\ 1, & \gamma h \geqslant \alpha_+ \omega \end{cases} \tag{5.33}$$

可见存在临界微波磁场：

$$h_c = \frac{\alpha_+ \omega}{\gamma} = \alpha_+ H_r \tag{5.34}$$

当 $h < h_c$ 时，随微波磁场增加磁化强度偏离直流磁场方向的角度逐渐增加；当 $h \geqslant h_c$ 时，磁化强度始终在 12 面内进动。利用 x_+ 半高宽处的大小等于极大值 x_{+m} 的一半，由式(5.30a)得到

$$\left(\gamma H - \omega\right)^2 + \left(1 - \frac{x_{+m}^2}{4}\right)\left(\alpha_+ \omega\right)^2 + \left(1 - \frac{4}{x_{+m}^2}\right)\left(\gamma h\right)^2 = 0 \tag{5.35a}$$

可以求得半高宽位置满足：

$$\gamma H_{1/2} = \begin{cases} \omega \pm \sqrt{3\left[\left(\alpha_+ \omega\right)^2 - \left(\gamma h/2\right)^2\right]}, & \gamma h < \alpha_+ \omega \\ \omega \pm \sqrt{3\left[\left(\gamma h\right)^2 - \left(\alpha_+ \omega/2\right)^2\right]}, & \gamma h \geqslant \alpha_+ \omega \end{cases} \tag{5.35b}$$

对应的半高宽为

$$\Delta H = \begin{cases} \dfrac{1}{\gamma}\sqrt{3\left[\left(2\alpha_+\omega\right)^2-\left(\gamma h\right)^2\right]}, & \gamma h < \alpha_+\omega \\[4mm] \dfrac{1}{\gamma}\sqrt{3\left[\left(2\gamma h\right)^2-\left(\alpha_+\omega\right)^2\right]}, & \gamma h \geqslant \alpha_+\omega \end{cases} \tag{5.36a}$$

随微波磁场增加，$h < h_c$ 时半高宽逐渐减小；$h > h_c$ 时半高宽逐渐增加；$h = h_c$ 时半高宽为

$$\left(\Delta H\right)_c = \frac{3\alpha_+\omega}{\gamma} = 3h_c = 3\alpha_+ H_r \tag{5.36b}$$

磁谱模式下，若选择 $M=1.0\text{T}$，$\alpha_\pm \approx 0.03$，$\gamma = 28.8\text{GHz}/\text{T}$，$H=0.1\text{T}$，由式(5.30)可以计算得到 $x_\pm^2\text{-}\omega$ 曲线，如图 5.4 所示。明显可见，正圆偏振的 $x_+^2\text{-}\omega$ 曲线不仅存在极值，也存在临界场 $h_c = 3\text{mT}$。当 $h < h_c$ 时，$x_+^2\text{-}\omega$ 曲线的共振强度发生变化；当 $h \geqslant h_c$ 时，$x_+^2\text{-}\omega$ 曲线的共振强度不变。负圆偏振下 $x_-^2\text{-}\omega$ 曲线随频率增加逐渐衰减，也不存在极值。

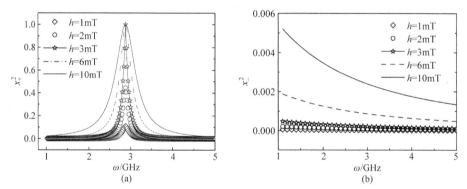

图 5.4　不同强度微波磁场 h 下的约化磁化强度交变振幅随频率的变化曲线
(a) 正圆偏振；(b) 负圆偏振
$H=0.1\text{T}$；$\alpha_\pm = 0.03$

为了理解磁谱的特征，对于 $\omega \neq 0$ 的状态，将式(5.30a)变形为

$$x_\pm^2 = \frac{1}{2\alpha_\pm^2}\left[\frac{A_\pm}{\omega^2} - \sqrt{\left(\frac{A_\pm}{\omega^2}\right)^2 - \left(\frac{2\alpha_\pm\gamma h}{\omega}\right)^2}\right] \tag{5.37}$$

它对频率的导数可写为

$$\frac{\mathrm{d}x_\pm^2}{\mathrm{d}\omega} = \frac{\dfrac{\mathrm{d}}{\mathrm{d}\omega}\left(\dfrac{A_\pm}{\omega^2}\right)\sqrt{\left(\dfrac{A_\pm}{\omega^2}\right)^2-\left(\dfrac{2\alpha_\pm\gamma h}{\omega}\right)^2}-\left[\left(\dfrac{A_\pm}{\omega^2}\right)\dfrac{\mathrm{d}}{\mathrm{d}\omega}\left(\dfrac{A_\pm}{\omega^2}\right)+\dfrac{1}{\omega}\left(\dfrac{2\alpha_\pm\gamma h}{\omega}\right)^2\right]}{2\alpha_\pm^2\sqrt{\left(\dfrac{A_\pm}{\omega^2}\right)^2-\left(\dfrac{2\alpha_\pm\gamma h}{\omega}\right)^2}}$$

$$\tag{5.38a}$$

利用 $\mathrm{d}x_\pm^2/\mathrm{d}\omega=0$，即式(5.38a)分子等于零，对 $\sqrt{\left(\dfrac{A_\pm}{\omega^2}\right)^2-\left(\dfrac{2\alpha_\pm\gamma h}{\omega}\right)^2}$ 部分求平方，整理得到

$$\left[\frac{\mathrm{d}}{\mathrm{d}\omega}\left(\frac{A_\pm}{\omega^2}\right)\right]^2+\frac{2}{\omega}\left(\frac{A_\pm}{\omega^2}\right)\frac{\mathrm{d}}{\mathrm{d}\omega}\left(\frac{A_\pm}{\omega^2}\right)+\left(\frac{2\alpha_\pm\gamma h}{\omega^2}\right)^2=0 \tag{5.38b}$$

利用 $A_\pm=\left(\gamma H\mp\omega\right)^2+\left(\gamma h\right)^2+\left(\alpha_\pm\omega\right)^2$，得到

$$\frac{A_\pm}{\omega^2}=\left(\frac{\gamma H}{\omega}\mp1\right)^2+\left(\frac{\gamma h}{\omega}\right)^2+\alpha_\pm^2 \tag{5.39a}$$

$$\frac{\mathrm{d}}{\mathrm{d}\omega}\left(\frac{A_\pm}{\omega^2}\right)=-\frac{2}{\omega}\left[\frac{\gamma H}{\omega}\left(\frac{\gamma H}{\omega}\mp1\right)+\left(\frac{\gamma h}{\omega}\right)^2\right] \tag{5.39b}$$

将式(5.39)代入式(5.38b)，整理得到

$$\left(\frac{\gamma H}{\omega}\mp1\right)\left\{\left(1+\alpha_\pm^2\right)\frac{\gamma H}{\omega}\mp\left[\left(\frac{\gamma H}{\omega}\right)^2+\left(\frac{\gamma h}{\omega}\right)^2\right]\right\}=0 \tag{5.40a}$$

即

$$\left(\gamma H\mp\omega\right)\left\{\left[\left(\gamma H\right)^2+\left(\gamma h\right)^2\right]\mp\left(1+\alpha_\pm^2\right)\gamma H\omega\right\}=0 \tag{5.40b}$$

可见，负圆偏振场下，不存在极值，即共振现象；正圆偏振场下，有两个共振频率：

$$\omega_r^+=\begin{cases}\dfrac{\gamma\left(H^2+h^2\right)}{\left(1+\alpha_+^2\right)H}, & h<h_c\\[3mm]\gamma H, & h\geqslant h_c\end{cases} \tag{5.41}$$

其中，$h_c=\alpha_+H$，当 $h=h_c$ 时，式(5.41)两个分式计算的 ω_r^+ 相等。为了说明式(5.41)的共振频率与 $h<h_c$ 和 $h\geqslant h_c$ 的对应关系，回看正圆偏振下式(5.30a)对频率的导数式(5.38)。当 $\omega=\omega_r^+=\gamma H$ 时，由式(5.39)知 $\left(A_+/\omega^2\right)=(h/H)^2+\alpha_+^2$，$\mathrm{d}\left(A_+/\omega^2\right)/\mathrm{d}\omega=-2(h/H)^2/\gamma H$，代入式(5.38a)，得到

$$\left(\frac{\mathrm{d}x_+^2}{\mathrm{d}\omega}\right)_{\omega_r^+}=-\frac{(h/H)^2}{\gamma H}\frac{\sqrt{\left[(h/H)^2-\alpha_+^2\right]^2}-\left[(h/H)^2-\alpha_+^2\right]}{\alpha_\pm^2\sqrt{\left[(h/H)^2-\alpha_+^2\right]^2}} \tag{5.42a}$$

即

$$\left(\frac{\mathrm{d}x_+^2}{\mathrm{d}\omega}\right)_{\omega_r^+} = \begin{cases} -\dfrac{2h^2}{\gamma\alpha_+^2 H^3} \neq 0, & h < \alpha_+ H \\ 0, & h \geqslant \alpha_+ H \end{cases} \tag{5.42b}$$

可见，$h \geqslant h_c = \alpha_+ H$ 对应的共振频率为 $\omega_r^+ = \gamma H$。同理，当 $\omega = \omega_r^+ = \gamma\left(H^2 + h^2\right)\big/$ $\left(1+\alpha_+^2\right)H$ 时，由式 (5.39) 可知：$\left(A_+/\omega^2\right) = \left(1+\alpha_+^2\right)\left(h^2 + \alpha_+^2 H^2\right)\big/\left(h^2 + H^2\right)$，$\mathrm{d}\left(A_\pm/\omega^2\right)\big/\mathrm{d}\omega = -2\alpha_+^2\left(1+\alpha_+^2\right)^2 H^3\big/\gamma\left(H^2 + h^2\right)^2$，代入式 (5.38a)，得到

$$\left(\frac{\mathrm{d}x_+^2}{\mathrm{d}\omega}\right)_{\omega_r^+} = -\frac{\left(1+\alpha_+^2\right)^2 H^3}{\gamma\left(H^2 + h^2\right)^2}\frac{\sqrt{\left(h^2 - \alpha_+^2 H^2\right)^2} + \left(h^2 - \alpha_+^2 H^2\right)}{\sqrt{\left(h^2 - \alpha_+^2 H^2\right)^2}} \tag{5.43a}$$

即

$$\left(\frac{\mathrm{d}x_+^2}{\mathrm{d}\omega}\right)_{\omega_r^+} = \begin{cases} 0, & h < \alpha_+ H \\ \dfrac{-2\left(1+\alpha_+^2\right)^2 H^3}{\gamma\left(H^2 + h^2\right)^2}, & h \geqslant \alpha_+ H \end{cases} \tag{5.43b}$$

可见，$h < h_c = \alpha_+ H$ 对应的共振频率为 $\omega = \omega_r^+ = \gamma\left(H^2 + h^2\right)\big/\left(1+\alpha_+^2\right)H$。共振频率随微波磁场的变化如图 5.5 所示。

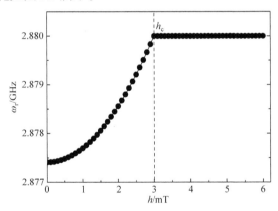

图 5.5 共振频率随微波磁场 h 的变化

$H = 0.1\mathrm{T}$; $\alpha_+ = 0.03$

以下求正圆偏振的极大值和半高宽。利用式 (5.41)，由式 (5.30a) 得到极大值为

$$x_{+m}^2 = \begin{cases} \dfrac{\left(1+\alpha_+^2\right)h^2}{\alpha_+^2\left(H^2 + h^2\right)}, & h < \alpha_+ H \\ 1, & h \geqslant \alpha_+ H \end{cases} \tag{5.44}$$

当 $h=h_c$ 时，极大值为 $x_{+m}=1$，如图 5.6(a)所示。利用 x_{+m} 的半高宽位置满足式(5.35a)，得到

$$\left[4+\alpha_+^2\left(4-x_{+m}^2\right)\right]\omega^2 - 8\gamma H\omega + 4\left[\left(\gamma H\right)^2+\left(1-\frac{4}{x_{+m}^2}\right)\left(\gamma h\right)^2\right]=0 \qquad (5.45a)$$

由此解得，半高宽位置满足：

$$\omega_{1/2}=\frac{4\gamma H\pm 2\sqrt{\alpha_+^2\left(x_{+m}^2-4\right)\left[\left(\gamma H\right)^2+\left(\gamma h\right)^2\right]+4\left(1+\alpha_+^2\right)\left(\frac{4}{x_{+m}^2}-1\right)\left(\gamma h\right)^2}}{4+\alpha_+^2\left(4-x_{+m}^2\right)}$$

$$(5.45b)$$

利用式(5.45b)，求得半高宽为

$$\Delta\omega=\begin{cases}\gamma\dfrac{4\left(H^2+h^2\right)\sqrt{3\left[\alpha_+^2\left(4H^2+3h^2\right)-h^2\right]}}{\left(1+\alpha_+^2\right)\left(4H^2+3h^2\right)}, & h<\alpha_+H\\[6mm]\gamma\dfrac{4\sqrt{3\left[\left(4+3\alpha_+^2\right)h^2-\left(\alpha_+H\right)^2\right]}}{4+3\alpha_+^2}, & h\geqslant\alpha_+H\end{cases} \qquad (5.46a)$$

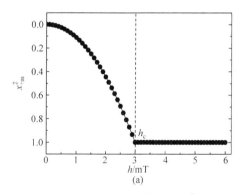 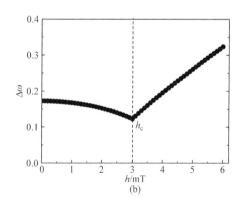

图 5.6　x_{+m}^2 和半高宽随微波磁场 h 的变化

(a) x_{+m}^2-h；(b) $\Delta\omega$-h

$H=0.1\text{T}$；$\alpha_+=0.03$

如图 5.6(b)所示，当 $h=h_c$ 时，半高宽均为

$$\left(\Delta\omega\right)_c=\frac{12\sqrt{1+\alpha_+^2}}{4+3\alpha_+^2}\left(\gamma h_c\right)=\frac{12\alpha_+\sqrt{1+\alpha_+^2}}{4+3\alpha_+^2}\left(\gamma H\right) \qquad (5.46b)$$

5.3　圆偏振的解析磁化率

对于 $e^{\pm i\omega t}$ 形式的正负圆偏振场，复数磁化率表示为

$$\tilde{\chi}'_\pm = \chi'_\pm \mp i\chi''_\pm \tag{5.47a}$$

其中，实部来自交流磁化强度在圆偏振场方向的投影为

$$\chi'_\pm = \frac{\boldsymbol{a}_\pm \cdot \boldsymbol{h}_\pm}{h^2} = \frac{a_\pm}{h}\cos\varphi_\pm \tag{5.47b}$$

式(5.47b)对应于能量传播，磁化率的虚部为交流磁化强度在垂直圆偏振场方向的投影：

$$\chi''_\pm = \frac{a_\pm}{h}\sin\varphi_\pm \tag{5.47c}$$

式(5.47c)对应于能量吸收。利用式(5.25)，得到

$$\chi'_\pm = \gamma M_0^\pm \frac{\left(\gamma H \mp \omega\right)}{\left(\gamma H \mp \omega\right)^2 + \left(\alpha_\pm^* \omega\right)^2} \tag{5.48a}$$

$$\chi''_\pm = \gamma M_0^\pm \frac{\alpha_\pm^* \omega}{\left(\gamma H \mp \omega\right)^2 + \left(\alpha_\pm^* \omega\right)^2} \tag{5.48b}$$

利用式(5.30b)，式(5.48a)和式(5.48b)分别写为

$$\chi'_\pm = \frac{\sqrt{2}\gamma M\left(\gamma H \mp \omega\right)}{\alpha_\pm \omega} \frac{\left\{\sqrt{A_\pm^2 - 4\left(\alpha_\pm \omega \gamma h\right)^2} - \left[A_\pm - 2\left(\alpha_\pm \omega\right)^2\right]\right\}^{1/2}}{\sqrt{A_\pm^2 - 4\left(\alpha_\pm \omega \gamma h\right)^2} + \left[A_\pm - 2\left(\gamma h\right)^2\right]} \tag{5.49a}$$

$$\chi''_\pm = \frac{\gamma M}{\alpha_\pm \omega} \frac{\sqrt{A_\pm^2 - 4\left(\alpha_\pm \omega \gamma h\right)^2} - \left[A_\pm - 2\left(\alpha_\pm \omega\right)^2\right]}{\sqrt{A_\pm^2 - 4\left(\alpha_\pm \omega \gamma h\right)^2} + \left[A_\pm - 2\left(\gamma h\right)^2\right]} \tag{5.49b}$$

将式(5.49a)和式(5.49b)的分子分母同乘以 $\sqrt{A_\pm^2 - 4\left(\alpha_\pm \omega \gamma h\right)^2} - \left[A_\pm - 2\left(\gamma h\right)^2\right]$，简化为

$$\chi'_\pm = \frac{\gamma M\left(\gamma H \mp \omega\right)}{\left(\gamma h\right)\left|\gamma H \mp \omega\right|}\left\{1 - \frac{A_\pm - \left(\gamma h\right)^2}{2\left(\alpha_\pm \omega \gamma h\right)^2}\left[A_\pm - \sqrt{A_\pm^2 - 4\left(\alpha_\pm \omega \gamma h\right)^2}\right]\right\}^{1/2} \tag{5.50a}$$

$$\chi''_\pm = \frac{\gamma M}{2\left(\alpha_\pm \omega\right)\left(\gamma h\right)^2}\left[A_\pm - \sqrt{A_\pm^2 - 4\left(\alpha_\pm \omega \gamma h\right)^2}\right] \tag{5.50b}$$

　　铁磁共振模式下，利用式(5.50a)和式(5.50b)，可以求出不同微波磁场下的磁化率虚部。设 $M=1\text{T}$，$\omega=2.88\text{GHz}$，$\alpha_{\pm}=0.03$，正负圆偏振的结果如图 5.7 所示。为了分析其特点，讨论共振位置、峰高和半高宽等特征参数，利用 $\mathrm{d}\chi_{\pm}''/\mathrm{d}H=0$，得到

$$\frac{\mathrm{d}A_{\pm}}{\mathrm{d}H}\left[\sqrt{A_{\pm}^2-4\left(\alpha_{\pm}\omega\gamma h\right)^2}-A_{\pm}\right]=0 \tag{5.51a}$$

当 $A_{\pm}=\left(\gamma H\mp\omega\right)^2+\left(\gamma h\right)^2+\left(\alpha_{\pm}\omega\right)^2$，$\omega\neq0$ 时，因 $\sqrt{A_{\pm}^2-4\left(\alpha_{\pm}\omega\gamma h\right)^2}-A_{\pm}\neq0$，只能有

$$\frac{\mathrm{d}A_{\pm}}{\mathrm{d}H}=2\gamma\left(\gamma H\mp\omega\right)=0 \tag{5.51b}$$

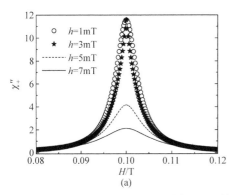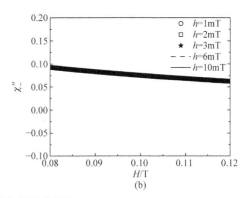

图 5.7　不同功率的铁磁共振

(a) 正圆偏振；(b) 负圆偏振

$M=1\text{T}$；$\omega=2.88\text{GHz}$；$\alpha_{\pm}=0.03$

　　显然，负圆偏振不存在共振现象。对于正圆偏振，共振场满足：

$$\gamma H_{\mathrm{r}}=\omega \tag{5.52}$$

共振时，$A_{+,H=H_{\mathrm{r}}}=\left(\gamma h\right)^2+\left(\alpha_{+}\omega\right)^2$，实部和虚部的大小分别为

$$\chi_{+,H=H_{\mathrm{r}}}'=\frac{M}{\sqrt{2}h}\left[1-\left(\frac{\alpha_{+}\omega}{\gamma h}\right)^2+\left|1-\left(\frac{\alpha_{+}\omega}{\gamma h}\right)^2\right|\right]^{1/2}=\begin{cases}0, & \gamma h<\alpha_{+}\omega\\[2mm]\dfrac{M}{h}\sqrt{1-\left(\dfrac{\alpha_{+}\omega}{\gamma h}\right)^2}, & \gamma h\geqslant\alpha_{+}\omega\end{cases} \tag{5.53a}$$

$$\chi_{+,H=H_{\mathrm{r}}}''=\frac{M\left(\alpha_{+}\omega\right)}{2\gamma h^2}\left[1+\left(\frac{\gamma h}{\alpha_{+}\omega}\right)^2-\left|1-\left(\frac{\gamma h}{\alpha_{+}\omega}\right)^2\right|\right]=\begin{cases}\dfrac{\gamma M}{\alpha_{+}\omega}, & \gamma h<\alpha_{+}\omega\\[3mm]\dfrac{M\left(\alpha_{+}\omega\right)}{\gamma h^2}, & \gamma h\geqslant\alpha_{+}\omega\end{cases} \tag{5.53b}$$

利用式(5.50b)，由 $\chi''_+ = \chi''_{+,H=H_r}/2$，得到半高宽位置满足：

$$A_\pm - \frac{(\alpha_+\omega)(\gamma h)^2}{\gamma M}\chi''_{+,H=H_r} = \sqrt{A_\pm^2 - 4(\alpha_+\omega\gamma h)^2} \tag{5.54a}$$

两边平方，整理得到

$$(\gamma H - \omega)^2 = -(\gamma h)^2 - (\alpha_+\omega)^2 + \chi''_{+,H=H_r}\frac{(\alpha_+\omega)(\gamma h)^2}{2\gamma M} + \frac{2\gamma M(\alpha_+\omega)}{\chi''_{+,H=H_r}} \tag{5.54b}$$

将式(5.53b)代入式(5.54b)，得到半高位置为

$$\gamma H_{\pm 1/2} = \begin{cases} \omega \pm \sqrt{(\alpha_+\omega)^2 - (\gamma h)^2/2}, & \gamma h < \alpha_+\omega \\ \omega \pm \sqrt{(\gamma h)^2 - (\alpha_+\omega)^2/2}, & \gamma h \geqslant \alpha_+\omega \end{cases} \tag{5.54c}$$

对应的虚部半高宽为

$$\Delta H = \begin{cases} \dfrac{1}{\gamma}\sqrt{(2\alpha_+\omega)^2 - 2(\gamma h)^2}, & \gamma h < \alpha_+\omega \\ \dfrac{1}{\gamma}\sqrt{(2\gamma h)^2 - 2(\alpha_+\omega)^2}, & \gamma h \geqslant \alpha_+\omega \end{cases} \tag{5.55}$$

半高处对应的 $A_+ = (\gamma H - \omega)^2 + (\gamma h)^2 + (\alpha_+\omega)^2$ 为

$$A_{+,\pm H_{1/2}} = \begin{cases} 2(\alpha_+\omega)^2 + (\gamma h)^2/2, & \gamma h < \alpha_+\omega \\ 2(\gamma h)^2 + (\alpha_+\omega)^2/2, & \gamma h \geqslant \alpha_+\omega \end{cases} \tag{5.56}$$

将式(5.56)代入式(5.50a)，得到半高处对应的实部位置：

$$\chi'_{+,\pm H_{1/2}} = \begin{cases} \pm\dfrac{\gamma M}{2(\alpha_\pm\omega)}, & \gamma h < \alpha_+\omega \\ \pm\dfrac{M}{2h}\sqrt{2 - \left(\dfrac{\alpha_+\omega}{\gamma h}\right)^2}, & \gamma h \geqslant \alpha_+\omega \end{cases} \tag{5.57}$$

对于磁谱模式，利用 $\mathrm{d}\chi''_\pm/\mathrm{d}\omega = 0$，由式(5.50b)得到

$$\left(\omega\frac{\mathrm{d}A_\pm}{\mathrm{d}\omega} - A_\pm\right)\left[\sqrt{A_\pm^2 - 4(\alpha_\pm\omega\gamma h)^2} - A_\pm\right] = 0 \tag{5.58}$$

利用 $A_\pm = (\gamma H \mp \omega)^2 + (\gamma h)^2 + (\alpha_\pm\omega)^2$，$\omega \neq 0$ 时，由于 $\sqrt{A_\pm^2 - 4(\alpha_\pm\omega\gamma h)^2} - A_\pm \neq 0$，只能有 $\omega\dfrac{\mathrm{d}A_\pm}{\mathrm{d}\omega} - A_\pm = 0$，即

$$\left(\omega \frac{dA_{\pm}}{d\omega} - A_{\pm}\right) = \left(1+\alpha_{\pm}^2\right)\omega^2 - \left[\left(\gamma H\right)^2 + \left(\gamma h\right)^2\right] = 0 \tag{5.59a}$$

得到极大值出现的频率为

$$\omega_{\pm r} = \sqrt{\frac{\left(\gamma H\right)^2 + \left(\gamma h\right)^2}{1+\alpha_{\pm}^2}} \tag{5.59b}$$

即正负圆偏振的极大值均出现在 ω_r 处。将式(5.59b)变为

$$\omega_{\pm r}^2 - \left(\gamma H\right)^2 = \left(\gamma h\right)^2 - \alpha_{\pm}^2 \omega_{\pm r}^2 \tag{5.60a}$$

可见，

$$\begin{cases} \omega_{\pm r} < \gamma H, & \gamma h < \alpha_{\pm}\omega_{\pm r} \\ \omega_{\pm r} = \gamma H, & \gamma h = \alpha_{\pm}\omega_{\pm r} \\ \omega_{\pm r} > \gamma H, & \gamma h > \alpha_{\pm}\omega_{\pm r} \end{cases} \tag{5.60b}$$

共振时，$\omega = \omega_{\pm r}$，

$$A_{\pm} = 2\left[\left(1+\alpha_{\pm}^2\right)\omega_{\pm r} \mp \gamma H\right]\omega_{\pm r} \tag{5.61a}$$

$$A_{\pm} - \left(\gamma h\right)^2 = \left(\gamma H \mp \omega_{\pm r}\right)^2 + \left(\alpha_{\pm}\omega_{\pm r}\right)^2 \tag{5.61b}$$

$$A_{\pm}^2 - 4\left(\alpha_{\pm}\omega\gamma h\right)^2 = 4\omega_{\pm r}^2\left(1+\alpha_{\pm}^2\right)\left(\omega_{\pm r} \pm \gamma H\right)^2 \tag{5.61c}$$

代入式(5.50b)，虚部极大值为

$$\chi_{\pm max}'' = \frac{\gamma M}{\alpha_{\pm}\left(\gamma h\right)^2}\left\{\left[\left(1+\alpha_{\pm}^2\right)\omega_{\pm r} \mp \gamma H\right] - \sqrt{\left(1+\alpha_{\pm}^2\right)\left(\omega_{\pm r} \pm \gamma H\right)^2}\right\} \tag{5.62}$$

下面求解半高宽。利用式(5.50b)，由 $\chi_{\pm}'' = \chi_{\pm max}'' / 2$，得到半高宽位置满足：

$$A_{\pm} - \frac{\left(\alpha_{\pm}\omega\right)\left(\gamma h\right)^2}{\gamma M}\chi_{\pm max}'' = \sqrt{A_{\pm}^2 - 4\left(\alpha_{\pm}\omega\gamma h\right)^2} \tag{5.63a}$$

两边平方，整理得到

$$A_{\pm} - \left[\left(\gamma h\right)^2 \frac{\chi_{\pm max}''}{2\gamma M} + \frac{2\gamma M}{\chi_{\pm max}''}\right]\left(\alpha_{\pm}\omega\right) = 0 \tag{5.63b}$$

利用 $A_{\pm} = \left(\gamma H \mp \omega\right)^2 + \left(\gamma h\right)^2 + \left(\alpha_{\pm}\omega\right)^2$，式(5.63b) 变为

$$\omega^2 - \frac{1}{1+\alpha_{\pm}^2}\left\{\alpha_{\pm}\left[\left(\gamma h\right)^2 \frac{\chi_{\pm max}''}{2\gamma M} + \frac{2\gamma M}{\chi_{\pm max}''}\right] \pm 2\gamma H\right\}\omega + \omega_{\pm r}^2 = 0 \tag{5.63c}$$

利用式(5.50b)，得到

$$\chi''_{\pm\max} = \left\{ \frac{\gamma M}{2(\alpha_\pm \omega)(\gamma h)^2} \left[A_\pm - \sqrt{A_\pm^2 - 4(\alpha_\pm \omega \gamma h)^2} \right] \right\}_{\omega = \omega_{\pm r}} \tag{5.64a}$$

$$(\gamma h)^2 \frac{\chi''_{\pm\max}}{2\gamma M} = \left[\frac{A_\pm - \sqrt{A_\pm^2 - 4(\alpha_\pm \omega \gamma h)^2}}{4(\alpha_\pm \omega)} \right]_{\omega = \omega_{\pm r}} \tag{5.46b}$$

$$\frac{2\gamma M}{\chi''_{\pm\max}} = \left[\frac{A_\pm + \sqrt{A_\pm^2 - 4(\alpha_\pm \omega \gamma h)^2}}{(\alpha_\pm \omega)} \right]_{\omega = \omega_{\pm r}} \tag{5.64c}$$

将式(5.64)代入式(5.63c)，利用式(5.61)，整理得到

$$\omega_{1/2}^2 - 2B_\pm \omega_{1/2} + \omega_{\pm r}^2 = 0 \tag{5.65a}$$

其中，

$$B_\pm = \frac{5}{4}\omega_{\pm r} + \frac{3\sqrt{(1+\alpha_\pm^2)(\omega_{\pm r} \pm \gamma H)^2} \mp \gamma H}{4(1+\alpha_\pm^2)} \tag{5.65b}$$

由式(5.65)，解得正负圆偏振的半高位置分别满足：

$$\omega_{+1/2} = B_+ \pm \sqrt{B_+^2 - \omega_{+r}^2} \tag{5.66a}$$

$$\omega_{-1/2} = B_- \pm \sqrt{B_-^2 - \omega_{-r}^2} \tag{5.66b}$$

由式(5.66)解得正负圆偏振的半高宽为

$$(\Delta\omega)_\pm = 2\sqrt{B_\pm^2 - \omega_{\pm r}^2} \tag{5.67a}$$

利用式(5.65b)，得到

$$(\Delta\omega)_\pm = \left\{ \left[\frac{5}{2}\omega_{\pm r} + \frac{3\sqrt{(1+\alpha_\pm^2)(\omega_{\pm r} \pm \gamma H)^2} \mp \gamma H}{2(1+\alpha_\pm^2)} \right]^2 - 4\omega_{\pm r}^2 \right\}^{1/2} \tag{5.67b}$$

可见，负圆偏振的半高宽要比正圆偏振的半高宽大得多。图 5.8 和图 5.9 分别给出了不同功率正圆偏振和负圆偏振下的磁谱。实线是由式(5.50)直接计算的结果，不同符号均是直接求解 LLG 方程的结果。参数选择参照了 FeNi 因瓦合金的 $M_s = 843.69\text{kA}/\text{m}$，$\alpha_\pm = 0.0071$，$\gamma = 2.21 \times 10^5 (\text{A}/\text{m})^{-1} \cdot \text{s}^{-1}$，外加磁场和常数各向异性场分别为 $H_e = 1500\text{A}/\text{m}$ 和 $H_K = 479.2\text{A}/\text{m}$。

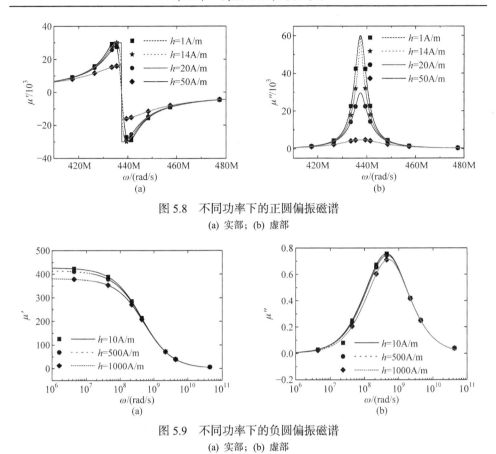

图 5.8　不同功率下的正圆偏振磁谱

(a) 实部；(b) 虚部

图 5.9　不同功率下的负圆偏振磁谱

(a) 实部；(b) 虚部

想象一个有序取向的体系，一半磁化强度沿 e_3 方向，另一半沿 $-e_3$ 方向。在垂直 e_3 方向平面内施加圆偏振场，对于沿 e_3 方向的磁化强度，圆偏振场为正圆偏振；对于沿 $-e_3$ 方向的磁化强度，圆偏振场为负圆偏振。通常认为负圆偏振对磁导率贡献很小，一般不讨论这种情况。事实上，对于多晶颗粒系统来讲，这种情况对磁导率的贡献也是明显的，尤其是在低频下。

5.4　线偏振场下的近似解

假设作用在磁化强度上的线偏振交变磁场沿 e_1 方向，直流磁场沿 e_3 方向，总等效场为

$$\boldsymbol{H}_{\mathrm{eff}} = \boldsymbol{e}_1 h \mathrm{e}^{\mathrm{i}\omega t} + \boldsymbol{e}_3 H \tag{5.68}$$

代入 LLG 方程，得到分量形式为

$$\dot{M}_1 = -\gamma H M_2 + \frac{\alpha}{M}\left(M_2\dot{M}_3 - M_3\dot{M}_2\right) \tag{5.69a}$$

$$\dot{M}_2 = -\gamma\left(h\mathrm{e}^{\mathrm{i}\omega t}M_3 - HM_1\right) + \frac{\alpha}{\mathrm{M}}\left(M_3\dot{M}_1 - M_1\dot{M}_3\right) \tag{5.69b}$$

$$\dot{M}_3 = \gamma h\mathrm{e}^{\mathrm{i}\omega t}M_2 + \frac{\alpha}{\mathrm{M}}\left(M_1\dot{M}_2 - M_2\dot{M}_1\right) \tag{5.69c}$$

若假设 $M_3 = M_0$，1 和 2 分量方程变为

$$\dot{M}_1 + \left(\gamma H M_2 + \beta\dot{M}_2\right) = 0 \tag{5.70a}$$

$$\left(\gamma H M_1 + \beta\dot{M}_1\right) - \dot{M}_2 = \gamma h\mathrm{e}^{\mathrm{i}\omega t}M_0 \tag{5.70b}$$

其中，

$$\beta = \frac{\alpha M_0}{M} \tag{5.70c}$$

类似圆偏振的处理，得到 1 和 2 分量振幅不相等，且无法保证 $M_3 = M_0$。因此，必须改变求解思路。

考虑到 LLG 方程是一个受迫阻尼振动，线偏振下磁化强度依然是绕 e_3 轴的周期性运动。假设 1 和 2 平面内的分量

$$M_1 = m_1\mathrm{e}^{\mathrm{i}\omega t},\ M_2 = m_2\mathrm{e}^{\mathrm{i}\omega t} \tag{5.71}$$

代入 3 分量方程式(5.69c)，得到

$$\dot{M}_3 = \gamma h m_2\mathrm{e}^{2\mathrm{i}\omega t} \tag{5.72a}$$

可见

$$M_3 = M_0 - \mathrm{i}\frac{\gamma h m_2}{2\omega}\mathrm{e}^{2\mathrm{i}\omega t} = M_0 - m_3\mathrm{e}^{2\mathrm{i}\omega t} \tag{5.72b}$$

将式(5.71)和式(5.72)代入式(5.69a)和式(5.69b)，去掉含 $\mathrm{e}^{3\mathrm{i}\omega t}$ 的项和时间因子 $\mathrm{e}^{\mathrm{i}\omega t}$，可得

$$\mathrm{i}\omega m_1 + \left(\gamma H + \mathrm{i}\beta\omega\right)m_2 = 0 \tag{5.73a}$$

$$-\left(\gamma H + \mathrm{i}\beta\omega\right)m_1 + \mathrm{i}\omega m_2 = -\gamma h M_0 \tag{5.73b}$$

直接求得

$$m_1 = \frac{\gamma h M_0\left(\gamma H + \mathrm{i}\beta\omega\right)}{\left(\gamma H + \mathrm{i}\beta\omega\right)^2 - \omega^2} \tag{5.74a}$$

$$m_2 = \frac{-\gamma h M_0\mathrm{i}\omega}{\left(\gamma H + \mathrm{i}\beta\omega\right)^2 - \omega^2} \tag{5.74b}$$

利用 $(\gamma H + \mathrm{i}\beta\omega)^2 - \omega^2 = \left[(\gamma H - \omega) + \mathrm{i}\beta\omega\right]\left[(\gamma H + \omega) + \mathrm{i}\beta\omega\right]$ ，式(5.74)可以写为

$$m_1 = \frac{1}{2}\left[\frac{\gamma h M_0}{(\gamma H - \omega) + \mathrm{i}\beta\omega} + \frac{\gamma h M_0}{(\gamma H + \omega) + \mathrm{i}\beta\omega}\right] \tag{5.75a}$$

$$m_2 = \frac{\mathrm{i}}{2}\left[\frac{\gamma h M_0}{(\gamma H + \omega) + \mathrm{i}\beta\omega} - \frac{\gamma h M_0}{(\gamma H - \omega) + \mathrm{i}\beta\omega}\right] \tag{5.75b}$$

显然，含 $(\gamma H - \omega) + \mathrm{i}\beta\omega$ 和 $(\gamma H + \omega) + \mathrm{i}\beta\omega$ 的项分别对应于正圆偏振和负圆偏振驱动解的形式。即 1 和 2 平面分量均为正圆偏振和负圆偏振分量的叠加结果。

将式(5.75)中两项合成，可改写为

$$m_1 = \frac{\gamma h M_0}{2}\frac{\begin{array}{c}(\gamma H - \omega)\left[(\gamma H + \omega)^2 + (\beta\omega)^2\right] + (\gamma H + \omega)\left[(\gamma H - \omega)^2 + (\beta\omega)^2\right]\\ -\mathrm{i}\beta\omega\left\{\left[(\gamma H + \omega)^2 + (\beta\omega)^2\right] + \left[(\gamma H - \omega)^2 + (\beta\omega)^2\right]\right\}\end{array}}{\left[(\gamma H - \omega)^2 + (\beta\omega)^2\right]\left[(\gamma H + \omega)^2 + (\beta\omega)^2\right]}$$

$$\tag{5.76a}$$

$$m_2 = -\mathrm{i}\frac{\gamma h M_0}{2}\frac{\begin{array}{c}(\gamma H - \omega)\left[(\gamma H + \omega)^2 + (\beta\omega)^2\right] - (\gamma H + \omega)\left[(\gamma H - \omega)^2 + (\beta\omega)^2\right]\\ -\mathrm{i}\beta\omega\left\{\left[(\gamma H + \omega)^2 + (\beta\omega)^2\right] - \left[(\gamma H - \omega)^2 + (\beta\omega)^2\right]\right\}\end{array}}{\left[(\gamma H - \omega)^2 + (\beta\omega)^2\right]\left[(\gamma H + \omega)^2 + (\beta\omega)^2\right]}$$

$$\tag{5.76b}$$

若将式(5.76)的 m_1 和 m_2 写为

$$m_1 = A_1 \mathrm{e}^{-\mathrm{i}\varphi_1}, m_2 = -\mathrm{i}A_2 \mathrm{e}^{-\mathrm{i}\varphi_2} \tag{5.77a}$$

则

$$A_1 = \gamma h M_0 \sqrt{\frac{(\gamma H)^2 + (\beta\omega)^2}{\left[(\gamma H - \omega)^2 + (\beta\omega)^2\right]\left[(\gamma H + \omega)^2 + (\beta\omega)^2\right]}} \tag{5.77b}$$

$$\cos\varphi_1 = \frac{\gamma H\left[(\gamma H)^2 - \left(1 - \beta^2\right)\omega^2\right]}{\sqrt{\left[(\gamma H - \omega)^2 + (\beta\omega)^2\right]\left[(\gamma H + \omega)^2 + (\beta\omega)^2\right]\left[(\gamma H)^2 + (\beta\omega)^2\right]}} \tag{5.77c}$$

$$\sin\varphi_1 = \frac{\beta\omega\left[(\gamma H)^2 + \left(1 + \beta^2\right)\omega^2\right]}{\sqrt{\left[(\gamma H - \omega)^2 + (\beta\omega)^2\right]\left[(\gamma H + \omega)^2 + (\beta\omega)^2\right]\left[(\gamma H)^2 + (\beta\omega)^2\right]}} \tag{5.77d}$$

$$A_2 = \gamma h M_0 \frac{\omega}{\sqrt{\left[\left(\gamma H - \omega\right)^2 + \left(\beta\omega\right)^2\right]\left[\left(\gamma H + \omega\right)^2 + \left(\beta\omega\right)^2\right]}} \tag{5.77e}$$

$$\cos\varphi_2 = \frac{\left(\gamma H\right)^2 - \left(1 + \beta^2\right)\omega^2}{\sqrt{\left[\left(\gamma H - \omega\right)^2 + \left(\beta\omega\right)^2\right]\left[\left(\gamma H + \omega\right)^2 + \left(\beta\omega\right)^2\right]}} \tag{5.77f}$$

$$\sin\varphi_2 = \frac{2\beta\omega\gamma H}{\sqrt{\left[\left(\gamma H - \omega\right)^2 + \left(\beta\omega\right)^2\right]\left[\left(\gamma H + \omega\right)^2 + \left(\beta\omega\right)^2\right]}} \tag{5.77g}$$

且满足 $\sin^2\varphi_{1,2} + \cos^2\varphi_{1,2} = 1$。利用式(5.77)、式(5.71)和式(5.72)的磁化强度分量可写为如下三角函数形式：

$$M_1 = A_1\cos\left(\omega t - \varphi_1\right) \tag{5.78a}$$

$$M_2 = A_2\sin\left(\omega t - \varphi_2\right) \tag{5.78b}$$

$$M_3 = M_0 - \left(\gamma h / 2\omega\right)A_2\cos\left(2\omega t - \varphi_2\right) \tag{5.78c}$$

为了求解 M_0，将式(5.78)代入 $M_1^2 + M_2^2 + M_3^2 = M^2$，与时间无关的常数项满足：

$$\left(A_1^2 + A_2^2\right)/2 + M_0^2 \approx M^2 \tag{5.79}$$

将式(5.77b)和式(5.77e)代入式(5.79)，得到

$$\frac{\left(\gamma h M_0\right)^2}{2} \frac{\left(\gamma H\right)^2 + \left(1 + \beta^2\right)\omega^2}{\left[\left(\gamma H - \omega\right)^2 + \left(\beta\omega\right)^2\right]\left[\left(\gamma H + \omega\right)^2 + \left(\beta\omega\right)^2\right]} + M_0^2 \approx M^2 \tag{5.80}$$

定义

$$z = M_0 / M \tag{5.81}$$

考虑 $\beta = \alpha z$，式(5.80)变为

$$2\left(\alpha\omega\right)^4 z^6 + \left(\alpha\omega\right)^2\left\{4\left[\left(\gamma H\right)^2 + \omega^2\right] + \left(\gamma h\right)^2 - 2\left(\alpha\omega\right)^2\right\}z^4$$
$$+ \left\{\left[\left(\gamma h\right)^2 - 4\left(\alpha\omega\right)^2\right]\left[\left(\gamma H\right)^2 + \omega^2\right] + 2\left[\left(\gamma H\right)^2 - \omega^2\right]\right\}z^2 - 2\left[\left(\gamma H\right)^2 - \omega^2\right] = 0 \tag{5.82}$$

小阻尼下，略去 $\left(\alpha\omega\right)^4$ 项，式(5.82)变为

$$\left(\alpha\omega\right)^2\left\{4\left[\left(\gamma H\right)^2 + \omega^2\right] + \left(\gamma h\right)^2 - 2\left(\alpha\omega\right)^2\right\}z^4$$
$$+ \left\{\left[\left(\gamma h\right)^2 - \left(2\alpha\omega\right)^2\right]\left[\left(\gamma H\right)^2 + \omega^2\right] + 2\left[\left(\gamma H\right)^2 - \omega^2\right]\right\}z^2 - 2\left[\left(\gamma H\right)^2 - \omega^2\right] = 0 \tag{5.83a}$$

该方程的解为

$$z^2 = \frac{\sqrt{C^2 + 8\left[(\gamma H)^2 - \omega^2\right]^2 (\alpha\omega)^2 \left\{4\left[(\gamma H)^2 + \omega^2\right] + (\gamma h)^2 - 2(\alpha\omega)^2\right\}} - C}{2(\alpha\omega)^2 \left\{4\left[(\gamma H)^2 + \omega^2\right] + (\gamma h)^2 - 2(\alpha\omega)^2\right\}}$$

(5.83b)

其中，

$$C = \left[(\gamma h)^2 - (2\alpha\omega)^2\right]\left[(\gamma H)^2 + \omega^2\right] + 2\left[(\gamma H)^2 - \omega^2\right]^2 \qquad (5.83c)$$

图 5.10(a)给出了不同功率下，式(5.83a)的计算结果(线所示)，以及使用四阶 Runge-Kutta 法数值计算 LLG 方程的结果(符号所示)。计算时选择了 FeNi 因瓦合金的参数 $M_s = 843.69\text{kA}/\text{m}$，$H_K = 479.2\text{A}/\text{m}$，$\alpha = 0.0071$，$\gamma = 2.21\times10^5 (\text{A}/\text{m})^{-1}\cdot\text{s}^{-1}$，$H = 1500\text{A}/\text{m}$。可见，铁磁共振模式下两者符合很好。利用以上计算结果，可以由式(5.77b)和式(5.77e)，求得 A_1^2 和 A_2^2，计算得到偏差 $\left[\left(A_1^2 + A_2^2\right)/2 + M_0^2\right]/M^2 - 1$ 的结果如图 5.9(b)所示。可见，最大值出现在共振峰附近，误差也不超过 10^{-5}。说明近似解式(5.83)很准确。

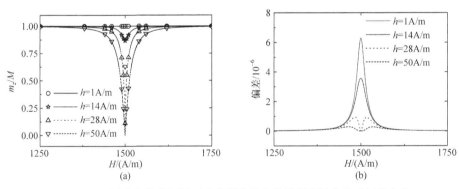

图 5.10　不同功率线偏振场下磁化强度偏离易轴程度随直流磁场的变化

(a) m_z/M-H 曲线；(b) 偏差 $\left[\left(A_1^2 + A_2^2\right)/2 + M_0^2\right]/M^2 - 1$ 的结果

为了说明铁磁共振模式下的变化规律，设 $\gamma H = \omega$，由式(5.83)得到

$$z^2 = \frac{\sqrt{\left[(\gamma h)^2 - (2\alpha\omega)^2\right]^2} - \left[(\gamma h)^2 - (2\alpha\omega)^2\right]}{\alpha^2\left[8\omega^2 + (\gamma h)^2 - 2(\alpha\omega)^2\right]} \qquad (5.84)$$

可见，大功率下，$(\gamma h)^2 > (2\alpha\omega)^2$，极小值 $z^2 = 0$ 均出现在 $\gamma H = \omega$ 的位置。低功率

下，$(\gamma h)^2 < (2\alpha\omega)^2$，虽然极值依然出现在 $\gamma H = \omega$ 的位置，但是 $z^2 \neq 0$，满足：

$$z_{\min}^2 = \frac{2\left[(2\alpha\omega)^2 - (\gamma h)^2\right]}{\alpha^2\left[8\omega^2 + (\gamma h)^2 - 2(\alpha\omega)^2\right]} \tag{5.85}$$

随着 h^2 的增加，$z_{\min}^2$ 逐步减小。当满足式 (5.86) 时，达到临界点，$z^2 = 0$。

$$(\gamma h)^2 = (2\alpha\omega)^2 \tag{5.86}$$

线偏振驱动的磁化强度运动磁化率为

$$\chi = \frac{m_x}{h} = \frac{\gamma M_0(\gamma H + \mathrm{i}\beta\omega)}{(\gamma H + \mathrm{i}\beta\omega)^2 - \omega^2} = \chi' - \mathrm{i}\chi'' \tag{5.87a}$$

其中，

$$\chi' = \gamma M \frac{\gamma H z\left[(\gamma H)^2 - (1 - \alpha^2 z^2)\omega^2\right]}{\left[(\gamma H - \omega)^2 + (\alpha\omega)^2 z^2\right]\left[(\gamma H + \omega)^2 + (\alpha\omega)^2 z^2\right]} \tag{5.87b}$$

$$\chi'' = \gamma M \frac{(\alpha\omega)z^2\left[(\gamma H)^2 + (1 + \alpha^2 z^2)\omega^2\right]}{\left[(\gamma H - \omega)^2 + (\alpha\omega)^2 z^2\right]\left[(\gamma H + \omega)^2 + (\alpha\omega)^2 z^2\right]} \tag{5.87c}$$

相较于小角度近似求得的磁导率，式 (5.87) 的近似解包含了与微波振幅相关的项，这意味着得到了线偏振微波作用下，磁化强度在任意角度进动时更加普适的结果。为了说明该近似的精确性，计算了 FMR 模式下磁化率的实部和虚部，如图 5.11 所示。其中线为式 (5.87) 的计算结果，数据点是使用四阶 Runge-Kutta 法数值计算 LLG 方程的结果。计算依然参照了 FeNi 因瓦合金的参数。可见，无论是低功率还是高功率，两者符合得都很好。

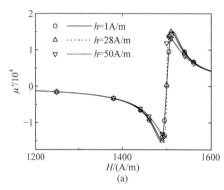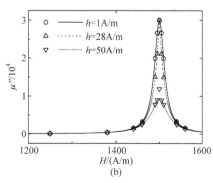

图 5.11　铁磁共振模式下的磁化率

(a) χ'-H；(b) χ''-H

符号所示数据点为数值解，线为近似解析解

5.5　SW 颗粒负圆偏振解

假设 SW 颗粒具有最简单的单轴各向异性，且在易轴方向上同时施加直流磁场 H。在 O-123 直角坐标系中，总直流磁场沿 $\boldsymbol{H} = \left(H + H_{\mathrm{K}} M_3 / M \right) \boldsymbol{e}_3$ 方向。假设在 12 平面内施加负圆偏振微波磁场 $\boldsymbol{h}_- = \left(h\cos(\omega t), -h\sin(\omega t), 0 \right)$，磁化强度为 $\boldsymbol{M} = (M_1, M_1, M_3)$，则 LLG 方程的分量形式为

$$\dot{M}_1 = -\gamma \left[\left(H + \frac{H_{\mathrm{K}} M_3}{M} \right) M_2 + h\sin(\omega t) M_3 \right] + \frac{\alpha}{M} \left(M_2 \dot{M}_3 - M_3 \dot{M}_2 \right) \quad (5.88\mathrm{a})$$

$$\dot{M}_2 = -\gamma \left[h\cos(\omega t) M_3 - \left(H + \frac{H_{\mathrm{K}} M_3}{M} \right) M_1 \right] + \frac{\alpha}{M} \left(M_3 \dot{M}_1 - M_1 \dot{M}_3 \right) \quad (5.88\mathrm{b})$$

$$\dot{M}_3 = -\gamma \left[-h\sin(\omega t) M_1 - h\cos(\omega t) M_2 \right] + \frac{\alpha}{M} \left(M_1 \dot{M}_2 - M_2 \dot{M}_1 \right) \quad (5.88\mathrm{c})$$

考虑到等效场的对称性，假设磁化强度作圆锥运动，M_3 为常量，则

$$M_3 = M_0 \quad (5.89)$$

若

$$H_{\mathrm{D}} = H + \frac{H_{\mathrm{K}} M_0}{M}, \ \beta = \frac{\alpha M_0}{M} \quad (5.90)$$

式(5.88a)和式(5.88b)变为

$$\dot{M}_1 = -\gamma \left[H_{\mathrm{D}} M_2 + h M_0 \sin(\omega t) \right] - \beta \dot{M}_2 \quad (5.91\mathrm{a})$$

$$\dot{M}_2 = -\gamma \left[h M_0 \cos(\omega t) - H_{\mathrm{D}} M_1 \right] + \beta \dot{M}_1 \quad (5.91\mathrm{b})$$

令

$$M_{12} = M_1 + \mathrm{i} M_2 \quad (5.92)$$

由方程(5.91)，得到

$$\dot{M}_{12} = -\mathrm{i}\gamma \left[h M_0 \mathrm{e}^{-\mathrm{i}\omega t} - H_{\mathrm{D}} M_{12} \right] + \mathrm{i}\beta \dot{M}_{12} \quad (5.93\mathrm{a})$$

将式(5.93a)中最后一项中的 $\dot{M}_{12}$ 用式(5.93a)中等号右侧替代，整理得到

$$\left(1 + \beta^2 \right) \dot{M}_{12} + \beta\gamma H_{\mathrm{D}} M_{12} = \mathrm{i}\gamma H_{\mathrm{D}} M_{12} - \mathrm{i}\gamma h M_0 \mathrm{e}^{-\mathrm{i}\omega t} + \beta\gamma h M_0 \mathrm{e}^{-\mathrm{i}\omega t} \quad (5.93\mathrm{b})$$

对式(5.93b)进行时间求导，并将右端第一项中的 $\dot{M}_{12}$ 用(5.93a)代替，得到

$$\left(1 + \beta^2 \right) \ddot{M}_{12} + 2\beta\gamma H_{\mathrm{D}} \dot{M}_{12} + \left(\gamma H_{\mathrm{D}} \right)^2 M_{12} = \gamma h M_0 \left[\gamma \left(H_{\mathrm{D}} - \omega \right) - \mathrm{i}\beta\omega \right] \mathrm{e}^{-\mathrm{i}\omega t} \quad (5.94)$$

可见，这是一个标准的受迫阻尼振动方程。

　　令

$$M_{12} = m\mathrm{e}^{-\mathrm{i}\omega t} \tag{5.95a}$$

代入式(5.94)，得到

$$m = \frac{\gamma h M_0 \left[(\gamma H_\mathrm{D} - \omega) - \mathrm{i}\beta\omega \right]}{\left[(\gamma H_\mathrm{D})^2 - (1 + \beta^2)\omega^2 \right] - 2\mathrm{i}\beta\omega\gamma H_\mathrm{D}} \tag{5.95b}$$

利 用 $\left[(\gamma H_\mathrm{D} + \omega) - \mathrm{i}\beta\omega \right]\left[(\gamma H_\mathrm{D} - \omega) - \mathrm{i}\beta\omega \right] = (\gamma H_\mathrm{D})^2 - (1 + \beta^2)\omega^2 - 2\mathrm{i}\beta\omega\gamma H_\mathrm{D}$ ，
式(5.95b)可写成如下形式：

$$m = \frac{\gamma h M_0}{(\gamma H_\mathrm{D} + \omega)^2 + (\beta\omega)^2}\left[(\gamma H_\mathrm{D} + \omega) + \mathrm{i}(\beta\omega) \right] \tag{5.95c}$$

　　若将式(5.95c)写为

$$m = b\mathrm{e}^{\mathrm{i}\varphi} \tag{5.96a}$$

则

$$b = \frac{\gamma h M_0}{\sqrt{(\gamma H_\mathrm{D} + \omega)^2 + (\beta\omega)^2}} \tag{5.96b}$$

$$\cos\varphi = \frac{\gamma H_\mathrm{D} + \omega}{\sqrt{(\gamma H_\mathrm{D} + \omega)^2 + (\beta\omega)^2}} \tag{5.96c}$$

$$\sin\varphi = \frac{\beta\omega}{\sqrt{(\gamma H_\mathrm{D} + \omega)^2 + (\beta\omega)^2}} \tag{5.96d}$$

利用式(5.96)，式(5.95)可以写成

$$M_{12} = b\mathrm{e}^{-\mathrm{i}(\omega t - \varphi)} \tag{5.97}$$

利用式(5.92)的定义，得到

$$M_1 = b\cos(\omega t - \varphi) \tag{5.98a}$$

$$M_2 = -b\sin(\omega t - \varphi) \tag{5.98b}$$

　　将式(5.98)代入式(5.88c)，得到

$$\dot{M}_3 = -\gamma h b\sin\varphi + \frac{\alpha\omega b^2}{M} = 0 \tag{5.99}$$

其中，利用了 $\sin(\alpha \pm \beta) = \sin\alpha\cos\beta \pm \cos\alpha\sin\beta$。可见，$M_3 = M_0$ 是合理的自洽解。

　　将式(5.96b)平方，利用式(5.90)，得到

$$b^2 = \frac{(\gamma h)^2 M_0^2}{\left(\gamma H + \omega + \gamma H_K \dfrac{M_0}{M}\right)^2 + \left(\alpha \omega \dfrac{M_0}{M}\right)^2} \tag{5.100}$$

若定义

$$x = \frac{b}{M} \tag{5.101}$$

整理式(5.100)，得到

$$\left(\gamma H + \omega + \gamma H_K \sqrt{1-x^2}\right)^2 x^2 + \left[(\alpha\omega)^2 x^2 - (\gamma h)^2\right](1-x^2) = 0 \tag{5.102a}$$

其中，利用了 $b^2 + M_0^2 = M^2$。将式(5.102a)展开，整理得到

$$\left[(\gamma H_K)^2 + (\alpha\omega)^2\right]x^4 - 2\gamma H_K(\gamma H + \omega)x^2\sqrt{1-x^2}$$
$$- \left[(\gamma H + \omega)^2 + (\gamma H_K)^2 + (\alpha\omega)^2 + (\gamma h)^2\right]x^2 + (\gamma h)^2 = 0 \tag{5.102b}$$

若定义：

$$z = \frac{M_0}{M} \tag{5.103}$$

代入式(5.100)，得到

$$(1-z^2)\left[(\gamma H + \omega + \gamma H_K z)^2 + (\alpha\omega)^2 z^2\right] - (\gamma h)^2 z^2 = 0 \tag{5.104a}$$

展开整理，得到一元四次方程形式的表达式：

$$\left[(\gamma H_K)^2 + (\alpha\omega)^2\right]z^4 + 2\gamma H_K(\gamma H + \omega)z^3 + \left[(\gamma H + \omega)^2 - (\gamma H_K)^2 - (\alpha\omega)^2 + (\gamma h)^2\right]z^2$$
$$- 2\gamma H_K(\gamma H + \omega)z - (\gamma H + \omega)^2 = 0$$

$$\tag{5.104b}$$

这是一个可以得到解析解的情况。然而，由于一元四次方程的解要求解一个一元三次方程，通解的形式会很复杂。为此，讨论负圆偏振下的近似解。

比较 $z=0$ 和 $z=1$ 时，式(5.104)分别变为 $(\gamma H + \omega)^2 = 0$ 和 $(\gamma h)^2 = 0$。可见，无论是铁磁共振模式还是磁谱模式，$z \to 1$ 更接近于实际磁化强度的进动。反过来，由于负圆偏振下不存在共振，说明磁化强度的进动通常满足 $x \to 0$。此时，可取 $\sqrt{1-x^2} \approx 1 - x^2/2$，式(5.102b)变为

$$\left[\gamma H_K(\gamma H + \gamma H_K + \omega) + (\alpha\omega)^2\right]x^4$$
$$- \left[(\gamma H + \gamma H_K + \omega)^2 + (\alpha\omega)^2 + (\gamma h)^2\right]x^2 + (\gamma h)^2 = 0 \tag{5.105a}$$

其解为

$$x^2 = \frac{D - \sqrt{D^2 - 4(\gamma h)^2 \left[\gamma H_{\mathrm{K}}(\gamma H + \gamma H_{\mathrm{K}} + \omega) + (\alpha\omega)^2 \right]}}{2\left[\gamma H_{\mathrm{K}}(\gamma H + \gamma H_{\mathrm{K}} + \omega) + (\alpha\omega)^2 \right]} \tag{5.105b}$$

其中，$D = (\gamma H + \gamma H_{\mathrm{K}} + \omega)^2 + (\alpha\omega)^2 + (\gamma h)^2$。对应的 z 满足 $z^2 = 1 - x^2$，即

$$z^2 = \frac{\sqrt{D^2 - 4(\gamma h)^2 \left[\gamma H_{\mathrm{K}}(\gamma H + \gamma H_{\mathrm{K}} + \omega) + (\alpha\omega)^2 \right]}}{2\left[\gamma H_{\mathrm{K}}(\gamma H + \gamma H_{\mathrm{K}} + \omega) + (\alpha\omega)^2 \right]} \tag{5.105c}$$

小阻尼下，去掉高阶项，$D \approx (\gamma H + \gamma H_{\mathrm{K}} + \omega)^2 + (\gamma h)^2$，可以求得

$$x^2 \approx \frac{(\gamma h)^2}{(\gamma H + \gamma H_{\mathrm{K}} + \omega)^2 + (\gamma h)^2} \tag{5.106a}$$

$$z^2 \approx \frac{(\gamma H + \gamma H_{\mathrm{K}} + \omega)^2}{(\gamma H + \gamma H_{\mathrm{K}} + \omega)^2 + (\gamma h)^2} \tag{5.106b}$$

图 5.12 给出了不同负圆偏振场下式(5.106b)的计算结果，其中取 $\gamma(H + H_{\mathrm{K}}) = 2.80\mathrm{GHz}$。与 LLG 方程直接计算的结果相比较，两者偏差在 5%以内。

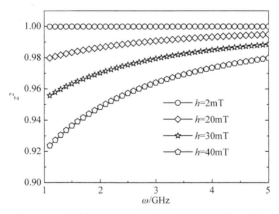

图 5.12　不同负圆偏振场下约化磁化强度的 z 分量

利用复数磁化率的定义式(5.47)，得到磁化率的实部和虚部分别为

$$\chi' = \frac{b\cos\varphi}{h} = \frac{\gamma M_0 (\gamma H_{\mathrm{D}} + \omega)}{(\gamma H_{\mathrm{D}} + \omega)^2 + (\beta\omega)^2} \tag{5.107a}$$

$$\chi'' = \frac{b\sin\varphi}{h} = \frac{\gamma M_0 (\beta\omega)}{(\gamma H_D + \omega)^2 + (\beta\omega)^2} \tag{5.107b}$$

可以表示成变量 $z = M_0 / M$ 的形式，即

$$\chi' = \frac{\gamma M (\gamma H + \gamma H_K z + \omega) z}{(\gamma H + \gamma H_K z + \omega)^2 + (\alpha\omega z)^2} \tag{5.108a}$$

$$\chi'' = \frac{\gamma M (\alpha\omega) z^2}{(\gamma H + \gamma H_K z + \omega)^2 + (\alpha\omega z)^2} \tag{5.108b}$$

考虑到无共振发生，小阻尼下，式(5.108)可以近似写为

$$\chi' = \frac{\gamma M z}{\gamma H + \gamma H_K z + \omega} \tag{5.109a}$$

$$\chi'' = \frac{\gamma M (\alpha\omega) z^2}{(\gamma H + \gamma H_K z + \omega)^2} \tag{5.109b}$$

将式(5.106)代入式(5.109)，得到

$$\chi' = \frac{\gamma M}{\gamma H_K + (\gamma H + \omega)\sqrt{1 + (\gamma h)^2 / (\gamma H + \gamma H_K + \omega)^2}} \tag{5.110a}$$

$$\chi'' = \frac{\gamma M (\alpha\omega)}{\left[\gamma H_K + (\gamma H + \omega)\sqrt{1 + (\gamma h)^2 / (\gamma H + \gamma H_K + \omega)^2}\right]^2} \tag{5.110b}$$

图 5.13 给出了不同负圆偏振场下式(5.110)的铁磁共振模式和磁谱模式计算结果。其中，取 $M = 1.0\text{T}$，$\alpha = 0.03$，$\gamma H_K = 1.0\text{GHz}$，铁磁共振频率 $\omega = 2.8\text{GHz}$，磁谱测试施加的直流磁场满足 $\gamma H = 1.8\text{GHz}$。可见，随着微波磁场的增加，磁化率随磁场或频率的变化均较小。

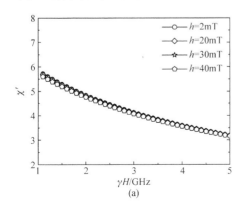
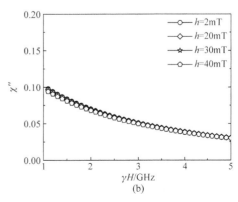

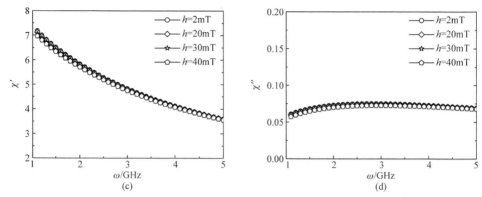

图 5.13　负圆偏振场下的磁化率曲线

(a) χ'-γH；(b) χ''-γH；(c) χ'-ω；(d) χ''-ω

假设微波磁场远小于直流磁场，则

(1) 当 $\omega \to 0$ 时，$z \to 1$，

$$\chi_i' \to \frac{M}{H + H_K}, \quad \chi_i'' \to 0 \tag{5.111}$$

(2) 当 $\omega \to \infty$ 时，$z \to 1$，

$$\chi_\infty' \to 0^+, \quad \chi_\infty'' \to 0^+ \tag{5.112}$$

这更类似于大阻尼下的弛豫型磁谱。

(3) 当频率在中间区域变化时，随着频率的增加，χ' 逐渐下降，而 χ'' 存在极值。利用 $\mathrm{d}\chi''/\mathrm{d}\omega = 0$，由式(5.110b)，低功率微波磁场下虚部极大值处于：

$$\omega_m \approx \gamma \left(H + H_K \right) \tag{5.113}$$

对应的虚部极大值为

$$\chi_{\max}'' \approx \frac{\alpha M}{2 \left(H_K + H \right)} = \frac{\alpha}{2} \chi_i' \tag{5.114a}$$

$$\chi_{\omega_m}' \approx \frac{M}{2 \left(H_K + H \right)} = \frac{1}{2} \chi_i' \tag{5.114b}$$

5.6　SW 颗粒正圆偏振解

在 O-123 直角坐标系中，假设正圆偏振微波磁场 $\boldsymbol{h}_+ = \left(h\cos(\omega t), h\sin(\omega t), 0 \right)$ 施加在 12 平面内场，直流磁场 $\boldsymbol{H} = \left(H + H_K M_3 / M \right) \boldsymbol{e}_3$ 与进动角度有关，正圆偏振对应的磁化强度 $\boldsymbol{M} = \left(M_1, M_1, M_3 \right)$，则 LLG 方程的分量形式为

$$\dot{M}_1 = -\gamma\left[\left(H + \frac{H_K M_3}{M}\right)M_2 - h\sin(\omega t)M_3\right] + \frac{\alpha}{M}\left(M_2\dot{M}_3 - M_3\dot{M}_2\right) \quad (5.115\text{a})$$

$$\dot{M}_2 = -\gamma\left[h\cos(\omega t)M_3 - \left(H + \frac{H_K M_3}{M}\right)M_1\right] + \frac{\alpha}{M}\left(M_3\dot{M}_1 - M_1\dot{M}_3\right) \quad (5.115\text{b})$$

$$\dot{M}_3 = -\gamma\left[h\sin(\omega t)M_1 - h\cos(\omega t)M_2\right] + \frac{\alpha}{M}\left(M_1\dot{M}_2 - M_2\dot{M}_1\right) \quad (5.115\text{c})$$

完全类似于负圆偏振情况，考虑到等效场的对称性，可以假设：

$$M_3 = M_0 \quad (5.116\text{a})$$

$$M_{12} = M_1 + \mathrm{i}M_2 \quad (5.116\text{b})$$

由 1 和 2 分量方程，得到

$$\dot{M}_{12} = -\gamma\left(\mathrm{i}hM_0\mathrm{e}^{\mathrm{i}\omega t} - \mathrm{i}H_D M_{12}\right) + \mathrm{i}\beta\dot{M}_{12} \quad (5.117\text{a})$$

其中，利用了 $H_D = H + H_K M_0 / M$ ，$\beta = \alpha M_0 / M$。将式(5.117a)最后一项中的 $\dot{M}_{12}$ 用式(5.117a)等号右端替代，则

$$\left(1 + \beta^2\right)\dot{M}_{12} + \gamma\beta H_D M_{12} = \mathrm{i}\gamma H_D M_{12} - \mathrm{i}\gamma hM_0\mathrm{e}^{\mathrm{i}\omega t} + \gamma\beta hM_0\mathrm{e}^{\mathrm{i}\omega t} \quad (5.117\text{b})$$

对式(5.117b)进行时间求导，并将等号右端第一项中的 $\dot{M}_{12}$ 用式(5.117a)代替，得到

$$\left(1 + \beta^2\right)\ddot{M}_{12} + 2\beta\gamma H_D\dot{M}_{12} + \left(\gamma H_D\right)^2 M_{12} = \gamma hM_0\left[\left(\gamma H_D + \omega\right) + \mathrm{i}\beta\omega\right]\mathrm{e}^{\mathrm{i}\omega t}$$

$$(5.118)$$

可见，这是一标准的受迫阻尼振动方程。

令

$$M_{12} = m\mathrm{e}^{\mathrm{i}\omega t} \quad (5.119)$$

由式(5.118)得到

$$m = \frac{\gamma hM_0\left[\left(\gamma H_D + \omega\right) + \mathrm{i}\beta\omega\right]}{\left[\left(\gamma H_D\right)^2 - \left(1 + \beta^2\right)\omega^2\right] + 2\mathrm{i}\beta\omega\gamma H_D} \quad (5.120\text{a})$$

利用 $\left[\left(\gamma H_D + \omega\right) + \mathrm{i}\beta\omega\right]\left[\left(\gamma H_D - \omega\right) + \mathrm{i}\beta\omega\right] = \left(\gamma H_D\right)^2 - \left(1 + \beta^2\right)\omega^2 + 2\mathrm{i}\beta\omega\gamma H_D$ ，式(5.120a)可写成如下形式：

$$m = \gamma hM_0\frac{\left(\gamma H_D - \omega\right) - \mathrm{i}\left(\beta\omega\right)}{\left(\gamma H_D - \omega\right)^2 + \left(\beta\omega\right)^2} \quad (5.120\text{b})$$

令

$$m = a\mathrm{e}^{-\mathrm{i}\varphi} \tag{5.121a}$$

其中，

$$a = \frac{\gamma h M_0}{\sqrt{\left(\gamma H_\mathrm{D} - \omega\right)^2 + \left(\beta\omega\right)^2}} \tag{5.121b}$$

$$\cos\varphi = \frac{\gamma H_\mathrm{D} - \omega}{\sqrt{\left(\gamma H_\mathrm{D} - \omega\right)^2 + \left(\beta\omega\right)^2}} \tag{5.121c}$$

$$\sin\varphi = \frac{\beta\omega}{\sqrt{\left(\gamma H_\mathrm{D} - \omega\right)^2 + \left(\beta\omega\right)^2}} \tag{5.121d}$$

则式(5.119)可以写成如下形式：

$$M_{12} = a\mathrm{e}^{\mathrm{i}(\omega t - \varphi)} \tag{5.122}$$

利用式(5.116b)关于 M_{12} 的定义，得到

$$M_1 = a\cos\left(\omega t - \varphi\right), \ M_2 = a\sin\left(\omega t - \varphi\right) \tag{5.123}$$

将式(5.123)代入 3 分量方程(5.115c)，得到

$$\dot{M}_3 = -\gamma h a \sin\varphi + \frac{\alpha\omega a^2}{M} = 0 \tag{5.124}$$

其中，利用了 $\sin\left(\alpha \pm \beta\right) = \sin\alpha\cos\beta \pm \cos\alpha\sin\beta$。可见， $M_3 = M_0$ 依然是自洽解。

对式(5.121b)求平方，整理得到

$$\frac{a^2}{M^2} = \frac{\left(\gamma h\right)^2 \dfrac{M_0^2}{M^2}}{\left(\gamma H + \gamma H_\mathrm{K} \dfrac{M_0}{M} - \omega\right)^2 + \left(\alpha\omega\dfrac{M_0}{M}\right)^2} \tag{5.125}$$

利用 $H_\mathrm{D} = H + H_\mathrm{K} M_0 / M$， $\beta = \alpha M_0 / M$。定义

$$x = a / M \tag{5.126}$$

由 $a^2 + M_0^2 = M^2$ 得到

$$\left(\gamma H - \omega + \gamma H_\mathrm{K}\sqrt{1 - x^2}\right)^2 x^2 + \left[\left(\alpha\omega\right)^2 x^2 - \left(\gamma h\right)^2\right]\left(1 - x^2\right) = 0 \tag{5.127a}$$

展开，整理得到

$$\left[\left(\gamma H_\mathrm{K}\right)^2 + \left(\alpha\omega\right)^2\right]x^4 - 2\gamma H_\mathrm{K}\left(\gamma H - \omega\right)x^2\sqrt{1 - x^2}$$

$$-\left[\left(\gamma H - \omega\right)^2 + \left(\gamma H_\mathrm{K}\right)^2 + \left(\alpha\omega\right)^2 + \left(\gamma h\right)^2\right]x^2 + \left(\gamma h\right)^2 = 0 \tag{5.127b}$$

若定义：

$$z = M_0 / M \tag{5.128}$$

由式(5.125)得到

$$\left(1-z^2\right)\left[\left(\gamma H - \omega + \gamma H_K z\right)^2 + \left(\alpha\omega\right)^2 z^2\right] - \left(\gamma h\right)^2 z^2 = 0 \tag{5.129a}$$

展开式(5.129a)，整理得到

$$\left[\left(\gamma H_K\right)^2 + \left(\alpha\omega\right)^2\right] z^4 + 2\gamma H_K\left(\gamma H - \omega\right) z^3 + \left[\left(\gamma H - \omega\right)^2 - \left(\gamma H_K\right)^2 + \left(\gamma h\right)^2 - \left(\alpha\omega\right)^2\right] z^2$$
$$-2\gamma H_K\left(\gamma H - \omega\right) z - \left(\gamma H - \omega\right)^2 = 0 \tag{5.129b}$$

这是一个一元四次方程，但无法用负圆偏振方案近似处理得到进动图像。

利用一元四次方程的标准解法，可以求得 z 的四个解。铁磁共振模式下，在 $0 \leqslant z \leqslant 1$ 时，只存在三个实数解。利用 $x = \sqrt{1-z^2}$，将 z 的实数解变换成磁化强度在 12 平面内的约化振幅值 a/M。假设 $\omega = 0.3315\text{GHz}$，$\alpha = 0.0071$，$H_K = 100\text{Oe}$，不同正圆偏振场下，四阶 Runge-Kutta 计算的结果如图 5.14 所示。可见，随着微波磁场强度的增加，共振曲线呈现三种不同的变化。首先是极大值增加且位置右移的单值函数过程。然后是极大值继续增加，共振峰继续右移，但发生多值的折叠现象。当 $h > 10.6$，折叠线形峰位不变，但半高宽逐渐增加。

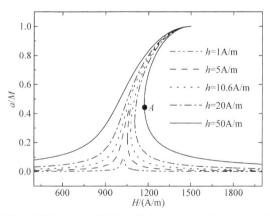

图 5.14　不同正圆偏振场下磁化强度约化交变振幅随外加直流磁场的变化

为了理解图 5.14 呈现的变化，讨论铁磁共振模式下的共振峰位、峰高和峰宽，以及发生折叠效应的临界特征。将式(5.129b)进行全微分，得到

$$\frac{\mathrm{d}z}{\mathrm{d}H} = \frac{-\gamma\left(z^2-1\right)\left[\gamma H_K z + \left(\gamma H - \omega\right)\right]}{2\left[\left(\gamma H_K\right)^2 + \left(\alpha\omega\right)^2\right] z^3 + 3\gamma H_K\left(\gamma H - \omega\right) z^2} \tag{5.130}$$
$$+\left[\left(\gamma H - \omega\right)^2 - \left(\gamma H_K\right)^2 + \left(\gamma h\right)^2 - \left(\alpha\omega\right)^2\right] z - \gamma H_K\left(\gamma H - \omega\right)$$

若 $\mathrm{d}z/\mathrm{d}H=0$，则式(5.130)的分子为0，即

$$\left(z^2-1\right)\left[\gamma H_{\mathrm{K}}z+\left(\gamma H-\omega\right)\right]=0 \tag{5.131}$$

考虑 $z^2=1$ 对应于磁化强度静止，铁磁共振下的极大值出现在

$$\gamma H_{\mathrm{K}}z+\left(\gamma H-\omega\right)=0 \tag{5.132}$$

代入式(5.129a)，得到

$$\left[\left(1-z^2\right)(\alpha\omega)^2-(\gamma h)^2\right]z^2=0 \tag{5.133}$$

分别对应于

$$z^2=1-\frac{(\gamma h)^2}{(\alpha\omega)^2} \tag{5.134a}$$

$$z=0 \tag{5.134b}$$

将式(5.134)代入式(5.132)，可见共振发生的位置满足：

$$H_{\mathrm{r}}=\begin{cases}\omega/\gamma-H_{\mathrm{K}}\sqrt{1-\dfrac{(\gamma h)^2}{(\alpha\omega)^2}}, & \gamma h<\alpha\omega\\[4mm]\omega/\gamma, & \gamma h\geqslant\alpha\omega\end{cases} \tag{5.135}$$

对应 x 的共振峰高度为

$$x_{\max}=\begin{cases}\gamma h/\alpha\omega, & \gamma h<\alpha\omega\\ 1, & \gamma h\geqslant\alpha\omega\end{cases} \tag{5.136}$$

根据式(5.136)取 $x_{\max}/2$，代入式(5.127a)，得到

$$\left(\gamma H-\omega+\gamma H_{\mathrm{K}}\sqrt{1-x_{\max}^2/4}\right)^2+\frac{1}{4}\left[(\alpha\omega)^2x_{\max}^2-4(\gamma h)^2\right]\frac{4-x_{\max}^2}{x_{\max}^2}=0 \tag{5.137}$$

解得

$$\gamma H_{1/2}=\omega-\gamma H_{\mathrm{K}}\sqrt{1-x_{\max}^2/4}\pm\frac{1}{2x_{\max}}\sqrt{\left(4-x_{\max}^2\right)\left[4(\gamma h)^2-(\alpha\omega)^2x_{\max}^2\right]} \tag{5.138}$$

两种情况下的半高宽位置满足：

$$H_{1/2}=\begin{cases}\dfrac{\omega}{\gamma}-H_{\mathrm{K}}\sqrt{1-(\gamma h)^2/(2\alpha\omega)^2}\pm\dfrac{1}{2}\sqrt{12(\alpha\omega/\gamma)^2-3h^2}, & \gamma h<\alpha\omega\\[4mm]\dfrac{\omega}{\gamma}-\dfrac{\sqrt{3}}{2}H_{\mathrm{K}}\pm\dfrac{1}{2}\sqrt{12h^2-3(\alpha\omega/\gamma)^2}, & \gamma h\geqslant\alpha\omega\end{cases} \tag{5.139}$$

半高宽为

$$\Delta H = \begin{cases} \sqrt{12(\alpha\omega/\gamma)^2 - 3h^2}, & \gamma h < \alpha\omega \\ \sqrt{12h^2 - 3(\alpha\omega/\gamma)^2}, & \gamma h \geqslant \alpha\omega \end{cases} \quad (5.140)$$

可见，除共振位置外，峰强和半高宽均与各向异性场角度无关的结果一致。折叠效应不仅存在于 $\gamma h \geqslant \alpha\omega$ 的饱和区，而且在 $\gamma h < \alpha\omega$ 不饱和区也会发生。

为了获得折叠点的位置，将式(5.129b)表示成 $\gamma H - \omega$ 的幂次形式：

$$(\gamma H - \omega)^2 + 2\gamma H_K z(\gamma H - \omega) + \left[(\gamma H_K)^2 + (\alpha\omega)^2 - \frac{(\gamma h)^2}{1-z^2}\right]z^2 = 0 \quad (5.141)$$

可以解得

$$\gamma H = \omega - \gamma H_K z \pm z\sqrt{\frac{(\gamma h)^2}{1-z^2} - (\alpha\omega)^2} \quad (5.142)$$

当式(5.142)等号右侧第三项为 0，即处在共振状态时，可以得到式(5.142)等号右侧的折叠点位于：

$$\gamma H_R = \omega - \gamma H_K z_R \quad (5.143)$$

$$z_R = \begin{cases} \gamma h/\alpha\omega, & \gamma h < \alpha\omega \\ 1, & \gamma h \geqslant \alpha\omega \end{cases} \quad (5.144)$$

对式(5.142)求导，得到

$$\frac{\partial(\gamma H)}{\partial z} = -\gamma H_K \pm \frac{\frac{(\gamma h)^2}{(1-z^2)^2} - (\alpha\omega)^2}{\sqrt{\frac{(\gamma h)^2}{(1-z^2)} - (\alpha\omega)^2}} \quad (5.145)$$

利用折点处 $\partial H/\partial z = 0$，得到

$$(\gamma H_K)^2 = \frac{1}{(1-z^2)^3} \frac{\left[(\gamma h)^2 - (\alpha\omega)^2(1-z^2)^2\right]^2}{(\gamma h)^2 - (\alpha\omega)^2(1-z^2)} \quad (5.146)$$

这是一个关于 z^2 的一元四次方程：

$$(\alpha\omega)^2\left[(\gamma H_K)^2 + (\alpha\omega)^2\right](1-z^2)^4 - (\gamma H_K)^2(\gamma h)^2(1-z^2)^3$$

$$-2(\gamma h)^2(\alpha\omega)^2(1-z^2)^2 + (\gamma h)^4 = 0 \quad (5.147)$$

为得到简单的近似解，将 $\left(1-z^2\right)^3$ 降为 $\left(1-z^2\right)^2$，并引入调制系数 C，得到

$$(\alpha\omega)^2\left[\left(\gamma H_K\right)^2+(\alpha\omega)^2\right]\left(1-z^2\right)^4$$
$$-2(\gamma h)^2\left[C\left(\gamma H_K\right)^2+(\alpha\omega)^2\right]\left(1-z^2\right)^2+(\gamma h)^4=0 \qquad (5.148)$$

考虑 $0<z<1$，方程的解近似为

$$1-z_L^2\approx\frac{\gamma h}{\sqrt{2C\left[\left(\gamma H_K\right)^2+(\alpha\omega)^2\right]}} \qquad (5.149)$$

当 $\sqrt{1/2C}=2.5$ 时，可近似描述磁化强度的偏离。将式(5.149)代入式(5.142)，可很好地描述图 5.14 中点 A 的位置，即

$$\gamma H=\omega-\gamma H_K z_L-z_L\sqrt{\frac{(\gamma h)^2}{1-z_L^2}-(\alpha\omega)^2} \qquad (5.150)$$

5.7　单轴薄膜的线偏振解

如图 5.15 所示，薄膜面内单轴各向异性等效场为 $e_y H_a M_y/M$ 的薄膜，磁化强度翘出膜面的形状各向异性等效场为 $e_z M_z$。若在 e_x 方向施加微波磁场 $he^{i\omega t}$，因外加直流磁场 H 施加方向的不同，通常有两种典型的实验几何：沿垂直膜面或膜面易轴饱和磁化。两种磁化几何下，作用在磁化强度上的等效场分别为

$$\boldsymbol{H}_{\text{out}}=\boldsymbol{e}_x he^{i\omega t}+\boldsymbol{e}_y H_a\frac{M_y}{M}+\boldsymbol{e}_z\left(H-M_z\right) \qquad (5.151a)$$

$$\boldsymbol{H}_{\text{in}}=\boldsymbol{e}_x he^{i\omega t}+\boldsymbol{e}_y\left(H+H_a\frac{M_y}{M}\right)-\boldsymbol{e}_z M_z \qquad (5.151b)$$

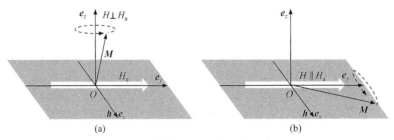

图 5.15　薄膜磁化强度进动示意图
(a) 垂直磁化；(b) 面内磁化

对于垂直膜面饱和磁化的情况，LLG 方程的分量形式为

$$\dot{M}_x = -\gamma\left[(H - M_z)M_y - H_a\frac{M_y}{M}M_z\right] + \frac{\alpha}{M}\left(M_y\dot{M}_z - M_z\dot{M}_y\right) \quad (5.152\text{a})$$

$$\dot{M}_y = -\gamma\left[he^{\mathrm{i}\omega t}M_z - (H - M_z)M_x\right] + \frac{\alpha}{M}\left(M_z\dot{M}_x - M_x\dot{M}_z\right) \quad (5.152\text{b})$$

$$\dot{M}_z = -\gamma\left(H_a\frac{M_y}{M}M_x - he^{\mathrm{i}\omega t}M_y\right) + \frac{\alpha}{M}\left(M_x\dot{M}_y - M_y\dot{M}_x\right) \quad (5.152\text{c})$$

在线偏振下，磁化强度是绕 $\boldsymbol{e}_z$ 轴的周期性运动。假设 x 和 y 平面内的分量为

$$M_x = m_x e^{\mathrm{i}\omega t} \quad (5.153\text{a})$$

$$M_y = m_y e^{\mathrm{i}\omega t} \quad (5.153\text{b})$$

代入 z 分量方程式(5.152c)，得到

$$\dot{M}_z = -\gamma\left(H_a\frac{m_x}{M} - h\right)m_y e^{2\mathrm{i}\omega t} \quad (5.154)$$

可见

$$M_z = M_0 + \frac{\mathrm{i}}{2\omega}\gamma\left(H_a\frac{m_x}{M} - h\right)m_y e^{2\mathrm{i}\omega t} = M_0 + m_z e^{2\mathrm{i}\omega t} \quad (5.155)$$

将式(5.153)～式(5.155)代入 x 和 y 的分量方程式(5.152a)和式(5.152b)，去掉含 $e^{3\mathrm{i}\omega t}$ 的项和时间因子 $e^{\mathrm{i}\omega t}$，方程变为

$$\mathrm{i}\omega m_x + \left[\gamma\left(H - M_0 - H_a^*\right) + \mathrm{i}\beta\omega\right]m_y = 0 \quad (5.156\text{a})$$

$$-\left[\gamma\left(H - M_0\right) + \mathrm{i}\beta\omega\right]m_x + \mathrm{i}\omega m_y = -\gamma h M_0 \quad (5.156\text{b})$$

其中，

$$H_a^* = H_a\frac{M_0}{M}, \beta = \frac{\alpha M_0}{M} \quad (5.156\text{c})$$

直接求得

$$m_x = \frac{\gamma h M_0\left[\gamma\left(H - M_0 - H_a^*\right) + \mathrm{i}\beta\omega\right]}{\left[\gamma\left(H - M_0 - H_a^*\right) + \mathrm{i}\beta\omega\right]\left[\gamma\left(H - M_0\right) + \mathrm{i}\beta\omega\right] - \omega^2} \quad (5.157\text{a})$$

$$m_y = \frac{-\mathrm{i}\omega\gamma h M_0}{\left[\gamma\left(H - M_0 - H_a^*\right) + \mathrm{i}\beta\omega\right]\left[\gamma\left(H - M_0\right) + \mathrm{i}\beta\omega\right] - \omega^2} \quad (5.157\text{b})$$

其中，饱和磁化要求 $H > M + H_a > M_0 + H_a^*$。令

$$\omega_1 = \gamma\left(H - M_0 - H_a^*\right) \tag{5.158a}$$

$$\omega_2 = \gamma\left(H - M_0\right) \tag{5.158b}$$

分量式(5.157)变为

$$m_x = \frac{\gamma h M_0\left(\omega_1 + \mathrm{i}\beta\omega\right)}{\left(\omega_1 + \mathrm{i}\beta\omega\right)\left(\omega_2 + \mathrm{i}\beta\omega\right) - \omega^2} \tag{5.159a}$$

$$m_y = \frac{-\mathrm{i}\omega\gamma h M_0}{\left(\omega_1 + \mathrm{i}\beta\omega\right)\left(\omega_2 + \mathrm{i}\beta\omega\right) - \omega^2} \tag{5.159b}$$

若将 m_x 和 m_y 分别写成

$$m_x = a\mathrm{e}^{-\mathrm{i}\varphi_x} \tag{5.160a}$$

$$m_y = -\mathrm{i}b\mathrm{e}^{-\mathrm{i}\varphi_y} \tag{5.160b}$$

其振幅和相位分别满足：

$$a = \gamma h M_0 \frac{\sqrt{\omega_1^2 + \left(\beta\omega\right)^2}}{\sqrt{\left[\omega_1\omega_2 - \left(1 + \beta^2\right)\omega^2\right]^2 + \left(\beta\omega\right)^2\left(\omega_1 + \omega_2\right)^2}} \tag{5.160c}$$

$$\cos\varphi_x = \frac{\omega_1\left(\omega_1\omega_2 - \omega^2\right) + \left(\beta\omega\right)^2\omega_2}{\sqrt{\left[\omega_1^2 + \left(\beta\omega\right)^2\right]\left\{\left[\omega_1\omega_2 - \left(1 + \beta^2\right)\omega^2\right]^2 + \left(\beta\omega\right)^2\left(\omega_1 + \omega_2\right)^2\right\}}} \tag{5.160d}$$

$$\sin\varphi_x = \frac{\beta\omega\left[\omega_1^2 + \left(1 + \alpha^{*2}\right)\omega^2\right]}{\sqrt{\left[\omega_1^2 + \left(\beta\omega\right)^2\right]\left\{\left[\omega_1\omega_2 - \left(1 + \beta^2\right)\omega^2\right]^2 + \left(\beta\omega\right)^2\left(\omega_1 + \omega_2\right)^2\right\}}} \tag{5.160e}$$

$$b = \frac{\omega\gamma h M_0}{\sqrt{\left[\omega_1\omega_2 - \left(1 + \beta^2\right)\omega^2\right]^2 + \left(\beta\omega\right)^2\left(\omega_1 + \omega_2\right)^2}} \tag{5.160f}$$

$$\cos\varphi_y = \frac{\left[\omega_1\omega_2 - \left(1 + \beta^2\right)\omega^2\right]}{\sqrt{\left[\omega_1\omega_2 - \left(1 + \beta^2\right)\omega^2\right]^2 + \left(\beta\omega\right)^2\left(\omega_1 + \omega_2\right)^2}} \tag{5.160g}$$

$$\sin\varphi_y = \frac{\beta\omega\gamma\left(\omega_1 + \omega_2\right)}{\sqrt{\left[\omega_1\omega_2 - \left(1 + \beta^2\right)\omega^2\right]^2 + \left(\beta\omega\right)^2\left(\omega_1 + \omega_2\right)^2}} \tag{5.160h}$$

保证 $\sin^2\varphi_{x,y} + \cos^2\varphi_{x,y} = 1$。此时，$x$ 和 y 的分量可写为三角函数的形式：

$$m_x = a\cos\left(\omega t - \varphi_x\right) \tag{5.161a}$$

$$m_y = b\sin\left(\omega t - \varphi_y\right) \tag{5.161b}$$

利用

$$\frac{a^2 + b^2}{2} + M_0^2 \approx M^2 \tag{5.162a}$$

得到

$$\left(\gamma h M_0\right)^2 \frac{\omega_1^2 + \left(1 + \beta^2\right)\omega^2}{\left[\omega_1\omega_2 - \left(1 + \beta^2\right)\omega^2\right]^2 + \left(\beta\omega\right)^2\left(\omega_1 + \omega_2\right)^2} = 2\left(M^2 - M_0^2\right) \tag{5.162b}$$

令

$$z = M_0 / M \tag{5.163}$$

由式(5.156c)和式(5.158)，得到

$$H_a^* = H_a z, \quad \beta = \alpha z \tag{5.164a}$$

$$\omega_1 = \gamma\left(H - Mz - H_a z\right), \quad \omega_2 = \gamma\left(H - Mz\right) \tag{5.164b}$$

代入式(5.162b)，得到

$$\left(\gamma h\right)^2 z^2 \frac{\gamma^2\left(H - Mz - H_a z\right)^2 + \left(1 + \alpha^2 z^2\right)\omega^2}{\left[\gamma^2\left(H - Mz - H_a z\right)\left(H - Mz\right) - \left(1 + \alpha^2 z^2\right)\omega^2\right]^2}$$
$$= 2\left(1 - z^2\right) + \left(\alpha\omega\right)^2 z^2\gamma^2\left(2H - 2Mz - H_a z\right)^2 \tag{5.165}$$

小阻尼系数下，式(5.165)变为

$$\left(\gamma h\right)^2 z^2 \frac{\gamma^2\left(H - Mz - H_a z\right)^2 + \omega^2}{\left[\gamma^2\left(H - Mz - H_a z\right)\left(H - Mz\right) - \omega^2\right]^2}$$
$$= 2\left(1 - z^2\right) + \left(\alpha\omega\right)^2 z^2\gamma^2\left(2H - 2Mz - H_a z\right)^2 \tag{5.166}$$

铁磁共振模式下，对于金属软磁薄膜，$H > M \gg H_a$，式(5.166)可简化为

$$\frac{\left(\gamma h\right)^2 z^2\left[\gamma^2\left(H - Mz\right)^2 + \omega^2\right]}{\left[\gamma^2\left(H - Mz\right)^2 - \omega^2\right]^2 + 2\left(\alpha\omega\right)^2 z^2\gamma^2\left(H - Mz\right)^2} = 2\left(1 - z^2\right) \tag{5.167}$$

利用共振条件式(5.168)：

$$\gamma\left(H - Mz\right) = \omega \tag{5.168}$$

式(5.167)变为

$$\left[\left(\gamma h\right)^2 - 2\left(1-z^2\right)\left(\alpha\omega\right)^2\right]z^2 = 0 \tag{5.169}$$

可见，共振强度满足：

$$z_{\mathrm{r}}^2 = \begin{cases} 1 - \dfrac{\left(\gamma h\right)^2}{2\left(\alpha\omega\right)^2}, & \left(\gamma h\right)^2 < 2\left(\alpha\omega\right)^2 \\[2mm] 0, & \left(\gamma h\right)^2 \geqslant 2\left(\alpha\omega\right)^2 \end{cases} \tag{5.170}$$

组合式(5.168)和式(5.170)，得到共振位置满足：

$$\gamma H_{\mathrm{r}} = \begin{cases} \omega + \gamma M\sqrt{1 - \dfrac{\left(\gamma h\right)^2}{2\left(\alpha\omega\right)^2}}, & \left(\gamma h\right)^2 < 2\left(\alpha\omega\right)^2 \\[2mm] \omega, & \left(\gamma h\right)^2 \geqslant 2\left(\alpha\omega\right)^2 \end{cases} \tag{5.171}$$

利用式(5.170)，半高处 z 满足：

$$z_{1/2} = \begin{cases} \sqrt{1 - \left(\gamma h\right)^2 / 2\left(\alpha\omega\right)^2}\,/\,2, & \left(\gamma h\right)^2 < 2\left(\alpha\omega\right)^2 \\[2mm] 1/2, & \left(\gamma h\right)^2 \geqslant 2\left(\alpha\omega\right)^2 \end{cases} \tag{5.172}$$

由式(5.167)得到

$$\left[\gamma^2\left(H - Mz\right)^2 - \omega^2\right]^2 + 2z^2\left[\left(\alpha\omega\right)^2 - \frac{\left(\gamma h\right)^2}{4\left(1-z^2\right)}\right]\left[\gamma^2\left(H - Mz\right)^2 - \omega^2\right]$$

$$+ 2\omega^2 z^2\left[\left(\alpha\omega\right)^2 - \frac{\left(\gamma h\right)^2}{2\left(1-z^2\right)}\right] = 0 \tag{5.173}$$

解得半高宽位置满足：

$$\gamma^2\left(H - Mz\right)^2 = \omega^2 + z^2\left[\frac{\left(\gamma h\right)^2}{4\left(1-z^2\right)} - \left(\alpha\omega\right)^2\right]$$

$$\pm z\sqrt{z^2\left[\frac{\left(\gamma h\right)^2}{4\left(1-z^2\right)} - \left(\alpha\omega\right)^2\right]^2 + \left[\frac{\left(\gamma h\right)^2}{1-z^2} - 2\left(\alpha\omega\right)^2\right]\omega^2} \tag{5.174}$$

半高宽 ΔH 满足：

$$\gamma^2\left(\Delta H\right)^2 = 2\left\{\omega^2 + z_{1/2}^2\left[\frac{\left(\gamma h\right)^2}{4\left(1-z_{1/2}^2\right)} - \left(\alpha\omega\right)^2\right]\right\} - 2\omega\left[\omega^2 - z_{1/2}^2\frac{\left(\gamma h\right)^2}{2\left(1-z_{1/2}^2\right)}\right]^{1/2}$$

$$\tag{5.175}$$

类似圆偏振的结果，垂直磁化几何下也存在所谓的折叠现象。

对于膜内平行易轴饱和磁化的情况，LLG 方程的分量形式为

$$\dot{M}_x = \gamma\left[M_z M_y + \left(H + H_a \frac{M_y}{M} \right) M_z \right] + \frac{\alpha}{M}\left(M_y \dot{M}_z - M_z \dot{M}_y \right) \tag{5.176a}$$

$$\dot{M}_y = -\gamma\left[h e^{i\omega t} M_z + M_z M_x \right] + \frac{\alpha}{M}\left(M_z \dot{M}_x - M_x \dot{M}_z \right) \tag{5.176b}$$

$$\dot{M}_z = -\gamma\left[\left(H + H_a \frac{M_y}{M} \right) M_x - h e^{i\omega t} M_y \right] + \frac{\alpha}{M}\left(M_x \dot{M}_y - M_y \dot{M}_x \right) \tag{5.176c}$$

在线偏振下，磁化强度绕 $\boldsymbol{e}_y$ 轴进行周期性运动。假设 x 和 z 平面内的分量为

$$M_x = m_x e^{i\omega t} \tag{5.177a}$$

$$M_z = m_z e^{i\omega t} \tag{5.177b}$$

代入 y 分量方程式(5.176b)，得到

$$\dot{M}_y = -\gamma\left(h + m_x \right) m_z e^{2i\omega t} = -\gamma\left(1 + \chi \right) h m_z e^{2i\omega t} \tag{5.178}$$

其中，利用了 $m_x = \chi h$。可见：

$$M_y = M_0 + i\frac{\gamma\left(1 + \chi \right) h m_z}{2\omega} e^{2i\omega t} = M_0 - m_y e^{2i\omega t} \tag{5.179}$$

将式(5.177)～式(5.179)代入 x 和 z 的分量方程式(5.176a)和式(5.176c)，去掉含 $e^{3i\omega t}$ 的项和时间因子 $e^{i\omega t}$，方程变为

$$i\omega m_x - \left[\gamma\left(M_0 + H + H_a \frac{M_0}{M} \right) + i\omega \frac{\alpha M_0}{M} \right] m_z = 0 \tag{5.180a}$$

$$\left[\gamma\left(H + H_a \frac{M_0}{M} \right) + i\omega \frac{\alpha M_0}{M} \right] m_x + i\omega m_z = \gamma h M_0 \tag{5.180b}$$

令

$$H^* = H + H_a \frac{M_0}{M}, \beta = \frac{\alpha M_0}{M} \tag{5.181}$$

由式(5.180)直接求得

$$m_x = \frac{\gamma h M_0 \left[\gamma\left(M_0 + H^* \right) + i\beta\omega \right]}{\left(\gamma H^* + i\beta\omega \right)\left[\gamma\left(M_0 + H^* \right) + i\beta\omega \right] - \omega^2} \tag{5.182a}$$

$$m_z = \frac{-i\omega\gamma h M_0}{\left(\gamma H^* + i\beta\omega \right)\left[\gamma\left(M_0 + H^* \right) + i\beta\omega \right] - \omega^2} \tag{5.182b}$$

将分母展开为

$$\left(\gamma H^* + i\beta\omega\right)\left[\gamma\left(M_0 + H^*\right) + i\beta\omega\right] - \omega^2$$

$$= \left[\gamma^2 H^*\left(M_0 + H^*\right) - \left(1 + \beta^2\right)\omega^2\right] + i\beta\omega\gamma\left(M_0 + 2H^*\right) \tag{5.183}$$

式(5.182)变为

$$m_x = \frac{\gamma h M_0\left[\gamma\left(M_0 + H^*\right) + i\beta\omega\right]}{\left[\gamma^2 H^*\left(M_0 + H^*\right) - \left(1 + \beta^2\right)\omega^2\right] + i\beta\omega\gamma\left(M_0 + 2H^*\right)} \tag{5.184a}$$

$$m_z = \frac{-i\omega\gamma h M_0}{\left[\gamma^2 H^*\left(M_0 + H^*\right) - \left(1 + \beta^2\right)\omega^2\right] + i\beta\omega\gamma\left(M_0 + 2H^*\right)} \tag{5.184b}$$

将式(5.184)写成

$$m_x = a e^{-i\varphi_x} \tag{5.185a}$$

$$m_z = -i b e^{-i\varphi_z} \tag{5.185b}$$

其中，

$$a = \gamma h M_0 \frac{\sqrt{\gamma^2\left(M_0 + H^*\right)^2 + \left(\beta\omega\right)^2}}{\sqrt{\left[\gamma^2 H^*\left(M_0 + H^*\right) - \left(1 + \beta^2\right)\omega^2\right]^2 + \left[\beta\omega\gamma\left(M_0 + 2H^*\right)\right]^2}} \tag{5.186a}$$

$$\cos\varphi_x = \frac{\gamma\left(M_0 + H^*\right)\left[\gamma^2 H^*\left(M_0 + H^*\right) - \omega^2\right] + \left(\beta\omega\right)^2\gamma\left(H^*\right)}{\sqrt{\left[\gamma^2\left(M_0 + H^*\right)^2 + \left(\beta\omega\right)^2\right]} \sqrt{\times\left\{\left[\gamma^2 H^*\left(M_0 + H^*\right) - \left(1 + \beta^2\right)\omega^2\right]^2 + \left[\beta\omega\gamma\left(M_0 + 2H^*\right)\right]^2\right\}}}$$

$$\tag{5.186b}$$

$$\sin\varphi_x = \frac{\omega\alpha^*\left[\gamma^2\left(M_0 + H^*\right)^2 + \left(1 + \beta^2\right)\omega^2\right]}{\sqrt{\left[\gamma^2\left(M_0 + H^*\right)^2 + \left(\beta\omega\right)^2\right]} \sqrt{\times\left\{\left[\gamma^2 H^*\left(M_0 + H^*\right) - \left(1 + \beta^2\right)\omega^2\right]^2 + \left[\beta\gamma\left(M_0 + 2H^*\right)\right]^2\right\}}}$$

$$\tag{5.186c}$$

$$b = \frac{\omega\gamma h M_0}{\sqrt{\left[\gamma^2 H^*\left(M_0 + H^*\right) - \left(1 + \beta^2\right)\omega^2\right]^2 + \left[\beta\omega\gamma\left(M_0 + 2H^*\right)\right]^2}} \tag{5.186d}$$

$$\cos\varphi_z = \frac{\left[\gamma^2 H^*\left(M_0 + H^*\right) - \left(1 + \alpha^{*2}\right)\omega^2\right]}{\sqrt{\left[\gamma^2 H^*\left(M_0 + H^*\right) - \left(1 + \beta^2\right)\omega^2\right]^2 + \left[\beta\omega\gamma\left(M_0 + 2H^*\right)\right]^2}} \tag{5.186e}$$

$$\sin\varphi_z = \frac{\omega\alpha^*\gamma\left(M_0 + 2H^*\right)}{\sqrt{\left[\gamma^2 H^*\left(M_0 + H^*\right) - \left(1 + \beta^2\right)\omega^2\right]^2 + \left[\beta\omega\gamma\left(M_0 + 2H^*\right)\right]^2}} \tag{5.186f}$$

利用

$$M_x = a\cos\left(\omega t - \varphi_x\right) \tag{5.187a}$$

$$M_z = b\sin\left(\omega t - \varphi_z\right) \tag{5.187b}$$

由式(5.179)，得到

$$M_y = M_0 + \frac{\gamma(1+\chi)h}{2\omega}b\cos\left(2\omega t - \varphi_z\right) \tag{5.187c}$$

利用 $M_x^2 + M_y^2 + M_z^2 = M^2$，得到

$$\frac{a^2 + b^2}{2} + M_0^2 \approx M^2 \tag{5.188}$$

将式(5.186a)和式(5.186d)代入式(5.188)，得到

$$\frac{\left(\gamma h M_0\right)^2\left[\gamma^2\left(M_0 + H^*\right)^2 + \left(1 + \beta^2\right)\omega^2\right]}{\left[\gamma^2 H^*\left(M_0 + H^*\right) - \left(1 + \beta^2\right)\omega^2\right]^2 + \left[\beta\omega\gamma\left(M_0 + 2H^*\right)\right]^2} \approx 2\left(M^2 - M_0^2\right) \tag{5.189}$$

令 $y = M_0 / M$，低阻尼下 $\beta \ll 1$，对于过渡金属软磁薄膜 $M \gg H_a$，式(5.189)可近似为

$$\frac{\left(\gamma h\right)^2 y^2\left[\gamma^2\left(My + H\right)^2 + \omega^2\right]}{\left[\gamma^2\left(H + H_a y\right)\left(My + H\right) - \omega^2\right]^2 + \left(\alpha\omega\right)^2 y^2\gamma^2\left(My + 2H\right)^2} \approx 2\left(1 - y^2\right)M^2 \tag{5.190}$$

这是一个关于 y 的六次方程。可见，线偏振微波磁场下，实际铁磁物质的磁化强度动力学依然是一个极具挑战的研究课题。

参 考 文 献

[1] LANDAU L D, LIFSHITZ E M. Mechanics[M]. Singapore: Elsevier Pte Ltd., 1976.

[2] SKROTSKII G V, ALIMOV I I. Ferromagnetic resonance in a circularly polarized electromagnetic field of arbitrary amplitude[J]. Soviet Physics JETP, 1959, 35(6): 1035-1037.

第6章　软磁金属复合理论

随着节能减排要求的提高，电力电子系统高频化发展已经成为共识。寻找 100kHz～100MHz 高磁导率软磁金属是一个极具挑战性的课题。尽管目前软磁金属复合材料可以工作在 100kHz 以下，但由于软磁金属具有高饱和磁化强度、高居里温度和理论上可达吉赫兹频段的自然共振频率，仍需不断尝试提高软磁金属的工作频率和磁导率。同时，为了降低高频下的涡流损耗，必然涉及软磁金属颗粒的绝缘包覆。因此，认识软磁金属复合体的复数磁导率、电容率和电阻率是同时提高工作频率和磁导率的关键。本章从介绍复合介质的一般性理论出发，重点讨论如何描述软磁金属的复数磁导率，最后介绍如何提高复合材料的堆积密度。

6.1　复合介质参数的 CM 方程

若孤立分子 i 在电场 E_0 作用下的极化率为 α_i，则极化分子的电偶极矩 p_i 满足：

$$p_i = \alpha_i E_0 \tag{6.1}$$

定义单位体积的电偶极矩为电极化强度，在极化分子构成的介质中，r 处的电极化强度 $P(r)$ 表示为

$$P(r) = \frac{1}{\Delta V} \sum_{i=1}^{N} p_i(r_i) = \frac{1}{\Delta V} \sum_{i=1}^{N} \alpha_i E_i(r_i) \tag{6.2}$$

其中，ΔV 是宏观小微观大的体积；r 处在 ΔV 的中心；N 为 ΔV 内的分子数；i 是体积 ΔV 内的第 i 个分子；r_i、p_i 和 E_i 分别是第 i 个分子的位置、电偶极矩和作用在它上面的电场。鉴于极化分子在空间产生电偶极场，作用在 r_i 处极化分子上的总电场 $E_i(r_i)$ 将由外加电场 E_0 和其他分子在 r_i 处产生的偶极场 $E_d(r_i)$ 共同决定，即

$$E_i(r_i) = E_0 + E_d(r_i) = E_0 + \sum_{j, j \neq i} E_{d,j}(r_i) \tag{6.3}$$

对于高度对称的无限大介质，如立方对称晶体，作用在每个分子上的偶极场为零，只有外场，相当于分子之间没有相互作用。若定义 ΔV 内极化分子的平均极化率 $\alpha = \sum_{i}^{N} \alpha_i / N$，设分子数密度 $n_0 = N / \Delta V$，由式(6.2)得到介质的电极化强度为

$$\boldsymbol{P} = n_0 \alpha \boldsymbol{E}_0 \tag{6.4}$$

对于各向同性的连续介质球，即洛伦兹 (Lorentz)球，如图 6.1 所示。假设球内介质的电容率为 ε，球外为真空。由电动力学可知，若该球放置在均匀电场 $\boldsymbol{E}_0$ 中，将被均匀极化，球内电场为均匀场，满足：

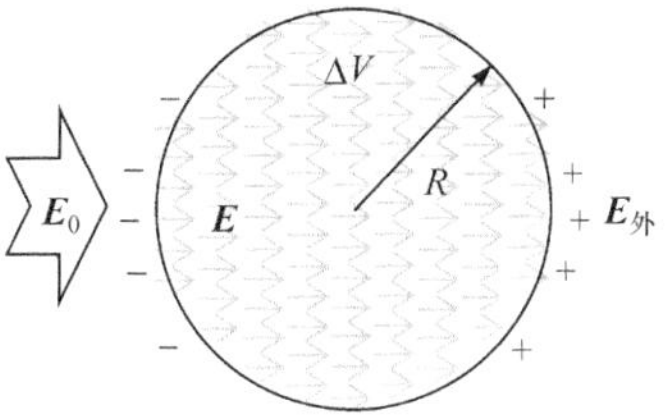

图 6.1　Lorentz 球示意图

$$\boldsymbol{E} = \frac{3\varepsilon_0}{\varepsilon + 2\varepsilon_0} \boldsymbol{E}_0 \tag{6.5}$$

若介质的极化率为 χ_e，利用 $\boldsymbol{P} = \varepsilon_0 \chi_e \boldsymbol{E}$，得到

$$\boldsymbol{P} = 3\varepsilon_0 \frac{\varepsilon_0 \chi_e}{\varepsilon + 2\varepsilon_0} \boldsymbol{E}_0 \tag{6.6}$$

利用式(6.4)和式(6.6)相等，$\varepsilon = \varepsilon_0 \varepsilon_r$，$\varepsilon_r = 1 + \chi_e$，得到

$$\frac{\varepsilon_0 \chi_e}{\varepsilon + 2\varepsilon_0} = \frac{\chi_e}{\chi_e + 3} = \frac{\varepsilon_r - 1}{\varepsilon_r + 2} = \frac{\varepsilon - \varepsilon_0}{\varepsilon + 2\varepsilon_0} = \frac{n_0 \alpha}{3\varepsilon_0} \tag{6.7}$$

这就是克劳修斯-莫索提(Clausius-Mossotti，CM)方程，即微观分子极化率与宏观介质电容率之间的关系。对于非磁性介质，$\mu_r = 1$，折射率 $n = \sqrt{\varepsilon_r \mu_r} = \sqrt{\varepsilon_r}$，代入 CM 方程，得到极化率和折射率之间的关系为

$$\frac{n^2 - 1}{n^2 + 2} = \frac{1}{3\varepsilon_0} n\alpha \tag{6.8}$$

此乃洛伦兹-洛伦茨(Lorentz-Lorenz)公式。

为了获得不同介质球构成的复合材料有效电容率，以下讨论电容率为 ε_1 的介质球放置在电容率为 ε_2 的无限大介质的情况。选择半径为 R 的介质球心为坐标原点，设外加电场 $\boldsymbol{E}_0$ 沿 z 方向，参照电动力学的处理，球内和球外的电势可以分别写为

$$\Phi_1(r, \theta) = \sum_m \left(a_m r^m + \frac{b_m}{r^{m+1}} \right) P_m \cos\theta \tag{6.9a}$$

$$\Phi_2(r, \theta) = \sum_m \left(c_m r^m + \frac{d_m}{r^{m+1}} \right) P_m \cos\theta \tag{6.9b}$$

其中，r 和 θ 分别为讨论点位置矢量(简称"位矢")的大小和极角；a_m、b_m、c_m 和 d_m 为常数；$P_m(\cos\theta)$ 为勒让德函数。

(1) 当 $r \to 0$ 时，$\Phi_1(r \to 0, \theta)$ 有限。可见，$b_m = 0$，式(6.9a)改写为

$$\Phi_1(r, \theta) = \sum_m (a_m r^m) P_m \cos\theta \tag{6.10a}$$

(2) 当 $r \to \infty$ 时，只有外电场的势，$\Phi_2(r \to \infty, \theta) = -E_0 r \cos\theta$。说明 $c_1 \neq 0$，

$c_{m \neq 1} = 0$，式(6.9b)改写为

$$\Phi_2(r, \theta) = -E_0 r P_1(\cos\theta) + \sum_m \left(\frac{d_m}{r^{m+1}}\right) P_m \cos\theta \tag{6.10b}$$

(3) 当 $r = R$ 时，边界条件满足：

$$\Phi_1(r = R) = \Phi_2(r = R) \tag{6.11a}$$

$$\varepsilon_1 \left(\frac{\partial \Phi_1}{\partial r}\right)_{r=R} = \varepsilon_2 \left(\frac{\partial \Phi_2}{\partial r}\right)_{r=R} \tag{6.11b}$$

将式(6.10)代入式(6.11)，利用等式左右 $P_m \cos\theta$ 的系数相等，得到

$$a_1 = -E_0 + \frac{d_1}{R^3}, \ a_m R^{m+2} = d_m (m > 1) \tag{6.12a}$$

$$a_1 = -\frac{\varepsilon_2}{\varepsilon_1}\left(E_0 + 2\frac{d_1}{R^3}\right), \ a_m R^{m+2} = -\frac{\varepsilon_2}{\varepsilon_1}\frac{m+1}{m}\frac{d_m}{R^{m+1}}(m > 1) \tag{6.12b}$$

比较式(6.12a)和式(6.12b)，得到

$$a_1 = -\frac{3\varepsilon_2}{\varepsilon_1 + 2\varepsilon_2}E_0, d_1 = \frac{\varepsilon_1 - \varepsilon_2}{\varepsilon_1 + 2\varepsilon_2}R^3 E_0, a_m = d_m (m > 1) = 0 \tag{6.13}$$

将其代入式(6.10)，得到

$$\Phi_1(r) = -\frac{3\varepsilon_2}{\varepsilon_1 + 2\varepsilon_2}E_0 z \tag{6.14a}$$

$$\Phi_2(r) = -E_0 z + \frac{\varepsilon_1 - \varepsilon_2}{\varepsilon_1 + 2\varepsilon_2}R^3 E_0 \frac{z}{r^3} \tag{6.14b}$$

利用 $\boldsymbol{E} = -\nabla\Phi$，球内外的电场分别为

$$\boldsymbol{E}_1(r) = \frac{3\varepsilon_2}{\varepsilon_1 + 2\varepsilon_2}\boldsymbol{E}_0 = \boldsymbol{E}_0 - \frac{\varepsilon_1 - \varepsilon_2}{\varepsilon_1 + 2\varepsilon_2}\boldsymbol{E}_0 = \boldsymbol{E}_0 + \boldsymbol{E}' \tag{6.15a}$$

$$\boldsymbol{E}_2(r) = \boldsymbol{E}_0 + \frac{\varepsilon_1 - \varepsilon_2}{\varepsilon_1 + 2\varepsilon_2}R^3 \frac{3(\boldsymbol{E}_0 \cdot \boldsymbol{r})\boldsymbol{r} - r^2 \boldsymbol{E}_0}{r^5} = \boldsymbol{E}_0 + \boldsymbol{E}_p \tag{6.15b}$$

可见，球内电场来自外场 $\boldsymbol{E}_0$ 和退磁场 $\boldsymbol{E}'$ 之和，而球外区域的电场来自外场 $\boldsymbol{E}_0$ 和电偶极场 $\boldsymbol{E}_p$ 之和。物理上，退磁场和电偶极场均来自介质球表面上剩余极化电荷。定义介质球均匀极化的有效极化率为 χ_e，利用式(6.15a)，由 $\boldsymbol{P} = \varepsilon_0 \chi_e \boldsymbol{E}_1$ 得到

$$\boldsymbol{P} = \varepsilon_0 \chi_e \frac{3\varepsilon_2}{\varepsilon_1 + 2\varepsilon_2}\boldsymbol{E}_0 \tag{6.16}$$

球面剩余极化电荷密度为

$$\sigma = \boldsymbol{n} \cdot \boldsymbol{P} = \varepsilon_0 \chi_e \frac{3\varepsilon_2}{\varepsilon_1 + 2\varepsilon_2}E_0 \cos\theta \tag{6.17}$$

介质球的等效偶极矩为

$$\boldsymbol{p} = \frac{4\pi}{3} R^3 \boldsymbol{P} = \frac{4\pi\varepsilon_0}{3} \chi_{\mathrm{e}} \frac{3\varepsilon_2}{\varepsilon_1 + 2\varepsilon_2} R^3 \boldsymbol{E}_0 \tag{6.18}$$

该偶极子在真空中产生的电偶极场为

$$\boldsymbol{E}_p = \frac{1}{4\pi\varepsilon_0} \frac{3(\boldsymbol{p} \cdot \boldsymbol{r})\boldsymbol{r} - r^2\boldsymbol{p}}{r^5} = \frac{\chi_{\mathrm{e}}\varepsilon_2}{\varepsilon_1 + 2\varepsilon_2} R^3 \frac{3(\boldsymbol{E}_0 \cdot \boldsymbol{r})\boldsymbol{r} - r^2\boldsymbol{E}_0}{r^5} \tag{6.19}$$

对应于式(6.15b)中的第二项，可见

$$\chi_{\mathrm{e}} = \frac{\varepsilon_1 - \varepsilon_2}{\varepsilon_2} \tag{6.20a}$$

利用有效电容率 ε_{e} 的定义可得

$$\varepsilon_{\mathrm{e}} = \varepsilon_0 \left(1 + \chi_{\mathrm{e}}\right) = \frac{\varepsilon_0\varepsilon_1}{\varepsilon_2} \tag{6.20b}$$

可见

$$\frac{\varepsilon_1}{\varepsilon_2} = \frac{\varepsilon_{\mathrm{e}}}{\varepsilon_0} \tag{6.20c}$$

说明无限大衬底介质 ε_2 中的介质球 ε_1，等效于真空中一个有效电容率为 ε_{e} 的球体。式(6.20c)可写为

$$\frac{\varepsilon_{\mathrm{e}} - \varepsilon_0}{\varepsilon_{\mathrm{e}} + 2\varepsilon_0} = \frac{\varepsilon_1 - \varepsilon_2}{\varepsilon_1 + 2\varepsilon_2} \tag{6.21}$$

可见，由麦克斯韦方程组求得的式(6.21)，形式上与 CM 方程式(6.7)完全一致。将式(6.20a)和式(6.20b)依次代入式(6.16)，得到介质球的等效极化强度为

$$\boldsymbol{P} = \frac{3\varepsilon_0 \left(\varepsilon_1 - \varepsilon_2\right)}{\varepsilon_1 + 2\varepsilon_2} \boldsymbol{E}_0 = \frac{3\varepsilon_0 \left(\varepsilon_{\mathrm{e}} - \varepsilon_0\right)}{\varepsilon_{\mathrm{e}} + 2\varepsilon_0} \boldsymbol{E}_0 \tag{6.22}$$

不同电容率 ε_j 的介质球分布在电容率为 $\varepsilon_{\mathrm{sub}}$ 的衬底中，形成复合介质。若球体之间没有相互作用，则第 j 个介质球相当于独立地存在于衬底中。参照式(6.22)，若外加电场依然是 $\boldsymbol{E}_0$，其等效极化强度为

$$\boldsymbol{P}_j = \frac{3\varepsilon_0 \left(\varepsilon_j - \varepsilon_{\mathrm{sub}}\right)}{\varepsilon_j + 2\varepsilon_{\mathrm{sub}}} \boldsymbol{E}_0 \tag{6.23}$$

若每个介质球的等效电偶极矩 $\boldsymbol{p}_j$ 为

$$\boldsymbol{p}_j = \frac{4\pi R_j^3}{3} \boldsymbol{P}_j = V_j \boldsymbol{P}_j \tag{6.24}$$

其中，R_j 和 V_j 分别为第 j 类介质球的半径和体积。若将式(6.24)写为

$$\boldsymbol{P}_j = n_j \boldsymbol{p}_j \tag{6.25}$$

其中，$n_j = 1/V_j$ 为第 j 类介质球的密度，则复合介质的极化强度可写为

$$\boldsymbol{P}_c = \sum_j f_j \boldsymbol{P}_j \tag{6.26}$$

其中，f_j 为第 j 类介质球在复合介质中的体积分数。将式(6.23)代入式(6.26)，得到

$$\boldsymbol{P}_c = \sum_j f_j \frac{3\varepsilon_0 \left(\varepsilon_j - \varepsilon_{\text{sub}} \right)}{\varepsilon_j + 2\varepsilon_{\text{sub}}} \boldsymbol{E}_0 \tag{6.27}$$

利用式(6.27)等于式(6.22)，得到

$$\frac{\varepsilon_c^e - \varepsilon_0}{\varepsilon_c^e + 2\varepsilon_0} = \sum_j f_j \frac{\left(\varepsilon_j - \varepsilon_{\text{sub}} \right)}{\varepsilon_j + 2\varepsilon_{\text{sub}}} \tag{6.28}$$

其中，将式(6.22)中单一介质球的等效电容率 ε_e 变成了多个介质球的等效电容率 ε_c^e。

若复合介质中只有两种介质，利用(式6.28)，得到

$$\frac{\varepsilon_{cr}^e - 1}{\varepsilon_{cr}^e + 2} = f_1 \frac{\varepsilon_{1r} - 1}{\varepsilon_{1r} + 2} + f_2 \frac{\varepsilon_{2r} - 1}{\varepsilon_{2r} + 2} \tag{6.29}$$

式(6.29)为洛伦兹-洛伦茨(Lorentz-Lorenz)有效介质理论(effective medium theory，EMT)。这是两种介质混合放置在空气中的结果。如果两相在电容率为 ε_r 的介质中混合，式(6.29)变为

$$\frac{\varepsilon_{cr}^e - \varepsilon_r}{\varepsilon_{cr}^e + \varepsilon_r} = f_1 \frac{\varepsilon_{1r} - \varepsilon_r}{\varepsilon_{1r} + 2\varepsilon_r} + f_2 \frac{\varepsilon_{2r} - \varepsilon_r}{\varepsilon_{2r} + 2\varepsilon_r} \tag{6.30}$$

如果 1 相较少，衬底 2 相为主相，式(6.30)中的 $\varepsilon_r = \varepsilon_{2r}$，则

$$\frac{\varepsilon_{cr}^e - \varepsilon_r}{\varepsilon_{cr}^e + \varepsilon_r} = f_1 \frac{\varepsilon_{1r} - \varepsilon_r}{\varepsilon_{1r} + 2\varepsilon_r} \tag{6.31}$$

式(6.31)为加尼特(Garnett)的 EMT 理论公式[1]。如果 1 相和 2 相的体积分数相当，只能将整体看成是一种有效介质，即 $\varepsilon_r = \varepsilon_{cr}^e$，式(6.30)变为

$$f_1 \frac{\varepsilon_{1r} - \varepsilon_{cr}^e}{\varepsilon_{1r} + 2\varepsilon_{cr}^e} + f_2 \frac{\varepsilon_{2r} - \varepsilon_{cr}^e}{\varepsilon_{2r} + 2\varepsilon_{cr}^e} = 0 \tag{6.32}$$

式(6.32)为布吕热曼(Bruggeman)的 EMT 理论公式[2]。

以上有效介质理论完全可以用于各向同性电导率和磁导率的描述。复合介质

的有效电导率 σ_e 可表示为[3]

$$f\frac{\sigma_1-\sigma_\mathrm{e}}{\sigma_1+2\sigma_\mathrm{e}}+\left(1-f\right)\frac{\sigma_2-\sigma_\mathrm{e}}{\sigma_2+2\sigma_\mathrm{e}}=0 \tag{6.33}$$

其中，σ_1 和 σ_1 分别为介质 1 和介质 2 的电导率；f 和 $1-f$ 是两种介质的体积分数。复合介质的有效磁导率 $\mu_\mathrm{cr}^\mathrm{e}$ 可表示为[4]

$$f\frac{\mu_\mathrm{1r}-\mu_\mathrm{cr}^\mathrm{e}}{\mu_\mathrm{1r}+2\mu_\mathrm{cr}^\mathrm{e}}+\left(1-f\right)\frac{\mu_\mathrm{2r}-\mu_\mathrm{cr}^\mathrm{e}}{\mu_\mathrm{2r}+2\mu_\mathrm{cr}^\mathrm{e}}=0 \tag{6.34}$$

其中，μ_1r 和 μ_2r 分别为介质 1 和介质 2 的磁导率。然而，应该注意的是，软磁金属复合材料是由绝缘的金属颗粒压制烧结而成，它既不是金属颗粒与介质颗粒的组合，也不是金属颗粒分布在绝缘衬底中。同时，高频下软磁金属颗粒中必然存在涡流，很难保证颗粒内部的场均匀，这一点与前面的讨论也不同。更重要的是软磁金属颗粒的磁导率通常是各向异性的，这与各向同性介质的处理必然存在差异。

6.2　软磁界面的反射和折射

实验表明，无论是软磁金属还是铁氧体的交流电容率和磁导率均为复数。虚部将造成电磁场传播的衰减。认知电磁场的衰减对有限大小介质的电容率和磁导率影响，已成为分析软磁金属性能不可避免的部分。为了更好地描述软磁金属颗粒复合介质的性质，需要讨论电磁波入射软磁金属的特点，即软磁界面的反射和折射[5]。同时，将会发现电磁波在界面的反射和折射是确定软磁金属中波矢的必然要求。

某一频率 ω 下，软磁金属中的麦克斯韦(Maxwell)方程组可化为

$$\nabla^2\boldsymbol{H}+\tilde{k}^2\boldsymbol{H}=0,\nabla\cdot\boldsymbol{H}=0 \tag{6.35a}$$

$$\boldsymbol{E}=\frac{\mathrm{i}}{\omega\tilde{\varepsilon}_\mathrm{e}}\nabla\times\boldsymbol{H} \tag{6.35b}$$

$$\tilde{k}=\omega\sqrt{\tilde{\varepsilon}_\mathrm{e}\tilde{\mu}},\ \tilde{\varepsilon}_\mathrm{e}=\tilde{\varepsilon}+\mathrm{i}\frac{\sigma}{\omega} \tag{6.35c}$$

特别注意，推导过程利用了 $\tilde{\varepsilon}$ 和 $\tilde{\mu}$ 是空间无关的。若将复波矢写为

$$\tilde{\boldsymbol{k}}=\boldsymbol{k}+\mathrm{i}\boldsymbol{\kappa} \tag{6.36}$$

平面波在损耗媒质中传播时，表现为一衰减平面波形式：

$$\boldsymbol{F}\left(\boldsymbol{r},t\right)=\boldsymbol{F}_0\mathrm{e}^{\mathrm{i}\left(\tilde{\boldsymbol{k}}\cdot\boldsymbol{r}-\omega t\right)}=\left(\boldsymbol{F}_0\mathrm{e}^{-\boldsymbol{\kappa}\cdot\boldsymbol{r}}\right)\mathrm{e}^{\mathrm{i}\left(\boldsymbol{k}\cdot\boldsymbol{r}-\omega t\right)} \tag{6.37}$$

其中，F 为电场或磁场；κ 为衰减系数。利用 $\tilde{\varepsilon}_e = \varepsilon_e' + \mathrm{i}\varepsilon_e''$，$\tilde{\mu} = \mu' + \mathrm{i}\mu''$，将式(6.36)平方，得到实部和虚部分别满足：

$$k^2 - \kappa^2 = \omega^2\left(\varepsilon_e'\mu' - \varepsilon_e''\mu''\right) \tag{6.38a}$$

$$2\boldsymbol{k}\cdot\boldsymbol{\kappa} = \omega^2\left(\varepsilon_e'\mu'' + \varepsilon_e''\mu'\right) \tag{6.38b}$$

可见，确定 $\boldsymbol{k}$ 和 $\boldsymbol{\kappa}$ 还需要第三个方程。

利用麦克斯韦方程组的积分形式，两种媒质交界面处的边值关系为

$$\boldsymbol{n}\cdot\left(\boldsymbol{D}_1 - \boldsymbol{D}_2\right) = \sigma_s \tag{6.39a}$$

$$\boldsymbol{n}\times\left(\boldsymbol{E}_1 - \boldsymbol{E}_2\right) = 0 \tag{6.39b}$$

$$\boldsymbol{n}\cdot\left(\boldsymbol{B}_1 - \boldsymbol{B}_2\right) = 0 \tag{6.39c}$$

$$\boldsymbol{n}\times\left(\boldsymbol{H}_1 - \boldsymbol{H}_2\right) = \boldsymbol{\alpha}_s \tag{6.39d}$$

其中，σ_s 和 $\boldsymbol{\alpha}_s$ 分别为媒质 1 和 2 界面处的电荷面密度和自由电荷电流面密度，场量的下标反映了两种不同媒质。用界面法向 $\boldsymbol{n}$ 和界面内矢量 $\boldsymbol{t}$ 描述垂直和平行界面的场分量，则

$$D_{1n} - D_{2n} = \sigma_s,\ B_{1n} = B_{2n} \tag{6.40a}$$

$$H_{1t} - H_{2t} = \alpha_s,\ E_{1t} = E_{2t} \tag{6.40b}$$

如图 6.2 所示，微波由软磁 1 入射软磁 2，分界面为无穷大平面。选择 $z = 0$ 的 xy 平面为分界面，z 轴沿界面的法线。设入射、反射和透射波的场分别为 $\boldsymbol{F}$、$\boldsymbol{F}'$ 和 $\boldsymbol{F}''$，复波矢分别为 $\tilde{\boldsymbol{k}}$、$\tilde{\boldsymbol{k}}'$ 和 $\tilde{\boldsymbol{k}}''$，频率分别为 ω、ω' 和 ω''。

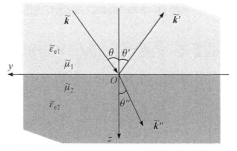

图 6.2　微波在软磁界面反射折射示意图

若平面波形式的场分量分别为

$$\boldsymbol{F} = \boldsymbol{F}_0 \mathrm{e}^{\mathrm{i}\left(\tilde{\boldsymbol{k}}\cdot\boldsymbol{r}-\omega t\right)} \tag{6.41a}$$

$$\boldsymbol{F}' = \boldsymbol{F}_0' \mathrm{e}^{\mathrm{i}\left(\tilde{\boldsymbol{k}}'\cdot\boldsymbol{r}-\omega' t\right)} \tag{6.41b}$$

$$\boldsymbol{F}'' = \boldsymbol{F}_0'' \mathrm{e}^{\mathrm{i}\left(\tilde{\boldsymbol{k}}''\cdot\boldsymbol{r}-\omega'' t\right)} \tag{6.41c}$$

由于界面上 $\sigma_s = 0$，$\boldsymbol{a}_s = 0$，利用式(6.39)的边值关系，得到

$$\boldsymbol{n} \times \left[\boldsymbol{F}_0 \mathrm{e}^{\mathrm{i}(\tilde{\boldsymbol{k}} \cdot \boldsymbol{r} - \omega t)} + \boldsymbol{F}_0' \mathrm{e}^{\mathrm{i}(\tilde{\boldsymbol{k}}' \cdot \boldsymbol{r} - \omega' t)} \right]_{z=0} = \boldsymbol{n} \times \left[\boldsymbol{F}_0'' \mathrm{e}^{\mathrm{i}(\tilde{\boldsymbol{k}}'' \cdot \boldsymbol{r} - \omega'' t)} \right]_{z=0} \tag{6.42}$$

式(6.42)要满足 $z = 0$ 平面上的任意一点和任意时刻。由此，要求各指数因子相等，即

$$\left(\boldsymbol{k} + \mathrm{i}\boldsymbol{\kappa} \right) \cdot \boldsymbol{r} - \omega t = \left(\boldsymbol{k}' + \mathrm{i}\boldsymbol{\kappa}' \right) \cdot \boldsymbol{r} - \omega' t = \left(\boldsymbol{k}'' + \mathrm{i}\boldsymbol{\kappa}'' \right) \cdot \boldsymbol{r} - \omega'' t \tag{6.43}$$

其中，将复数波矢写成了实部和虚部的形式。

利用时间部分相等，对应的入射、反射和透射波的频率相等：

$$\omega = \omega' = \omega'' \tag{6.44}$$

利用空间部分在分界面上的位置函数对应相等，得到

$$\left(\boldsymbol{k} + \mathrm{i}\boldsymbol{\kappa} \right) \cdot \boldsymbol{r} = \left(\boldsymbol{k}' + \mathrm{i}\boldsymbol{\kappa}' \right) \cdot \boldsymbol{r} = \left(\boldsymbol{k}'' + \mathrm{i}\boldsymbol{\kappa}'' \right) \cdot \boldsymbol{r} \tag{6.45}$$

在 $z = 0$ 的平面上，由于 x 和 y 是任意的，得到波矢实部和虚部分别相等，即

$$k_x = k_x' = k_x'', \ k_y = k_y' = k_y'' \tag{6.46a}$$

$$\kappa_x = \kappa_x' = \kappa_x'', \ \kappa_y = \kappa_y' = \kappa_y'' \tag{6.46b}$$

若入射波矢在 yz 平面内，$k_x = 0$，且 $\kappa_x = 0$，由式(6.46)得到

$$k_x' = k_x'' = 0, \ \kappa_x' = \kappa_x'' = 0 \tag{6.47}$$

说明反射复波矢、折射复波矢均与入射复波矢在同一平面内。

设 $\boldsymbol{k}$ 和 $\boldsymbol{\kappa}$ 对应的入射角分别为 θ 和 θ_κ，$\boldsymbol{k}'$ 和 $\boldsymbol{\kappa}'$ 对应的反射角分别为 θ' 和 θ_κ'，$\boldsymbol{k}''$ 和 $\boldsymbol{\kappa}''$ 对应的折射角分别为 θ'' 和 θ_κ''，基于式(6.47)，由式(6.46)得到

$$k_y = k\sin\theta = k_y' = k'\sin\theta' = k_y'' = k''\sin\theta'' \tag{6.48a}$$

$$\kappa_y = \kappa\sin\theta_\kappa = \kappa_y' = \kappa'\sin\theta_\kappa' = \kappa_y'' = \kappa''\sin\theta_\kappa'' \tag{6.48b}$$

在软磁 1 中，由于 $k = k', \kappa = \kappa'$，由式(6.48)得到

$$\theta = \theta', \theta_\kappa = \theta_\kappa' \tag{6.49}$$

式(4.69)即反射定律。将式(6.49)代入式(6.48)，得到折射定律式(6.50)。

$$\frac{\sin\theta}{\sin\theta''} = \frac{k''}{k}, \ \frac{\sin\theta_\kappa}{\sin\theta_\kappa''} = \frac{\kappa''}{\kappa} \tag{6.50}$$

若波矢为 k_0 的微波从真空以入射角 θ_0 入射软磁金属，设折射角为 θ，折射复波矢 $\tilde{k} = k + \mathrm{i}\kappa$，利用折射定律式(6.50)的实部关系，得到

$$\sin^2\theta = \frac{k_0^2 \sin^2\theta_0}{k^2} \tag{6.51}$$

由于真空中 $\kappa_0 = 0$，无论入射角多大，软磁金属中的虚部 $\boldsymbol{\kappa}$ 始终垂直于软磁

表面。满足折射定律的 $\boldsymbol{k}$ 与 $\boldsymbol{\kappa}$ 之间的夹角为折射角 θ。将式(6.51)代入式(6.38b)的平方，得到

$$4\kappa^2\left(k^2 - k_0^2\sin^2\theta_0\right) = \omega^4\left(\varepsilon_{\mathrm{e}}'\mu'' + \varepsilon_{\mathrm{e}}''\mu'\right)^2 \tag{6.52a}$$

由此求得

$$\kappa^2 = \frac{\omega^4\left(\varepsilon_{\mathrm{e}}'\mu'' + \varepsilon_{\mathrm{e}}''\mu'\right)^2}{4\left(k^2 - k_0^2\sin^2\theta_0\right)} \tag{6.52b}$$

将式(6.52b)代入软磁金属波矢的实部关系式(6.38a)，整理得到

$$k^4 - \left[k_0^2\sin^2\theta_0 + \omega^2\left(\varepsilon_{\mathrm{e}}'\mu' - \varepsilon_{\mathrm{e}}''\mu''\right)\right]k^2$$
$$-\left[\frac{\omega^4\left(\varepsilon_{\mathrm{e}}'\mu'' + \varepsilon_{\mathrm{e}}''\mu'\right)^2}{4} - k_0^2\sin^2\theta_0\omega^2\left(\varepsilon_{\mathrm{e}}'\mu' - \varepsilon_{\mathrm{e}}''\mu''\right)\right] = 0 \tag{6.53}$$

求解此一元二次方程，得到 $k^2 > 0$ 的解为

$$k^2 = \frac{1}{2}\left\{\sqrt{\left[k_0^2\sin^2\theta_0 - \omega^2\left(\varepsilon_{\mathrm{e}}'\mu' - \varepsilon_{\mathrm{e}}''\mu''\right)\right]^2 + \omega^4\left(\varepsilon_{\mathrm{e}}'\mu'' + \varepsilon_{\mathrm{e}}''\mu'\right)^2}\right.$$
$$\left. + \left[k_0^2\sin^2\theta_0 + \omega^2\left(\varepsilon_{\mathrm{e}}'\mu' - \varepsilon_{\mathrm{e}}''\mu''\right)\right]\right\} \tag{6.54a}$$

将式(6.54a)代入式(6.52b)，得到

$$\kappa^2 = \frac{1}{2}\left\{\sqrt{\left[k_0^2\sin^2\theta_0 - \omega^2\left(\varepsilon_{\mathrm{e}}'\mu' - \varepsilon_{\mathrm{e}}''\mu''\right)\right]^2 + \omega^4\left(\varepsilon_{\mathrm{e}}'\mu'' + \varepsilon_{\mathrm{e}}''\mu'\right)^2}\right.$$
$$\left. + \left[k_0^2\sin^2\theta_0 - \omega^2\left(\varepsilon_{\mathrm{e}}'\mu' - \varepsilon_{\mathrm{e}}''\mu''\right)\right]\right\} \tag{6.54b}$$

利用

$$\varepsilon_{\mathrm{e}}' = \varepsilon_0\varepsilon_{\mathrm{er}}', \varepsilon_{\mathrm{e}}'' = \varepsilon_0\varepsilon_{\mathrm{er}}'' \tag{6.55a}$$

$$\mu' = \mu_0\mu_{\mathrm{r}}', \mu'' = \mu_0\mu_{\mathrm{r}}'' \tag{6.55b}$$

得到

$$\varepsilon_{\mathrm{e}}'\mu' - \varepsilon_{\mathrm{e}}''\mu'' = \varepsilon_0\mu_0\left(\varepsilon_{\mathrm{er}}'\mu_{\mathrm{r}}' - \varepsilon_{\mathrm{er}}''\mu_{\mathrm{r}}''\right) \tag{6.56a}$$

$$\varepsilon_{\mathrm{e}}'\mu'' + \varepsilon_{\mathrm{e}}''\mu' = \varepsilon_0\mu_0\left(\varepsilon_{\mathrm{er}}'\mu_{\mathrm{r}}'' + \varepsilon_{\mathrm{er}}''\mu_{\mathrm{r}}'\right) \tag{6.56b}$$

将式(6.56)代入式(6.54)，利用 $k_0 = \omega\sqrt{\varepsilon_0\mu_0}$，得到

$$k^2 = \frac{k_0^2}{2}\left\{\sqrt{\left[\sin^2\theta_0 - \left(\varepsilon_{\mathrm{er}}'\mu_{\mathrm{r}}' - \varepsilon_{\mathrm{er}}''\mu_{\mathrm{r}}''\right)\right]^2 + \left(\varepsilon_{\mathrm{er}}'\mu_{\mathrm{r}}'' + \varepsilon_{\mathrm{er}}''\mu_{\mathrm{r}}'\right)^2}\right.$$
$$\left. + \left[\sin^2\theta_0 + \left(\varepsilon_{\mathrm{er}}'\mu_{\mathrm{r}}' - \varepsilon_{\mathrm{er}}''\mu_{\mathrm{r}}''\right)\right]\right\} \tag{6.57a}$$

$$\kappa^2 = \frac{k_0^2}{2}\left\{\sqrt{\left[\sin^2\theta_0 - \left(\varepsilon'_{\mathrm{er}}\mu'_{\mathrm{r}} - \varepsilon''_{\mathrm{er}}\mu''_{\mathrm{r}}\right)\right]^2 + \left(\varepsilon'_{\mathrm{er}}\mu''_{\mathrm{r}} + \varepsilon''_{\mathrm{er}}\mu'_{\mathrm{r}}\right)^2}\right.$$
$$\left. + \left[\sin^2\theta_0 - \left(\varepsilon'_{\mathrm{er}}\mu'_{\mathrm{r}} - \varepsilon''_{\mathrm{er}}\mu''_{\mathrm{r}}\right)\right]\right\} \tag{6.57b}$$

其中，

$$\varepsilon'_{\mathrm{er}} + \mathrm{i}\varepsilon''_{\mathrm{er}} = \varepsilon'_{\mathrm{r}} + \mathrm{i}\left(\varepsilon''_{\mathrm{r}} + \frac{\sigma}{\varepsilon_0\omega}\right) \tag{6.57c}$$

可见，电容率、磁导率和电导率的组合影响了波矢的实部和虚部，即影响了电磁波的传播。

表 6.1 列出了几种典型铁氧体和软磁金属的电阻率。对于工业上常用的 Mn-Zn 铁氧体和 Si 钢，电阻率分别在 $100\Omega\cdot\mathrm{m}$ 和 $10^{-7}\Omega\cdot\mathrm{m}$ 量级。利用 $\varepsilon_0 = 8.85\times10^{-12}\mathrm{F}/\mathrm{m}$，得到

$$\frac{\sigma}{\omega\varepsilon_0} \sim \frac{10^8}{f}\text{和}\frac{10^{17}}{f} \tag{6.58}$$

若 $f = 100\mathrm{kHz}$，Mn-Zn 铁氧体的 $\sigma/\omega\varepsilon_0 \sim 10^3$；若 $f = 100\mathrm{THz}$，Si 钢的 $\sigma/\omega\varepsilon_0 \sim 10^3$。意味着在相应的频率区间，Mn-Zn 铁氧体(100kHz) 和 Si 钢(100THz 以下)的电容率虚部的主要贡献来自电导率，且虚部远大于实部，即

$$\varepsilon''_{\mathrm{er}} = \varepsilon''_{\mathrm{r}} + \frac{\sigma}{\varepsilon_0\omega} \approx \frac{\sigma}{\varepsilon_0\omega} \gg \varepsilon'_{\mathrm{er}} = \varepsilon'_{\mathrm{r}} \tag{6.59}$$

可见，即使在铁氧体中电阻率对电容率虚部的贡献也不容忽视。在远离自然共振区的低频段传播区，$\mu''_{\mathrm{r}} \to 0$，$\mu'_{\mathrm{r}} \gg 1$，复波矢的实部和虚部表达式(6.57)简化为

$$k^2 \approx \kappa^2 \approx \frac{k_0^2\varepsilon''_{\mathrm{er}}\mu'_{\mathrm{r}}}{2} \approx \frac{\omega\sigma\mu_0\mu'_{\mathrm{r}}}{2} = \frac{\omega\sigma\mu'}{2} \tag{6.60}$$

利用式(6.60)，1GHz 下式(6.51)形式的折射角变为

$$\sin^2\theta = \frac{2\omega\varepsilon_0}{\sigma\mu'_{\mathrm{r}}}\sin^2\theta_0 \approx \frac{10^{-1}}{\sigma\mu'_{\mathrm{r}}}\sin^2\theta_0 \tag{6.61}$$

可见，在吉赫兹以下的频段，对于磁导率 $\mu'_{\mathrm{r}} > 10$，电阻率 $\rho < 0.1\Omega\cdot\mathrm{m}$ 的软磁材料，任意入射的微波在软磁中的波矢 $\boldsymbol{k}$ 几乎垂直于材料表面。对于所有软磁金属，这一结论总是成立；对于不同的铁氧体，情况有些复杂，需要逐个分析。

表 6.1　几种铁氧体和软磁金属的电阻率

铁氧体	电阻率/($\Omega\cdot\mathrm{m}$)	软磁金属	电阻率/($\Omega\cdot\mathrm{m}$)
Fe_3O_4	10^{-5}	Fe	9.78×10^{-8}
$ZnFe_2O_4$	1	Co	6.64×10^{-8}

铁氧体	电阻率/($\Omega \cdot m$)	软磁金属	电阻率/($\Omega \cdot m$)
$MnFe_2O_4$	10^2	Ni	6.84×10^{-8}
$MgFe_2O_4$	10^5	Cu	1.75×10^{-8}
$NiFe_2O_4$	10^7	Fe_4N	1.67×10^{-6}

实验表明，铁磁物质的电导率至少在微波和更低的频率下与频率无关。对于软磁金属，利用式(6.60)，$k \approx \kappa$，则

$$\tilde{k} = k + i\kappa \approx (1+i)\sqrt{\omega\sigma\mu_0\mu_r' / 2} \tag{6.62}$$

对于电场分量为主的入射平面波 $E = E_0 e^{i(k_0 \cdot r - \omega t)}$，其在软磁金属中为一衰减平面波形式：

$$E = E_0 e^{-\kappa \cdot r} e^{i(k \cdot r - \omega t)} \tag{6.63}$$

对应的磁场为

$$H = \frac{1}{\omega\tilde{\mu}} \tilde{k} \times E_0 e^{i(\tilde{k} \cdot r - \omega t)} \tag{6.64}$$

若将式(6.64)写成式(6.65)：

$$H = H_0 e^{-\kappa \cdot r} e^{i(k \cdot r - \omega t)} \tag{6.65}$$

则振幅为

$$H_0 = \frac{1}{\omega\tilde{\mu}} (k + i\kappa) \times E_0 \tag{6.66a}$$

式(6.66a)表明，铁磁金属中磁场 H 和电场 E 的相位不同。利用复波矢的虚部垂直于铁磁金属表面，实部也近似垂直该表面，设在传播区 $\tilde{\mu} \approx \mu_0\mu_r'$，将式(6.62)代入式(6.66a)，得到

$$H_0 = e^{i\pi/4}\sqrt{\sigma / \omega\mu_0\mu_r'} \, n \times E_0 \tag{6.66b}$$

磁场相位超前电场 $\pi/4$。对于软磁金属 Fe，$\rho = 9.78 \times 10^{-7} \Omega \cdot m$，利用 $\mu_0 = 4\pi \times 10^{-7} T \cdot m/A$，得到

$$\sqrt{\sigma / \omega\mu_0\mu_r'} = \frac{10^6}{\sqrt{\omega\mu_r'}} \tag{6.67}$$

当 $\omega = 10GHz$，$\mu_r' = 100$ 时，$\sqrt{\sigma / \omega\mu_0\mu_r'} \approx 1$；当 $\omega = 1MHz$，$\mu_r' = 100$ 时，$\sqrt{\sigma / \omega\mu_0\mu_r'} = 100$。可见，兆赫兹频段以下的场能几乎全部是磁能。在高频电路中，因为通量从

导体内部排出，高频电感小于低频电感。

对于 $E = E_0 e^{-\kappa \cdot r} e^{i(k \cdot r - \omega t)}$ 指数衰减的电磁波，若将电场振幅减少到 $1/e$ 的传播距离称为穿透深度 δ，则

$$\delta = \frac{1}{\kappa} = \sqrt{2/\omega\sigma\mu_0\mu_r'} \tag{6.68}$$

因波的能量密度 w 与电场平方的时间平均值成正比，由此得到

$$w = w_0 e^{-2\kappa z} \tag{6.69}$$

其中，常数 κ 为吸收系数。同样的道理，电磁波的磁场分量也存在同样的穿透深度。

6.3　球形金属颗粒中的电磁场

与非磁性介质相比，铁磁金属颗粒有两点明显的差异：一是微波下存在涡旋电场，二是存在各向异性。涡旋电场引起的趋肤效应造成不同位置的磁畴受到大小不同的有效微波磁场。各向异性说明不同位置的磁畴可能受到的微波磁场方向不同。本节主要讨论软磁金属颗粒中的电磁场。分准静态[6]和辐射[7]两部分讨论。该结论同样适用于低电阻率的铁氧体。

直径 $D \geqslant 10\text{nm}$ 的球形金属颗粒均可以看成是宏观小微观大的体系，麦克斯韦方程组成立。球内的电磁场空间部分 $F(r)$ 满足亥姆霍兹方程：

$$\nabla^2 F(r) + \tilde{k}^2 F(r) = 0 \tag{6.70}$$

考虑到颗粒的球对称性，选择球心为原点的球坐标系，矢量的拉普拉斯算符为

$$\nabla^2 F = \begin{bmatrix} \Delta F_r - \dfrac{2F_r}{r^2} - \dfrac{2}{r^2}\dfrac{\partial F_\theta}{\partial \theta} - \dfrac{2\cot\theta F_\theta}{r^2} - \dfrac{2}{r^2\sin\theta}\dfrac{\partial F_\varphi}{\partial \varphi} \\[2mm] \Delta F_\theta + \dfrac{2}{r^2}\dfrac{\partial F_r}{\partial \theta} - \dfrac{F_\theta}{r^2\sin^2\theta} - \dfrac{2}{r^2}\dfrac{\cot\theta}{\sin\theta}\dfrac{\partial F_\varphi}{\partial \varphi} \\[2mm] \Delta F_\varphi + \dfrac{2}{r^2\sin\theta}\dfrac{\partial F_r}{\partial \varphi} + \dfrac{2\cot\theta}{r^2\sin\theta}\dfrac{\partial F_\theta}{\partial \varphi} - \dfrac{F_\varphi}{r^2\sin^2\theta} \end{bmatrix} \tag{6.71a}$$

其中，

$$\Delta F_i = \frac{1}{r}\frac{\partial^2(rA_i)}{\partial r^2} + \frac{1}{r^2}\frac{\partial^2 A_i}{\partial \theta^2} + \frac{\cot\theta}{r^2}\frac{\partial A_i}{\partial \theta} + \frac{1}{r^2\sin^2\theta}\frac{\partial^2 A_i}{\partial \varphi^2}, \quad i = r, \theta, \varphi \tag{6.71b}$$

设导体球位于均匀的交变磁场 h 中，则

$$h(t) = h_0 e^{-i\omega t} \tag{6.72}$$

如图 6.3 所示，由真空入射金属球体的磁场波矢近似垂直样品表面，在球体内部形成垂直外磁场方向柱对称的电场分量。该电场驱动球内电子运动形成涡流。可见，球内涡流与电场分布都具有柱对称性。电场只有一个与 φ 无关的分量 E_φ，即

$$E_\varphi = E(r,\theta) \tag{6.73a}$$

$$E_r = E_\theta = 0 \tag{6.73b}$$

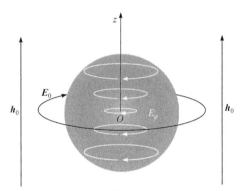

图 6.3　均匀外场 $\boldsymbol{h}_0$ 中各向同性铁磁球体的电磁场分布示意图

利用式(6.70)，式(6.71)的电场矢量亥姆霍兹方程中的分量 E_φ 方程为

$$\left[\Delta E(r,\theta) - E(r,\theta)/r^2\sin^2\theta \right] + \tilde{k}^2 E(r,\theta) = 0 \tag{6.74a}$$

其中，

$$\tilde{k}^2 = \omega^2 \tilde{\varepsilon}_e \tilde{\mu} = k_0^2 \left\{ \left[\varepsilon_r'\mu_r' - \left(\varepsilon_r'' + \frac{\sigma}{\varepsilon_0\omega} \right)\mu_r'' \right] + \mathrm{i}\left[\varepsilon_r'\mu_r'' + \left(\varepsilon_r'' + \frac{\sigma}{\varepsilon_0\omega} \right)\mu_r' \right] \right\} \tag{6.74b}$$

若将总电场式(6.73a)的解表示成

$$E(r,\theta) = E(r)\sin\theta \tag{6.75}$$

由式(6.74)的拉普拉斯方程，得到函数 $E(r)$ 满足：

$$\left[\frac{1}{r}\frac{\partial^2\left[rE(r) \right]}{\partial r^2} - \frac{2}{r^2}E(r) \right] + \tilde{k}^2 E(r) = 0 \tag{6.76}$$

若定义

$$E(r) = u(r)/\sqrt{r} \tag{6.77}$$

式(6.76)转变成复系数的贝塞尔(Bessel)方程：

$$r^2\frac{\partial^2 u(r)}{\partial r^2} + r\frac{\partial u(r)}{\partial r} + \left[\tilde{k}^2 r^2 - \left(\frac{3}{2} \right)^2 \right]u(r) = 0 \tag{6.78}$$

　　为获得场的分布，考虑 $\tilde{k}^2 \to K^2$ 的实数情况。利用方程在 $r \to 0$ 时场保持有限，其解为

$$u(r) = AJ_{3/2}(Kr) \tag{6.79a}$$

其中，贝塞尔函数为

$$J_m(Kr) = \sum_{k=0}^{\infty} (-1)^k \frac{1}{k!\,\Gamma(m+k+1)} \left(\frac{Kr}{2}\right)^{m+2k} \tag{6.79b}$$

　　可见，球内电场可写为

$$E(r,\theta) = E_\varphi(r,\theta) = A \frac{J_{3/2}(Kr)}{\sqrt{r}} \sin\theta\, \boldsymbol{e}_\varphi \tag{6.80}$$

利用

$$\nabla \times \boldsymbol{F} = \frac{1}{r\sin\varphi}\left[\frac{\partial(\sin\varphi F_\theta)}{\partial\varphi} - \frac{\partial F_\varphi}{\partial\theta}\right]\boldsymbol{e}_r + \frac{1}{r}\left[\frac{\partial(rF_\varphi)}{\partial r} - \frac{\partial F_r}{\partial\varphi}\right]\boldsymbol{e}_\theta + \frac{1}{r}\left[\frac{1}{\sin\varphi}\frac{\partial F_r}{\partial\theta} - \frac{\partial(rF_\theta)}{\partial r}\right]\boldsymbol{e}_\varphi$$

由电场与磁场的关系，得到球内磁场为

$$\boldsymbol{h}_1 = -\frac{\mathrm{i}}{\omega\tilde{\mu}}\nabla \times E_\varphi = \frac{A}{r}\left\{\boldsymbol{e}_\theta \sin\theta \frac{\partial\left[\sqrt{r}J_{3/2}(Kr)\right]}{\partial r} - \boldsymbol{e}_r \frac{\cos\theta}{\sin\varphi}\frac{J_{3/2}(Kr)}{\sqrt{r}}\right\} \tag{6.81}$$

利用

$$\frac{J_m(Kr)}{d(Kr)} = J_{m-1}(Kr) - \frac{mJ_m(Kr)}{Kr} \tag{6.82}$$

式(6.81)变为

$$\boldsymbol{h}_1(r) = -\frac{\mathrm{i}}{\omega\tilde{\mu}}\nabla \times E_\varphi = \frac{A}{2r^{3/2}}\left\{\begin{array}{c}\boldsymbol{e}_\theta sin\theta\left[\dfrac{K-3}{K}J_{3/2}(Kr) + 2rJ_{1/2}(Kr)\right] \\[2mm] -\boldsymbol{e}_r \dfrac{2\cos\theta}{\sin\varphi}J_{3/2}(Kr)\end{array}\right\} \tag{6.83}$$

其中，常数 A 和 m 由球面上 $\boldsymbol{H}$ 的边界条件决定。用三角函数来表示半整数的贝塞尔函数，可以得到

$$A = \frac{3\mathrm{i}a\omega}{c\sin Ka}\sqrt{\frac{\pi}{8K}}h_0 \tag{6.84a}$$

$$m = -\frac{a^3}{2}\left[1 - \frac{3}{(Ka)^2} + \frac{3}{Ka}\cot(Ka)\right] \tag{6.84b}$$

其中，a 为球的半径；h_0 为外磁场的振幅。球外区域的磁场由外加磁场和偶极矩产生的磁场叠加而成，偶极矩的方向与外加磁场一致。

$$\boldsymbol{h}_2 = \boldsymbol{h}_{\mathrm{e}} + \boldsymbol{h}_{\mathrm{d}} \tag{6.85}$$

$$\boldsymbol{h}_{\mathrm{d}} = \frac{3\boldsymbol{r}(\boldsymbol{m}\cdot\boldsymbol{r}) - r^2\boldsymbol{m}}{r^5} \tag{6.86}$$

其中，$\boldsymbol{m}$ 是微波磁场感应的磁偶极矩。若频率很低，零级近似下(对频率)，球内磁场为

$$\boldsymbol{h}_1 = \frac{3}{\mu + 2}\boldsymbol{h}_{\mathrm{e}} \tag{6.87}$$

球内电场为零。在高频下，属于强趋肤效应，偶极矩为

$$\boldsymbol{m} = -a^3\boldsymbol{h}_{\mathrm{e}}/2 \tag{6.88}$$

球内有

$$h_r = h_\varphi = 0 \tag{6.89}$$

$$h_\theta = -\frac{3}{2}h_0\mathrm{e}^{-(1-\mathrm{i})z/\delta}\sin\theta \tag{6.90}$$

可见，作用在颗粒磁化强度上的磁场不再是均匀场。

对于平面波入射的球体，为了求解球体内外的场，参照准静态的结果，格兰姆斯(Grimes)将入射平面波、散射波统一展成球贝塞尔函数、汉克尔(Hankel)函数和勒让德函数形式[7]。利用场的边界条件，即可确定场的系数。在此，以入射平面波的展开为例，说明具体过程。

波矢为 $\boldsymbol{k}$，沿 y 方向传播的平面波，空间相因子可写为 $\exp(-\mathrm{i}\sigma\sin\theta\sin\varphi)$，其中 $\sigma = kr$，θ 和 φ 分别为位矢 $\boldsymbol{r}$ 的极角和方位角。相因子 $\mathrm{e}^{-\mathrm{i}ky}$ 可展成球整数贝塞函数 $j_l(\sigma)$ 和勒让德函数 $P_l^m(\cos\theta)$ 的形式

$$\mathrm{e}^{-\mathrm{i}\sigma\sin\theta\sin\varphi} = \sum_{l=0}^{\infty}\sum_{m=0}^{l}C_{lm}^{\mathrm{c}}\frac{l(l+1)}{m}j_l(\sigma)P_l^m\cos\theta\cos(m\varphi)$$
$$-\mathrm{i}\sum_{l=0}^{\infty}\sum_{m=0}^{l}C_{lm}^{\mathrm{s}}\frac{l(l+1)}{m}j_l(\sigma)P_l^m\cos\theta\sin(m\varphi) \tag{6.91}$$

首先需要确定系数 C_{lm}^{c} 和 C_{lm}^{s}。将式(6.91)乘以 $P_{l'}^{m'}\cos\theta\cos m'\varphi$，并对空间角积分，得到

$$\int_0^{2\pi}\mathrm{d}\varphi\int_0^{\pi}\sin\theta\mathrm{d}\theta P_l^m(\cos\theta)\cos m\varphi\mathrm{e}^{-\mathrm{i}\sigma\sin\theta\sin\varphi}$$
$$= 2\pi\frac{(l+m)!}{(l-m)!}\frac{l(l+1)}{2l+1}\frac{C_{lm}^{\mathrm{c}}}{m}j_l(\sigma)\big[1+\delta(0,m)\big] \tag{6.92}$$

其中，δ 为克罗内克(Kronecker)函数。类似地，将式(6.91)乘以 $P_l^{m'}\cos\theta\cdot\sin\left(m'\varphi\right)$，积分得到

$$\int_0^{2\pi}\mathrm{d}\varphi\int_0^{\pi}\sin\theta\mathrm{d}\theta P_l^m\left(\cos\theta\right)\sin\left(m\varphi\right)\mathrm{e}^{-\mathrm{i}\sigma\sin\theta\sin\varphi}=2\pi\frac{\left(l+m\right)!}{\left(l-m\right)!}\frac{l\left(l+1\right)}{2l+1}\frac{C_{lm}^{\mathrm{s}}}{m}j_l\left(\sigma\right)$$

$$(6.93)$$

对式(6.92)两边求 σ 的第 l 阶导数，并令 σ 很小，利用极限：

$$\lim_{\sigma\to0}j_l\left(\sigma\right)=\frac{2^l\sigma^l l!}{\left(2l+1\right)!}$$

式(6.92)变为

$$\int_0^{2\pi}\mathrm{d}\varphi\int_0^{\pi}\sin\theta\mathrm{d}\theta P_l^m\left(\cos\theta\right)\cos m\varphi\left(-\mathrm{i}\sin\theta\sin\varphi\right)^l$$

$$=2\pi\frac{\left(l+m\right)!}{\left(l-m\right)!}\frac{l\left(l+1\right)}{2l+1}\frac{2^l l!^2}{\left(2l+1\right)!}\frac{C_{lm}^{\mathrm{c}}}{m}[1+\delta\left(0,m\right)]$$

$$(6.94)$$

类似地，式(6.93)变为

$$\int_0^{2\pi}\mathrm{d}\varphi\int_0^{\pi}\sin\theta\mathrm{d}\theta P_l^m\left(\cos\theta\right)\sin\left(m\varphi\right)\left(-\mathrm{i}\sin\theta\sin\varphi\right)^l$$

$$=2\pi\frac{\left(l+m\right)!}{\left(l-m\right)!}\frac{l\left(l+1\right)}{2l+1}\frac{2^l l!^2}{\left(2l+1\right)!}\frac{C_{lm}^{\mathrm{s}}}{m}$$

$$(6.95)$$

只有求出式(6.94)和式(6.95)左边的积分，才能确定 C_{lm}^{c} 和 C_{lm}^{s}。事实上，利用

$$\int_0^{2\pi}\mathrm{d}\varphi\sin^l\varphi\cos\left(m\varphi\right)=0,\quad l,m\text{全为偶数}\qquad(6.96)$$

$$\int_0^{2\pi}\mathrm{d}\varphi\sin^l\varphi\sin\left(m\varphi\right)=0,\quad l,m\text{全为奇数}\qquad(6.97)$$

$$\int_0^{\pi}\sin\theta\mathrm{d}\theta\sin^l\theta P_l^m\left(\cos\theta\right)=\begin{cases}0,&\left(l+m\right)\text{为奇数}\\\left(-1\right)^{\left(m-l\right)/2}\dfrac{2^{l+1}l!\left(l+1\right)!}{\left(2l+1\right)!},&\left(l+m\right)\text{为偶数}\end{cases}\qquad(6.98)$$

发现 C_{lm}^{c} 和 C_{lm}^{s} 分别在 (l,m) 的不同组合下存在。也就是说，没有必要分别跟踪 C_{lm}^{c} 和 C_{lm}^{s}，可将相位因子统一写为

$$\mathrm{e}^{-\mathrm{i}\sigma\sin\theta\sin\varphi}=\left[\sum_{l=0,l_{\mathrm{e}}}^{\infty}\sum_{m=0,m_{\mathrm{e}}}^{l}\cos\left(m\varphi\right)-\mathrm{i}\sum_{l=1,l_{\mathrm{o}}}^{\infty}\sum_{m=1,m_{\mathrm{o}}}^{l}\sin\left(m\varphi\right)\right]$$

$$\times\frac{l\left(l+1\right)}{m}C_{lm}j_l\left(\sigma\right)P_l^m\cos\theta$$

$$(6.99)$$

利用

$$\sin^{2l}\varphi=\frac{1}{2^{2l}}\left[\sum_{k=0}^{l-1}(-1)^{l-k}2\binom{2l}{k}\cos2(l-k)\varphi+\binom{2l}{k}\right],\ m为偶数 \quad (6.100)$$

$$\sin^{2l-1}\varphi=\frac{1}{2^{2l-2}}\left[\sum_{k=0}^{l-1}(-1)^{l-k-1}2\binom{2l-1}{k}\cos(2l-2k-1)\varphi\right],\ m为奇数 \quad (6.101)$$

得到

$$\int_0^{2\pi}\mathrm{d}\varphi\sin^l\varphi\cos(m\varphi)=\frac{2\pi}{2^l}(-1)^{m/2}\binom{l}{(l+m)/2},\ m为偶数 \quad (6.102)$$

$$\int_0^{2\pi}\mathrm{d}\varphi\sin^l\varphi\sin(m\varphi)=\frac{2\pi}{2^{l-1}}(-1)^{(m-1)/2}\binom{l}{(l+m)/2},\ m为奇数 \quad (6.103)$$

组合式(6.95)、式(6.98)、式(6.99)、式(6.102)和式(6.103)，得到

$$C_{lm}=\frac{2m(2l+1)}{2^l l(l+1)}\binom{l-m}{(l+m)/2}\delta(l+m,2q) \quad (6.104)$$

其中，q 为整数。

回到场方程，考虑 y 方向平面波的电场和磁场写为

$$\boldsymbol{E}=\hat{\boldsymbol{z}},\boldsymbol{H}=(1/\eta)\hat{\boldsymbol{x}} \quad (6.105)$$

$\hat{\boldsymbol{x}}$ 和 $\hat{\boldsymbol{z}}$ 表示 x 和 z 方向的单位矢量。利用式(6.105)，得到

$$H_r=\frac{1}{\eta}\sin\theta\sin\varphi\mathrm{e}^{-\mathrm{i}\sigma\sin\theta\sin\varphi}$$

或

$$H_r=\frac{1}{\eta}\sin\theta\sin\varphi\left[\sum_{l=0,l_e}^{\infty}\sum_{m=0,m_e}^{l}\cos m\varphi-\mathrm{i}\sum_{l=1,l_o}^{\infty}\sum_{m=1,m_o}^{l}\sin(m\varphi)\right]$$

$$\times\frac{l(l+1)}{m}C_{lm}j_l(\sigma)P_l^m(\cos\theta) \quad (6.106)$$

鉴于

$$\frac{\mathrm{i}}{\sigma}\frac{\partial}{\partial\varphi}\mathrm{e}^{-\mathrm{i}\sigma\sin\theta\sin\varphi}=\sin\theta\cos\varphi\mathrm{e}^{-\mathrm{i}\sigma\sin\theta\sin\varphi} \quad (6.107)$$

则式(6.106)变为

$$H_r=\frac{1}{\eta}\left[\sum_{l=1,l_e}^{\infty}\sum_{m=1,m_e}^{l}\cos(m\varphi)-\mathrm{i}\sum_{l=2,l_o}^{\infty}\sum_{m=2,m_o}^{l}\sin(m\varphi)\right]l(l+1)C_{lm}\frac{j_l(\sigma)}{\sigma}P_l^m\cos\theta$$

$$(6.108)$$

下一步寻找电场的径向分量，即

$$E_r = \cos\theta e^{-i\sigma\sin\theta\sin\varphi} \tag{6.109}$$

为了得到如下形式的解：

$$E_r = \left[\sum_{l=0}^{\infty}\sum_{m=0}^{l}D_{lm}^c\cos(m\varphi) - i\sum_{l=0}^{\infty}\sum_{m=0}^{l}D_{lm}^s\sin(m\varphi)\right]l(l+1)\frac{j_l(\sigma)}{\sigma}P_l^m\cos\theta \tag{6.110}$$

依然需要确定系数 D_{lm}^c 和 C_{lm}^s。利用

$$\frac{i}{\sigma\sin\varphi}\frac{\partial}{\partial\theta}e^{-i\sigma\sin\theta\sin\varphi} = \cos\theta e^{-i\sigma\sin\theta\sin\varphi} \tag{6.111}$$

和

$$\frac{1}{\sin\varphi} = 2\sum_{s=0}^{\infty}\sin(2s+1)\varphi \tag{6.112}$$

组合式(6.99)、式(6.109)~式(6.112)，得到

$$E_r = \sum_{s=0}^{\infty}\left[\sum_{l=1,l_o}^{\infty}\sum_{m=1,m_o}^{\infty}\sin(m\varphi) - i\sum_{l=0,l_o}^{\infty}\sum_{m=0,m_o}^{l}\cos(m\varphi)\right]2\sin(2s+1)\varphi$$
$$\times\frac{l(l+1)}{m}C_{lm}\frac{j_l(\sigma)}{\sigma}P_l^m\cos\theta \tag{6.113}$$

下面分析 l 为奇数的情况，而 l 为偶数的解可采用完全类似过程。若 l 为奇数，式(6.110)和式(6.113)相等，对两边的 σ 进行 $(l-1)$ 次求导，并设 σ 为一个可以忽略的小量，得到

$$\left[\sum_{l=0}^{\infty}\sum_{m=0}^{l}D_{lm}^c\cos(m\varphi) - i\sum_{l=0}^{\infty}\sum_{m=0}^{l}D_{lm}^s\sin(m\varphi)\right]P_l^m\cos\theta$$
$$= \sum_{m=1,m_o}^{\infty}\sum_{s=0}^{\infty}\sin(m\varphi)\sin(2s+1)\varphi\frac{2C_{lm}}{m}\frac{dP_l^m\cos\theta}{d\theta} \tag{6.114}$$

鉴于式(6.114)乘以 $\sin(m\varphi)$，对 φ 在 $0\sim2\pi$ 积分，可以证明 $D_{lm}^s = 0$，可去掉 D_{lm}^c 中的上标。将式(6.114)乘以 $\cos(n\varphi)$，也对 φ 在 $0\sim2\pi$ 积分，得到

$$D_{ln}\left[1+\delta(0,n)\right]P_l^n(\cos\theta)$$
$$= \sum_{s=0}^{\infty}\frac{C_{lm}}{m}\frac{dP_l^m(\cos\theta)}{d\theta}\left[1+\delta(0,n)\right]\left[\delta(n,|m-2s-1|) - \delta(n,m+2s+1)\right] \tag{6.115}$$

且式(6.115)等号右边可以写为

$$\text{rhs} = \sum_{s=0}^{(l-n-1)/2} \frac{C_{l,2s+1+n}}{2s+1+n} \frac{\mathrm{d}P_l^{2s+1+n}\cos\theta}{\mathrm{d}\theta} + \sum_{s=n/2}^{(l+n-1)/2} \frac{C_{l,2s+1-n}}{2s+1-n} \frac{\mathrm{d}P_l^{2s+1-n}\cos\theta}{\mathrm{d}\theta}$$

$$- \sum_{s=0}^{(n-2)/2} \frac{C_{l,n-2s-1}}{n-2s-1} \frac{\mathrm{d}P_l^{n-2s-1}\cos\theta}{\mathrm{d}\theta} \tag{6.116}$$

将 $s' = n - s - 1$ 代入式(6.116)中的最后一项，得到

$$- \sum_{s=n/2}^{n-1} \frac{C_{l,2s-1-n}}{2s+1-n} \frac{\mathrm{d}P_l^{2s+1-n}\cos\theta}{\mathrm{d}\theta}$$

该项与式(6.116)的中间项相加，得到

$$\sum_{s=n}^{(l+n-1)/2} \frac{C_{l,2s+1-n}}{2s+1-n} \frac{\mathrm{d}P_l^{2s+1-n}\cos\theta}{\mathrm{d}\theta}$$

若进行 $s' + n = s$ 变换，可以证明它等于式(6.116)中等号右边的第一项，则

$$\text{rhs} = 2 \sum_{s=0}^{(l-n-1)/2} \frac{C_{l,2s+1+n}}{2s+1+n} \frac{\mathrm{d}P_l^{2s+1+n}\cos\theta}{\mathrm{d}\theta} \tag{6.117}$$

利用勒让德函数的特点：

$$\frac{\mathrm{d}P_l^m}{\mathrm{d}\theta} = \frac{1}{2}\Big[(l+m)(l+m+1)P_l^{m-1} - P_l^{m+1}\Big] \tag{6.118}$$

组合式(6.115)、式(6.117)和式(6.118)，得到

$$D_{lm}\big[1+\delta(0,m)\big]P_l^m\cos\theta$$

$$= \sum_{s=0}^{(l-m-1)/2} \frac{C_{l,2s+1+m}}{2s+1+m}\Big[(l+2s+1+m)(l-2s-m)P_l^{m+2s} - P_l^{m+2s+2}\Big] \tag{6.119}$$

利用

$$\int_0^\pi \sin\theta\mathrm{d}\theta P_l^m(\cos\theta)P_l^{m+2s}(\cos\theta) = \frac{2(-1)^s}{(2l+1)}\frac{(l+m)!}{(l-2s-m)!} \tag{6.120}$$

将式(6.119)乘以 $P_l^m(\cos\theta)\sin\theta\mathrm{d}\theta$，并在 $0\sim\pi$ 对 θ 积分，得到

$$D_{lm}\big[1+\delta(0,m)\big] = 2l(l-m)! \sum_{s=0}^{(l-m-1)/2} \frac{C_{l,2s+1+m}}{2s+1+m} \frac{(-1)^s}{(l-2s-1-m)!} \tag{6.121}$$

将式(6.104)与式(6.121)组合，得到

$$D_{lm} = \frac{4(2l+1)(l-m)!U(m)}{2^l l(l+1)}$$

$$\times \sum_{s=0}^{(l-m-1)/2} \left[l(-1)^s \Big/ \left(\frac{l+2s+1+m}{2}\right)!\left(\frac{l-2s-1-m}{2}\right)!\right] \tag{6.122}$$

其中，阶跃函数 $U(m)$ 满足：

$$U(m) = \begin{cases} 0, & m < 0 \\ 1/2, & m = 0 \\ 1, & m > 0 \end{cases}$$

完成式(6.122)对 s 的求和，可以得到

$$D_{lm} = \frac{4U(m)(2l+1)(l-m)!}{2^l l(l+1)} \left(\frac{2}{l-1+m}\right)! \left(\frac{2}{l-1-m}\right)!, \quad m \text{ 为偶数} \quad (6.123)$$

类似地，处理 l 为偶数时，$D_{lm}^{\mathrm{c}} = 0$，$D_{lm}^{\mathrm{s}} = 0$ 也可写成没有上标的形式，它也满足式(6.123)。总结以上结果，得到

$$D_{lm} = \frac{4U(m)(2l+1)(l-m)!}{2^l l(l+1)} \left(\frac{2}{l-1+m}\right)! \left(\frac{2}{l-1-m}\right)! \delta(l+m, 2q+1) \quad (6.124)$$

其中，q 为整数。若将球内场也展成球贝塞尔函数、汉克尔函数及勒让德函数的形式，利用边值关系，可以确定球内的场。由式(6.108)和式(6.110)可见，由于平面波在空间的分布，球内电磁场也将是位置相关的，即难以形成均匀场。

6.4　颗粒的各向异性磁导率

为了获得软磁复合材料的磁导率，需要首先获得软磁颗粒自身的贡献。对于工业用大小在微米级的软磁金属颗粒，通常依然是分畴结构。可见，只有回答了磁畴动力学行为的问题，才能获得软磁颗粒的磁导率。在此，先不考虑非均匀微波磁场的影响，讨论自然共振机制下单畴颗粒的磁导率。

假设颗粒中的磁畴为球形，具有单轴各向异性。实验室坐标系 O-xyz 中，外加直流和交变磁场分别沿 z 和 x 方向，如图 6.4 所示。若易磁化方向为 (θ_K, φ_K)，直流外磁场作用下的各向异性能为

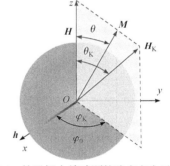

图 6.4　外磁场中单畴颗粒稳定方向示意图

$$F = -K\cos^2(\theta_K - \theta) - \mu_0 MH\cos\theta \quad (6.125)$$

其中，θ 为磁化强度的极角；等号右端第一项和第二项分别为磁化强度的磁晶各向异性能和塞曼能量。两者竞争的结果，确定了磁化强度的稳定方向 (θ_0, φ_0)。利用平衡时 $(\partial F / \partial \theta)_{\theta=\theta_0} = 0$，由式(6.64)得到

$$H_K \sin2(\theta_K - \theta_0) - 2H\sin\theta_0 = 0 \qquad (6.126a)$$

其中，存在单轴各向异性场：

$$H_K = 2K / \mu_0 M \qquad (6.126b)$$

已知，除 θ_K 为 0° 和 90° 外，无论多大的外加磁场，磁化强度永远不可能与外加磁场方向平行[8]。

若外加磁场为零，磁化强度稳定 $(\theta_0 = \theta_K, \varphi_0 = \varphi_K)$；若磁场很大，达到所谓的饱和磁化，磁化强度偏离外场方向的角度 θ_0 为小量。将式(6.126a)中 θ_0 在 0 附近作泰勒展开，得到趋近饱和磁化时，磁化强度的极角为

$$\theta_0 \approx \frac{H_K \sin2\theta_K}{2(H_K \cos2\theta_K + H)} \qquad (6.127)$$

可见，磁化强度的稳定方向在易轴与 H 之间的 $e_3(\theta_0, \varphi_0 = \varphi_K)$ 方向上。

考虑到微波磁场下，磁化强度将绕该稳定方向进动，构建如图 6.5 所示的磁畴坐标系 O-123。利用坐标系 O-xyz 和 O-123 的变化关系：

$$M_x = M_1\sin\varphi_0 + M_2\cos\theta_0\cos\varphi_0 + M_3\sin\theta_0\cos\varphi_0 \qquad (6.128a)$$

$$M_y = -M_1\cos\varphi_0 + M_2\cos\theta_0\sin\varphi_0 + M_3\sin\theta_0\sin\varphi_0 \qquad (6.128b)$$

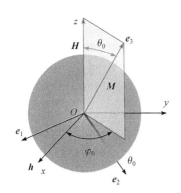

图 6.5　磁畴坐标系与实验室坐标系的关系图

$$M_z = -M_2\sin\theta_0 + M_3\cos\theta_0 \qquad (6.128c)$$

式(6.125)的 O-xyz 直角坐标形式为

$$F = -\frac{K}{M^2}\left(\cos\theta_K M_z + \sin\theta_K \sqrt{M_x^2 + M_y^2}\right)^2 - \mu_0 H M_z \qquad (6.129a)$$

其可以表示成 O-123 坐标的形式：

$$F = -\frac{K}{M^2}\left[\cos\theta_K(M_2\sin\theta_0 - M_3\cos\theta_0) - \sin\theta_K\sqrt{M_1^2 + (M_2\cos\theta_0 + M_3\sin\theta_0)^2}\right]^2$$
$$+ \mu_0 H(M_2\sin\theta_0 - M_3\cos\theta_0)$$

$$(6.129b)$$

利用等效场的定义，$H_i^e = -(\partial F / \partial M_i) / \mu_0 \ (i = 1, 2, 3)$，由式(6.129b)可求得 O-123 坐标系中的静态各向异性等效场为

$$H_1^e = 0 \qquad (6.130a)$$

$$H_2^e = 0 \tag{6.130b}$$

$$H_3^e = H\cos\theta_0 + H_K\cos^2(\theta_K - \theta_0) \tag{6.130c}$$

其中，利用了 $H_K\sin 2(\theta_K - \theta_0) = 2H\sin\theta_0$，以及 $M_3 = M$，$M_{1,2} \to 0$ 的小角近似条件。若微波磁场为 $h_i \sim e^{i\omega t}(i = 1,2,3)$，在 $O\text{-}123$ 坐标系中，绕稳定方向进动的磁化强度为

$$\boldsymbol{M} = m_1\boldsymbol{e}_1 + m_2\boldsymbol{e}_2 + (m_3 + M_0)\boldsymbol{e}_3 \tag{6.131a}$$

其中，m_1、m_2、m_3 表示不同方向的动态磁化强度。

受到的总等效场为

$$\boldsymbol{H}_{\mathrm{eff}} = h_1\boldsymbol{e}_1 + h_2\boldsymbol{e}_2 + \left(h_3 + H_3^e\right)\boldsymbol{e}_3 \tag{6.131b}$$

将式(6.131)代入 LLG 方程，得到

$$\frac{\mathrm{d}\boldsymbol{m}}{\mathrm{d}t} = -\gamma\begin{vmatrix} \boldsymbol{e}_1 & \boldsymbol{e}_2 & \boldsymbol{e}_3 \\ m_1 & m_2 & M_0 + m_3 \\ h_1 & H_2^e & h_3 + H_3^e \end{vmatrix} + \frac{\alpha}{M}\begin{vmatrix} \boldsymbol{e}_1 & \boldsymbol{e}_2 & \boldsymbol{e}_3 \\ m_1 & m_2 & M_0 + m_3 \\ \dot{m}_1 & \dot{m}_2 & \dot{m}_3 \end{vmatrix} \tag{6.132a}$$

将式(6.132a)展开，得到

$$\begin{bmatrix} \dot{m}_1 \\ \dot{m}_2 \\ \dot{m}_3 \end{bmatrix} = -\gamma\begin{bmatrix} \left(h_3 + H_3^e\right)m_2 - h_2\left(M_0 + m_3\right) \\ h_1\left(M_0 + m_3\right) - \left(h_3 + H_3^e\right)m_1 \\ h_2 m_1 - h_1 m_2 \end{bmatrix} + \frac{\alpha}{M}\begin{bmatrix} m_2\dot{m}_3 - \left(M_0 + m_3\right)\dot{m}_2 \\ \left(M_0 + m_3\right)\dot{m}_1 - m_1\dot{m}_3 \\ m_1\dot{m}_2 - m_2\dot{m}_1 \end{bmatrix} \tag{6.132b}$$

小角近似下，$M_0 \approx M$，舍弃所有二阶及以上高阶小量，式(6.132b)变为

$$\begin{bmatrix} \dot{m}_1 \\ \dot{m}_2 \\ \dot{m}_3 \end{bmatrix} = -\gamma\begin{bmatrix} H_3^e m_2 - h_2 M \\ M h_1 - H_3^e m_1 \\ 0 \end{bmatrix} + \alpha\begin{bmatrix} -\dot{m}_2 \\ \dot{m}_1 \\ 0 \end{bmatrix} \tag{6.132c}$$

其中，$m_3 = 0$。若 $m_i \sim e^{i\omega t}$，代入式(6.132c)，1 和 2 方向的分量满足：

$$i\omega m_1 + \left\{\gamma\left[H\cos\theta_0 + H_K\cos^2(\theta_K - \theta_0)\right] + i\alpha\omega\right\}m_2 = \gamma M h_2 \tag{6.133a}$$

$$-\left\{\gamma\left[H\cos\theta_0 + H_K\cos^2(\theta_K - \theta_0)\right] + i\alpha\omega\right\}m_1 + i\omega m_2 = -\gamma M h_1 \tag{6.133b}$$

直接解得

$$m_1 = \frac{\gamma M h_1\left\{\gamma\left[H\cos\theta_0 + H_K\cos^2(\theta_K - \theta_0)\right] + i\alpha\omega\right\} + i\omega\gamma M h_2}{\left\{\gamma\left[H\cos\theta_0 + H_K\cos^2(\theta_K - \theta_0)\right] + i\alpha\omega\right\}^2 - \omega^2} \tag{6.134a}$$

$$m_2 = \frac{-\mathrm{i}\omega\gamma Mh_1 + \gamma Mh_2\left\{\gamma\left[H\cos\theta_0 + H_\mathrm{K}\cos^2\left(\theta_\mathrm{K}-\theta_0\right)\right]+\mathrm{i}\alpha\omega\right\}}{\left\{\gamma\left[H\cos\theta_0 + H_\mathrm{K}\cos^2\left(\theta_\mathrm{K}-\theta_0\right)\right]+\mathrm{i}\alpha\omega\right\}^2 - \omega^2} \qquad (6.134\mathrm{b})$$

可见，式(6.134)可以表示成复数磁化率的形式：

$$m_1 = \tilde{\chi}_{11}h_1 + \tilde{\chi}_{12}h_2 \qquad (6.135\mathrm{a})$$

$$m_2 = \tilde{\chi}_{22}h_2 - \tilde{\chi}_{21}h_1 \qquad (6.135\mathrm{b})$$

其中，

$$\tilde{\chi}_{11} = \frac{\gamma M\left(A+\mathrm{i}\alpha\omega\right)}{\left[A^2-\left(1+\alpha^2\right)\omega^2\right]+2\mathrm{i}\alpha\omega A} = \tilde{\chi}_{22} \qquad (6.136\mathrm{a})$$

$$\tilde{\chi}_{12} = \frac{\mathrm{i}\omega\gamma M}{\left[A^2-\left(1+\alpha^2\right)\omega^2\right]+2\mathrm{i}\alpha\omega A} = \tilde{\chi}_{21} \qquad (3.136\mathrm{b})$$

其中，

$$A = \gamma\left[H\cos\theta_0 + H_\mathrm{K}\cos^2\left(\theta_\mathrm{K}-\theta_0\right)\right] \qquad (6.136\mathrm{c})$$

利用式(6.128)，交变磁化强度在 x 轴上的分量为

$$m_x = m_1\sin\varphi_0 + m_2\cos\theta_0\cos\varphi_0 \qquad (6.137\mathrm{a})$$

将式(6.135)代入式(6.137a)，得到

$$m_x = \left(\tilde{\chi}_{11}h_1 + \tilde{\chi}_{12}h_2\right)\sin\varphi_0 + \left(\tilde{\chi}_{22}h_2 - \tilde{\chi}_{21}h_1\right)\cos\theta_0\cos\varphi_0 \qquad (6.137\mathrm{b})$$

按照 $O\text{-}xyz$ 与 $O\text{-}123$ 坐标系的关系，得到

$$h_1 = h_x\sin\varphi_0 \qquad (6.138\mathrm{a})$$

$$h_2 = h_x\cos\theta_0\cos\varphi_0 \qquad (6.138\mathrm{b})$$

$$h_3 = 0 \qquad (6.138\mathrm{c})$$

将式(6.138)代入式(6.137b)，得到

$$m_x = h_x\tilde{\chi}_{11}\left(1-\sin^2\theta_0\cos^2\varphi_0\right) \qquad (6.139)$$

利用磁化率的定义，x 方向线偏振微波磁场诱导的磁化率为

$$\tilde{\chi} = \frac{m_x}{h_x} = \tilde{\chi}_{11}\left(1-\sin^2\theta_0\cos^2\varphi_0\right) \qquad (6.140)$$

将式(6.136a)代入式(6.140)，利用 $\tilde{\chi} = \chi' - \mathrm{i}\chi''$，磁化率的实部和虚部分别为

$$\chi' = \left(1-\sin^2\theta_0\cos^2\varphi_0\right)\frac{\gamma MA\left[A^2-\left(1-\alpha^2\right)\omega^2\right]}{\left[A^2-\left(1+\alpha^2\right)\omega^2\right]^2+\left(2\alpha\omega A\right)^2} \qquad (6.141\mathrm{a})$$

$$\chi'' = \left(1 - \sin^2\theta_0\cos^2\varphi_0\right)\frac{\gamma M \alpha\omega\left[A^2 + \left(1+\alpha^2\right)\omega^2\right]}{\left[A^2 - \left(1+\alpha^2\right)\omega^2\right]^2 + \left(2\alpha\omega A\right)^2} \tag{6.141b}$$

可见，磁化率具有明显的各向异性。微波磁场垂直稳定方向时，磁化率最大；平行稳定方向时，磁化率为零。

对于无规分布的单畴球形颗粒体系，若无外加直流磁场，每个颗粒的磁化强度稳定在无规分布的易磁化方向上。此时，$\theta_0 = \theta_K$，$\varphi_0 = \varphi_K$，$A = \gamma H_K$，式(6.141)变为

$$\chi' = \left(1 - \sin^2\theta_0\cos^2\varphi_0\right)\frac{\gamma M\left(\gamma H_K\right)\left[\left(\gamma H_K\right)^2 - \left(1-\alpha^2\right)\omega^2\right]}{\left[\left(\gamma H_K\right)^2 - \left(1+\alpha^2\right)\omega^2\right]^2 + \left(2\alpha\omega\gamma H_K\right)^2} \tag{6.142a}$$

$$\chi'' = \left(1 - \sin^2\theta_0\cos^2\varphi_0\right)\frac{\gamma M\alpha\omega\left[\left(\gamma H_K\right)^2 + \left(1+\alpha^2\right)\omega^2\right]}{\left[\left(\gamma H_K\right)^2 - \left(1+\alpha^2\right)\omega^2\right]^2 + \left(2\alpha\omega\gamma H_K\right)^2} \tag{6.142b}$$

利用

$$\frac{1}{4\pi}\int_0^\pi\int_0^{2\pi}\left(1 - \sin^2\theta_K\cos^2\varphi_K\right)\sin\theta_K\mathrm{d}\theta_K\mathrm{d}\varphi_K = \frac{2}{3}$$

磁化率的空间平均值为

$$\bar{\chi}' = \frac{2}{3}\frac{\gamma M\left(\gamma H_K\right)\left[\left(\gamma H_K\right)^2 - \left(1-\alpha^2\right)\omega^2\right]}{\left[\left(\gamma H_K\right)^2 - \left(1+\alpha^2\right)\omega^2\right]^2 + \left(2\alpha\omega\gamma H_K\right)^2} \tag{6.143a}$$

$$\bar{\chi}'' = \frac{2}{3}\frac{\gamma M\left(\gamma H_K\right)\left[\left(\gamma H_K\right)^2 - \left(1-\alpha^2\right)\omega^2\right]}{\left[\left(\gamma H_K\right)^2 - \left(1+\alpha^2\right)\omega^2\right]^2 + \left(2\alpha\omega\gamma H_K\right)^2} \tag{6.143b}$$

若外加磁场很强，磁化强度趋于饱和，式(6.141)中的 θ_0 满足式(6.127)，$\varphi_0 = \varphi_K$，

$$A = \gamma\left[H\cos\left(\frac{H_K\sin\theta_K\cos\theta_K}{H + H_K\cos2\theta_K}\right) + H_K\cos^2\left(\theta_K - \frac{H_K\sin\theta_K\cos\theta_K}{H + H_K\cos2\theta_K}\right)\right] \tag{6.144}$$

即使 $\theta_0 \to 0$ 的极限下，$A = \gamma\left(H + H_K\cos^2\theta_K\right)$，式(6.142)的空间平均也需采用数值积分。

利用虚部式(6.141b)，得到共振频率满足：

$$\omega_r = A = \gamma\left[H\cos\theta_0 + H_K\cos^2\left(\theta_K - \theta_0\right)\right] \tag{6.145}$$

可见，磁化强度的稳定方向 θ_0 与易轴方向相关，颗粒聚集体的共振频率分布导致共振半高宽增加。在趋近饱和的情况下，利用式(6.144)，得到

$$\omega_{\mathrm{r}} = \gamma \left[H\cos\left(\frac{H_{\mathrm{K}}\sin\theta_{\mathrm{K}}\cos\theta_{\mathrm{K}}}{H + H_{\mathrm{K}}\cos 2\theta_{\mathrm{K}}} \right) + H_{\mathrm{K}}\cos^2\left(\theta_{\mathrm{K}} - \frac{H_{\mathrm{K}}\sin\theta_{\mathrm{K}}\cos\theta_{\mathrm{K}}}{H + H_{\mathrm{K}}\cos 2\theta_{\mathrm{K}}} \right) \right] \quad (6.146)$$

当易轴均沿 z 方向时，$\theta_{\mathrm{K}} = 0°$，$\omega_{\mathrm{r}} = \gamma(H + H_{\mathrm{K}})$；当易轴与 z 方向磁场垂直时，$\theta_{\mathrm{K}} = 90°$，$\omega_{\mathrm{r}} = \gamma H$；当 $\theta_{\mathrm{K}} = 90°$ 时，$\omega_{\mathrm{r}} = \gamma[H\cos(H_{\mathrm{K}}/2H) + H_{\mathrm{K}} \cdot \sin^2(45 - H_{\mathrm{K}}/2H)]$。可见，磁晶各向异性等效场越大，共振频率的分布越宽，半高宽越大。多晶体系的磁谱很宽，有效阻尼系数很大[9,10]；取向良好的单晶样品具有很窄的半高宽，有效阻尼系数比块体小约 2 个量级[11]。有关软磁金属本征磁导率各向异性的问题，从更加普遍的各向异性模型出发，进行了全面的讨论[12]。

6.5　球形金属颗粒复合性能

格兰姆斯等拓展了现有解析计算磁导率和电容率的技术，提出了一种更加普遍的计算方案，并将该方案应用到多晶固体中[12]。他们的研究结果表明，单一的微观起源可以在宽范围内产生磁导率和电容率谱，且两类谱之间相互关联。计算得到磁谱和电容率谱展现了共振、弛豫和异常三种形式。下面介绍这一方案。

基本思想是将材料内外场均展成多级矩的形式，利用球形颗粒表面上的边界条件求解所有场的展开系数。为了展现场系数的物理意义，将考虑场展开的径向部分。虽然求解边界条件时，也需要考虑角度部分，但它们完全可以从径向部分推出来，细节可参见他们的前期工作[7]。

考虑一个沿 z 方向传播，x 方向极化的平面波，其时间形式为 $\mathrm{e}^{\mathrm{i}\omega t}$。平面波入射球心在坐标原点，半径为 a 的球体上。设 k 是入射波矢的大小，r 是偏离原点的距离，$j_n(\sigma)$ 和 $h_n(\sigma)$ 分别是球贝塞尔函数和球汉克尔函数，其中 $\sigma \equiv kr$。假设外加电磁波的波矢与球半径的乘积 ka 远小于 1，但球内波矢的大小 k_i 与半径的乘积 $k_i a = ka\sqrt{\mu\varepsilon}$ 没有限制。第 n 阶一级勒让德函数为 $P_n^1(\cos\theta)$。球坐标系中，入射平面波的多极场展开径向部分为

$$E_{\mathrm{r}} = \sum_{n=1}^{\infty} \mathrm{i}^{1-n}(2n+1)\frac{j_n(\sigma)}{\sigma}P_n^1(\cos\theta)\cos\varphi \quad (6.147a)$$

$$\eta_0 H_{\mathrm{r}} = \sum_{n=1}^{\infty} \mathrm{i}^{1-n}(2n+1)\frac{j_n(\sigma)}{\sigma}P_n^1(\cos\theta)\sin\varphi \quad (6.147b)$$

其中，η_0 为真空中的波阻抗。球体的散射场表示为

$$E_r = \sum_{n=1}^{\infty} i^{1-n} D_n n(n+1) \frac{h_n(\sigma)}{\sigma} P_n^1(\cos\theta)\cos\varphi \tag{6.148a}$$

$$\eta_0 H_r = \sum_{n=1}^{\infty} i^{1-n} C_n n(n+1) \frac{h_n(\sigma)}{\sigma} P_n^1(\cos\theta)\sin\varphi \tag{6.148b}$$

其中，C_n 和 D_n 是无穷多的场系数。

对于球内的场，假设 σ_i 为球内的波矢大小 k_i 乘以径向距离 r，r 小于等于球的半径。平面波极化下的内部场为

$$E_r = \sum_{n=1}^{\infty} i^{1-n} B_n n(n+1) \frac{j_n(\sigma_i)}{\sigma_i} P_n^1(\cos\theta)\cos\varphi \tag{6.149a}$$

$$\eta H_r = \sum_{n=1}^{\infty} i^{1-n} A_n n(n+1) \frac{j_n(\sigma_i)}{\sigma_i} P_n^1(\cos\theta)\sin\varphi \tag{6.149b}$$

其中，A_n 和 B_n 也是无穷多的场系数；η 为球体的波阻抗。利用球内外场满足边界条件[13]，横电(transverse-electric，TE)模或横磁(transverse-magnetic，TM)模的散射系数 C_n 和 D_n 分别为

$$C_n = \frac{2n+1}{n(n+1)} \frac{j_n(\sigma_i) J_n(\sigma_0)\eta - j_n(\sigma_0) J_n(\sigma_i)}{J_n(\sigma_i) h_n(\sigma_0) - j_n(\sigma_i) H_n(\sigma_0)\eta} \tag{6.150a}$$

$$D_n = \frac{2n+1}{n(n+1)} \frac{j_n(\sigma_0) J_n(\sigma_i)\eta - j_n(\sigma_i) J_n(\sigma_0)}{j_n(\sigma_i) H_n(\sigma_0) - J_n(\sigma_i) h_n(\sigma_0)\eta} \tag{6.150b}$$

其中，$\sigma_i = k_i a$；$\sigma_0 = ka$，球贝塞尔函数和汉克尔函数分别为

$$j_1(\sigma) = \frac{\sin\sigma}{\sigma^2} - \frac{\cos\sigma}{\sigma} \tag{6.151a}$$

$$h_1(\sigma) = e^{-i\sigma}\left(\frac{i}{\sigma^2} - \frac{1}{\sigma}\right) \tag{6.151b}$$

$J_1(\sigma)$ 和 $H_1(\sigma)$ 分别为

$$J_1(\sigma) = \frac{1}{\sigma}\frac{d}{d\sigma}[\sigma j_1(\sigma)] \tag{6.152a}$$

$$H_1(\sigma) = \frac{1}{\sigma}\frac{d}{d\sigma}[\sigma h_1(\sigma)] \tag{6.152b}$$

至此，多级展开的场系数是严格的，且对所有频率均成立。

正如前面说到的，$k_i a$ 可以任意取值，但要求 ka 必须很小。此时，D_n 可表示为

$$D_n = \frac{i\sigma_0^{2n+1}}{n(n+1)[(2n-1)!!]^2} \frac{\eta\sigma_0 J_n(\sigma_i) - (n+1) j_n(\sigma_i)}{nj_n(\sigma_i) - \eta\sigma_0 J_n(\sigma_i)} \tag{6.153}$$

随着 n 的增加，第一个分数快速下降，分别为 $\mathrm{i}\sigma_0^3/2$、$\mathrm{i}\sigma_0^5/54$、$\mathrm{i}\sigma_0^7/2700$ 等。第二个分数却变化不大。也就是说，球外场主要来自偶极场，所有高阶项的贡献均可以忽略。

偶极场的系数分别为

$$C = \frac{3}{2}\frac{j_1(\sigma_i)J_1(\sigma_0)\eta - j_1(\sigma_0)J_1(\sigma_i)}{J_1(\sigma_i)h_1(\sigma_0) - j_1(\sigma_i)H_1(\sigma_0)\eta} \tag{6.154a}$$

$$D = \frac{3}{2}\frac{j_1(\sigma_0)J_1(\sigma_i)\eta - j_1(\sigma_i)J_1(\sigma_0)}{j_1(\sigma_i)H_1(\sigma_0) - J_1(\sigma_i)h_1(\sigma_0)\eta} \tag{6.154b}$$

该场系数的近似形式可用于确定有效性质。$k_i a \ll 1$ 时，式(6.154)变为

$$C = -\mathrm{i}\sigma_0^3\frac{\mu-1}{\mu+2} \tag{6.155a}$$

$$D = -\mathrm{i}\sigma_0^3\frac{\varepsilon-1}{\varepsilon+2} \tag{6.155b}$$

利用该近似形式的场系数，确定的等效磁导率(C 对应)与颗粒的电容率无关，确定的等效电容率(D 对应)与颗粒的磁导率无关。为了展现两者的关联，它们保留了 C 和 D 的二阶修正项，得到

$$C \approx -\mathrm{i}\sigma_0^3\frac{\mu-1}{\mu+2} - 3\mathrm{i}\sigma_0^5\frac{\varepsilon\mu^2+\mu^2-6\mu+4}{10(\mu+2)^2} \tag{6.156a}$$

$$D = -\mathrm{i}\sigma_0^3\frac{\varepsilon-1}{\varepsilon+2} - 3\mathrm{i}\sigma_0^5\frac{\mu\varepsilon^2+\varepsilon^2-6\varepsilon+4}{10(\varepsilon+2)^2} \tag{6.156b}$$

可见，该近似下的场系数关于 μ 和 ε 对称。他们利用严格和近似形式的场系数，计算了磁谱和电容率谱。结果表明，尽管他们的计算保证了 ka 很小的条件，但随着介质波长的增加，近似形式的场系数导致的结果与严格解存在很大的差异。因此，他们后续对磁谱和电容率谱的计算，还是采用了严格形式的场系数。

假设颗粒的内禀磁导率和电容率可以是任意的，CM 关系说明等效磁导率和等效电容率分别为

$$\mu_{\mathrm{eff}} = \frac{3\sigma_0^3 + \mathrm{i}8\pi a^3 CN}{3\sigma_0^3 - \mathrm{i}4\pi a^3 CN} \tag{6.157a}$$

$$\varepsilon_{\mathrm{eff}} = \frac{3\sigma_0^3 + \mathrm{i}8\pi a^3 DN}{3\sigma_0^3 - \mathrm{i}4\pi a^3 DN} \tag{6.157b}$$

其中，N 为单位体积的球体数。多伊尔(Doyle)利用式(6.157b)等价的形式，研究了 Ag 颗粒悬浮液的反射[13]。对于密堆积的面心立方晶格，$N = 1/\left(4a^3\sqrt{2}\right)$，等效磁导率和等效电容率可写为

$$\mu_{\text{eff}} = \frac{3\sigma_0^3\sqrt{2} + \mathrm{i}2\pi C}{3\sigma_0^3\sqrt{2} - \mathrm{i}\pi C} \tag{6.158a}$$

$$\varepsilon_{\text{eff}} = \frac{3\sigma_0^3\sqrt{2} + \mathrm{i}2\pi D}{3\sigma_0^3\sqrt{2} - \mathrm{i}\pi D} \tag{6.158b}$$

式(6.158)明确表明，复合介质的等效性质是球体磁导率和电容率函数，也与 σ_0 有关。

上述计算结果表明，颗粒的大小极大地影响着磁导率和电容率随频率的变化。没有外加静态矩的情况下，磁导率的非对角元之和为零，预示着系统的磁导率为标量[14]。在弱微波磁场驱动下，利用 LLG 方程求得颗粒的磁导率 μ。在微波频段，金属中的传导电子满足自由电子理论，软磁金属球体的电容率可写为

$$\varepsilon_r = \varepsilon' - \mathrm{i}/\rho\varepsilon_0\omega \tag{6.159}$$

其中，ρ 为电阻率。取各向异性场 $H_K = 10.0\mathrm{Oe}$，$\alpha = 0.15$，$4\pi M_s = 10^4\mathrm{G}$，$\rho = 10^5\Omega\cdot\mathrm{m}$，发现 $a > 10^{-4}\mathrm{m}$ 时，在电容率谱中出现弛豫部分。图 6.6 给出了 $a = 10^{-2}\mathrm{m}$ 情况下等效电容率随频率的变化。研究发现，随着颗粒半径的增加，弛豫部分向低频段移动，电容率虚部的变化会引起磁导率的明显变化。当 $\rho < 10^{-2}\Omega\cdot\mathrm{m}$ 时，等效电容率谱表现为一个常量。$\rho = 10^{-2}\Omega\cdot\mathrm{m}$ 时，等效电容率谱出现弛豫部分。$\rho > 10^{-2}\Omega\cdot\mathrm{m}$ 时，等效电容率在 $10^7 \sim 10^{10}\mathrm{Hz}$ 窗口内向低频方向移动。对于小的电阻率，$\rho < 10^{-4}\Omega\cdot\mathrm{m}$，等效磁导率谱存在弛豫部分。当电阻率从 10^{-4} 增加到 10^0 时，共振明显变尖锐。

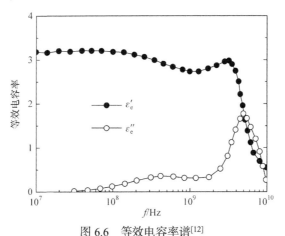

图 6.6　等效电容率谱[12]

结果表明，不引入颗粒大小与波长的比，无法理解复合材料的磁谱和介电谱。值得注意的是，虽然多级矩展开对所有的颗粒大小/波长之比成立，但是 CM 关系却不一定成立。同时，不考虑球体中的电磁场分布对于软磁金属来讲是一个严重

偏离事实的处理。事实上，以上理论很难拟合金属复合体的实验结果。

为了展现软磁金属复合材料中电磁场分布的显著影响，选择平均粒径4.0μm的羰基铁粉，研究了羰基铁复合磁环的磁导率随频率的变化。如图6.7所示，扫描电镜结果表明多数颗粒为球形，X射线衍射结果表明羰基铁粉具有体心立方结构，且晶格常数为2.866Å。通过液相法将羰基铁粉包覆一定比例的环氧树脂。在1000MPa下将绝缘包覆的粉体压制成不同高度的磁环。磁环的内径为7.0mm，外径为13.0mm。

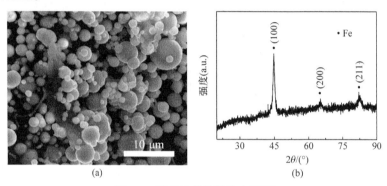

(a) (b)

图6.7 羰基铁粉的结构表征[12]

(a) 扫描电镜结果；(b) X射线衍射结果

图6.8给出了羰基铁粉的体积分数分别为60%、70%和80%磁环的磁谱。磁环的高度在2.0mm±0.1mm。发现三个磁谱均为弛豫型磁谱。随着体积分数的增加，磁环的低频有效磁导率提高，但工作的截止频率降低。在此，定义磁环的工作截止频率为虚部极大值对应的频率。分析低频有效磁导率随填充分数增加的变化曲线，可以将低频有效磁导率的提高理解为软磁金属体积分数的增加。然而，截止频率的降低需要认真分析。

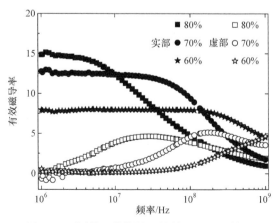

图6.8 不同体积分数羰基铁粉磁环的磁谱[12]

体积分数的改变，未改变羰基铁粉和环氧树脂的本质。也就是说，一定不会改变产生有效磁导率的本质：畴壁位移和磁畴转动。已知若各向同性物质被均匀磁化，磁导率和截止频率均不会变化。可见，磁环截止频率的变化一定是羰基铁粉的磁导率发生了变化，导致截止频率的改变。羰基铁粉的有效磁导率降低与磁环深处铁磁颗粒贡献的有效磁导率变低相关。

为了说明以上思想，图 6.9 给出了 80%体积分数羰基铁粉下，不同高度磁环的磁谱。图中磁环高度单位均为 mm。发现随着磁环高度的降低，截止频率逐渐提高。当磁环的高度低于 0.4mm 时，截止频率基本维持在 550MHz。说明在低高度的磁环中，涡流分布近似均匀，作用在不同颗粒上的微波磁场也相对均匀。反过来，软磁金属磁环的截止频率随高度增加而降低，是因为电磁场分布的不均匀。至于截止频率是来自非均匀电损耗，还是非均匀磁损耗，依然是一个值得研究的课题。

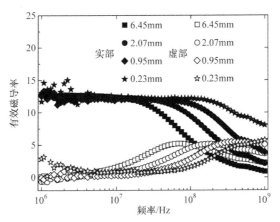

图 6.9　不同高度 80%羰基铁粉磁环的磁谱[12]

利用弛豫型磁谱的虚部极大值等于实部，确定磁环的截止频率。分析磁环截止频率的变化，发现它不仅与软磁金属颗粒的自然共振频率 ω_r 有关，而且还是磁性颗粒体积分数 V_M / V 和电阻率 ρ_M 的函数：

$$\omega_c = f\left[\omega_r\left(\frac{V_M}{V}\right)\rho_M\right] \tag{6.160}$$

6.6　片状金属颗粒磁芯性能

正如第 1 章提到的，软磁金属复合材料的工作截止频率多数在 100kHz 左右，无法胜任宽禁带半导体在兆赫兹频段工作的要求。此外，降低软磁金属颗粒的尺寸可大幅度提高复合材料的截止频率。然而，当软磁金属颗粒的尺寸降低到 1 μm 以下时，在制备工艺上造成了磁环压制困难，更严重的是难以满足磁导率至少大于 20 的实际应用需求。理论预测表明，10MHz 以上一致转动球形颗粒复合材料的磁导率只有 4[10]。可见，寻找可工作在兆赫兹频段的高磁导率软磁金属，是实现其真正应用的关键。

对于常用的 Fe-Si 合金来讲，理论上的自然共振频率可达 1GHz，由此估算出兆赫兹频段的磁导率可以达到 40 左右。实际上 Fe-Si 合金复合材料的截止频率也发生在 100kHz，无法实现兆赫兹频段的实用软磁金属复合体。显然，这一现象来源于某种原因限制了一致转动磁化率的展现。这可能就是上节提到的涡流造成的场不均匀。由于涡流的趋肤效应，实际磁环中提供磁导率的颗粒减少，自然共振频率以下磁导率降低。

为了证明这一机制，利用单畴薄膜这一模型进行了实验验证[15]。如图 1.8(a)所示，在测试范围内，4μm 以上的薄膜磁导率实部很小；100nm 以下的薄膜磁导率很高，且只有自然共振峰。沿薄膜易磁化方向施加直流外磁场饱和磁化时，降低了磁导率，使趋肤效应降低，从而位于 3.7GHz 附近的自然共振被展现出来，如图 1.8(b)所示，说明双各向异性可以在高频下具有更好的高频磁性。

为了在实验上实现这一设想，对工业常用的 Fe-Si 合金颗粒进行了双各向异性处理。发现不仅可以提高复合材料的截止频率，还可以提高磁导率，同时还可以大幅度降低损耗[16]。这是一个令人振奋的实验结果，下面介绍具体的结果。

选择平均尺寸在 50μm 的球形 Fe-Si 磁粉。利用高能球磨技术，将磁粉片形化。图 6.10(a)~(d)给出了不同球磨时间的磁粉形貌。可见，随着球磨时间的增加，粉体的片形化程度越高。将磁粉进行环氧树脂绝缘包覆后，在 2000MPa 压强下压制成环。磁环的内径为 7.0mm，外径为 13.0mm，高度在 1.0mm 左右。磁环断面的形貌如图 6.10(e)所示，其局部放大图如图 6.10(f)所示。可见，片状颗粒的平面倾向于平行磁环的上下两个平面。

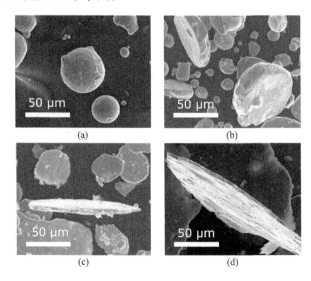

(a)　　　　　　　　　　(b)

(c)　　　　　　　　　　(d)

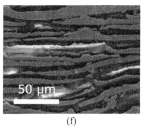

(e)　　　　　　　　　　　　　(f)

图 6.10　Fe-Si 磁粉与磁环断面形貌[16]

(a) 球形原粉；(b) 球磨 5min；(c) 球磨 20min；(d) 球磨 30min；(e) 磁环断面；(f) 磁环断面的局部放大图

图 6.11 给出了球形和片状 Fe-Si 磁粉的直流饱和磁滞回线。球形磁粉的磁滞回线各向同性，而片状磁粉的磁滞回线各向异性。随着片形度增加，面内饱和场降低，面外饱和场增加。后者预示着磁化强度倾向于躺在片内，片形化有利于颗粒形成双各向异性。

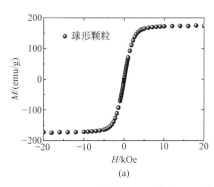
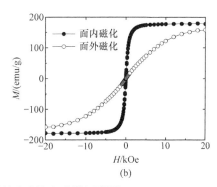

(a)　　　　　　　　　　　　　　　(b)

图 6.11　不同 Fe-Si 磁粉的直流饱和磁滞回线[16]

(a) 球形原粉；(b) 球磨 30min 粉体

1MHz～1GHz 的磁谱测试结果如图 6.12 所示。与球形颗粒相比，随着片形度的增加，存在两个明显的变化：一是截止频率提高的同时，1MHz 时的有效磁导率明显增加；二是由单一的弛豫型磁谱，逐渐出现共振型磁谱，且呈现两个明显的吸收峰。相对球形颗粒复合体，截止频率提高超过一个量级，工作频段的有效磁导率增加了 60%以上。

图 6.13 给出了 3MHz 下不同球磨时间 Fe-Si 的磁环交流磁滞回线。所有测试曲线保持 15mT 的饱和磁感应强度。随着片形度的提高，磁滞回线面积逐渐减小，预示着磁环的损耗在 3MHz 下明显降低。

为了研究损耗随频率和微波功率的变化，图 6.14 和图 6.15 分别给出了球形磁粉和片状颗粒复合磁环的磁滞回线。对于球形磁粉，频率越高损耗越大；功率越高，损耗越大。球磨 30min 的磁粉所得片状颗粒，在测试频段内随频率变化不大，但随功率增加明显。只有理解了这些变化的本质，才能找到控制损耗的途径。

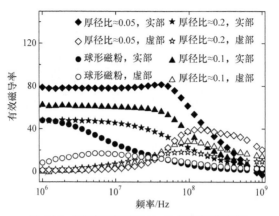

图 6.12　不同球磨时间 Fe-Si 的磁环磁谱[16]

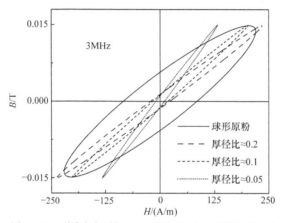

图 6.13　不同球磨时间 Fe-Si 的磁环交流磁滞回线[16]

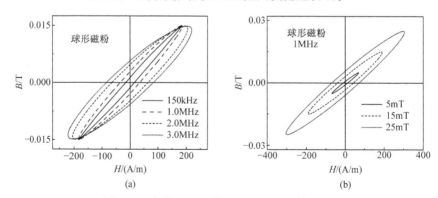

(a)　　　　　　　　　　　　　　(b)

图 6.14　球形 Fe-Si 磁粉的磁环交流磁滞回线[16]
(a) 不同频率；(b) 不同饱和磁感应强度

　　为此，回到贝尔托蒂(Bertotti)提出软磁材料损耗的一般性模型[17]。该模型认为所有的损耗均变成了涡流，以焦耳热的形式释放。他将损耗分为磁滞损耗、涡

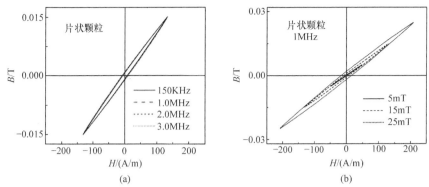

图 6.15　球磨 30min Fe-Si 粉所得片状颗粒的磁环交流磁滞回线[16]

(a) 不同频率；(b) 不同饱和磁感应强度

流损耗和剩余损耗。一个周期内的损耗功率为

$$\frac{P}{f} = a_0 B_m^\alpha + \left(a_1^{intra} + a_1^{inter} \right) B_m^2 f + a_2 B_m^\beta f^x \tag{6.161}$$

其中，B_m 为最大磁通密度；a_i $(i = 0,1,2)$为系数，其上标 intra 和 inter 分别表示颗粒内和颗粒间的贡献。

利用式(6.161)，拟合不同颗粒的实验结果，得到 20mT 下不同频率的损耗，如图 6.16 所示。随着片形度的提高，整体损耗可降低一个量级；随着频率的提高，

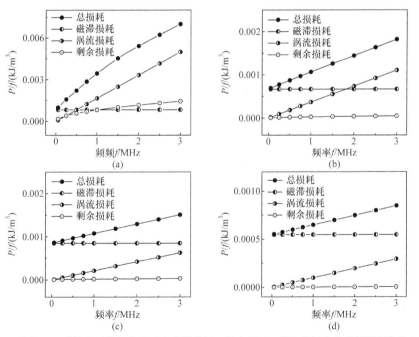

图 6.16　不同 Fe-Si 磁粉成型的复合磁环中磁滞损耗、涡流损耗、剩余损耗和总损耗随频率的变化[16]

(a) 球形原粉；(b) 球磨 5min；(c) 球磨 20min；(d) 球磨 30min

不同颗粒的磁滞损耗、涡流损耗和剩余损耗均明显降低，尤其是剩余损耗在所示片形样品中几乎为 0。

总之，片形化双各向异性颗粒的实现，既可以提高工作截止频率，又可以提高磁导率，关键是可以大幅度降低损耗。这是软磁金属实现兆赫兹频段优异高频性能的突破。

6.7 颗粒复合体的堆积密度

软磁金属的磁化强度越大越好。对于复合材料来讲，由于非磁性物质及间隙的存在，复合材料的磁化强度小于软磁金属本身。例如，硅钢的理论密度为 $7.85\mathrm{g/cm^3}$，而工业用铁硅粉器件的密度为 $5.8\sim6.0\mathrm{g/cm^3}$，即铁硅复合体的堆积密度约为 $0.74\sim0.76$。为了保证软磁金属复合材料的高磁化强度，以下讨论如何提高复合材料中软磁颗粒的体积分数或堆积密度。

对于相同的球形颗粒聚集体，颗粒分布存在两种极限。一个是完全无规分布，另一个就是有序分布。无规分布的最高体积分数只有 64%，而有序分布的最高体积分数为 74%。按照固体物理的理论，由于原子间相互作用的差异，有序分布晶体的堆积密度也不一样。简单立方、体心立方和面心立方的堆积密度分别为 0.52、0.68 和 0.74，简单六角和六角密堆积的堆积密度分别为 0.60 和 0.74。铁硅实验表明，压制的磁性复合体堆积密度更接近于颗粒聚集体的最大堆积密度。

作为提高实际颗粒堆积密度的方案之一，2004 年多内夫(Donev)等研究了椭球体的堆积密度[18]。发现无规分布椭球的堆积密度可以高达 0.74，而有序分布的椭球堆积密度可以高达 90 以上。制备软磁金属微粉的工艺主要有三种：破碎与球磨工艺，制备的多数是棱状体或片状；粉末冶金工艺，制备的颗粒多数是球形；氧化物还原反应工艺，制备的多数是近似立方、片状或骨架状颗粒。在复合材料的实际研究和生产中，考虑到成相与性能这些更为关键的要求，控制颗粒形状并不是一件容易的事。

在复合体的制备工程中，加压既是提高毛胚强度的手段，也是提高磁性颗粒堆积密度的方案。当然，提高颗粒聚集体自身可能的堆积密度更为重要。选用不同粒径的颗粒形成聚集体一种有效的方案。为了说明这一原理，观察最大堆积密度的有序分布，图 6.17 为面心立方结构与多面体间隙示意图。面心立方晶胞内含有四个球形颗粒。假设颗粒的半径为 r，最近邻颗粒间距为 $2r$，晶格常数为 $a=2\sqrt{2}r$，颗粒的堆积密度为

$$\frac{4\times4\pi r^3/3}{\left(2\sqrt{2}r\right)^3}=\frac{\pi}{3\sqrt{2}}=0.74$$

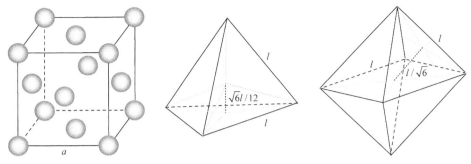

图 6.17   面心立方结构与多面体间隙示意图

观察面心立方结构，最近邻颗粒之间形成四面体间隙，次紧邻颗粒之间形成八面体间隙。一个晶胞内，有 8 个四面体间隙位，4 个八面体间隙位。若在四面体间隙内填充小颗粒，四面体间隙的棱边长度 $l = 2r$，则该颗粒的半径为 r_1：

$$r_1 = \frac{\sqrt{6}}{4}l - r = \left(\frac{\sqrt{6}}{2} - 1\right)r = \left(\frac{\sqrt{3}}{\sqrt{2}} - 1\right)r \approx 0.225r \tag{6.162a}$$

若在八面体间隙内填充小颗粒，则该颗粒的半径为 r_2：

$$2r_2 = a - 2r = 2\left(\sqrt{2} - 1\right)r \approx 0.828r \tag{6.162b}$$

可见，八面体位间隙大于四面体位间隙。

若分别填充四面体位和八面体位，堆积密度分别为

$$\frac{4 \times \dfrac{4\pi r^3}{3} + 8 \times \dfrac{4\pi r_1^3}{3}}{\left(2\sqrt{2}r\right)^3} \approx 0.7403 + 0.0168 = 0.7571$$

$$\frac{4 \times \dfrac{4\pi r^3}{3} + 4 \times \dfrac{4\pi r_2^3}{3}}{\left(2\sqrt{2}r\right)^3} \approx 0.7403 + 0.0525 = 0.7928$$

若两个位置同时被填充，堆积密度为 $0.7403 + 0.0168 + 0.0525 \approx 0.81$。可见，设半径为 r 的颗粒数目为 N，选用 N 个半径 $0.828r$ 的颗粒，选用 $2N$ 个半径为 $0.225r$ 的颗粒，有序分布可实现 0.81 的堆积密度。这一堆积密度高于目前工业铁硅粉制备的复合器件堆积密度(0.75)。

旋转椭球颗粒密排的堆积密度。设椭球的极半径 C，赤道半径为 A，则每个椭球的体积为 $4\pi A^2 C / 3$。按照面心立方密排的思路规则排列，形成如图 6.18 所示的四方结构，c 轴沿 z 方向。惯用晶胞的体积为 $a^2 c$，且每个单包内有 4 个颗粒。由 xy 面内的分布，得到 $2a^2 = (4A)^2$。在 xz 面内，选择坐标原点在矩形的中间，

对角线上三球相切。两个椭球的切点，$\left(\pm x_0, \pm z_0\right)$，满足椭圆方程：

$$\frac{x_0^2}{A^2} + \frac{z_0^2}{C^2} = 1 \tag{6.163a}$$

且

$$4x_0 = a, 4z_0 = c \tag{6.163b}$$

考虑到 $2a^2 = \left(4A\right)^2$，由式(6.163)，得到 $c^2 = 8C^2$。旋转椭球的堆积密度为

$$f = \frac{4 \times \left(4\pi A^2 C / 3\right)}{a^2 c} = \frac{\pi}{3\sqrt{2}} \approx 0.74 \tag{6.164}$$

这一结果与球形颗粒一致。然而，如果上下两层的椭球长轴方向相互垂直，则堆积密度可达 0.77。

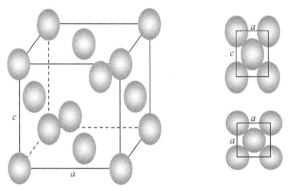

图 6.18   四方结构中椭球颗粒排列示意图

圆片状颗粒密排的堆积密度。设每个颗粒的半径为 r，高度为 h，则每个圆片的体积为 $\pi r^2 h$。如图 6.19 所示，密堆排列下晶胞的体积为 $a^2 c$，且每个晶胞内有 4 个颗粒。利用 $2a^2 = \left(4r\right)^2$，$c = 2h$，则堆积密度为

$$f = \frac{4\left(\pi r^2 h\right)}{a^2 c} = \frac{\pi}{4} \approx 0.785 \tag{6.165}$$

可见堆积密度高于球体的最大堆积密度。这一结论也适应于圆柱颗粒。实验上，片状颗粒的堆积密度要低于球形颗粒的堆积密度，其根源在于并非如图 6.19 所示的规则排列。若中间一层立起来，$c = 2r + h$，堆积密度为

$$f = \frac{4\left(\pi r^2 h\right)}{a^2 c} = \frac{\pi}{2\left(1 + 2r / h\right)} \tag{6.166}$$

若 $2r / h$ 为 2、4 和 6，颗粒越来越扁，f 为 0.552、0.314 和 0.224。

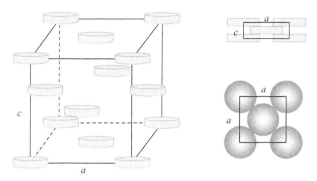

图 6.19　四方结构中圆片颗粒排列示意图

参 考 文 献

[1] GARNETT J C M. Ⅶ. Colours in metal glasses, in metallic films, and in metallic solutions - Ⅱ [J]. Philosophical Transactions of the Royal Society A, 1906, 205(387-401):237-288.

[2] BRUGGEMAN D A G. Berechnung verschiedener physikalischer konstanten von heterogenen substanzen Ⅰ. Dielektrizitätskonstanten und leitfähigkeiten der mischkörper aus isotropen substanzen[J]. Annalen der Physik, 1935, 416(7): 636-664.

[3] LANDAUER R. The electrical resistance of binary metallic mixtures[J]. Journal of Applied Physics, 1952, 23(7): 779-784.

[4] OLMEDO L, CHATEAU G, DELEUZE C, et al. Microwave characterization and modelization of magnetic granular materials[J]. Journal of Applied Physics, 1993, 73(10): 6992-6994.

[5] 汪映海. 电动力学[M]. 兰州: 兰州大学出版社, 1995.

[6] 巴蒂金, 托普蒂金. 电动力学习题集[M]. 北京: 人民教育出版社, 1964.

[7] GRIMES D M. Biconical receiving antenna[J]. Journal of Mathematical Physics, 1982, 23(5): 897-914.

[8] 薛德胜, 缪宇. Stoner-Wohlfarth 模型的磁滞回线特征量分析[J]. 大学物理, 2019, 38(3): 7-10.

[9] WU L Z, DING J, JIANG H B, et al. High frequency complex permeability of iron particles in a nonmagnetic matrix[J]. Journal of Applied Physics, 2006, 99(8): 083905.

[10] LIN G Q, LI Z W, CHEN L F, et al. Influence of demagnetizing field on the permeability of soft magnetic composites[J]. Journal of Magnetism and Magnetic Materials, 2006, 305(2): 291-295.

[11] REGMI S, LI Z, SRIVASTAVA A, et al. Structural and magnetic properties of NiFe$_2$O$_4$ thin films grown on isostructural lattice-matched substrates[J]. Applied Physics Letters, 2021, 118(15): 152402.

[12] GRIMES C A, GRIMES D M. Permeability and permittivity spectra of granular materials[J]. Physical Review B, 1991, 43(13): 10780-10788.

[13] DOYLE W T. Optical properties of a suspension of metal spheres[J]. Physical Review B, 1989, 39(14): 9852-9858.

[14] GRIMES D M. Reversible properties of polycrystalline ferromagnets- Ⅰ [J]. Journal of Physics and Chemistry of Solids, 1957, 3(1-2): 141-152.

[15] LI T, WANG Y, SHI H, et al. Impact of skin effect on permeability of permalloy films[J]. Journal of Magnetism and Magnetic Materials, 2022, 545: 168750.

[16] 金校伟. 铁基金属软磁复合体的 MHz 磁导率机制[D]. 兰州: 兰州大学, 2023.

[17] BERTOTTI G. General properties of power losses in soft ferromagnetic materials[J]. IEEE Transactions on Magnetics, 1988, 24(1): 621-630.

[18] DONEV A, STILLINGER F H, CHAIKIN P M, et al. Unusually dense crystal packings of ellipsoids[J]. Physical Review Letters, 2004, 92(25): 255506.

第7章 高频磁性表征技术

铁磁物质的高频磁性主要体现在磁导率随频率的变化，实际使用时还必须知道工作频率下的损耗大小。研究所用的测试方法一般具备三个基本要求：①改变微波磁场的频率或功率时，必须保证存在一个均匀单频微波磁场环境；②选择样品的形状和大小时，必须保证在单频微波磁场内能均匀磁化；③存在电磁场时间耦合的情况下，方案可区分电场和磁场分量对信号的贡献。针对实际的信号类软磁器件，以及电源类电感和变压器软磁器件的测量，有时还需要施加偏置场。提供微波磁场的环境通常有谐振腔、线圈、微带线和波导。测量的样品通常是小球、环状磁芯或薄膜样品。随频率增加，测试技术分别有自动平衡电桥、射频伏安(I-V)法和矢量网络/反射技术。

7.1 扫场铁磁共振

铁磁共振(FMR)与电子自旋共振(ESR)或电子顺磁共振(EPR)的原理类似，均为微波磁场驱动磁化强度绕直流磁场方向的进动。它们之间的主要差异来自 FMR 针对存在内在等效场的铁磁性物质，ESR 与 EPR 针对顺磁性物质。在铁磁性物质中，强的交换作用使未配对电子的磁矩平行排列，磁化强度远大于顺磁性物质；自旋轨道耦合效应与交换作用的组合使原子磁矩沿铁磁晶体的易磁化方向排列。无外加磁场时，毫米尺度的铁磁性物质形成成分畴结构，使整个样品的磁化强度减小，以降低退磁能。若有限大小样品放置在均匀外磁场中，必然诱导磁畴沿外场方向取向。当外加磁场将铁磁体磁化到饱和时，样品呈单畴状态，预示着作用在磁化强度上的退磁场变强。典型的例子是球形颗粒的退磁场为饱和磁化强度的1/3。铁磁共振实验通常是在饱和磁化的磁场范围内进行的。

饱和磁化样品的磁化强度 M 在微波磁场 $h(t)$ 驱动下的运动满足 LLG 方程：

$$\frac{\mathrm{d}M}{\mathrm{d}t} = -\gamma M \times \left[(H_\mathrm{D} + H) + h(t) \right] + \frac{\alpha}{M} M \times \frac{\mathrm{d}M}{\mathrm{d}t} \tag{7.1}$$

其中，γ 为旋磁比；H 为外加直流磁场；H_D 是样品自身作用在磁化强度上的直流等效场；α 是维度无关的阻尼系数。铁磁体沿 e_3 方向饱和磁化，假设该方向的 H_D 为常量，微波磁场 $h(t) = e_1 h \cos\omega_0 t$ 垂直于 $(H_\mathrm{D} + H)$，类似于4.1节的处理，求解式(7.1)。线性近似下，样品磁化强度的交变分量近似为

$$m_{\mathrm{h}} = \frac{\gamma M_0 \left[\gamma \left(H + H_{\mathrm{D}} \right) + \mathrm{i}\omega\beta \right]}{\left[\gamma \left(H + H_{\mathrm{D}} \right) + \mathrm{i}\omega\beta \right]^2 - \omega^2} h = \tilde{\chi} h \tag{7.2a}$$

其中，$\beta = \alpha M_0 / M$，低阻尼下的复数磁化率 $\tilde{\chi} \equiv \chi' - \mathrm{i}\chi''$ 中的实部和虚部分别为

$$\chi' = \gamma M_0 \frac{\gamma \left(H + H_{\mathrm{D}} \right) \left[\gamma^2 \left(H + H_{\mathrm{D}} \right)^2 - \omega^2 \right]}{\left[\gamma^2 \left(H + H_{\mathrm{D}} \right)^2 - \omega^2 \right] + \left[2\beta\omega\gamma \left(H + H_{\mathrm{D}} \right) \right]^2} \tag{7.2b}$$

$$\chi'' = \gamma M_0 \frac{\beta\omega \left[\gamma^2 \left(H + H_{\mathrm{D}} \right)^2 + \omega^2 \right]}{\left[\gamma^2 \left(H + H_{\mathrm{D}} \right)^2 - \omega^2 \right] + \left[2\beta\omega\gamma \left(H + H_{\mathrm{D}} \right) \right]^2} \tag{7.2c}$$

小角近似下，假设 $M_0 \approx M$，利用 $\mathrm{d}\chi'' / \mathrm{d}H = 0$，由式(7.2c)得到

$$\gamma^4 \left(H_{\mathrm{r}} + H_{\mathrm{D}} \right)^4 + 2\omega_0^2 \gamma^2 \left(H_{\mathrm{r}} + H_{\mathrm{D}} \right)^2 - \left(3 - 4\alpha^2 \right) \omega_0^4 = 0 \tag{7.3a}$$

即共振峰位置 H_{r} 满足：

$$H_{\mathrm{r}} \approx \frac{\omega_0}{\gamma} - H_{\mathrm{D}} \tag{7.3b}$$

将式(7.3b)代入式(7.2)，得到共振峰的极大值为

$$\chi''_{\max} = \frac{\gamma M}{2\alpha\omega_0} \tag{7.4}$$

利用半高宽处 $\chi'' \left(H_{\mathrm{w}} \right) = \chi''_{\max} / 2$，由式(7.2c)得到

$$\left[\gamma^2 \left(H_{\mathrm{w}} + H_{\mathrm{D}} \right)^2 - \omega_0^2 \right]^2 - \left(2\alpha\omega_0^2 \right)^2 = 0 \tag{7.5a}$$

求得半高位置为

$$H_{\mathrm{w}}^{\pm} = \frac{\omega_0}{\gamma} \sqrt{1 \pm 2\alpha} - H_{\mathrm{D}} \tag{7.5b}$$

对应的半高宽为

$$\Delta H_{\mathrm{w}} = H_{\mathrm{w}}^{+} - H_{\mathrm{w}}^{-} \approx \frac{2\alpha\omega_0}{\gamma} \tag{7.5c}$$

式(7.5c)为均匀磁化的结果。然而，实验上的半高宽通常表现为

$$\Delta H_{\mathrm{hw}} = \Delta H_{\mathrm{inhom}} + \Delta H_w = \Delta H_{\mathrm{inhom}} + \frac{2\alpha\omega_0}{\gamma} \tag{7.6}$$

其中，$\Delta H_{\mathrm{inhom}}$ 与频率无关，通常认为来自样品的不均匀性。在大功率下表现得尤为明显。参照圆偏振下的严格解式(5.55)，对应的虚部半高宽为

$$\Delta H_{1/2} = \begin{cases} \sqrt{\left(2\alpha\omega/\gamma\right)^2 - 2h^2}, & \gamma h < \alpha\omega \\ \sqrt{\left(2h\right)^2 - 2\left(2\alpha\omega/\gamma\right)^2}, & \gamma h \geqslant \alpha\omega \end{cases} \tag{7.7}$$

可见，铁磁共振的半高宽并不像式(7.5c)那么简单。至少在低功率和高功率下两者随频率和微波功率的变化不同，而且 LLG 方程的解中自然存在与频率无关的半高宽。

铁磁共振谱仪原理如图 7.1 所示[1,2]。环形器连接着信号发生器、探测器和谐振腔。信号发生器产生的微波分两路进入探测器：一路先进入参考臂，经相位调制器进入探测器，另一路经功率调制器和环形器进入谐振腔，经谐振腔中样品吸收后的信号再经环形器进入探测器。可看成微扰的小样品放在谐振腔中部，忽略电损耗的影响。谐振腔放置在携带调制磁场的电磁铁之间。根据需要外置的制冷机和加热炉可分别提供 2~300K 和 300~700K 的变温区间。

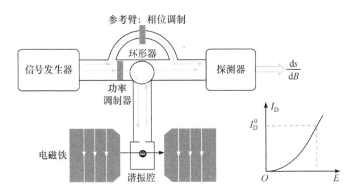

图 7.1　铁磁共振谱仪原理图[1]

信号发生器提供样品发生铁磁共振的微波。微波通常由耿氏二极管(Gunn diode)产生，功率可在 1μW~200mW。常用的微波频率有 L(4GHz)、X(9GHz) 和 Q(35GHz) 波段，频率精度优于 10^{-6}W。

谐振腔结构保证存在一个均匀单色微波磁场的环境。腔的工作模式为横电 (transverse-electric，TE)模或横磁(transverse-magnetic，TM)模，品质因数在 2000~20000。腔内形成驻波，在中心位置微波磁场最大，幅度正比于功率 $\sqrt{P}$。$P = 200\text{mW}$ 时，$\sqrt{P} \sim 10^{-4}$T。样品放在谐振腔的中心，因电场分量为零，避免了样品中电场分量与电偶极矩的作用，只反映磁化强度共振的能量损耗。

为了提高信号强度，微波磁场沿铅直方向，保持该场垂直于水平放置电磁铁产生的直流磁场。图 7.2 给出了圆柱形谐振腔的电磁场分布，左图是过直径截面上的电磁场分布，右图是半高处横截面上的电磁场分布。

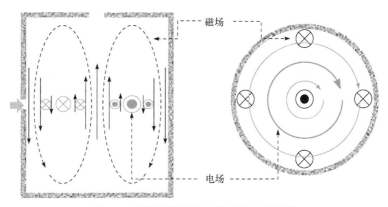

图 7.2 圆柱形谐振腔电磁场分布示意图

电磁铁可提供 0~2T 的直流磁场。磁场的大小由线圈电流控制,磁场的测量采用霍尔探头,精度在 10^{-5} T。同时,电磁铁还携带一个附加线圈,附加线圈产生一个正弦、频率为 100kHz、幅值在 1mT 左右的调制磁场。它叠加在直流磁场上,用来实现高灵敏度的电磁波信号同步检测。

探测器信号反映了谐振腔中经样品吸收后的电磁波强度变化。利用环形器单向传输的特性,腔内反射信号只能进入探测器。探测器主要结构是一个肖特基二极管。偏置电流 I_D^0 经参考臂直接到达探测器的电磁场确定,对应的功率称为偏置,尽可能调整与谐振腔内的反射电磁波退相干。在 $I_D^0 \sim 200\mu A$ 附近,电流 $I_D(E)$ 与电场部分呈线性关系。此时,探测器检测到的吸收信号 $s(H)$ 正比于样品对电磁波的吸收功率。

实验上,直接测量的不是磁导率,而是样品在谐振腔内对电磁波的吸收。到达探测器的微波变成电流信号。通过锁相同步技术在该电流信号中检测与调制磁场同频的信号。也就是说,检测的不是探测器产生的信号 $s(H)$,而是正比于其偏导数 ds/dH 的信号,具体分析如下。在谐振腔的外面放置线圈,产生一个弱的正弦波形式的磁场 $\boldsymbol{h}_m(t)$,该磁场平行于电磁铁产生的磁场 H。作用在样品上的总准静态磁场为

$$H_{\text{total}}(t) = H + h_m(t) \tag{7.8a}$$

$$h_m(t) = H_m \cos(2\pi\nu_m t) \tag{7.8b}$$

其中,H_m 为峰-峰幅值;$\nu_m = 100 \text{kHz}$ 为调制频率。无调制信号时,探测器的吸收信号为 $s(H)$;有调制磁场时,$s(H)$ 变为 $s(H + H_m \cos 2\pi\nu_m t)$。如果 H_m 很小,探测信号可以展开为

$$s\left(H + \frac{H_{\mathrm{m}}}{2}\cos 2\pi v_{\mathrm{m}}t\right) \approx s(H) + \left(\frac{\mathrm{d}s}{\mathrm{d}H}\right)_{H_0} H_{\mathrm{m}}\cos 2\pi v_{\mathrm{m}}t \tag{7.9}$$

在这样的描述下,探测器的吸收信号包含了两部分。其中,第一项是吸收信号 $s(H)$,第二项是信号 $\left(\dfrac{\mathrm{d}s}{\mathrm{d}H}\right)_{H_0} H_{\mathrm{m}}\cos 2\pi v_{\mathrm{m}}t$,如图 7.3(a)所示。利用同步探测技术,可以在高信噪比的情况下提取第二项的幅值 $\left(\dfrac{\mathrm{d}s}{\mathrm{d}H}\right)_{H_0} H_{\mathrm{m}}$,如图 7.3(b)所示。这也是为什么 FMR 的原始信号是磁化率微分形式的原因。

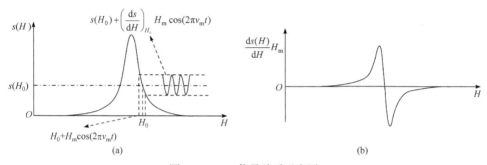

图 7.3 FMR 信号关系示意图

(a) 待测信号和调制信号;(b) 同步测试的实际信号

利用 $s(H)$ 随直流磁场的变化,可以直接计算共振线的位置和强度。然而,在实际谱线记录的过程中,电磁铁产生的磁场是随时间缓慢线性变化的扫描场:

$$H(t) = H_{\min} + vt \tag{7.10}$$

其中,v 是直流磁场的扫描速度。对比式(7.9),只有 $H(t)$ 的变化足够缓慢,才能保证探测器记录的信号唯一重现了样品吸收谱的形状。特别注意在共振频率很高的情况下,样品通常要小到确保整个样品内微波磁场是均匀场。

总之,铁磁性材料的磁导率虚部式(7.2c)对应于样品在腔内对电磁波的吸收。同步检测的信号 $s'(H)H_{\mathrm{m}}$ 对应于磁导率虚部对外加磁场的导数 $\mathrm{d}\chi''/\mathrm{d}H$。鉴于式(7.2c)是典型的洛伦兹函数,同步测试的 FMR 信号通常具有洛伦兹函数导数的形式。若考虑探测器的电流 $I_{\mathrm{D}}(E)$ 与电场部分呈线性关系,则探测器的电流为

$$I \propto \chi'' \eta Q_L \sqrt{PZ_0} \tag{7.11a}$$

其中,I 为信号强度;η 为腔的填充因子;Q_L 为谐振腔的有载品质因数;Z_0 为传输线(波导)的特性阻抗;P 为外部微波源输入的微波功率;χ'' 为样品磁化率虚部。对应锁相的同步信号为

$$I' \propto \left(\frac{\mathrm{d}\chi''}{\mathrm{d}H} h\right) \eta Q_L \sqrt{Z_0} \tag{7.11b}$$

其中，h 为作用在样品上的磁场强度。

虽然铁磁共振是研究共振场和阻尼系数的有效方案，但它很难给出磁化率的实部。即使通过 KK 关系由虚部给出实部，它依然是饱和状态下的结果。因此，FMR 测量无法反映实际高频工作环境下，磁性材料的磁化率或磁导率对频率和外场的依赖关系。

7.2 变频等效阻抗方案

为了获得材料的内禀或直流偏置场下的磁谱，通常需要扫频而不是扫场。最方便的方案是将磁性材料制作成环形磁芯，磁芯作为阻抗元件连接到电路中，直接测量其等效阻抗。阻抗的实部和虚部分别对应磁芯的电感和电阻，而电感和电阻分别对应磁导率的实部和虚部。测试不同频率的阻抗，从而确定磁导率随频率的变化。

在内外直径分别为 D_{in} 和 D_{out}、高度为 h、横截面为矩形的各向同性磁环上，密绕 N 匝线圈，如图 7.4 所示。通常要求磁环的外径与内径之比不大于 1.4，绕组应均匀分布且闭合在磁芯上，保证感应耦合系数等于 1。在线圈中施加强度为 i 的电流时，由于磁力线封闭在螺绕环内，利用安培环路定理可以求得空间磁场强度[3]：

$$H = \begin{cases} \dfrac{Ni}{2\pi r}, & D_{in} \leqslant r \leqslant D_{out} \\ 0, & r < D_{in}, r > D_{out} \end{cases} \tag{7.12}$$

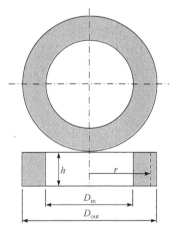

图 7.4　含磁芯螺绕环示意图

此时，半径为 r、厚度为 dr 的薄环内的磁通量为

$$d\Phi = BdS = (\mu H)(hdr) = \frac{\mu Ni}{2\pi r}hdr \tag{7.13a}$$

其中，μ 为磁芯的磁导率，通过磁环横截面的总磁通量为

$$\varPhi = \int \mathrm{d}\varPhi = \int_{D_{\mathrm{in}}/2}^{D_{\mathrm{out}}/2} \frac{\mu N i}{2\pi r} h \mathrm{d}r = \frac{\mu N h i}{2\pi} \ln \frac{D_{\mathrm{out}}}{D_{\mathrm{in}}} \tag{7.13b}$$

利用自感系数 L 的定义：

$$N\varPhi = Li \tag{7.14}$$

含磁芯螺绕环的自感系数为

$$L = \frac{\mu N^2 h}{2\pi} \ln \frac{D_{\mathrm{out}}}{D_{\mathrm{in}}} \tag{7.15}$$

由于磁芯的磁导率为复数，即

$$\tilde{\mu} = \mu' - \mathrm{j}\mu'' \tag{7.16}$$

此时，对应的自感系数也变为复数，即

$$\tilde{L} = \frac{\tilde{\mu} N^2 h}{2\pi} \ln \frac{D_{\mathrm{out}}}{D_{\mathrm{in}}} \tag{7.17}$$

若定义

$$L \equiv \frac{\mu' N^2 h}{2\pi} \ln \frac{D_{\mathrm{out}}}{D_{\mathrm{in}}}, \quad R_L \equiv \frac{\mu'' N^2 h}{2\pi} \ln \frac{D_{\mathrm{out}}}{D_{\mathrm{in}}} \tag{7.18}$$

则

$$\tilde{L} = L - \mathrm{j}R_L \tag{7.19}$$

可见，磁芯的等效电感和电阻分别对应磁导率的实部和虚部。

依据法拉第电磁感应定律，线圈中的自感电动势为

$$\epsilon = -L \frac{\mathrm{d}i}{\mathrm{d}t} \tag{7.20a}$$

对于交流电流，$i = I_0 \cos(\omega t + \varphi_I)$，自感电动势大小为

$$\epsilon = \omega L I_0 \sin(\omega t + \varphi_I) = \omega \frac{\mu N^2 h I_0}{2\pi} \ln \frac{D_{\mathrm{out}}}{D_{\mathrm{in}}} \sin(\omega t + \varphi_I) \tag{7.20b}$$

可见，可以通过自感或感应电压间接地反映磁芯磁导率的大小。若将电感上的电压和通过它的电流写为复数形式：

$$\tilde{I} = I_0 \mathrm{e}^{\mathrm{j}(\omega t + \varphi_I)} \tag{7.21a}$$

$$\tilde{U} = U_0 \mathrm{e}^{\mathrm{j}(\omega t + \varphi_U)} \tag{7.21b}$$

则定义电感的复阻抗为

$$\tilde{Z}_{\mathrm{L}} = \frac{\tilde{U}}{\tilde{I}} = Z\mathrm{e}^{\mathrm{j}(\varphi_U - \varphi_I)} = Z\mathrm{e}^{\mathrm{j}\varphi} \tag{7.22a}$$

其中，

$$Z = \omega L \tag{7.22b}$$

$$\varphi = \varphi_U - \varphi_I \tag{7.22c}$$

可见，电感的复阻抗 $\tilde{Z}_{\mathrm{L}}$ 包含两部分：Z 为阻抗的幅值，φ 为电压与电流的相位差。

利用 $\tilde{\epsilon} = -\tilde{L}\mathrm{d}\tilde{I}/\mathrm{d}t$，含磁芯螺绕环的电压为

$$\tilde{U}_{\mathrm{L}} = -\tilde{\epsilon} = \tilde{L}\frac{\mathrm{d}\tilde{I}}{\mathrm{d}t} = \mathrm{j}\omega\tilde{L}\tilde{I} \tag{7.23}$$

此时，含磁芯螺绕环的阻抗为

$$\tilde{Z}_{\mathrm{L}} = \frac{\tilde{U}_{\mathrm{L}}}{\tilde{I}_{\mathrm{L}}} = \mathrm{j}\omega\tilde{L} = \mathrm{j}\omega\left(L - \mathrm{j}R_L\right) = \mathrm{j}\omega L + R_L \tag{7.24}$$

可见，含磁芯螺绕环可以等效成电感 L 和电阻 R_L 的串联。也就是说，如果测到了含磁芯螺绕环的阻抗，由等效电感和等效电阻可以得到其磁导率的实部和虚部。事实上，电流存在的情况下，导线螺绕环自身还具有电感和电阻。

鉴于高频下损耗的严峻性，在此分析含磁芯螺绕环的等效电阻。它应包括磁芯的等效电阻和线圈的等效电阻，即

$$R_L = R_{芯} + R_{线} \tag{7.25}$$

考虑电感对应着传输，电阻对应着损耗，实验测得含磁芯螺绕环的损耗一定来自磁芯和线圈两方面的贡献。考虑到有无磁芯时，电磁场的分布不同，通过有无磁芯的参数差异确定磁芯的损耗也是不准的。然而，当线圈的损耗很小时，可以认为测得的含磁芯螺绕环的损耗主要来自磁芯的贡献。

依据测试频率的不同，阻抗的测量通常分为路和场两类测试方案。从样品角度看，铁氧体在 1kHz 下的磁导率可达 5000，1MHz 下多数块体材料的磁导率在 15 以下，10GHz 下薄膜材料的磁导率可达 500。这些磁导率对应的介质波长分别约为 $4.2\times10^{4}\mathrm{dm}$、$7.7\times10^{4}\mathrm{mm}$ 和 $1.3\times10^{3}\mathrm{\mu m}$。对于分米、毫米和微米尺度的样品，在以上相应测量频率范围内，样品完全可以看成是连续介质，且样品中的电流可以看成稳恒电流。此时，测试样品完全可以等效成电感器件。然而，对于分米尺度的夹具，100MHz 的电磁波对应于 3dm。意味着，100MHz 对应于测试夹具的临界值，即 100MHz 以上夹具难以用路的思路处理。这也是常用的阻抗分析仪工作在 100MHz 以下，而矢量网络分析仪可以在更高频率下测试的主要原因。

　　阻抗分析仪是将测量器件看成阻抗单元，而矢量网络分析仪是将器件看成是测试系统自身的一部分。也就是说，低频测量多采用阻抗分析仪，而高频测量多采用矢量网络分析仪。事实上，现在的阻抗分析仪有时也利用网络分析仪的设计思路，测试频率可到 3GHz。无论哪种方案，为分析简单准确，多采用正弦波励磁。磁芯磁导率的测试方案细节可分别参阅低功率和高功率的国际标准[4]IEC 62044-1 和 IEC 62044-3。针对金属软磁磁芯的测量可参阅国际标准 IEC 60404-8-6。

　　阻抗测试的早期方案采用交流电桥，如图 7.5 所示。当通过示零器 N 的电流

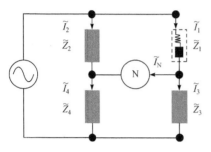

图 7.5　交流电桥示意图

为零，$\tilde{I}_N = 0$ 时，电桥达到平衡

$$\tilde{I}_1 = \tilde{I}_3, \quad \tilde{I}_2 = \tilde{I}_4 \tag{7.26}$$

　　阻抗 $\tilde{Z}_1$ 和阻抗 $\tilde{Z}_2$ 上的电压相等，阻抗 $\tilde{Z}_3$ 和阻抗 $\tilde{Z}_4$ 上的电压相等，即

$$\tilde{I}_1\tilde{Z}_1 = \tilde{I}_2\tilde{Z}_2 \tag{7.27a}$$

$$\tilde{I}_1\tilde{Z}_3 = \tilde{I}_2\tilde{Z}_4 \tag{7.27b}$$

两式相除，得到

$$\tilde{Z}_1 = \frac{\tilde{Z}_2\tilde{Z}_3}{\tilde{Z}_4} = \frac{\tilde{U}_1}{\tilde{I}_1} \tag{7.27c}$$

可见，由已知的 $\tilde{Z}_2$、$\tilde{Z}_3$ 和 $\tilde{Z}_4$ 可求得未知阻抗 $\tilde{Z}_1$，也可以由平衡时 $\tilde{Z}_1$ 上的电压和通过的电流求得 $\tilde{Z}_1$。若 $\tilde{Z}_1 = R_L + j\omega L$ 为待测含磁芯螺绕环，$\tilde{Z}_2 = R_2$ 和 $\tilde{Z}_3 = R_3$ 均为纯电阻，为实现电桥平衡，$\tilde{Z}_4$ 通常为电阻 R_C 和电容 C 的串联。利用电桥平衡时的阻抗关系，得到

$$R_2R_3 = (R_L + j\omega L)\left(R_C + \frac{1}{j\omega C}\right) = \left(R_LR_C + \frac{L}{C}\right) + j\left(\omega LR_C - \frac{R_L}{\omega C}\right) \tag{7.28}$$

由实部和虚部分别相等，可以求得含磁芯螺绕环的电感和等效电阻分别为

$$L = \frac{R_2R_3C}{1 + (\omega CR_C)^2} \tag{7.29a}$$

$$R_L = \frac{R_2R_3R_C(\omega C)^2}{1 + (\omega CR_C)^2} \tag{7.29b}$$

　　随着数字电路的发展，尽管还沿用电桥的概念，但检测电流和相位的技术已截然不同。低于 100kHz 的低频范围，常规的 LCR 表(用于测试电感 L、电容 C、电阻 R 的仪表)一般使用简单的运算放大器作为它的 I-V 转换器。由于放大器性能的限制，这类仪器在高频时的精度较差。针对高速数字电路的特性，下面重点介

绍三种方法。如果只考虑测量精度和操作方便性，自动平衡电桥法是 110MHz 频率以下的最佳选择。对于 1MHz～3GHz 的测量，射频 I-V 法有最优的测量能力。更高频率下推荐采用网络分析技术。

图 7.6 是自动平衡电桥法的原理框图。从图 7.6 中可以看出，通过待测器件(DUT)的电流等于通过参考电阻 R_r 的电流，而通过 R_r 的电流可以通过测量 V_2 获得。可见，精确测量加载到 DUT 上的电压和电流，即可获得 DUT 阻抗为

$$\tilde{Z} = \frac{\tilde{V}_1}{\tilde{I}_r} = -\frac{\tilde{V}_1}{\tilde{V}_2} R_r \tag{7.30}$$

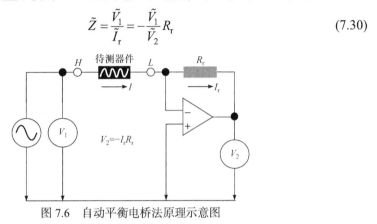

图 7.6　自动平衡电桥法原理示意图

射频伏安(RF I-V)法是 I-V 法在高频范围的扩展，采用 50Ω阻抗匹配测量电路和精密同轴测试端口实现不同配置，可实现高达 3GHz 频率范围的阻抗测量。针对高阻抗和低阻抗的测量，有两种放置电压表和电流表的方法，如图 7.7 所示。前者测试电流很小，为了正确地探测电流，电流探头要尽量靠近 DUT；后者测试电压低，为了灵敏地得到电压，电压探头也要尽量靠近 DUT。实际测量时，仪器不变，只是改变测试探头，达到两种测量模式的要求。测量时，必须确保测试设备以 50Ω阻抗与被测件 DUT 相连。被测器件的阻抗 $\tilde{Z}$ 由阻抗上的电压 $\tilde{V}$ 和电流 $\tilde{I}$ 确定

$$\tilde{Z} = \frac{\tilde{V}}{\tilde{I}} \tag{7.31}$$

其中，DUT 上的电压 $\tilde{V}$ 由电压探头读出，而流过 DUT 的电流由已知阻值的低阻电阻器 R_r 上的电压计算得到。

网络分析法通过测量注入信号与反射信号之比得到反射系数。用定向耦合器或电桥检测反射信号，并用网络分析仪提供和测量该信号。由于这种方法测量的是在 DUT 上的反射，可用于更高的频率范围。被测器件的阻抗为

$$\tilde{Z} = 50 \frac{1+S_{11}}{1-S_{11}} \tag{7.32}$$

其中，S_{11} 为反射波与入射波幅度之比。

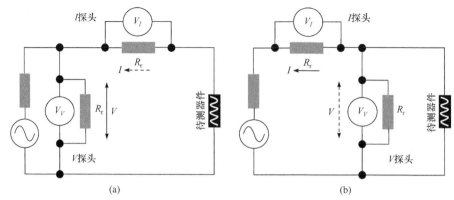

(a)　　　　　　　　　　　　　　　(b)

图 7.7　射频 I-V 法原理示意图
(a) 高阻抗测试；(b) 低阻抗测试

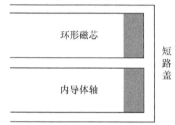

图 7.8　短路同轴夹具示意图

特别提及的是，当频率达到兆赫兹以上频段时，需要采用短路同轴夹具，如图 7.8 所示。该方案既可避免螺绕环导致的分布电容、分布电感和铜损出现，又给精确分析材料的磁导率带来方便。设 L_0 和 R_0 分别是空腔的电感和电阻，L_x 和 R_x 分别是被测环状磁芯的电感和电阻。两者组成串联等效电路。实验上，可以用以上任何方法测出加样腔和空腔的电感之差 ΔL，以及加样腔和空腔的电阻之差 ΔR。若该差值对应于环形样品的电感和电阻，利用式(7.21)，可以求得磁导率的实部和虚部分别为

$$\mu' = \frac{2\pi\Delta L}{N^2 h \ln \dfrac{D_{\text{out}}}{D_{\text{in}}}}, \mu'' = \frac{2\pi\Delta R}{N^2 h \ln \dfrac{D_{\text{out}}}{D_{\text{in}}}} \tag{7.33}$$

尽管该方案可以很好地测量环状样品的磁谱，但是实际测量时也存在一些问题。主要是难以严格做到磁环与同轴腔同轴。为了避免夹具损伤，通常磁环的内径要略大于内导体轴的直径，而磁环的外径要略小于腔体的内径，这样必然存在空气隙，给精确分析带来困难。其次，固体磁环装卸不可避免要擦伤同轴腔，这会引起空腔自身电感和电阻的变化，这一点在测试时一定要注意。

7.3　单端短路微带线技术

对于金属薄膜样品，自然共振频率在吉赫兹频段，需要采用腔式测试夹具。由于带基底样品不易制成规则环状，同轴腔难以实现测量。若采用谐振腔测量，

只能实现单频或倍频测量, 难以实现扫频的磁谱测试目标。贝克尔(Bekker)等发展了单端短路微带的薄膜测试方案[5]。该方案既利用了腔的高灵敏度, 又可实现磁性薄膜基底贡献的分离, 已成为薄膜磁谱测试的有效途径。

电磁波传播的传输方程。若空间不存在净自由电荷和外加的宏观电流, 则麦克斯韦方程组变为

$$\nabla \cdot \boldsymbol{E} = 0, \ \nabla \cdot \boldsymbol{H} = 0, \tag{7.34a}$$

$$\nabla \times \boldsymbol{E} = -\mu \frac{\partial \boldsymbol{H}}{\partial t}, \ \nabla \times \boldsymbol{H} = \sigma \boldsymbol{E} + \varepsilon \frac{\partial \boldsymbol{E}}{\partial t} \tag{7.34b}$$

利用 $\nabla \times (\nabla \times \boldsymbol{F}) = \nabla (\nabla \cdot \boldsymbol{F}) - \nabla^2 \boldsymbol{F}$, 电磁场的传输方程为

$$\nabla^2 \boldsymbol{F} - \varepsilon \mu \frac{\partial^2 \boldsymbol{F}}{\partial t^2} - \sigma \mu \frac{\partial \boldsymbol{F}}{\partial t} = 0 \tag{7.35}$$

其中, $\boldsymbol{F}$ 为电场 $\boldsymbol{E}$ 或磁场 $\boldsymbol{H}$。平面波是其中的一种传播形式。角频率为 ω, 波矢为 $\boldsymbol{k}$ 的平面电磁波为

$$\boldsymbol{F} = \boldsymbol{F}_0 \mathrm{e}^{\mathrm{j}(\tilde{\boldsymbol{k}} \cdot \boldsymbol{r} - \omega t)} \tag{7.36a}$$

将其代入传输方程(7.35), 得到复波矢 $\tilde{k}$ 满足:

$$\tilde{k}^2 = \mu \omega (\omega \varepsilon + \mathrm{j} \sigma) \tag{7.36b}$$

此时, 传输方程变为

$$\nabla^2 \boldsymbol{F} + \tilde{k}^2 \boldsymbol{F} = 0 \tag{7.37}$$

对于规则波导系统, 设电磁波沿波导的轴向(z 方向)传播, 将 $\boldsymbol{F}$ 表示成横向坐标 (u, v) 和纵向坐标 z 的形式为

$$\boldsymbol{F}(u, v, z; t) = \boldsymbol{e}_\perp F_\perp (u, v, z; t) + \boldsymbol{e}_z F_z (u, v, z; t) \tag{7.38}$$

纵向和横向分量分别满足传输方程。利用分离变量法, 横向分量可以表示成

$$F_\perp (u, v, z; t) = F_\perp (u, v; t) F_\perp (z; t) \tag{7.39}$$

代入传输方程(7.37), 得到

$$\frac{\nabla_\perp^2 F_\perp (u, v; t)}{F_\perp (u, v; t)} + \frac{1}{F_\perp (z; t)} \frac{\partial^2 F_\perp (z; t)}{\partial z^2} + \tilde{k}^2 = 0 \tag{7.40}$$

式(7.40)成立要求等号左边两项分别等于某常数, 即

$$\frac{\partial^2 F_\perp (z; t)}{\partial z^2} + \beta^2 F_\perp (z; t) = 0 \tag{7.41a}$$

$$\nabla_\perp^2 F_\perp (u, v; t) + k_\mathrm{c}^2 F_\perp (u, v; t) = 0 \tag{7.41b}$$

与 z 有关的分量解为

$$F_\perp(z;t) = A_1 \mathrm{e}^{\mathrm{j}\beta z} + A_2 \mathrm{e}^{-\mathrm{j}\beta z} \tag{7.42a}$$

其中, β 为波导的传播常数或相移常数, 满足:

$$\beta^2 = \tilde{k}^2 - k_c^2 \tag{7.42b}$$

其中, k_c 是横向分量方程在特定边界条件下的本征值, 称为导波的横向截止波数。对于横向电磁(transverse electric and magnetic, TEM)导波, $F_z = 0$, $k_c = 0$, $\nabla_\perp^2 F_\perp(r_\perp;t) = 0$。TEM 导波与自由空间平面波的主要差异在于横向场的大小是 (u,v) 的函数。对于沿 z 正向传播的 TEM 导波, 电磁场为

$$F(u,v,z;t) = A_1 F_\perp(u,v;t) \mathrm{e}^{\mathrm{j}(\beta z - \omega t)} \tag{7.43}$$

如图 7.9 所示的短路微带线, 电磁场近似为 TEM 导波, 电场分量为

$$E(u,v,z;t) = A_1 E_\perp(u,v;t) \mathrm{e}^{\mathrm{j}(\beta z - \omega t)} \tag{7.44}$$

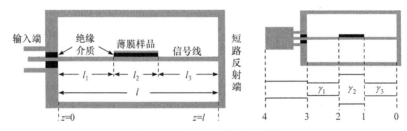

图 7.9　短路微带线示意图[5]

0~4 为不同参考面

入射波在端口 $z = 0$ 处的电压为

$$V_{\mathrm{in}} = \int_-^+ E(u,v,0;t)\,\mathrm{d}u\mathrm{d}v = A_1 \mathrm{e}^{\mathrm{j}(\beta z - \omega t)} \int_-^+ E_\perp^{\mathrm{in}}(u,v;t)\,\mathrm{d}u\mathrm{d}v \tag{7.45}$$

若在 $z = l$ 处设置一反射面, 则反射电磁波到达端口处引起的反射电压为

$$V_{\mathrm{out}} = \int_-^+ E(u,v,2l;t)\,\mathrm{d}u\mathrm{d}v = A_1 \mathrm{e}^{\mathrm{j}(2\beta l - \omega t)} \int_-^+ E_\perp^{\mathrm{out}}(u,v;t)\,\mathrm{d}u\mathrm{d}v \tag{7.46}$$

定义传输线上某点的反射系数为反射电磁波电压与入射电磁波电压之比

$$R = \frac{V_{\mathrm{out}}}{V_{\mathrm{in}}} \tag{7.47a}$$

则传输线的反射系数为

$$R = R_0 \mathrm{e}^{\mathrm{j}2\beta l} \tag{7.47b}$$

其中, R_0 为 $z = 0$ 端口的反射系数, 有

$$R_0 = \frac{\int_-^+ E_\perp^{\text{out}}(u,v;t)\mathrm{d}u\mathrm{d}v}{\int_-^+ E_\perp^{\text{in}}(u,v;t)\mathrm{d}u\mathrm{d}v} \tag{7.47c}$$

定义电压的传播系数为

$$\gamma = \mathrm{j}\beta \tag{7.48}$$

则传输线的反射系数为

$$R = R_0 \mathrm{e}^{-2\gamma l} \tag{7.49}$$

其中，l 为微带线长度。对应 TEM 导波的电压传播系数满足：

$$\gamma = \mathrm{j}\tilde{k} = \sqrt{-\mu\omega(\omega\varepsilon + \mathrm{j}\sigma)} \tag{7.50}$$

若微带线空间介质的磁导率和电容率为复数，式 (7.50) 变为

$$\gamma = \mathrm{j}\omega\sqrt{\tilde{\mu}\left(\tilde{\varepsilon} + \mathrm{j}\frac{\sigma}{\omega}\right)} \tag{7.51}$$

定义有效复数电容率为

$$\tilde{\varepsilon}_{\text{eff}} = \tilde{\varepsilon} + \mathrm{j}\frac{\sigma}{\omega} \tag{7.52}$$

微带线的电压传播系数式 (7.51) 可写成等效形式

$$\gamma = \mathrm{j}\omega\sqrt{\tilde{\mu}_{\text{eff}}\tilde{\varepsilon}_{\text{eff}}} \tag{7.53}$$

将微带线的复数磁导率 $\tilde{\mu}_{\text{eff}}$ 和等效复数电容率 $\tilde{\varepsilon}_{\text{eff}}$ 表示成相对磁导率和电容率的形式：

$$\tilde{\mu}_{\text{eff}} = \tilde{\mu} = \mu_0\tilde{\mu}_{\text{r}} \tag{7.54a}$$

$$\tilde{\varepsilon}_{\text{eff}} = \varepsilon_0\tilde{\varepsilon}_{\text{r}}^{\text{eff}} \tag{7.54b}$$

电压传播系数式 (7.53) 可写成如下形式：

$$\gamma = \mathrm{j}\frac{\omega}{c}\sqrt{\tilde{\mu}_{\text{r}}^{\text{eff}}\tilde{\varepsilon}_{\text{r}}^{\text{eff}}} \tag{7.55a}$$

其中，c 为光速。

$$\tilde{\mu}_{\text{r}}^{\text{eff}} = \mu_{\text{r}}' + \mathrm{j}\mu_{\text{r}}'' \tag{7.55b}$$

$$\tilde{\varepsilon}_{\text{r}}^{\text{eff}} = \varepsilon_{\text{r}}' + \mathrm{j}\left(\varepsilon_{\text{r}}'' + \frac{\sigma}{\omega\varepsilon_0}\right) \tag{7.55c}$$

可见，只要获得短路微带线的反射系数，去除电容率的影响，原则上可以求出介质的复数磁导率 $\tilde{\mu}$。

在准-横向电磁波近似下，图 7.9 所示的短路微带线由空气、样品和空气三段组成，各段的长度分别为 l_1、l_2 和 l_3。由于各段的介质不同，对应的电压传输系数分别为 γ_1、γ_2 和 γ_3。按照反射系数的定义，由三段传输线得到的总反射系数可以写为

$$R = R_0 \mathrm{e}^{-2(\gamma_1 l_1 + \gamma_2 l_2 + \gamma_3 l_3)} \tag{7.56}$$

可见，只有去除 l_1 和 l_3 部分的影响，才能得到含样品段的反射系数；只有剥离薄膜样品基底的影响，才能得到薄膜部分的反射系数；只有去掉薄膜中电容率部分的影响，才能得到薄膜的复数磁导率。

在反射系数测量之前，必须完成标准的三项 OSL(开路、短路、负载)校准。校准后，图 7.9 中的校准参考面 4 必须移到参考面 3，$R_0 = -1$，后者对应于微带线的开始。此时，测到的网络反射参数 S_{11} 可以表示微带线反射系数 R，即

$$-\frac{1}{2}\ln\left(-S_{11}\right) = \gamma_1 l_1 + \gamma_2 l_2 + \gamma_3 l_3 \tag{7.57}$$

Bekker 发展的磁导率测量分为三步。第一步测量空微带线，主要评估微带线自身的传导损耗和介电损耗相关的频率依赖误差，以及微带线制备和连接匹配度。确定 50MHz～5GHz 的空微带线有效电容率 $\varepsilon_{\mathrm{eff}}^{\mathrm{emp}}$。此时的有效空载磁导率 $\mu_{\mathrm{eff}} = 1$，$l_1 + l_3 = l_{\mathrm{emp}}$，$l_2 = l_{\mathrm{sam}}$。由反射系数 $S_{11}^{\mathrm{emp}}(f)$ 的测量值满足方程(7.57)，得到

$$-\frac{1}{2}\ln\left(-S_{11}^{\mathrm{emp}}\right) = \gamma_{\mathrm{emp}}\left(l_{\mathrm{sam}} + l_{\mathrm{emp}}\right) = \mathrm{i}\frac{\omega}{c}\sqrt{\varepsilon_{\mathrm{eff}}^{\mathrm{emp}}}\left(l_{\mathrm{sam}} + l_{\mathrm{emp}}\right) \tag{7.58a}$$

即

$$\varepsilon_{\mathrm{eff}}^{\mathrm{emp}}\left(f\right) = \left[\frac{\mathrm{i}c\ln\left(-S_{11}^{\mathrm{emp}}\right)}{2\omega\left(l_{\mathrm{sam}} + l_{\mathrm{emp}}\right)}\right]^2 \tag{7.58b}$$

第二步测量含基底的微带线，完全类似方程(7.58)，只是附加了样品基底，若基底部分的传播系数为 γ_{sub}，得到

$$-\frac{1}{2}\ln\left(-S_{11}^{\mathrm{sub}}\right) = \gamma_{\mathrm{emp}}l_{\mathrm{emp}} + \gamma_{\mathrm{sub}}l_{\mathrm{sam}} = \mathrm{i}\frac{\omega}{c}\sqrt{\varepsilon_{\mathrm{eff}}^{\mathrm{emp}}}\,l_{\mathrm{emp}} + \mathrm{i}\frac{\omega}{c}\sqrt{\varepsilon_{\mathrm{eff}}^{\mathrm{sub}}}\,l_{\mathrm{sam}} \tag{7.59a}$$

携载基底微带线区域的有效电容率 $\varepsilon_{\mathrm{eff}}^{\mathrm{sub}}(f)$ 可以由反射系数 $S_{\mathrm{eff}}^{\mathrm{sub}}(f)$ 得到：

$$\varepsilon_{\mathrm{eff}}^{\mathrm{sub}}\left(f\right) = \left[\frac{\mathrm{i}c\ln\left(-S_{11}^{\mathrm{sub}}\right)}{2\omega l_{\mathrm{sam}}} - \frac{\sqrt{\varepsilon_{\mathrm{eff}}^{\mathrm{emp}}}\,l_{\mathrm{emp}}}{l_{\mathrm{sam}}}\right]^2 \tag{7.59b}$$

此时的有效空载磁导率依然满足 $\mu_{\mathrm{eff}} = 1$。

第三步测量含基底的铁磁薄膜的微带线的反射系数：

$$-\frac{1}{2}\ln\left(-S_{11}^{f}\right)=\gamma_{\mathrm{emp}}l_{\mathrm{emp}}+\gamma_{f}l_{\mathrm{sam}}=\mathrm{i}\frac{\omega}{c}\sqrt{\varepsilon_{\mathrm{eff}}^{\mathrm{emp}}}\,l_{\mathrm{emp}}+\mathrm{i}\frac{\omega}{c}\sqrt{\varepsilon_{\mathrm{eff}}\mu_{\mathrm{eff}}}\,l_{\mathrm{sam}} \tag{7.60a}$$

已知 $\varepsilon_{\mathrm{eff}}^{\mathrm{emp}}(f)$ 和 $\varepsilon_{\mathrm{eff}}=\varepsilon_{\mathrm{eff}}^{\mathrm{sub}}(f)$，薄膜的有效磁导率可以通过测量含薄膜和基底样品的微带线反射系数 $S_{11}^{f}(f)$ 得到，即

$$\mu_{\mathrm{eff}}=\left[\frac{\mathrm{i}c\ln\left(-S_{11}^{f}\right)}{2\omega l_{\mathrm{sam}}\sqrt{\varepsilon_{\mathrm{eff}}^{\mathrm{sub}}}}-\frac{\sqrt{\varepsilon_{\mathrm{eff}}^{\mathrm{emp}}}\,l_{\mathrm{emp}}}{\sqrt{\varepsilon_{\mathrm{eff}}^{\mathrm{sub}}}\,l_{\mathrm{sam}}}\right]^{2} \tag{7.60b}$$

厚度为 d 的铁磁薄膜相对磁化率由式 (7.61a) 确定：

$$\chi_{\mathrm{r}}=K\left(d,\omega\right)\left(\mu_{\mathrm{eff}}-1\right) \tag{7.61a}$$

其中，K 为校准因子，由已知样品确定或低频下的起始磁导率校准：

$$\chi_{\mathrm{in}}'=\frac{M_{\mathrm{s}}}{H_{\mathrm{K}}} \tag{7.61b}$$

事实上，这样测量存的最大问题是薄膜的有效电容率 $\varepsilon_{\mathrm{eff}}$ 通常不等于基底的有效电容率 $\varepsilon_{\mathrm{eff}}^{\mathrm{sub}}(f)$。

改进的短路微带线[6]如图 7.10 所示，微带线设计并没有变化。变化的是测试的过程和步骤。若将微带线分为含样品部分和不含样品部分，对应的长度和传输系数分别为 l_{sam}、γ_{sam} 和 l_{emp}、γ_{emp}。利用

$$S_{11}^{\mathrm{sam}}=-\mathrm{e}^{-2\left(\gamma_{\mathrm{emp}}l_{\mathrm{emp}}+\gamma_{\mathrm{sam}}l_{\mathrm{sam}}\right)} \tag{7.62a}$$

和

$$\gamma_{\mathrm{emp}}=\frac{\mathrm{i}\omega}{c}\sqrt{\varepsilon_{\mathrm{eff}}^{\mathrm{emp}}} \tag{7.62b}$$

$$\gamma_{\mathrm{sam}}=\frac{\mathrm{i}\omega}{c}\sqrt{\varepsilon_{\mathrm{eff}}^{\mathrm{sam}}\mu_{\mathrm{eff}}^{\mathrm{sam}}} \tag{7.62c}$$

得到

$$-\frac{1}{2}\ln\left(-S_{11}^{\mathrm{sam}}\right)=\frac{\mathrm{i}\omega}{c}\left(\sqrt{\varepsilon_{\mathrm{eff}}^{\mathrm{emp}}}\,l_{\mathrm{emp}}+\sqrt{\varepsilon_{\mathrm{eff}}^{\mathrm{sam}}\mu_{\mathrm{eff}}^{\mathrm{sam}}}\,l_{\mathrm{sam}}\right) \tag{7.63a}$$

可见，要确定样品的有效磁导率 $\mu_{\mathrm{eff}}^{\mathrm{sam}}$ 必须事先定出样品的有效电容率 $\varepsilon_{\mathrm{eff}}^{\mathrm{sam}}$ 和空腔的有效电容率 $\varepsilon_{\mathrm{eff}}^{\mathrm{emp}}$：

$$\mu_{\mathrm{eff}}^{\mathrm{sam}}=\left[\frac{\dfrac{\mathrm{i}c}{2\omega}\ln\left(-S_{11}^{\mathrm{sam}}\right)-\sqrt{\varepsilon_{\mathrm{eff}}^{\mathrm{emp}}}\,l_{\mathrm{emp}}}{l_{\mathrm{sam}}\sqrt{\varepsilon_{\mathrm{eff}}^{\mathrm{sam}}}}\right]^{2} \tag{7.63b}$$

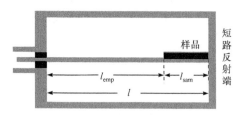

图 7.10　改进短路微带线示意图[6]

　　由于磁性样品生长在半导体等非磁性基底上，样品有效电容率 $\varepsilon_{\text{eff}}^{\text{sam}}$ 来自基底和薄膜两部分的贡献，而磁化率仅来自薄膜的贡献。若在平行微波磁场方向上施加一个较大磁场，将样品磁化到饱和，理论上微波磁场不会驱动磁化强度的运动。即使不能严格磁化到饱和，此时共振频率也拉出测试范围，可近似认为外场下样品的有效磁导率 $\mu_{\text{eff}}^{\text{sam+field}} \approx 1$，只有介电贡献。此时有

$$-\frac{1}{2}\ln\left(-S_{11}^{\text{sam+field}}\right) = \frac{\mathrm{i}\omega}{c}\sqrt{\varepsilon_{\text{eff}}^{\text{emp+field}}}\,l_{\text{emp}} + \frac{\mathrm{i}\omega}{c}\sqrt{\varepsilon_{\text{eff}}^{\text{sam+field}}}\,l_{\text{sam}} \tag{7.64a}$$

由此得到的 $\varepsilon_{\text{eff}}^{\text{sam+field}}$ 可以认为是样品的电容率 $\varepsilon_{\text{eff}}^{\text{sam}}$。将式(7.64a)中的 $\varepsilon_{\text{eff}}^{\text{sam+field}}$ 代入式(7.63b)，得到

$$\mu_{\text{eff}}^{\text{sam}} = \left[\frac{\dfrac{\mathrm{i}c}{2\omega}\ln\left(-S_{11}^{\text{sam}}\right) - \sqrt{\varepsilon_{\text{eff}}^{\text{emp}}}\,l_{\text{emp}}}{\dfrac{\mathrm{i}c}{2\omega}\ln\left(-S_{11}^{\text{sam+field}}\right) - \sqrt{\varepsilon_{\text{eff}}^{\text{emp+field}}}\,l_{\text{emp}}}\right]^2 \tag{7.64b}$$

可见，引入了新的量外场下空腔的有效电容率，即 $\varepsilon_{\text{eff}}^{\text{emp+field}}$。

　　为了获得 $\varepsilon_{\text{eff}}^{\text{emp+field}}$，需要在以上大磁场下进行空腔测量，得到

$$-\frac{1}{2}\ln\left(-S_{11}^{\text{emp+field}}\right) = \frac{\mathrm{i}\omega}{c}\sqrt{\varepsilon_{\text{eff}}^{\text{emp+field}}}\left(l_{\text{emp}} + l_{\text{sam}}\right) \tag{7.65}$$

若再测试无磁场下的空腔，得到

$$-\frac{1}{2}\ln\left(-S_{11}^{\text{emp}}\right) = \frac{\mathrm{i}\omega}{c}\sqrt{\varepsilon_{\text{eff}}^{\text{emp}}}\left(l_{\text{emp}} + l_{\text{sam}}\right) \tag{7.66}$$

　　分别求得 $\varepsilon_{\text{eff}}^{\text{emp+field}}$ 和 $\varepsilon_{\text{eff}}^{\text{emp}}$，并代入式(7.64b)，可求得样品的磁导率为

$$\mu_{\text{eff}}^{\text{sam}} = \left[\frac{\left(l_{\text{emp}} + l_{\text{sam}}\right)\ln\left(-S_{11}^{\text{sam}}\right) - l_{\text{emp}}\ln\left(-S_{11}^{\text{emp}}\right)}{\left(l_{\text{emp}} + l_{\text{sam}}\right)\ln\left(-S_{11}^{\text{sam+field}}\right) - l_{\text{emp}}\ln\left(-S_{11}^{\text{emp+field}}\right)}\right]^2 \tag{7.67a}$$

即

$$\mu_{\text{eff}}^{\text{sam}} = \left[\frac{l \cdot \ln\left(-S_{11}^{\text{sam}}\right) - l_{\text{emp}} \cdot \ln\left(-S_{11}^{\text{emp}}\right)}{l \cdot \ln\left(-S_{11}^{\text{sam+field}}\right) - l_{\text{emp}} \cdot \ln\left(-S_{11}^{\text{emp+field}}\right)} \right]^2 \tag{7.67b}$$

7.4　扫场变频波导技术

对于磁导率测量来讲，FMR 采用了固定频率扫场模式，可以确定小尺度样品磁导率的虚部，而阻抗和网络分析仪采用了固定磁场扫频模式，可以分别确定线圈和薄膜样品磁导率的实部和虚部。考虑高频下均匀单色电磁波和样品均匀磁化问题，微带线和共面波导是实现扫频和扫场的有效磁化率测试技术，可分别实现变场和变频测量。

7.3 节介绍了短路微带线测量薄膜磁谱的方案。有关磁谱随外加磁场变化的测试方法与此类似。唯一的不同是在测试样品的步骤中，换成施加不同外磁场进行测试，数据的处理也类似。图 7.11 为 FeNi/Co/Si 薄膜的短路微带线测试结果[7]。Si(111)基底上溅射生长的 20nmCo 层与厚度 20～50nm 的 FeNi 层耦合到一起。

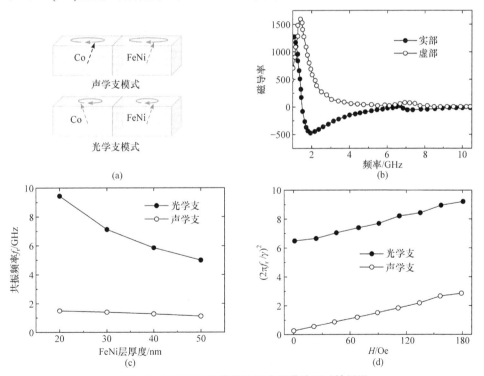

图 7.11　FeNi/Co/Si 薄膜的短路微带线测试结果[7]

(a) 磁化强度进动图像；(b) 磁谱；(c) 共振频率随 FeNi 层厚度的变化；(d) FeNi 层厚度为 30nm 时样品的

$(2\pi f_{\text{r}} / \gamma)^2$-$H$ 关系

当微波磁场驱动样品磁化强度运动时，将会出现两种不同的模式，如图 7.11(a)所示。两铁磁层一致进动时称为声学支模式，而分开振动时称为光学支模式。如图 7.11(b)所示，在 1.5GHz 附近出现了吸收很强的共振峰，而在 7.2GHz 附近出现了较弱的吸收峰。前者对应于声学支，后者对应于光学支。该结论依据光学支的共振场包含了两铁磁层的交换作用等效场，共振频率要高于声学支的频率；总磁导率来自两层磁化强度在微波磁场方向的投影，声学支的磁导率要大于光学支的磁导率。

图 7.11(c)给出了光学支和声学支的共振频率随 FeNi 层厚度的变化，表明厚度的增加明显降低了两层铁磁薄膜的交换作用，而对声学支影响不大。在面内易轴方向施加不同大小的直流磁场 H，测量磁场下的磁谱，可以获得声学支和光学支的共振频率随磁场的变化。按照双各向异性模型，可以很好地拟合和理解这一变化。声学支和光学支的共振频率与外加磁场的关系为

$$f_{声} = \frac{\gamma}{2\pi}\sqrt{(H+H_a)(H+H_a+M_s)} \tag{7.68a}$$

$$f_{光} = \frac{\gamma}{2\pi}\sqrt{(H+H_a+H_{ex})(H+H_a+H_{ex}+M_s)} \tag{7.68b}$$

其中，γ 为旋磁比；H_a 为面内单轴各向异性；H_{ex} 为两铁磁层间的交换作用等效场；M_s 为样品的饱和磁化强度。图 7.11(d) 给出了 FeNi 层为 30nm 时，光学支和声学支的共振频率随外加直流磁场的变化，结果表明两者均呈线性规律。

与此同时，基于共面波导、微带线和开槽传输线发展了不少变频 FMR 技术。最大的优点是利用矢量网络分析仪(VNA)，将信号源和探测组合在一起，还可以在一个实验中剥离射频磁化率的相位。当然，问题在于需要认真地校准，而且从散射参数剥离磁化率的数据分析显得有些复杂。此外，宽带 FMR 方案可将微波源和探测器分开。典型的实验是胡灿明教授小组开发的自旋整流 FMR 技术[8]。基本原理是微波磁场驱动磁化强度的进动，而磁化强度方向的变化会引起样品各向异性磁电阻或平面霍尔效应变化。交变的电流与交变的电阻会在电流端或霍尔端产生整流直流(DC)电压。对于导电的铁磁体，可以将样品自身看作是探测器，利用整流电压实现对磁化强度进动的电测量。多数情况下，整流电压信号同时包括磁化率实部和虚部的贡献。

蒙托亚(Montoya)借鉴传统铁磁共振的思路，用共面波导代替谐振腔，实现了宽带微波铁磁共振信号[9]。该方案的最大优点是测量更加简单和直接。然而，正是共面波导代替了谐振腔，按照传统铁磁共振的测试原理，测得的锁相信号同时包含了磁化率的实部和虚部。已知样品的磁化率 $\tilde{\chi} = \chi' + i\chi''$，实部和虚部分别为

$$\chi' = \gamma M_s \frac{H-H_r}{(H-H_r)^2+(\Delta H)^2} \tag{7.69a}$$

$$\chi'' = A\frac{\Delta H}{\left(H - H_{\mathrm{r}}\right)^2 + \left(\Delta H\right)^2} \tag{7.69b}$$

其中，H 是外加磁场；H_{r} 为共振场；ΔH 是虚部 μ'' 的半高宽。

实际上，测量的不是样品的实际磁化率 $\tilde{\chi}$ 虚部 χ''，而是以参考信号为基准的磁化率 $\tilde{\chi}_{\mathrm{ref}}$ 虚部 χ''_{ref}。由于施加在样品上的磁场相位与参考信号的相位有可能不一致，如图 7.12 所示，在磁化率复平面内，两个磁化率的关系满足：

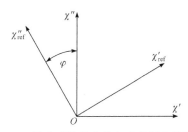

图 7.12　以参考信号和施加在样品上的实际微波磁场为基准的磁化率关系

$$\begin{pmatrix} \chi'_{\mathrm{ref}} \\ \chi''_{\mathrm{ref}} \end{pmatrix} = \begin{pmatrix} \cos\varphi & \sin\varphi \\ -\sin\varphi & \cos\varphi \end{pmatrix} \begin{pmatrix} \chi' \\ \chi'' \end{pmatrix} \tag{7.70}$$

其中，φ 是样品磁化率与测量磁化率的相位角。也就是说，测量的磁化率虚部满足：

$$\chi''_{\mathrm{ref}} = -\sin\varphi\chi' + \cos\varphi\chi'' \tag{7.71}$$

可见，共面波导法测得的锁相信号是样品磁化率实部和虚部的混合信号。原理上，可以通过式(7.71)拟合实验数据，得到实际样品磁化率的实部、虚部和相位 φ。

宽频带共面波导的 FMR 实验设备如图 7.13 所示。与传统铁磁共振类似，宽频率微波信号由 Anritsu MG3696B 微波发生器提供。一路信号，直接经耦合器施加在样品上。样品的射频 FMR 信号通过 Agilent 8474E 平面掺杂势垒二极管检波器(0.01~50GHz)(探测器 1)，变为 105Hz 的低频调制磁场输出信号。其中，为了提高灵敏度，采用−13dB 的微波信号端口直接耦合，避开共面波导。另一路信号，

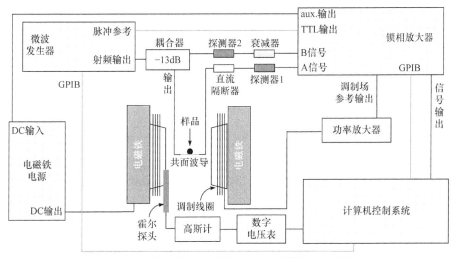

图 7.13　宽频带共面波导 FMR 实验设备示意图[9]

通过 Krystar 平面掺杂势垒二极管检波器(0.01～50GHz)变成低频信号(探测器 2)。探测器 1 和探测器 2 产生的信号通过锁相的 A-B 模式检测。共面波导位于提供 DC 磁场的电磁铁和提供调制交变磁场 HM 的两个亥姆霍兹线圈中心。SR830 锁相放大器既提供了调制参考信号 HM，又控制了 Varian 电磁铁的 DC 磁场设置。基于线圈的电抗限制，采用调制频率为 105Hz 的调制信号由锁相的参考输出，经 Kepco 功率放大器产生电流，输入到亥姆霍兹线圈产生调制磁场。

　　逻辑上通过调制相位，以上方案可以实现磁化率实部和虚部的测量。与铁磁共振相比，该方案最大的优点是可以测试不同共振频率下的共振场，这一点是准确的。最大的问题是不同频率下的信号强度难以定量化比较，具体原因既可能来自开路共面波导的对外辐射不同，也可能来自不同频率电磁匹配导致共面波导损耗的不同，甚至可能来自样品内部微波不均匀磁化导致的信号变化。

7.5　磁化率的电测量技术

　　前面已经提到，胡灿明教授课题组提出了利用自旋整流效应研究磁化强度进动动力学[8]。物理上，微波磁场驱动磁化强度的进动，方向不断改变的磁化强度引起铁磁材料各向异性磁电阻的变化。交变的微波电流和各向异性磁电阻导致了直流电压分量的出现，即自旋整流。若考虑到动力学磁化强度与交流磁导率的关联，该方案也可用于磁化率或磁导率的测量。与其他方法相比，虽然在样品制备方面相对复杂，但是其最大的优势是容易获得大功率下的行为，这是其他方案难以实现的。在此，首先介绍胡灿明教授提出的铁磁物质自旋整流电压与磁化率的关系，然后讨论大功率下磁化强度的独特进动行为。

　　物理上，将交流电变换为直流电统称为整流。利用二极管的单向导通性，有半波整流、全波整流和桥式整流等电路。若将交变电流 $I = I_0\cos(\omega t)$ 通入材料，设材料的电阻 $R = R_1\cos(\omega t - \varphi)$ 发生同频率的变化，则输出电压为

$$V = \frac{I_0 R_1}{2}\cos(2\omega t - \varphi) + \frac{I_0 R_1}{2}\cos\varphi \qquad (7.72)$$

其中，等号右侧第一项为交变分量，第二项为直流分量，即存在所谓的整流现象。

　　已知多晶铁磁样品的电阻包含与磁无关的电阻 R_0、直流磁场 $\boldsymbol{H}$ 引起的正常磁电阻 R_H 和磁化强度引起的各向异性磁电阻 R_A。通常认为 $R_H \ll R_A$，材料的电阻可以统一写为

$$R = R_0 + R_A\cos^2\alpha \qquad (7.73)$$

其中，α 为磁化强度与电流方向的夹角。饱和磁化时，磁化强度的方向可由外加直流磁场方向确定。如果外加交变磁场驱动磁化强度在 α 方向附近进动，材料

的电阻 R 将因 α 随时间的变化存在交变分量。测量整流电压，即可获得材料的磁导率。

如图 7.14 所示，条状金属性铁磁物质放置在共面波导上。在共面波导信号线上通一 x 方向的微波电流时，将在薄膜样品中产生沿 z 方向的微波磁场：

$$\boldsymbol{h} = \boldsymbol{e}_z h_0 \cos(\omega t + \varphi_{\mathrm{h}}) \tag{7.74}$$

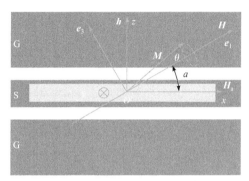

图 7.14　薄膜面内交流磁化示意图
G-地线；S-信号线

依据麦克斯韦方程组，薄膜样品内微波磁场强度的变化，将在样品内 x 方向产生涡流，即

$$I = I_0 \cos(\omega t + \varphi_{\mathrm{h}} - \varphi_I) \tag{7.75}$$

其中，φ_I 是涡流落后微波磁场的相位差。在 xz 平面内，若沿 α 角方向将样品磁化到饱和，交变磁场同时驱动磁化强度绕外加直流磁场方向进动。磁化强度方向的变化，将引起薄膜电阻随时间的变化，式(7.73)变为

$$R(t) = R_0 + R_{\mathrm{A}} \cos^2\left[\alpha + \theta(t)\right] \tag{7.76a}$$

其中，$\theta(t)$ 是磁化强度在 xz 面内偏离直流磁场方向的夹角，且满足

$$\cos(\alpha + \theta) = \sin\theta_{\mathrm{M}} \cos\varphi_{\mathrm{M}} = \frac{M_x}{M} \tag{7.76b}$$

其中，$\cos(\alpha + \theta)$ 为磁化强度 x 分量的余弦。可见，磁化强度偏离易轴角度越大，电阻变化越大。假设磁化强度绕 $\boldsymbol{e}_1$ 轴作小角进动，将样品的电阻在 α 附近进行泰勒展开，得到

$$R(t) \approx R_0 + R_{\mathrm{A}} \cos^2\alpha - \theta(t) R_{\mathrm{A}} \sin 2\alpha \tag{7.77a}$$

其中，

$$\theta(t) \approx \sin\theta(t) = \frac{m_3}{M} \tag{7.77b}$$

其中，m_3 为垂直进动轴的磁化强度交变分量。

实验磁化率反映了磁化强度与微波磁场同相位和相差 90°相位的分量:

$$\chi = \chi' - i\chi'' = \frac{m_z}{h} \tag{7.78}$$

利用 $O\text{-}xyz$ 和 $O\text{-}123$ 坐标系的变换关系:

$$\begin{bmatrix} m_x \\ m_y \\ m_z \end{bmatrix} = \begin{bmatrix} \cos\alpha & 0 & -\sin\alpha \\ 0 & 1 & 0 \\ \sin\alpha & 0 & \cos\alpha \end{bmatrix} \begin{bmatrix} m_1 \\ m_2 \\ m_3 \end{bmatrix} \tag{7.79}$$

式(7.78)变为

$$\chi = \frac{m_1\sin\alpha + m_3\cos\alpha}{h} = \frac{m_3\cos\alpha}{h} \tag{7.80}$$

其中, 考虑了在 $O\text{-}123$ 坐标系中, 小角近似下 $m_1 \approx 0$。

利用式(7.80), 式(7.77b)变为

$$\theta(t) \approx \frac{\chi h}{M\cos\alpha} = \frac{h_0|\chi|}{M\cos\alpha} e^{i(\omega t + \varphi_h - \varphi_M)} \tag{7.81}$$

其中, φ_M 是磁化强度落后微波磁场的相位。将式(7.81)代入式(7.77a), 参照式(7.72)得到样品的纵向电压为

$$V = I_0 \left[R_0 + R_A\cos^2\alpha - \frac{2R_A\sin\alpha}{M}h_0|\chi|\cos(\omega t + \varphi_h - \varphi_M) \right] \cos(\omega t + \varphi_h - \varphi_I) \tag{7.82a}$$

其中, 整流电压满足:

$$V_{re} = \frac{I_0 R_A h_0\sin\alpha}{M}|\chi|\cos(\varphi_M - \varphi_I) \tag{7.82b}$$

利用

$$\chi' = |\chi|\cos\varphi_M, \ \chi'' = -|\chi|\sin\varphi_M \tag{7.83}$$

式(7.82b)变为

$$V_{re} = \frac{I_0 R_A h_0\sin\alpha}{M}(\chi'\cos\varphi_I - \chi''\sin\varphi_I) \tag{7.84}$$

通常磁导率的实部和虚部分别具有色散线型和洛伦兹线型的形式:

$$\chi' = \frac{H - H_r}{(H - H_r)^2 + (\Delta H)^2} \equiv D(H) \tag{7.85a}$$

$$\chi'' = \frac{\Delta H}{(H - H_r)^2 + (\Delta H)^2} \equiv L(H) \tag{7.85b}$$

通过调制相位 φ_1，可以由式(7.84)分别获得磁化率的实部和虚部。实际上，也可以利用式(7.84)拟合实验数据得到磁化率的实部和虚部。类似地，完全可以通过平面霍尔效应实现磁化率的测量[10]。实验上，可利用式(7.86)进行自洽定标。

$$\chi'^2 + \chi''^2 = 1 \tag{7.86}$$

大功率下的非线性铁磁共振。沿垂直膜面方向将薄膜磁化到饱和，在薄膜平面内施加正圆偏振场，系统的磁化强度和等效场可以写为

$$\boldsymbol{M} = \boldsymbol{e}_1 m_1 + \boldsymbol{e}_2 m_2 + \boldsymbol{e}_3 M_3 \tag{7.87a}$$

$$\boldsymbol{H}_{\mathrm{eff}} = \boldsymbol{e}_1 h\cos(\omega t) + \boldsymbol{e}_2 h\sin(\omega t) + \boldsymbol{e}_3(H - M_3) \tag{7.87b}$$

假设

$$m_1 = M_0\theta\cos(\omega t - \varphi), m_2 = M_0\theta\sin(\omega t - \varphi), M_3 = M_0\left(1 - \frac{\theta^2}{2}\right) \tag{7.88}$$

代入 LLG 方程的 m_1 分量方程，整理得到

$$\left\{\gamma\left[H - M_0\left(1 - \frac{\theta^2}{2}\right)\right] - \omega\right\}\theta\sin(\omega t - \varphi) + \alpha\omega\left(1 - \frac{\theta^2}{2}\right)\theta\cos(\omega t - \varphi)$$
$$= \gamma\left(1 - \frac{\theta^2}{2}\right)h\sin(\omega t) \tag{7.89a}$$

利用 $\sin\omega t = \sin(\omega t - \varphi)\cos\varphi + \cos(\omega t - \varphi)\sin\varphi$，对比式(7.89a)中 $\sin(\omega t - \varphi)$ 和 $\cos(\omega t - \varphi)$ 的系数，得到

$$\cos\varphi = \frac{\left\{\gamma\left[H - M_0(1 - \theta^2/2)\right] - \omega\right\}\theta}{\gamma(1 - \theta^2/2)h}, \quad \sin\varphi = \frac{\alpha\omega\theta}{\gamma h} \tag{7.89b}$$

利用 $\sin^2\varphi + \cos^2\varphi = 1$，由式(7.89b)得到

$$\theta^2 = \frac{(\gamma h)^2(1 - \theta^2/2)^2}{\left\{\gamma\left[H - M_0(1 - \theta^2/2)\right] - \omega\right\}^2 + (\alpha\omega)^2(1 - \theta^2/2)^2} \tag{7.90a}$$

去掉 $(h\theta)^2$ 和 $(\alpha\theta)^2$ 及其以上高阶小量，式(7.90a)变为

$$\theta^2 = \frac{(\gamma h)^2}{\left\{\gamma\left[H - M_0(1 - \theta^2/2)\right] - \omega\right\}^2 + (\alpha\omega)^2} \tag{7.90b}$$

式(7.90b)为非线性铁磁共振进动角近似公式。

利用发生非线性跳变时，$d\theta / dH = \infty$。由式(7.90b)得到

$$\frac{d\theta}{dH} = \frac{-\gamma\theta\left\{\gamma\left[H - M_0\left(1 - \theta^2 / 2\right)\right] - \omega\right\}}{\left\{\gamma\left[H - M_0\left(1 - \theta^2 / 2\right)\right] - \omega\right\}\left\{\gamma\left[H - M_0\left(1 - 3\theta^2 / 2\right)\right] - \omega\right\} + \left(\alpha\omega\right)^2} \quad (7.91)$$

由分母为零，得到

$$3\left(\gamma M_0\right)^2 \theta^4 + 8\gamma M_0\left[\gamma\left(H - M_0\right) - \omega\right]\theta^2 + 4\left\{\left[\gamma\left(H - M_0\right) - \omega\right]^2 + \alpha^2\omega^2\right\} = 0$$

$$(7.92a)$$

此一元二次方程的根为

$$\theta^2 = \frac{-4\left[\gamma\left(H - M_0\right) - \omega\right] \pm 2\sqrt{\left[\gamma\left(H - M_0\right) - \omega\right]^2 - 3\alpha^2\omega^2}}{3\gamma M_0} \quad (7.92b)$$

当$\left[\gamma\left(H - M_0\right) - \omega\right]^2 < 3\alpha^2\omega^2$时，由式(7.92b)得不到实数解，即不可能出现 $d\theta / dH = \infty$的情况，FMR存在唯一的解。此时，

$$H_r = \frac{\omega}{\gamma} + M_0\left(1 - \theta_r^2 / 2\right) \quad (7.93a)$$

$$\theta_r = \frac{\gamma h}{\alpha\omega} \quad (7.93b)$$

当$\left[\gamma\left(H - M_0\right) - \omega\right]^2 = 3\alpha^2\omega^2$时，由式(7.92b)得到的解成立，临界点要求 $\gamma\left(H - M_0\right) < \omega$，满足：

$$\theta^2 = \frac{4\left[\omega - \gamma\left(H - M_0\right)\right]}{3\gamma M_0} \quad (7.94)$$

代入式(7.90b)，得到

$$\left(\gamma h_c\right)^2 = \frac{16\sqrt{3}}{9\gamma M_0}\left(\alpha\omega\right)^3 \quad (7.95)$$

其中，h_c为临界微波磁场。当$\left[\gamma\left(H - M_0\right) - \omega\right]^2 > 3\alpha^2\omega^2$时，由式(7.92b)得到两个 实数解，发生在如下区域：

$$\omega - \gamma\left(H - M_0\right) < -\alpha\omega\text{或}\omega - \gamma\left(H - M_0\right) > \alpha\omega \quad (7.96)$$

7.6　高频大功率损耗测试

对于高效开关模式的功率电子学来讲，工作在 10～100MHz 的软磁材料，需要

在磁通量下认识其高频性质。不幸的是，绝大多数磁性材料在几兆赫以上就表现出不可接受的高损耗。只有少数几类可能的磁芯材料可以工作在 10MHz 以上，其性质的表征也是在小信号下完成的。本节将介绍高频、高磁通量下的磁芯损耗 Q 方案[11]。

如图 7.15 所示，LRC(电感、电阻、电容)共振电路由三部分构成。电源部分由信号发生器和射频功率放大器组成，保证输出纯的标准正弦信号；电源输出的电压大小和相位可由信号发生器调制。待测电感部分为绕线的磁环，磁环在单一频率下的电感、铜损电阻和铁损电阻分别用 L、R_{Cu} 和 R_{Core} 表示。电容部分为了实现测试电路的共振调制，在设定共振频率下电容的等效电阻和电容分别用 R_C 和 C 表示；这就要求采用高精度低损耗的云母或陶瓷电容器，为调谐方便常采用多层陶瓷电容器。

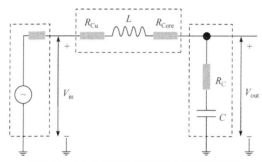

图 7.15　LRC 共振电路测量方案示意图[11]

测试电路的总阻抗为

$$\tilde{Z} = \left(R_{Core} + R_{Cu} + j\omega L\right) + \left(R_C + \frac{1}{j\omega C}\right) = Z_0 e^{j\varphi} \tag{7.97a}$$

其中，振幅和相位分别为

$$Z_0 = \sqrt{\left(R_{Core} + R_{Cu} + R_C\right)^2 + \left(\omega L - \frac{1}{\omega C}\right)^2} \tag{7.97b}$$

$$\cos\varphi = \frac{R_{Core} + R_{Cu} + R_C}{Z_0}, \sin\varphi = \frac{\omega L - 1/\omega C}{Z_0} \tag{7.97c}$$

若定义 Z_0 最小时，测试电路发生共振，则共振频率满足：

$$\omega_s = \frac{1}{\sqrt{LC}} \tag{7.98}$$

对应的 $\varphi = 0$，预示着交流电压和电流同位相。假设交流电路中的电流为

$$\tilde{I} = I_0 e^{j\omega_s t} \tag{7.99}$$

则电容上的输出电压和电路的输入电压分别满足：

$$\tilde{V}_{\text{out}} = \tilde{I}\tilde{Z}_C = \left(R_C + \frac{1}{j\omega_s C} \right) I_0 e^{j\omega_s t} \tag{7.100a}$$

$$\tilde{V}_{\text{in}} = \tilde{I}\tilde{Z} = \left[\left(R_{\text{Core}} + R_{\text{Cu}} + R_C \right) + j\left(\omega_s L - \frac{1}{\omega_s C} \right) \right] I_0 e^{j\omega_s t} \tag{7.100b}$$

此时，输出电压振幅 $V_{\text{out}}^{\text{p}}$ 与输入电压 V_{in}^{p} 振幅之比满足：

$$\frac{V_{\text{out}}^{\text{p}}}{V_{\text{in}}^{\text{p}}} = \frac{\left| R_C + 1/j\omega_s C \right|}{R_{\text{Core}} + R_{\text{Cu}} + R_C} \tag{7.101}$$

在 LRC 共振电路中，电阻是耗能元件，电感和电容是储能元件。对于正弦函数形式的驱动电流 $i = I_0 \cos(\omega t)$，在一个周期 T 里，电阻元件损耗的能量为

$$W_R = I^2 R T \tag{7.102}$$

其中，$I = I_0 / \sqrt{2}$。电感和电容元件储存的总能量为

$$W_{\text{LC}} = \frac{1}{2} L i^2 + \frac{1}{2} C u_C^2 = \frac{1}{2} I_0^2 \left[L\cos^2 \omega t + \frac{1}{\omega^2 C} \sin^2(\omega t) \right] \tag{7.103}$$

其中，利用了 $u_C = \frac{I_0}{\omega C} \cos\left(\omega t - \frac{\pi}{2} \right)$。在共振状态下，有

$$W_{\text{LC}} \to W_s = \frac{1}{2} I_0^2 L = LI^2 = \frac{I^2}{\omega_s^2 C} \tag{7.104}$$

谐振电路不再与外界交换无功功率。可见，W_s 和 W_R 分别反映了谐振电路储能和损耗的能力。定义谐振电路的品质因数为电路储存能量与每个周期内损耗能量之比的 2π 倍：

$$Q = 2\pi \frac{W_s}{W_R} = \frac{\omega_s L}{\left(R_{\text{Core}} + R_{\text{Cu}} + R_C \right)} \tag{7.105}$$

可见，Q 反映了谐振电路的储能效率。Q 越高，存储能量 W_s 下，损耗的能量 W_R 越小。

利用感抗和容抗元件的品质因数定义为

$$Q_L = \frac{P_{L无}}{P_{L有}} = \frac{\omega_s L}{R_{\text{Core}} + R_{\text{Cu}}} \tag{7.106a}$$

$$Q_C = \frac{P_{C无}}{P_{C有}} = \frac{1}{\omega_s C R_C} = \frac{\omega_s L}{R_C} \tag{7.106b}$$

其中，$P_{L无}$、$P_{L有}$、$P_{C无}$ 和 $P_{C有}$ 分别为 L 的无功功率、L 的有功功率、C 的无功功率和 C 的有功功率。

可见，谐振电路的品质因数满足：

$$\frac{1}{Q} = \frac{1}{Q_L} + \frac{1}{Q_C} \tag{7.107}$$

当 $R_C \ll R_L = R_{\text{Core}} + R_{\text{Cu}}$ 时，$Q_C \gg Q_L$，$Q_L \approx Q$。同理，

$$\frac{1}{Q_L} = \frac{1}{Q_{\text{Cu}}} + \frac{1}{Q_{\text{Core}}} \tag{7.108}$$

当导线的电阻远小于磁芯的损耗电阻时，$Q_{\text{Cu}} \gg Q_{\text{Core}}$ 时，$Q_{\text{Core}} \approx Q_L$。对于 SMC 来讲，损耗分析要特别小心。磁芯电感的品质因数 Q_L 既是工作频率的函数也是交变电流或磁通量的函数。设计的电路保证 Q_L 在宽的驱动范围内为单频函数。

电感品质因数可以表示成共振电路中两个接地电压幅值之比。谐振时，$\tilde{Z} = R$，总电压 V 和电阻上的分压 V_R 相等。

$$V = IR = V_R \tag{7.109}$$

与此同时，电容和电感上电压 V_C 和 V_L 不仅不为零，往往是总电压的很多倍；由于 V_C 和 V_L 相位相差 π，尽管 $V_C = V_L$ 总体相互抵消，但分配到电容和电感上的电压与 Q 密切相关。

$$\frac{V_C}{V} = \frac{Z_C}{R} = \frac{1}{\omega_s CR} = Q = \frac{\omega_s L}{R} = \frac{Z_L}{R} = \frac{V_L}{V} \tag{7.110}$$

当 $Q = 100$ 时，若总电压为 6V，电感和电容上有 600V 的分压，实际操作时应特别注意。

在测量之前，需要依据频率范围和磁通量密度 B_p 范围测量电感、选择共振电容、制作共振电路、搭建设备等。具体准备过程如下：

(1) 测量电感。在共振频率下，利用阻抗分析仪，在小信号下测量电感 L 和品质因数 Q_L。利用该电感 L，计算共振电容 C；利用 Q_L 估算高功率下可能的品质因数(通常小于 Q_L)。尽管此时驱动场很小，铁芯的损耗依然不能忽略，即低 Q_L 反映了铁损和铜损。

(2) 计算相对磁导率。尽管很多公司给出了各种牌号的值，依然需要测量其精确值。对于环形磁芯有

$$\mu_r \approx \frac{2\pi L}{N^2 \mu_0 h \ln(d_{\text{out}} / d_{\text{in}})} \tag{7.111}$$

其中，L 是第一步测得的电感；h、d_{out} 和 d_{in} 是磁芯的高度、外环和内环的直径；N 是绕线匝数。为了降低单匝线圈引入的电感误差和漏磁，实验中通常选用 $N > 20$ 匝。

(3) 选择共振电容。共振电容 C 可以由共振频率求得。C 应该远大于寄生电容和探针电容。电容的 C 和 R_C 用阻抗分析仪测量。Q_C 可以由 C 和 R_C 计算。假定测量过程中 Q_C 是常量。当 $Q_C > 1000$ 时，很难精确估算其数值。此时，Q_C 可以由

数据表估算。Q_C 应该是 Q_L 的几十倍，以避免对 Q_L 测量精度的影响。

(4) 制作共振电路。印刷电路板(PCB)需要认真设计，以避免分布电容和电感。

(5) 计算需要的输出电压 V_{out}。流经电感的电流幅值 I_L^p 可以由 B_p 以及电感参数计算：

$$I_L^p = \frac{\pi(d_{out} + d_{in})B_p}{2N\mu_0\mu_r} \tag{7.112}$$

其中，B_p 是磁芯中的磁通量密度振幅；I_L^p 是共振电容的电流幅值。输出电压幅值 V_{out}^p 可以由 I_L^p 和共振电容的阻抗得到

$$V_{out}^p = \frac{I_L^p}{\omega_s C} = \frac{(d_{out} + d_{in})B_p}{4f_s CN\mu_0\mu_r} \tag{7.113}$$

如果 μ_r 随 B_p 变化较大，利用以上两式计算的 I_L^p 和 V_{out}^p 并不太准确。

(6) 搭建设备。设备包括信号源、射频功率放大器及用于制备共振电路的示波器。信号源驱动功率放大器产生正弦电压，电压信号的振幅和频率可调。可采用 Aglient 33250 信号源和 AR 1500A100B 射频功率放大器。功率放大器的输出信号通过匹配电缆连接到共振电路上。为保证匹配电缆不给共振电路提供阻抗和滤波输入，可以采用 AVTECH AVX-M4 传输线变换器(阻抗传输比为 50：3)；对于低阻抗共振电路来讲，可以与 50Ω 功率放大器很好地匹配。特别注意的是，测量输出电压的探针电容越小越好，它会提供共振电容。相应地，测量输入电压的探针电容不影响测试结果。

(7) 测量一组 V_{in}^p 和 V_{out}^p。信号的起始频率设为计算的共振频率 f_s。实际上，由于探针电容和仪器误差的存在，该频率并不严格等于共振频率 f_s'。同时，手动调整电路输入电压幅值达到公式设计的 V_{out}^p，仔细改变输入信号的频率，找到最小的 V_{in}^p。可以采用 Tektronix TDS520B 观测仪，它具有 500MHz 带宽和 1%的垂直精度。可采用高精度和 400MHz 带宽的 PMK PHV621 探针。当 V_{in}^p 达到最小时，Q 最大，电路频率接近 f_s'。

由于共振电路是高度校准的，输出电压通常是很好的正弦信号。然而，当输入功率和输入电压 V_{in} 很小时，功率放大器有可能工作在非线性区，输入电压 V_{in} 有可能变形。此时，在共振电路的输入端设置变换器和低通滤波器可以降低电压变形。如果变形不能被忽略，在 f_s' 共振时输入电压 V_{in} 的幅值可以通过傅里叶分析数值计算出来。利用这一可调整特性，即使磁导率 μ_r 随电流变化显著，也可以确定共振频率 f_s'。磁导率 μ_r 变化时，电感就变化，调整的共振频率 f_s' 也发生变化。如果发生此种情况，电感 L 和磁导率 μ_r 需要根据共振电容 C 和调整的共振频率 f_s' 重新计算。已知 V_{in}^p 和 V_{out}^p，即可利用式(7.101)计算 Q_L：

$$\frac{V_{\text{out}}^{\text{p}}}{V_{\text{in}}^{\text{p}}} = \frac{\left|R_C + 1/\mathrm{j}\omega C\right|}{R_{\text{Core}} + R_{\text{Cu}} + R_C} \approx \frac{\omega_s L}{R_{\text{Core}} + R_{\text{Cu}}} = Q_L \tag{7.114}$$

考虑实验中 Q_L 很高，电感的功率损耗小，且散热很好，可采用计算机的风扇冷却电感，使电感温度保持在室温。

射频下磁芯的损耗特征。利用多绕组结构，通过电压和电流测量磁芯损耗的方法很多。但这需要准确地测量电压和电流之间的相位。当频率增高时，相位测量难度增加。如何表征磁芯的损耗特征，对于磁性部件的设计有重要价值。在此，利用精确测量磁芯线圈电感的品质因数 Q_L，采用了直接测试磁芯损耗的方案。若不管磁芯损耗背后的机制，在特定频率正弦电流驱动的磁通量密度下，定量测试磁芯的功率损耗密度。通过单层薄膜绕制的磁环损耗测量，剥离出磁芯损耗的部分。具体剥离过程有如下三步。

第一步，利用柱形磁芯设计绕制低损耗电感。为了获得大信号驱动下的磁芯损耗，需要测量绕线磁芯电感的品质因数。考虑计算的简单性和唯一性，在此讨论无缝柱形磁芯。这类磁芯具有自屏蔽功能，且磁芯损耗比绕线损耗大。为了减小测试误差，要求制备的电感铜损越小越好。在此，采用箔型导线，在磁芯上绕制线圈，形成电感。将 Cu 箔剪成带状，绕制的匝数 N 满足：

$$N \approx \sqrt{\frac{2\pi L}{\mu_0 \mu_r h \ln\left(d_{\text{out}}/d_{\text{in}}\right)}} \tag{7.115}$$

其中，L 为电感；μ_0 为真空磁导率；μ_r 为磁芯的相对磁导率；h、d_{in} 和 d_{out} 分别为磁环的高度、内环和外环直径。特别注意的是，要求 Cu 箔的厚度远小于趋肤深度 δ，即

$$t_{\text{Cu}} \ll \delta = \sqrt{\frac{\rho_{\text{Cu}}}{\pi\mu_0 f_s}} \tag{7.116}$$

以确保线圈电阻 $R_{\text{Cu}} = \rho_{\text{Cu}} l_{\text{Cu}}/w_{\text{Cu}}\delta$ 很小。其中，ρ_{Cu}、l_{Cu} 和 w_{Cu} 分别为铜箔的电阻率、长度和宽度，δ 为趋肤深度。该设计具有小的近邻效应和直流损耗，可以不考虑箔的厚度优化和线圈损耗。如果式(7.116)成立，说明 Cu 损随厚度的变化最小。

箔条的宽度满足式(7.117)，以满足设计的匝数，并且均匀绕在磁芯上。

$$w_{\text{Cu}} \approx \frac{\pi d_{\text{in}}}{N} \tag{7.117}$$

图 7.16 给出了柱型电感绕组示意图。实际绕制过程中，箔的宽度略小于以上值，保持在各匝之间有一定的间隙。箔条绕制的长度近似为

$$l_{\text{Cu}} \approx N\left(2h + d_{\text{out}} - d_{\text{in}}\right) \tag{7.118}$$

其中，l_{Cu} 不包括固定在 PCB 板的额外部分。由于磁芯的相对磁导率 μ_r 高 ($\mu_r > 4$)，柱形磁芯是自屏蔽的，绝大部分磁通量封闭在磁芯内。

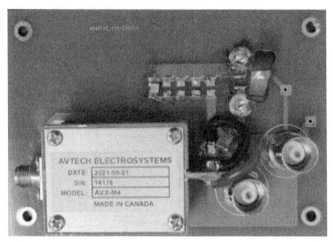

图 7.16　柱型电感绕组示意图

第二步，从测试结果中剥出磁芯损耗特征。基于 V_{in}^p、V_{out}^p 和 f_s 的测量，测量共振时的品质因数 Q_L，确定磁芯的总损耗。参照图 7.15，得到

$$Q_L \approx \frac{V_{out}^p}{V_{in}^p} = \frac{\omega_s L}{R_{Core} + R_{Cu} + R_C} \tag{7.119a}$$

$$R_{Core} = \frac{\omega_s L V_{in}^p}{V_{out}^p} - \left(R_{Cu} + R_C \right) \tag{7.119b}$$

共振电容的电阻 R_C 由阻抗分析仪得到。难点在于无法建立 R_{Cu} 的准确值。可采用如下方法估算 R_{Cu}。制备一个同样的空心电感，由阻抗分析仪得到 R_{Cu}。利用有限元模拟结果，$\mu_r < 4$ 时，这一测量值接近于磁芯电感的 R_{Cu}。$\mu_r \geqslant 4$ 时，这一测量值比磁芯电感 R_{Cu} 小约 30%。为降低 R_{Cu} 带来的磁芯铁损实验误差，通常将铁损控制在铜损的 5 倍以上。

得到 R_{Core} 后，可以求出磁芯损耗的平均值。将单位体积的磁芯损耗表示成通量密度的形式：

$$P_V = \frac{I_L^p R_{Core}}{2V_L} \tag{7.120}$$

其中，V_L 是磁芯的体积。由于 B_p 已知，即可获得 P_V (mW/cm³)随 B_p (Gs)变化的一个点的值。

第三步，误差估算。磁芯损耗的误差可能来自探针电容的电阻、电路寄生电

抗、铜损、操作频率和磁通量密度不均匀等方面。但是，如果 $R_{\text{Core}} \gg R_{\text{Cu}}$，合理设计测试电路，总误差可小于 20%。

(1) ESR 电容引入的误差。式(7.114)给出的 ESR 电容影响电压比，使测量值偏离设计的 Q_L。ESR 电容的 R_C 可由阻抗分析仪测得。若 $Q_L > 1000$ 时，R_C 小到无法准确测量，R_C 引入的误差可以估算得到。例如，若 $Q_L > 100$ 且 $Q_C > 1000$，R_C 约为 2000，由 Q_L 引起的 R_C 的误差近似为 5%。

(2) 电路寄生参数引入的误差。电感引入的寄生并联电容在几皮法量级。由于输入电压 V_{in} 比输出电压 V_{out} 至少小 10 倍，可以认为该电容与地相接，且与其他寄生量一起，形成与共振电容并联，LRC 共振电路结构示意图 7.15 依然正确。该寄生电容小，对共振电路的影响小。正如前面描述的那样，共振电容和电感远大于电路的寄生电容和电感。后者对共振频率的影响较小。然而，寄生量的品质因数 Q 很低，也就是说具有大的串联交流电阻和低的并联交流电阻，会引入额外的损耗。通过布局设计，误差可以进一步降低。共振电感的衬垫要尽可能接近共振电容的衬垫及测量点，以降低跟踪电感和电阻。共振电容与地紧密相连，降低寄生串联电阻和电感。做好这些，寄生量引入的误差会小到可以忽略。

(3) 铜损 R_{Cu} 引入的误差。$R_{\text{Core}} \leqslant R_{\text{Cu}}$ 时，R_{Cu} 引入的误差是一个严重的问题。绕组的准确数值 R_{Cu} 是很难确定的。然而，如果 $R_{\text{Core}} \gg R_{\text{Cu}}$，由 R_{Cu} 的不确定性引入的误差响度较小。例如，$R_{\text{Core}} \geqslant 5 R_{\text{Cu}}$，估算 R_{Cu} 的误差不大于 30%，由 R_{Cu} 引入的 R_{Core} 的误差小于 5%。当增加电感的电流时，由于铁损增加的速率高于铜损，可选择操作电流区间保证铁损至少比铜损大 5 倍。

(4) 实际操作频率 f_s' 引入的误差。尽管 Q_L 很高时，f_s' 和 f_s 的差异小，误差的分析需要仔细。假设共振频率 f_s 和电路实际操作频率 f_s' 的误差为 1%。当 V_{out}^p 为常数时，电感电流的误差约 1%，而磁芯的磁通量密度也约为 1%。如果 $P_V \propto f_s^\xi V_p^\beta$，且 ξ 和 β 在 2.6～2.8，P_V 的误差在 5.6% 以内。然而，实际误差可以通过可知的 f_s' 和近似的 Q_L 来压制。

(5) 不均匀磁通量密度引入的误差。圆柱状磁芯中的磁通量密度是不均匀的。内环附近比外环附近的磁通量密度要高。这部分误差完全来自磁环的尺度，主要是 $d_{\text{out}} / d_{\text{in}}$。若 $d_{\text{out}} = 2 d_{\text{in}}$，$\beta = 2.8$，误差约 10%。事实上这部分误差依然可以被抑制。例如，对于低磁导率的磁性材料，若电阻率 $\rho \approx 10^7 \Omega \cdot \text{cm}$，磁芯内的涡流很小，可以忽略其影响。

参 考 文 献

[1] BERTRAND P. Electron Paramagnetic Resonance Spectroscopy: Fundamentals[M]. Switzerland: Springer Nature

Switzerland, 2020.

[2] EATON G R, EATON S S, BARR D P, et al. Quantitative EPR[M]. Berlin: Springer-Verlag/Wien, 2010.

[3] 赵凯华, 陈熙谋. 电磁学[M]. 3 版. 北京: 高等教育出版社, 2011.

[4] IEEE Standards[EB/OL]. https://standards.ieee.org.

[5] BEKKER V, SEEMANN K, LEISTE H. A new strip line broad-band measurement evaluation for determining the complex permeability of thin ferromagnetic films[J]. Journal of Magnetism and Magnetic Materials, 2004, 270(3): 327-332.

[6] WEI J W, WANG J B, LIU Q F, et al. An induction method to calculate the complex permeability of soft magnetic films without a reference sample[J]. The Review of scientific instruments, 2014, 85(5): 054705.

[7] WANG W F, CHAI G Z, XUE D S. Thickness dependent optical mode ferromagnetic resonance in Co/FeNi bilayer[J]. Journal of Physics D: Applied Physics, 2017, 50(36): 365003.

[8] MECKING N, GUI Y S, HU C M. Microwave photovoltage and photoresistance effects in ferromagnetic microstrips[J]. Physical Review B, 2007, 76(22): 224430.

[9] MONTOYA E, MCKINNON T, ZAMANI A, et al. Broadband ferromagnetic resonance system and methods for ultrathin magnetic films[J]. Journal of Magnetism and Magnetic Materials, 2014, 356: 12-20.

[10] CHEN H, FAN X L, WANG W X, et al. Electric detection of the thickness dependent damping in $Co_{90}Zr_{10}$ thin films[J]. Applied Physics Letters, 2013, 102(20): 202410.

[11] HAN Y H, CHEUNG G, LI A, et al. Evaluation of magnetic materials for very high frequency power applications[J]. IEEE Transactions on Power Electronics, 2012, 27(1): 425-435.